S° 20127

LES ANCIENS MINÉRALOGISTES DU ROYAUME DE FRANCE;

PREMIÈRE PARTIE.

AS. 1295. 8?
F.

LES ANCIENS MINÉRALOGISTES

DU ROYAUME DE FRANCE;

AVEC DES NOTES.

Par M. GOBET.

PREMIERE PARTIE.

A PARIS.

Chez RUAULT, Libraire, rue de la Harpe.

M DCC. LXXIX.

Avec Approbation, & privilége du Roi.

A MONSIEUR

LE COMTE DE MAILLY,

MARQUIS DE NÉELLE,

Premier Écuyer

de MADAME.

Monsieur,

Si les Ouvrages utiles ont droit à la protection des Grands, celui que j'ai l'honneur de vous offrir & dont je vous supplie d'accepter l'hommage est de ce genre. L'utilité de la matiere qu'il renferme est aisée à appercevoir ; on trouvera dans ce Recueil le détail des Richesses Métalliques de la France, Richesses peu connues ou trop négligées jusqu'aujourd'hui ; & l'on auroit lieu de s'étonner du peu de valeur que l'on attribue communément aux Mines de la France, si on ne savoit qu'un peuple industrieux & commerçant, préfère d'abord les ressources qu'offre la surface de la terre, aux trésors qu'elle renferme dans son sein : je me suis empressé de publier cette Collection dans un tems où la Minéralogie va reprendre son lustre avec vigueur par l'attention du ROI, à en rendre l'étude plus facile. En vous offrant ce Recueil, MONSIEUR, je n'ai eu en vue que de rendre un juste tribut à votre amour pour les Sciences ; car s'il est ordinaire de voir les premiers d'une Nation, protéger les Sciences & les Arts, il est très-rare de les voir s'en occuper comme vous, MONSIEUR, & de contribuer par leurs travaux, à leur avancement.

Je suis, avec respect,

MONSIEUR,

Le 30 de Novembre, 1778.

Votre très-humble & très-obéissant serviteur,

RUAULT.

RECHERCHES HISTORIQUES,

SUR la Jurisprudence & l'Exploitation des Mines de la France ; avec une notice des Surintendans, depuis leur création jusqu'à leur extinction.

LE ROYAUME DE FRANCE a des mines de toute espece, mais depuis long-temps elles ont été absolument négligées. Les grands avantages que le commerce & la fertilité des terres produisent, & quelques grandes révolutions ont été vraisemblablement la véritable cause de ce qu'on n'a presque point ouvert les mines. Les plus anciennes époques de notre Histoire nous montrent des traces de la minéralogie, quoique nous ayons peu d'Auteurs qui aient écrit sur cette importante matiere.

Les mines sont un droit de la Souveraineté Royale en France. C'est une des Régales majeures de la Couronne que la propriété des mines de substance métallique. Ce qui se pratique à cet égard dans le Royaume a été & est encore le droit de toutes les Nations de l'Univers.

Sous la premiere Race de nos Rois, on apprend que Dagobert I accorda, l'an 635, à l'Abbaye de S. Denis, huit milliers de plomb à percevoir tous les deux ans, *quod ei ex metallo censitum in secundo semper anno* (1) *solvebatur*, pour l'entretien de la couverture de l'Eglise, c'est-à-dire, la régale ou le cens des mines qu'on payoit au Roi, & le Prince ordonna qu'il fût apporté par les corvées & remis au Trésorier du Monastere; ce qui devoit se continuer à l'avenir par les Rois ses successeurs.

J'ose conjecturer avec quelque fondement que ce plomb provenoit des mines de Sainte-Marie ou de cette vallée (2)

Les monnoyes d'or frappées aux coins des Rois dès le commencement de la Monarchie, sont la preuve de l'existence du droit de Régale sur les mines, car il y a une affinité inséparable entre les monnoies & l'exploitation des mines.

La seconde race de nos Rois, le siecle de Charlemagne fut une époque célèbre pour l'exploitation des mines en France & en Allemagne, qui a continué jusqu'au treizieme siecle. C'est sous le regne de ce grand Prince qu'on apperçoit les premieres concessions faites à des particuliers. Des Lettres-Patentes de Charlemagne, Roi de France & des Romains, données au Cap de Naon en Provence, *portum Naonis in Franciâ*, l'an 786, adressées à Louis & à Charles & Louis, ses fils, leur concédent les Villes d'Aschk & de Glichou, & toutes les régales qui appartenoient au Roi. *Plus tractum regionis in saltu nostro Thuringiaco ad 20 milliaria in longitudine & 10 in latitudine jure hæ-*

---

(1) Ex-Gesta Dagoberti Regis, an. 635, C. 40.
(2) Voyez la note, p. 40 & p. 702-710.

reditario poſſidendum , & facultatem damus in territorio diſtricti illius dominationis quærere & fodere aurum argentumque , atque omnia metalla (3).

En concédant les mines , depuis cette date, je trouve que les Rois de France & les Empereurs accordoient auſſi le droit de frapper les monnoies, *inſuper ut debeatis & poſſitis aureos , groſſos & denarios monetare...... ut bona moneta tanquam noſtra ,* &c. d'où il s'enſuit que les Barons de France n'ont obtenu le droit de battre monnoie que parce qu'ils exploitoient des mines dans leurs territoires , ou que le commerce les mettoient à portée d'obtenir des métaux par les Etrangers.

On trouvera pluſieurs exemples de conceſſions des mines , & du droit d'avoir une monnoie dans le cours de cette collection (4).

Auſſi remarquera-t-on qu'auſſi-tôt que nos Rois ont interdit aux Barons la faculté d'avoir des monnoies , la juriſdiction des mines & des monnoies a été attribuée aux Cours ſouveraines des monnoies.

On trouve encore une conceſſion de l'Empereur Louis premier donnée à Rheims la cinquieme année de ſon regne en faveur d'une Egliſe , *præter hæc concedimus , quemdam locum fiſci noſtri...... ad fodiendam minam plumbi congruam in lago Launenſe. Goldaſt.*

Ces exemples prouveront aſſez l'ancienneté de

---

(3) Conſt. Imp. Goldaſti.

(4) V. p. 29, 40, 77 & ſuivantes, 163, 207, 249, 310, 358, 361, 367, 481, 633, 660.

l'exploitation des mines en France, & l'ufage de la régale.

La rigueur exercée contre les faux monnoyeurs arrêta fenfiblement le progrès de la chymie, par ce que fouvent elle fervit de prétexte à ceux qui altéroient les efpeces. Auffi Charles V ayant fait de très expreffes défenfes en 1380 à toutes perfonnes, de quelques état & condition qu'elles fûffent, de fe mêler du fait de chymie, d'avoir ni tenir aucune forte de fourneaux dans leurs chambres & maifons: il commit les Généraux des monnoies pour la punition des contrevenants. Un malheureux chymifte, nommé Jean Barillet dit *Panicourge*, ayant été accufé d'être initié en l'art de chymie, fut emprifonné & condamné par fentence du 3 Août 1380; il fallut toute la protection que fes amis lui accorderent pour le faire élargir de prifon, à fa caution juratoire, & on lui fit défenfes de plus à l'avenir travailler au fait de chymie, ni même de hanter en aucune façon ceux qui s'en mêleroient.

A cette maniere abfurde de remédier aux défordres publics fuccéda un autre genre d'abfurdité. C'étoit des Lettres-Patentes obtenues dans les Chancelleries, qui permettoient à des Particuliers d'employer les moyens qu'ils avoient découverts par art philofophique de changer les métaux imparfaits en or & en argent parfait, ou de faire de l'or & de l'argent avec le mercure (5).

___

(5) Borel cite une *Epitre d'un Jean Gaftebon à Philippe Roi de France*: nos Princes avoient leurs Alchimiftes à la Cour, le Médecin Spagyrique remplace cette fonction.

Ce ne font pas les feuls regiftres de la Chancellerie de France qui renferment des actes de cette efpece, mais les archives de l'Italie, de l'Angleterre, de l'Allemagne, enfin de toute l'Europe, en contiennent des exemples fans nombre.

La plupart de ces méthodes n'étoient que différents départs fecrets alors, parce que tout étoit myftere dans les arts. Ce qui contribua beaucoup à arrêter la fouille des mines, c'eft la bonne monnoye faite dans les fonderies fouterraines, & qui n'étoit fauffe que pour n'avoir point été fabriquée dans les Hôtels Royaux : les Officiers des monnoyes veillerent de près, & en ceffant la fraude, on ceffoit le travail des mines.

La mauvaife conduite des Artiftes de ces temps reculés les fit paffer pour des Athées, des impies, des forciers & des faux monnoyeurs. L'efprit de défiance qu'ils infpiroient fut la caufe de la lenteur des progrès utiles à la fociété. On ne les fréquentoit que pour voir des miracles, & pour ne point laiffer démentir leur réputation fcientifique, ils faifoient comme le Baron de Beaufoleil (6) qui, perperfécuté par Pierre Borel de lui faire la tranfmutation devant lui, mit de l'argent dans un charbon, & du vif-argent dans un creufet, fit trouver l'argent à la place du mercure, & laiffa le Médecin de Caftres fort furpris.

Les Jurifconfultes François commencerent vers le quinzieme fiecle à parler de la régale des mi-

___

(6) Le Baron de Beaufoleil fit imprimer fon *Diorifmus* à Augsbourg, fous ce titre : *Archetipus veræ Philofophiæ de materia prima lapidis* in-8. 1630.

nes. Bouteiller, dans la *Somme Rurale*, est le premier Auteur qui paroisse avoir connu ce droit vers l'an 1400 : il dit, livre 2, titre 1, *que le Roi a la cognoissance de cognoistre & appliquer à lui la fortune d'or en son royaume*. Ce Juriste, ainsi que l'Auteur du livre de *Pratique* du même âge écrivit, *que la fortune d'argent est aux Comtes & aux Barons* qui ont ressort de justice dans leur enclave féodale. Il n'y a plus dans le Royaume de Seigneuries qui puissent jouir de ces droits qui appartenoient aux Hauts-Seigneurs.

La Coutume d'Anjou, titre. 5, article 61, s'exprime dans les mêmes termes : *la fortune d'or trouvée en mine appartient au Roi, & la fortune d'argent appartient au Comte, Vicomte ou Baron, chacun dans sa terre*. La Coutume du Maine conserve ce texte, & nomme le Vicomte de Beaumont : enfin celle de Bretagne, tit. 11, art. 46, porte, que les trésors d'or & d'argent trouvés en terre par ouverture sont au Prince. Par ce mot *trésor*, il ne faut pas l'entendre des épaves d'or ou d'argent qui, sans contredit, appartiendroient au Seigneur Haut-Justicier. Cette conférence des Coutumes, avec les Jurisconsultes, les chartes & la possession prouvent constamment 1°. le droit commun du Royaume avant la réunion des grands fiefs à la Couronne, & 2°. qu'on exploita des mines dans plusieurs de nos Provinces.

Nos Rois se sont les premiers départis en Europe de leur droit de propriété sur les mines en faveur de leurs sujets (7). Charles VI est le pre-

---

(7) Ordonnance des Rois, tom. X. p. 141. C'est par reconnoissance que les Alchymistes ont attribué à ce Roi

mier des Souverains qui ait publié à Paris le 30 Mai 1415, une Ordonnance sur le fait des mines. Il paroît que l'exploitation des mines d'argent, de plomb, de cuivre & autres métaux dans le Mâconnois & le Lyonnois y donna lieu; cet instant est remarquable parce qu'il doit être regardé comme la restauration de la science minéralogique & de la métallurgie en France. C'est depuis ce moment qu'il faut lire avec attention nos Alchymistes, car dit Chasseneux, *Alchymistæ sunt connumerandi inter metallarios*: observation qui peut devenir importante, en ne les lisant que sous ce seul point de vue. Les Jurisconsultes commencerent alors à ne point condamner cet art, *non quod cuderet pecuniam Principis, inde sine jussu Principis hoc aurum verum esset facientis*. Auparavant ils blâmoient & le Chymiste & ses opérations, *nàm possunt, invito Domino, ingredi fundum ad metallum inquirendum*, ce qui étoit un crime. Mais le Roi donna à ses Sujets la permission d'ouvrir les mines, en se réservant le dixieme que les Seigneurs vouloient s'attribuer; car ils s'opposoient à l'exploitation des mines, soit en empêchant les Maîtres, par l'organe des Officiers de leurs Hautes-Justices, d'opérer dans leurs terres, soit en les vexant dans les achats des bois nécessaires pour les excavations des terres, & le cours des eaux.

« A nous seul, dit le Roi, & non à autre ap-

---

un songe de la Pierre Philosophale. Œuvre Royale de Charles VI, Roi de France. Le protecteur des Minieres devoit être un adepte. Cette tradition devient la preuve du commencement des soins pour cet important objet.

» partient de plein droit & prééminence royaux
» de la Couronne de France & de la chose pu-
» blique, la dixieme partie purifiée de tous mé-
» taux qui sont ouvrés dans les mines & mis au
» clair, sans que nous soyons tenus d'y frayer au-
» cune chose, si n'estoit pour maintenir & garder
» ceux qui font ouvrer & sont résidents, faisants
» feu & lieu sur ladite œuvre pour eux ou leurs
» députés qui savent la science d'ouvrer esdites
» mines ».

Une des dispositions de cette loi porte, que les Seigneurs utiles ou directs des terres où se découvrent les mines, doivent les céder aux Maitres à prix raisonnable, ainsi que les bois & autre chose dont ils peuvent avoir besoin. Tous ceux qui veulent chercher & ouvrer des mines en ont le droit.

Le Roi créa dans le Bailliage de Mâcon & Sénéchaussée de Lyon, un Juge pour connoître des contestations entre les marchands, maîtres & ouvriers des mines, lesquelles devoient se juger conformément aux instructions des Généraux Maîtres des monnoies sur le fait des mines, à qui le Roi attribue le ressort de cette nouvelle jurisdiction.

Cette Ordonnance distingue deux classes d'hommes. Les uns, dit Chasteneux, *sunt præferendi & sunt digniores*; il les divise en *metallarii extrahentes materiam, & tales nullam habent dignitatem: metallarii dantes formam seu fabricenses qui in omni specie metalli sunt digniores metallariis simplicibus*. Les premiers sont les Mineurs & les ouvriers du martinet; les seconds, le Roi les appelle les marchands & maîtres faisant l'œuvre ou leurs députés, c'est-à-dire, les officiers de la mine, les fondeurs, affineurs qui étoient exempts de tailles, aides, gabelles, péages & autres subsides (8).

Cet Édit fut rendu au Grand-Conseil en présence du Confesseur du Roi, du Sire de Savoisi, & de Messire Girard de Granval.

Le regne de Charles VII nous apprend que le célèbre Jacques Cœur eut le bail général des monnoies & les mines. Les archives de la monnoie conservent un rôle du Commissaire de la Chambre, en chevauchée l'an 1435 du côté de Mâcon & de Lyon, qui visita les mines & vérifia les régistres & les comptes des officiers des mines, pour la conservation du huitieme & du dixieme appartenant au Roi. Ce malheureux Cœur, après son Ambassade de Rome en 1448, *entra en plus grand bruit si que la renommée de lui couroit non-seulement en France, mais par tout le Royaume, savoir, de sa valeur, richesse & puissance ;* mais il acquit aussi de terribles & cruels ennemis (9).

Surintendants.

Jacques Cuer. 1419.

———

(8) Dans un jetton d'exemption des Péages de ce régne où sont frappés un marteau, un maillet, un forceps, &c. On lit *Baries, Péag. Ponton. lesés pasé Mon.* Barriers, Péagers, Pontoniers, laissez passer les Monnoyeurs.

(9) V. p. 38 & 630, ce qui concerne Jacques Cœur. Borel cite un Manuscrit de Jacques Cœur, *de la Chymie transmutatoire* qui étoit dans la Bibliotheque de M. de Rudavel, Magistrat à Montpellier. Ce Médecin vouloit faire imprimer une *Pratique* de Chymie, avec l'explication des Hyerogliphes par Cœur. Le premier Ouvrage est peut-être celui d'un certain Jacques, du Bourg de St.

Ce Roi auſſi malheureux que le Miniſtre qu'il accabla, confirma à Dun-le-Roi, le premier Juillet 1437, l'Ordonnance ſur les mines données par ſon pere, & depuis à la réquiſition des maîtres marchands faiſant faire l'œuvre, & des ouvriers & mineurs des mines du Lyonnois, elle fut enregiſtrée à la Chambre des Comptes le 18 Mars 1483.

Louis XI, encore Dauphin de France, s'occupa dans la Province du Dauphiné, dont il avoit l'adminiſtration, de ſes mines & de ſes monnoies. Un Alchymiſte anonyme, imprimé le ſiecle dernier par Nicolas Barnaud, prouve que ce Prince avoit du goût pour la chymie en général. Cet Auteur écrivit, l'an 1447, pour l'utilité des Chrétiens & particuliérement pour Monſeigneur Louis Dauphin & ſa très ſéréniſſime épouſe, Marie d'Ecoſſe. L'anecdote de Ferrant de Bonnel qu'il appella du Piémont en 1483, pour lui faire faire de l'or potable, & que j'ai rapportée dans les notes ſur Paliſſy, eſt une démonſtration des goûts de ce Monarque, que les Hiſtoriens modernes trompés par la chronique ſcandaleuſe, ont très-mal connu.

Auſſi la métallurgie & l'ouverture des mines firent-elles des progrès conſidérables ſous ſon regne ; il prit des ſoins particuliers pour encourager les travaux dans ſes Etats ; c'eſt ce qu'on apprend par l'Edit donné au Montils-les-Tours, le 27 Juillet

---

Sernin, dont il exiſte un Traité ſous ce même titre. V. *Borel Bibl. Chym.* & Laigneau ; le ſecond eſt le *Mutus liber* publié par Jacob Saulat (*Altus*) Sr. des Marez qui ſe l'attribue.

1471, qui fut régiſtré au Parlement de Paris avec douze modifications, le 27 Juillet 1475 (10).

Le Roi déclare dans le préambule » que ſur les avis » qu'il avoit reçus des mines d'or, d'argent, de cuivre, » de plomb, d'étain, d'azur & autres métaux qu'on » trouvoit dans le Royaume de France, & dans les » Provinces de Dauphiné, Comté de Dioys, de » Rouſſillon, de Sardaigne, des montagnes de Ca- » talogne & ès marches des environs, il croit qu'il » en réſulteroit des avantages infinis pour leur ex- » ploitation ». Cet Edit néceſſaire à connoître ne fait point partie d'un mauvais recueil d'*Edits ſur le fait des mines*, qui ſe trouve chez Prault pere, & qui a été imprimé en 1575, 1619, 1631, 1704, 1730, 1748 & 1765. Nous allons rapporter le précis de ces réglemens en les combinant avec les modifications qui ſont dans l'arrêt d'enregiſtrement.

Le Roi créa une charge de Maître-Général Viſiteur & Gouverneur des mines du Royaume, qui devoit avoir ſous lui des Lieutenans & Commis; il le rendit Juge au Souverain de toutes les queſtions civiles & perſonnelles entre les officiers, ouvriers & manouvriers des mines, même celles relatives aux contrats paſſés entr'eux, ou pour raiſon des territoires, baux des mines, droit du Roi, celui des Seigneurs Tré-fonciers.

Le Général-Maître Viſiteur & Gouverneur des mines avoit le droit par lui & ſes commis de cher-

---

(10) Vol. 2. Ordon. de Louis XI. cotte F fol. 22-27 recto au Parlement.

cher les mines du Royaume, celui de les faire ouvrir dans les terres du Domaine & même, en payant l'indemnité aux Tré-fonciers, dans les terres Seigneuriales.

Il fut permis à tous maîtres & ouvriers des mines de les chercher & de les ouvrir en France, en avertissant le Général-Maitre, dans les terres du Domaine de la Couronne, & en le signifiant à domicile dans les terres patrimoniales des Seigneurs, pour ensuite en faire part au Général-Maître. Le Parlement accorda cet article pour les lieux déserts & non hantés, en friche & stériles, avec l'ordre du Général des mines, & en appellant le Procureur du Roi & les Propriétaires, afin de discuter l'indemnité; mais à l'égard des terres en valeur, prés, vignes, bois, pâturages, maisons & autres biens portant fruits industrieux, la Cour défendit de les ouvrir sans le congé spécial du Propriétaire, ou par l'Ordonnance des Juges des lieux, *partibus auditis*. Les Officiers Royaux & des Seigneurs Hauts-Justiciers devoient régler les chemins & passages pour entrer & sortir des mines, les contestations décidées, parties entendues par le Juge royal le plus prochain, ou du consentement du Propriétaire, observant que les ouvertures & chemins se feroient dans les lieux moins dommageables des propriétés.

Les mines du Domaine devoient être baillées en ferme comme les autres terres, de l'autorité du Roi, & de la part du Maître-Général, il devoit être fait commandement à ceux qui auroient connoissance des mines dans leurs héritages & territoires, de les dénoncer dans quatre mois au Général-Maître ou fes Lieutenants & Commis, & en cas d'abfence, au Juge Royal le plus prochain, à peine de perdre leur droit territorial & le profit partiel defdites mines, ou même fous autres peines & amendes.

Il étoit accordé fix mois après la dénonciation à tous Propriétaires, afin de fe préparer à les exploiter par eux mêmes, ou pour avifer, & dans ce cas, au défaut du Tré-foncier, le Vaffal-Seigneur en obtenoit le droit ; à fon défaut, le Suzerain Haut-Jufticier ; enfuite le Général des mines ou fes Commis, fauf les indemnités dont les Propriétaires étoient privés lorfque fciemment ils n'étoient point venus révéler dans les temps prefcrits.

Louis XI accorda, pendant douze années, le dixieme de fon droit de régale fur les mines, collectivement au Général-Maître & aux Officiers des mines, aux Seigneurs Tré-fonciers, marchands & autres, à caufe des frais & dépenfes qu'il leur convenoit de faire.

Ce Prince vouloit faire travailler aux mines de France avec la même activité qui fe pratiquoit alors en Allemagne, en Hongrie, en Bohême, en Pologne, en Angleterre & en Efpagne ; c'eft pourquoi il exemptoit, pendant vingt ans de tous droits d'aubaine, les Etrangers mineurs qui viendroient dans le Royaume pour y travailler aux mines, même pendant les guerres entre lui & leurs propres Souverains, avec liberté d'aller & venir comme pendant la paix, en prenant un congé du Général des mines ou fon Lieutenant, pourvu qu'ils n'aient rien tramé contre l'Etat.

Il les exempta des subsides, impôts, tailles, aides, gabelles, subventions, ban, arriere-ban, francs-archers & autres contributions pendant vingt ans, avec tous privileges, franchises & libertés, pouvoirs de faire testaments, acquisitions de biens, meubles & immeubles, donations, transports & toutes dispositions ; enfin leurs enfants & plus prochains lignagers pouvoient leur succéder un an après avoir travaillé dans les mines de France, & pendant qu'ils y seroient occupés, comme s'ils avoient obtenu des lettres de naturalité. Ces privileges s'étendoient aux marchands, maîtres ou leurs députés occupés aux mines, à leurs dépens, ayant feux & résidences esdites mines & martinets.

On se proposa en outre d'appeller des fondeurs, affineurs, ouvriers & manouvriers des Pays étrangers.

Guillaume Cousinot. 1479.

La charge de Général des mines fut accordée à Guillaume Cousinot, Chevalier de la Maison des Cousinot du Parlement de Paris, qui portoit d'azur à trois colombes d'argent. Il présenta ses Lettres au Parlement, & par Arrêt du 31 Août 1479, l'enregistrement fut renvoyé au Parlement prochain, attendu qu'il étoit nécessaire, pour y procéder, d'avoir pour y assister les Généraux des monnoies alors absens, à cause de leurs vacances.

Charles VIII confirma, la premiere année de son regne, au Montils-les-Tours, au mois de Février 1483, les Ordonnances de Charles VI, de son ayeul Charles VII. Il fait mention de la confirmation donnée par son très-cher Seigneur & Pere, & de l'avis des Gens de ses Finances, ratifia les ouvertures des mines dans les Sénéchauſfées de Lyonnois, de Toulouse, de Carcassonne, de Rouergue & ailleurs en France, à la requête des Maîtres & Mineurs des mines du Lyonnois. Ces Lettres Patentes furent regiftrées à la Chambre des Comptes, le 18 Mars 1483. Elles furent vérifiées par les Généraux des Finances en Languedoil & en Languedoc, le 12 Mars : ayant été préfentées par *Jean Baronnat* & *Jean Garbot*, Citoyens de Lyon, & Gardes des mines du Royaume, au Sénéchal de Lyon, elles furent regiftrées le premier Avril & le 2 fuivant par les Elus de Lyon ; enfin par le Sénéchal de Beaucaire & Nîmes, le 7 Août de la même année.

Louis XII, par fes Lettres-Patentes données à Soiffons au mois de Juin 1498, fignées par le Roi, l'Archevêque de Rouen, l'Evêque d'Alby, vous & autres préfens *Heron*, octroya la même confirmation que fes prédéceffeurs.

Il reçut un avis de la Cour des Monnoies, le 6 Octobre 1511, pour le réglement fur le fait des mines (11). Il rendit un Edit, au mois de Juillet 1514, regiftré à la Chambre des Comptes le 14 fuivant pour les mines de Chitry & Chaumont en Nivernois, & Pontaubert en Bourgogne.

La premiere année du regne de François premier, les marchands & maîtres mineurs des mines du Lyonnois & de Nivernois, obtinrent du Prince, par Lettres-Patentes données à Lyon au mois de Décembre 1515, la confirmation des Ordonnances de Charles VI, Charles VII, Charles

──────────

(11) Reg. de la Cour des Monn. cotté G. fol. verso 77 & H. fol 193. Voy. Préface de Garrault & la page 564.

VIII, Louis XII. Elles furent vérifiées par les Généraux des Finances, le 27 Février suivant. Le Roi donna un Réglement concernant l'argent des mines, le 6 Mars 1516, qui est registré à la Cour des Monnoies. Il reçut de la même Cour un avis sur le fait des mines, sur lequel intervint une Déclaration donnée à Fontainebleau le 17 Octobre 1520, par laquelle fut créé un Contrôleur Général des mines, qui devoit remettre annuellement un extrait de son registre aux Généraux des monnoies, pour savoir au vrai si tout l'or & l'argent des cendrées avoit été converti en monnoie aux coins & armes de Sa Majesté. Elle fut regiſtrée à la Monnoie au Reg. cot. H. fol. 78, & à la Chambre des Comptes de Grenoble.

Pierre Chollet fut le premier Contrôleur, & reçut les instructions en conséquence.

Le 9 Septembre 1517, commission de François premier, donnée à Evreux en faveur de François Ra, Receveur général des boëtes, profits & émoluments des monnoies, commis pour faire la recette de l'argent des mines revenant-bon au Roi, pour être ledit argent des mines porté aux Monnoies du Roi les plus prochaines.

Le 18 Octobre 1520, nouvelle Déclaration portant défenses d'ouvrir les mines sans permission, registrée à la Chambre des Comptes de Grenoble.

Déclaration concernant la recherche des mines, donnée à Fontainebleau, le 9 Décembre 1551, registrée à la Cour des Monnoies le 2 Mars 1552.

La Roque de Roberval 1548. Jean-François de la Roque, Chevalier Sieur de Roberval, exposa au Roi qu'il y avoit dans le Royaume

Royaume plusieurs mines & substances terrestres, comme azur, ocre, azur commun, verdet ou naturel, antimoine, orpiment, soufre, calamine, vitriol, alun, gotran, gommes terrestres, pétrolle, charbon terrestre, houille, sel gemme, jayet, jaspe, pierres fines, pierreries étrangeres, qu'il vouloit ouvrir.

Henri II, par Lettres-Patentes données à Lyon, le 30 Septembre 1548, de l'avis de son Conseil privé, accorda à la Roque les mines métalliques & substances terrestres, précieuses ou non, pendant neuf ans, pour lui seul ou ses associés & commis. Il eut la permission de prendre les terres vacantes, appartenantes au Roi, & celles des Particuliers, en payant la valeur de la surface; celle de s'associer des Etrangers, & sans que cela puisse déroger à la Noblesse : le dixieme du Roi lui fut remis, pendant neuf ans, & les droits des officiers, pendant cinq ans, avec privilege exclusif pendant ce tems, & faculté de s'emparer des mines délaissées ou non, concédées par les Rois, ou celles dont le dixieme n'étoit point payé. Ces lettres étoient adressées à tous les Parlemens, Chambres des Comptes, Cour des Aides, Eaux & Forêts, Baillifs & Sénéchaux. Il obtint des Lettres d'adresse données à Villiers-Costeret, le 3 Septembre 1552, adressées au Parlement de Grenoble, qui les regiftra le 10 Décembre suivant.

Mais la Roque ayant eu connoissance de l'Edit de Louis XI, sollicita une ampliation de pouvoir, & ambitionna la charge de Surintendant des mines. Il sollicita & il obtint des lettres d'ampliation de pouvoir, données à Reims le 10 Octobre 1552.

1°. On lui renouvella son privilege exclusif pour 9 ans. Les Gentils-hommes, ses associés ne dérogeoient point à la Noblesse ; les Etrangers, francs de tous impôts, étoient naturalisés, & résidents pouvoient acquérir des biens.

2°. Faculté d'ériger un marché franc dans le lieu de ses mines.

3°. Permission de prendre les bois, en payant les Particuliers, & dans les lieux déserts, montagnes, pays peu fertiles, c'est à-dire, dans les usages & les communes, ou les terres vaines & vagues des Seigneurs, de les prendre sans payer : défenses d'ériger aucunes usines à six lieues de ses mines.

4°. Trois ans d'exemption du dixieme royal, à compter de la premiere fonte à plein fourneau des mines, qui se feroit en présence des Officiers du Roi, ou en présence de Notaires appellés ou Juge des lieux : après ce temps, le dixieme de l'or & de l'argent fin, & des autres métaux en fonte commune. A l'égard des semi minéraux, parmi lesquels on nomme, outre ceux ci-dessus détaillés, l'émeril, bourras, mazesoly, saffre, manganaise, sal ammoniac, sal nitre, sal aque, agathe, jaspe, talc, bois & racine de déluge, le Roi accorde aux Seigneurs des lieux la quatrieme partie ; il en prive à jamais les Seigneurs refusans d'ouvrir les mines.

5°. Le Roi prend sous sa sauve-garde, & crée une Jurisdiction composée de six Avocats, Conseillers & hommes besognans ès mines, pour connoître des contestations, & les juger définitivement, sauf dans les cas de mort ou forfaitures & fausse monnoie, qui devoient être renvoyés au Juge des lieux. Est accordé au sieur la Roque droit de maisons fortes & prisons, le port d'armes, transit de ses marchandises, excepté l'or, l'argent, le billon, le fer & l'acier qui devoient être conservés dans le Royaume; les autres matieres allant chez les Etrangers, étoient scellées par ledit la Roque. Défenses aux Notaires de passer aucun acte pour le fait des mines, à moins que ledit la Roque, ses députés & commis ne signent à la minute.

6°. Après les neuf ans, les mines ouvertes appartenoient à la Roque à perpétuité ; & après ce temps, défenses de faire approche de ses mines pour en ouvrir d'autres plus près que de deux lieues.

Il s'obligeoit de corps & biens, pendant les 9 ans, d'ouvrir & de mettre en œuvre trente mines dans le royaume, dont chacune devoit avoir quarante Etrangers portant taille.

Ces Lettres sont adressées à toutes les Cours Souveraines & autres, excepté aux Cours des Monnoies. Le Roi réserve à son Conseil privé la connoissance des appellations & oppositions, & l'interdit à tous Juges : permis à la Roque de faire regîtrer dans les Cours ou seulement au Grand-Conseil. Est mandé au Garde des Sceaux de prendre le serment de ce petit tyran ; de bien régir ladite justice à son pouvoir, &c. ce qu'il fit le 30 Octobre 1552, entre les mains de Jean Bertrand, Garde des Sceaux.

Il prit Lettres d'attache, données à Compiegne le 22 Juillet 1553, pour faire regiftrer fes Lettres à Grenoble; ce qui fut fait au Parlement, le 21 Novembre fuivant.

Les conceffions faites à ce la Roque ont caufé beaucoup d'inconvéniens au progrès du bien public; on fut bientôt obligé de rabattre quelques-uns de fes privileges.

Le 23 Mars 1554, d'autres Lettres données à Fontainebleau, adreffées à la Cour des Monnoies pour regiftrer les précédentes: le Roi déclare que la connoiffance des conteftations fur ces matieres qu'il avoit réfervées à fon Confeil privé, fera attribuée à la Cour des Monnoies.

Il conferve à la Roque fa juftice fur le fait des mines, fors les cas de mort & de forfaiture, en appellant ès jugement fix Avocats-Confeillers, & trois hommes des plus fuffifants, befognants dans les mines, pour les jugements être exécutés; nonobftant appellations & oppofitions.

Comme la Savoie & le Piémont appartenoient à la France, la Roque découvrit au village du gros Canal, près la ville de Lans, que fous prétexte de tirer du fer on retiroit de l'argent, il obtint des Lettres pour en connoître, le 16 Septembre 1557, qui attribuoient cette affaire à la Cour des Monnoies de Paris.

Ainfi finit l'hiftoire d'un homme qui, de fon tems, a du faire beaucoup de mal dans le royaume.

Grippon de Guilhem 1556. Claude Grippon de Guilhem, Ecuyer, Seigneur de S. Julien, s'affocia dans les mines avec permiſſion du Roi, datée du 31 Avril 1556 & en 1557; il donna caution à la Chambre des Comptes de Grenoble pour la conſervation des droits de régale.

Auſſi-tôt que François II fut monté ſur le trône, Grippon préſenta requête au Roi, diſant qu'il avoit découvert des mines dans le Beaujolois, Auvergne, Bourbonnois, Poitou, Lyonnois, Dauphiné, Provence & Languedoc; que dans le Diocèſe d'Uzez, territoire d'Allez, Sumene & S. Ambroiſe, il y avoit des gens qui continuellement vaquent à recueillir l'or que la violence & l'impétuoſité des pluies fait tomber des montagnes voiſines. Le Roi lui concéda les mines qu'il demandoit, par ſes Lettres-Patentes données à Fontainebleau le 29 Juillet 1560, en ſe réſervant le dixieme après les quatre premieres années, & devant établir une juſtice des mines.

Après la Roque, François II donna la charge de Surintendant général réformateur des mines à Grippon, & il ne prêta ſerment entre les mains du Chancelier de France que le 11 Mars de l'an 1562.

Charles IX commença ſon regne par des Lettres-Patentes données à S. Germain des Prés lês-Paris, le 6 Juillet 1561, regiſtrées le 9 Mai de l'année ſuivante au Parlement; le 5 Juin à la Chambre des Comptes, & le 28 Juillet 1563, à la Cour des Aides de Paris. Il confirmoit Grippon dans le don que ſon frere lui avoit fait de l'exemption de la régale pendant quatre années.

Ce Surintendant ayant eu des conteſtations

avec Hugues Charreton & Claude Challebart, Gardes des mines du Beaujolois; dans le Rouergue, avec un Giraud d'After, & le Seigneur de S. Genis & de Vaure; dans l'Albigeois avec Antoine Chiron & Jean Tresbot, habitants de Carames & de S. Benoit; dans le Dauphiné avec Martin Damoifau & Jean Brifan d'Allevard & autres lieux, tenanciers de martinets & intéreffés dans les mines; il obtint des Lettres de *committimus* adreffées au Grand-Confeil, données à Vincennes le premier de Juin 1562, & un Arrêt de commiffion du Parlement de Paris, le premier Septembre même année, qui fut fignifié à fon de trompe, le 7 du mois & les jours fuivants.

Des Lettres-Patentes données à Paris le 26 Mai 1563, regiftrées au Parlement le premier Juillet, portent interprétation de l'exemption du droit de la régale des mines à Grippon, & du don qui lui en avoit été fait tant fur celles qu'il ouvriroit, que fur celles qui étoient déjà ouvertes. Un nouveau *committimus* au Grand-Confeil lui fut accordé par Lettres données à Meulan, le 25 Septembre 1563, à l'occafion du refus qu'on lui faifoit du dixieme des mines, dans la mine de Jou en Beaujolois.

On notifia l'Arrêt du Parlement de Paris & toutes les conceffions faites à Grippon dans la Sénéchauffée de Lyon, le 4 Décembre 1563.

Il ne paroît point que ces Surintendants aient eu un grand fuccès, car Etienne l'Efcot, Capitaine de marine, qui avoit plufieurs inventions pour faire travailler fur les femi-minéraux, des manufactures de diverses façons & couleur de gyps & stuch, des charriots, machines, batteaux, engins & artifices pour construire ponts, moulins à bled sur eau, obtint, dès le 10 Mai 1562, des Lettres de permission de continuer à faire travailler & ouvrir les mines & minieres de France avec mêmes privileges qu'avoient la Roque & Grippon; il eut des Lettres d'adresse au Parlement pour les vérifier, le 12 Août 1564.

L'ambition, l'avarice & l'intrigue des Courtisans, étoient la cause secrette de tant de changements dans les Chefs des mines; car l'Escot fut pourvu pendant l'effet de la concession de Grippon: & M^e. Antoine Vidal, Seigneur de Belles-Aigues, ci-devant Receveur général des Finances à Rouen, obtint la charge de Grand-Maître, Gouverneur général & Surintendant des mines, le don du droit de dixieme sur les mines ouvertes & à ouvrir pendant six ans, savoir, sur les premieres, du jour de la signification; & sur les secondes, du jour de la premiere fonte à plein fourneau. Il est vrai que comme la Roque & Grippon avoient promis chacun d'ouvrir trente mines dans le Royaume, il s'engageoit d'en ouvrir quarante pendant six ans. Ses Lettres ayant été données à S. Maur des fossés, l'an 1568, il s'ensuit que depuis l'an 1552 à l'année 1574, ce qui est un intervalle de 22 ans, il devoit y avoir cent minieres en état d'exploitation, par les soins de ces la Roque, Grippon & Vidal.

Les Ordonnances de 1563 & 1567 données par Charles IX ordonnent le paiement du dixieme de

Vidal.
1568.

toutes les substances minéralogiques, & par son Edit de Septembre 1570, regiſtré au Parlement le 22 Janvier 1571, à la Chambre des Comptes le 21 Mars, à la Cour des Monnoies le 9 Juin 1572; il s'explique ainſi : « Leſdits Commiſſaires, » Gardes & Contrôleurs des mines, &c. auront » l'œil ès endroits de notredit Royaume & pays » de notre obéiſſance, où il y a aucunes minieres » d'or & d'argent découvertes, ou qui pourront » ci-après ſe découvrir, ouvrer & travailler, à ce » que tout le fin des matieres d'or & d'argent qui » en ſera tiré, ſoit porté à la plus prochaine Mon- » noie, pour y être converti à nos coins & ar- » mes aux prix & pied de nos Ordonnances : & » avec ce, contraindront ou feront contraindre » les marchands faiſant faire l'ouvrage des mines » & autres qui ont ci-devant obtenu & obtiendront » ci après permiſſion de nous, pour travailler eſ- » dites mines de nos pays, mettre ès mains de nos » Receveurs généraux plus prochains, & ce à » quoi montera notre droit de dixieme, ſuivant » les Ordonnances ſur le fait deſdites mines & » minieres, dont leſdits Commiſſaires enverront » par chacun an les états au Tréſorier de notre » épargne, & un autre pareil en notre Chambre » des Comptes de Paris ».

A l'avénement de Henri III, Vidal ſe fit confirmer dans l'exercice de ſa charge de Surintendant, ſuivant les Lettres-Patentes données à Lyon le 21 Octobre 1574.

Le 10 Mars 1577, nouvelles Lettres-Patentes

en faveur d'Etienne l'Eſcot (12) : elles furent vérifiées au Parlement le 20 Juillet 1577. On lui accorde à lui & aux ſiens la commiſſion & permiſſion ci-devant à lui octroyée par Charles IX de l'ouverture & don du dixieme des mines & minieres de France, enſemble des privileges y appartenants durant dix années, avec défenſes à toute ſorte de perſonnes de s'en mêler ſans le congé dudit l'Eſcot, à peine de confiſcation des matieres. Pouvoir de faire de la chaux, des aluns, vitriols, couperoſe & autres ſels, huiles terreſtres & même ſavons, tant en pains que liquides; faire abattre les pillons, moulins, lavoirs, fours & fourneaux de recuit, fontes, affineries & autres bâtiments des contrevenants. En 1580, il prenoit le titre de Commiſſaire & Surintendant de l'ouverture des mines & minieres de France; il étoit alors aſſocié avec Antoine Alonges, Marchand, Citoyen de Lyon. Le 31 Janvier de cette année, le Roi leur concéda le pouvoir de tirer, chercher, fondre & affiner toute eſpece de mines & autres matieres terreſtres, étant ès intériorités de la terre ès pays de Lyonnois, Forez, Vivarais, Beaujollois, Maconnois, Auvergne, Dauphiné & Bourgogne, avec permiſſion de prendre des aſſociés au fait deſdites mines, pour jouir des privileges, &c. Le Parlement enregiſtra cette conceſſion le 11 Mars même année.

L'Eſcot
1577.

_____

(12) Il y a eu une famille de ce nom dans l'Echevinage de Paris.

Suivant M. le Bret, le Roi donna une Déclaration à S. Germain en Laye au mois de Novembre 1583, où le droit de dixieme des mines étoit restreint sur l'or & sur l'argent.

Troyes.
1588.

François de Troyes, sieur de la Férandiere, Contrôleur général des Traites-domaniales, l'un des associés de feu Etienne l'Escot, Surintendant des mines, obtint, pour lui & ses associés, des Lettres le 28 Février 1588, registrées le 6 Octobre en la Chambre des Vacations du Parlement, pour être continué dans la jouissance de la concession accordée à l'Escot pour la terminer aux mêmes termes & conditions.

Le regne de Henri IV a été glorieux pour la Minéralogie. Ce grand Prince paroît s'être occupé de toutes les parties de l'administration de son Royaume ; on a conservé deux médailles, l'une de Châlons sur Marne, de l'année 1591, porte l'effigie du Roi, & au revers, *fidei monumentum Cathalaunensis.* On y remarque tous les instruments des monnoies. La seconde a été réparée par G. Dupré : c'est un des plus beaux portraits qui existent de ce bon Souverain. Il y faut remarquer une verrue, (*cicer*), à l'angle inférieur de la narine droite qui est oubliée par les Peintres & les Graveurs (13) : au revers on lit, *ex argento francigena, &c.* Ces deux revers sont gravés dans la figure P. 425.

Pierre Beringhem (14), premier Valet de Cham-

___

(13) M. Oudon, habile Sculpteur, en a levé l'empreinte.

(14) Beringhem, en vertu de son Traité, donnoit des commissions des mines, c'étoit Nicolas Guillain qui les

bre, obtint pour son compte les mines de la Guyenne, du haut & bas Languedoc, pays de Labour. Il fit tant d'instances sur cet objet, que le Roi lui en passa un contrat. Ce Prince donna en ce même tems la Surintendance des mines à Roger de S. Lary, Marquis de Versoy, successivement Chevalier des Ordres du Roi, Maître de la Garderobe, premier Gentilhomme de la Chambre, Gouverneur de Bourgogne, Duc de Bellegarde, enfin Surintendant de la Maison & des Finances de Gaston (Monsieur), Duc d'Orléans, lorsque cette charge importante se donnoit à des gens de haute naissance & d'un rare mérite. C'étoit un esprit doux, qui ne causa jamais aucun déplaisir à personne; le Roi l'aimoit & il le combla de bienfaits.

Duc de Bellegarde. 1595.

Sully qui ne se mêla point de l'objet des mines, rapporte dans les Mémoires que ses Secrétaires ont fait à son honneur, que Renardiere qui étoit Bouffon de la Cour & méchant, ayant appris qu'on avoit donné la Surintendance des mines au Grand Ecuyer, dit, *qu'on ne pouvoit mieux faire que de bailler à un homme tout de mines, toutes les mines de France a ménager* (15).

Beaulieu Ruzé, Secrétaire d'Etat, fut nommé

---

expédioit, comme on l'apprendra dans la collection; mais après l'Edit de 1601, ces commissions étoient autentiquées par le Grand-Maître des mines.

(15) P. Mathieu, Cayet. Mem. de Sully, imprimés chez lui à Villebon.

Lieutenant général, & Beringhem, Contrôleur général. En conséquence parut l'Edit du Roi, donné à Rouen au mois de Janvier 1597, regiſtré en la Cour des Monnoies, vol. cotté BB. fol. 205.

Le Roi confirme la charge de Grand-Maître & Superintendant général Réformateur & autres Officiers des mines ; lequel Grand-Maître devoit prêter ſerment devant M. le Chancelier, Comte de Chiverny, & les Lieutenants provinciaux, Officiers & Greffiers deſdites mines, créés par le même Edit, pardevant les Généraux de la Cour des Monnoies.

Il attribue toute Cour, juriſdiction & connoiſſance audit Grand Maître & autres Officiers des mines, de tous les différends, queſtions, débats & crimes dépendants du fait des mines, juſqu'à Sentence définitive incluſivement, tant en matiere civile que criminelle, nonobſtant oppoſitions ou appellations quelconques; fors au jugement de mort ou de queſtion, les appellations devoient être relevées en la Cour des Monnoies : au jugement deſquelles appellations ledit Grand Maître pourroit aſſiſter, ſi bon lui ſembloit, en cas que leſdits jugements n'euſſent pas été donnés par lui, mais par les autres Officiers des mines ; & avoir ſéance, opinion & voix délibérative comme en toutes autres choſes dépendantes du fait des mines & minieres, au Bureau de la Cour des Monnoies.

Il accorde audit Grand-Maître le pouvoir d'établir tous ouvriers néceſſaires auxdites mines ; de faire & dresser tous statuts, réglements & ordonnances conjointement & avec l'avis d'un Président de ladite Cour des Monnoies & non autrement.

A l'égard des premieres contestations entre les Seigneurs Justiciers & autres, d'une part ; & les ouvriers entrepreneurs desdites mines, d'autre part ; elles étoient réservées au Conseil d'Etat, jusqu'à ce qu'ils fussent mis en possession.

Les avis donnés au Roi de plusieurs découvertes de minieres, rendirent cet objet intéressant. On a trouvé, dit Cayet (1601), ès Monts Pyrénées, des mines de talc & de cuivre, avec quelques mines d'or & d'argent : aux montagnes de Foix, des mines de jayet & de pierres précieuses, jusqu'aux escarboucles ; ès terres de Gévaudan & ès Cevennes, mines de plomb & d'étain ; en celles de Carcassone, mines d'argent ; en celles d'Auvergne, mines de fer ; en Lyonnois près S. Martin, celles d'or & d'argent ; en Normandie, d'argent & de bon étain ; à Annonay en Vivarais, mines de plomb ; en la Brie & Picardie, mines de marcassites, d'or & d'argent.

Alors Henri IV, imitant ses Prédécesseurs, donna à Fontainebleau l'Edit du mois de Juin 1601.

Le Roi, en se réservant son droit pur & affiné, franc & quitte en toutes les mines, exempta à l'avenir les mines de soufre, salpêtre, fer, ocre, pétrolle, charbon de terre, ardoise, craie, plâtre & les pierres à bâtir, meules de moulin, du droit de dixieme. Il érigea de nouveau la charge de Grand-Maître Surintendant & Général Réformateur des mines, avec attribution de 1333 écus, & un tiers de gages ordinaires par an : un Lieutenant général des mines, un Contrôleur général avec chacun 1000 écus de gages ; autant au Receveur général avec les quatre deniers pour livre de sa recette ; un Greffier des mines à 133 écus, un tiers de gages.

Le Grand-Maître & le Lieutenant prêtoient serment devant le Chancelier de France & au Parlement ; le Contrôleur & le Receveur à la Chambre des Comptes, le Greffier entre les mains du Grand-Maître ou du Lieutenant général : tous avoient pouvoir de déléguer & subdéléguer, ils étoient payés, ainsi que leurs subdélégués à raison de leurs chevauchées dans les mines du Royaume ; chefs & inférieurs, tout fut conservé dans les mêmes exemptions & privilèges des mineurs, ainsi que sous les précédens régnes, avec attribution de jurisdiction au Grand-Maître ou le Lieutenant pour juger définitivement, & dans certains cas par appel au Parlement. Le reste contient tant d'avantages pour les Officiers, qu'il devoit y avoir des abus : aussi fallut-il des lettres de jussion, pour le faire regîtrer avec des modifications, au Parlement de Paris, le 31 Juillet 1603, & à la Chambre des Comptes le 13 Août suivant.

Pendant cet intervalle, le Roi avoit donné l'édit du mois d'Août 1601, regîtré au Parlement le 8 Mars 1602, & une déclaration du 19 Novembre 1601, regîtrée au Parlement le 14 Mai 1602, contenant des réglemens sur les mines : on ne les trouve point dans le recueil informe de Prault.

Le 14 Mai 1604, arrêt du Conseil d'État, servant de réglement au fait des mines. Le Roi crée un fondeur, essayeur & affineur général des mines à 1200 livres de gages, & nomme Cristophe Ulric de Crouac. Il y a des loix sages dans cet arrêt ; mais quand il est question de carcans, d'estrapades & autres représentations patibulaires dans les mines, on s'apperçoit du despotisme des intéressés. En général, tant que les mines seront l'affaire des particuliers, jamais elles ne réussiront dans le Royaume ; il faut un collége des mines dans la Cour de la Monnoie, & que les droits du Roi soient perçus & portés à la rigueur des anciennes ordonnances. Qu'on suive ce qui se pratique chez l'Empereur & l'Électeur de Saxe, pour leur administration.

Le Duc de Bellegarde remit sa charge de Grand-Maître des mines : elle fut donnée à son Lieutenant Martin Ruzé, Chevalier, Seigneur de Beaulieu, Lonjumeau & la Pressaye : il fut d'abord Secrétaire des Commandemens de Henri de France, Duc d'Anjou ; il suivit ce Prince en Pologne ; & à son avènement à la Couronne de France, il signa la confirmation de la régence de Catherine de Médicis, donnée à Cracovie le 15 Juin 1574. Henri III de retour en France, le constitua Secrétaire des Finances : la Reine mere le choisit pour son Secrétaire des Commandemens ; il entra avec ces qualités aux Conseils du Roi. Le 15 Septembre 1588 il fut nommé Secrétaire d'Etat ; en 1592 il fut, étant encore Protestant, Trésorier des Ordres du Roi ; lors de l'édit de 1601, la charge de Grand-Maître des Mines, il l'exerça jusqu'à sa mort

Ruzé-Beaulieu. 1601.

le 6 Novembre 1613. Les travaux de Malus ont été faits par ses ordres. On lit sur son épitaphe, à Chilli, *ob maximam naturæ metallicæ peritiam, maximum in rebus metallicis obtinuit Magistratum.*

Ruzé d'Effiat 1613.

Antoine Ruzé, fils de Gilbert Cœffier & de Charlotte Gautier, petit fils d'autre Gilbert Cœffier, Seigneur d'Effiat, & de Bonne Ruzé, sœur de Martin Ruzé, ayant été institué héritier universel par son grand oncle, à la charge de porter son nom & ses armes, prit le titre de Marquis d'Effiat, Conseiller du Roi en ses Conseils, Chevalier des Ordres du Roi, Surintendant général des mines & minieres de France, depuis premier Écuyer, Surintendant des Finances & Maréchal de France, mort le 27 Juillet 1632. C'est lui qui donna des commissions au Baron de Beausoleil, & qui accepta la dédicace du savant ouvrage de Savot.

La Meilleraye 1632

Charles de la Porte, Marquis de la Meilleraye, depuis Grand-Maître de l'Artillerie, devint Grand-Maître & Surintendant général des mines, il avoit épousé Marie Ruzé Cœffier, fille d'Antoine Ruzé Cœffier, Marquis d'Effiat.

Suivant Blanchard, & *le traité de la Souveraineté du Roi*, il y a eu un nouvel édit donné à Paris au mois d'Août 1636, portant création de la charge de Surintendant des mines & minieres, & réglement pour ses fonctions.

Cœffier. 1644.

En l'année 1644 sous le regne de Louis XIV, on donna une déclaration au mois de Mars par laquelle on créa deux Surintendans des mines & minieres de France alternatifs & triennals, ainsi qu'il avoit été

été fait des charges de Grands-Maîtres & Généraux réformateurs anciens des Eaux & Forêts de France. On fit don des deux charges à Charles Cœffier par deux lettres du 3 Septembre 1646, l'une pour l'office triennal, & l'autre pour l'office alternatif : elles font regiftrées au Parlement, vol. HH. fol. 335, 690, 691.

Colbert voulut entreprendre l'exploitation des mines; il y employa le Chevalier de Clerville, l'un des vérificateurs du Canal de Languedoc, & Céfar d'Arcons dont l'ouvrage eft imprimé dans cette collection.

Les édits de Verfailles du 30 Juillet 1677, regiftré le 22 Janvier 1678, du 2 Janvier 1703, regiftré le 15 Mai fuivant, du 8 Mai 1704, regiftré le 5 Mai fuivant, concernent M. le Duc de la Feuillade; celui de Juillet 1705 (16) regiftré le 8 au Parlement & le 14 en la Cour des Aides, concerne les mines d'or & d'argent des terres du Vigeau & de l'Ifle-Jourdain en Poitou, régie par Doudon de Vofagré au compte du Roi.

Par les édits de Janvier 1551, de Mars 1554, de Septembre 1570, Juin 1571, Juin 1635, Décembre 1636, du mois de Janvier 1637, Décembre 1638, il avoit été défendu à toutes perfonnes, fous prétexte de médecine ou

---

(16) Quand M. le Duc du Lude, fit exploiter les mines de Pontgibaut, M. le Duc de Bourbon fit frapper un jetton en plomb : d'un côté on lit, *Mines d'Auvergne 1735.* au revers *Saturni referantur opes*, avec fes armes, des Saumons, des tables de plomb, &c.

autrement, de tenir chez foi fourneaux ou autres chofes fervant à fondre ou altérer les métaux fans permiffion du Roi, vérifiée en la Cour, fous prétexte de faire eau de vie ou autres eaux. D'après ces principes, il fallut, fous les regnes de Henri IV, Louis XIII & Louis XIV, donner des lettres-patentes à tous les Médecins Spagyriques & aux Chymiftes, fans quoi ils auroient été vexés dans leurs opérations. Jean de la Colombe, diftilateur du Roi, en obtint le 5 Juillet 1638; Caré Defcheret le 14 Juin 1640; Henri de Rochas, Écuyer, Confeiller, Médecin ordinaire du Roi, le 24 Juillet 1646, Condrieu du Moulin, opérateur du Prince de Condé, le 15 Juillet 1649, &c. On en trouve le formulaire dans le ftyle de la Chancellerie.

On permettoit de tenir chez foi laboratoires, fourneaux, vaiffeaux & autres inftrumens néceffaires pour les opérations. Rochas obtint la permiffion d'enfeigner & faire des leçons publiques fur les préparations des matieres tant végétales, animales, que métalliques.

L'eau forte, dont le fecret avoit été acheté par les Officiers de la Monnoie, du fils de le Cointe, devint en 1637 un objet de commerce pour les diftilateurs, créés par édit du mois de Janvier. Enfin la Chymie & la Métallurgie ont éprouvé des obftacles par des réglemens aujourd'hui abfurdes, mais néceffaires à leur époque ; ils font devenus inutiles : la Chymie n'eft plus dangereufe dans l'État, & même ne peut pas le devenir, parce qu'on eft éclairé fur les abus.

Enfin sous Louis XIV, le Prince de Condé, Louis-Henri de Bourbon, Duc de Bourbonnois, a été Grand-Maître des mines & minieres : cette charge a été remboursée à la Maison de Condé le 28 Octobre 1740. *M. Le Duc 1713.*

Louis XV a été celui de nos Rois qui a le plus favorisé les sciences & les arts : sous son regne les gens de lettres & les artistes ont été récompensés avec autant de distinction que de libéralité ; le Royaume a joui d'une paix plus longue que sous aucun de ses prédécesseurs. Son siecle auroit dû être celui de la Minéralogie, mais la charge de Grand-Maître des mines qui auroit dû être inséparable de la Monnoie de Paris, comme dans les Etats où les mines sont dans la plus haute valeur, a été engagée jusqu'en 1748.

Il est arrivé dans ces longues & anciennes mutations, que les regiftres, les archives, les échantillons des mines sont restés dans chaque famille, & l'État n'a point eu connoissance de tous les objets qui pouvoient faire adopter un plan général pour parvenir à une bonne administration. C'est avec une peine & une patience, dont personne n'aura l'idée, que je suis parvenu à former cette collection où j'ai rassemblé les anecdotes & les faits qui prouvent à toute l'Europe, que les mines ont été exploitées dans le Royaume, & que la Chymie a eu parmi nous des hommes célèbres aussitôt qu'on a commencé d'écrire sur ces sciences.

Tant que les Grands-Maîtres des mines ont existé séparés de la Cour des Monnoies, ils ont été, d'un côté intéressés avec des courtisans, de l'autre livrés à l'avidité de leurs Officiers ou domestiques, ils n'ont rien fait pour l'instruction publique.

M. Orry, Contrôleur général des Finances, envoya en 1742 MM. Saur & Caire de Blumenstein pour s'instruire dans l'art des mines.

Les travaux de MM. Homberg, Grosse, Hellot, Geoffroy, Rouelle, furent la cause de la restauration de la Chymie en France. M. de Machault, Ministre d'État, Contrôleur général, fit traduire par Kœnig, ingénieur des mines, l'ouvrage de Schlutter que M. Hellot fit imprimer.

M. le Baron d'Olback a fait plus encore, son zele, son amour pour les sciences & pour le bien public, l'ont porté naturellement & sans intérêt, à traduire ou à faire traduire les meilleurs ouvrages que l'Allemagne avoit produits sur cette matiere.

L'administration de M. Bertin, Ministre d'État a été lente, parce qu'il falloit réunir des instructions sans nombre; il falloit créer un cabinet de recueils sur les objets des mines; c'est de cette collection qu'on verra sortir des effets avantageux à l'État & au progrès des sciences.

Louis XVI vient enfin de commencer le véritable fondement des connoissances dans la minéralogie & la métallurgie, par la création d'une chaire pour en enseigner les élémens dans une école (17) pu-

---

(17) M. Necker, qui est rempli des vues du grand Colbert, a senti l'utilité des mines : il s'est uni avec M. Bertin dans cette circonstance.

blique au milieu de l'Hôtel des Monnoies, où on auroit dû l'établir il y a bien des siecles.

Sa Majesté dit : » Nous étant fait représenter
» les édits, déclarations & réglemens concernant
» l'exploitation des mines, de métaux & minéraux,
» Nous avons reconnu que cette partie des richesses
» de notre Royaume n'avoit point acquis toute la
» valeur dont elle est susceptible, par le défaut de
» connoissance dans la minéralogie & la métallurgie,
» de maniere que les entrepreneurs des mines de
» France sont réduits à recourir à des étrangers
» pour les mettre à la tête de leur exploitation.
» Toujours occupés de ce qui peut servir au pro-
» grès des sciences & à l'accroissement des richesses
» nationales, Nous avons pensé qu'il seroit utile
» d'établir une école publique & gratuite de Miné-
» ralogie & de Métallurgie-Docimastique, dans la-
» quelle un Professeur par nous choisi, enseigneroit
» les principes de cette science & la maniere de la
» mettre en pratique.

Article Premier.

» Il sera établi dans une des grandes salles de
» l'Hôtel des Monnoies à Paris, une chaire de Mi-
» néralogie & de Métallurgie Docimastique, dans
» laquelle le Professeur donnera des leçons publiques
» & gratuites de cette science.

Article II.

» Nous avons nommé pour Professeur de chaire
» de Minéralogie & de Métallurgie-Docimastique le
» Sieur SAGE de notre Académie des Sciences.

Article III.

« Nous nous réservons de faire connoître plus particulierement nos intentions par un réglement sur tout ce qui pourra être relatif à l'établissement (*).

Puisse le Recueil que j'ai réuni, servir à l'histoire des erreurs anciennes, & être propre à éclairer sur les moyens de parvenir à un nouveau code des mines en France !

(*) Lettres-Patentes données à Versailles le 11 Juin 1778, registrées à la Cour des Monnoyes le 8 Juillet suivant.

FIN.

DES MINES D'ARGENT,

TROUVEES EN FRANCE;

OUVRAGE ET POLICE D'ICELLES;

Par François GARRAULT, Sieur des Gorges, Conseiller du Roy, & General en la Cour des Monnoyes.

1579.

PRÉFACE.

LE premier Ouvrage des Auteurs François, qui traitent de la Minéralogie, est de François *Garrault* Sieur des Gorges, Conseiller du Roi & Général en la Cour des Monnoyes, depuis, Trésorier de France & Général des Finances en Champagne d'une famille de Touraine. Ce Livre est si rare que nous ne l'avons trouvé que dans la Bibliothèque de Messieurs les Avocats, confiée aux soins de M. Drouet. Garrault étoit un Sçavant, qui a enrichi la République des Lettres de plusieurs Ouvrages infiniment curieux, comme on en pourra juger par le catalogue qui se trouve dans ce volume ; ils n'ont pas été connus de la Croix-du-Maine, de du Verdier, ni de leurs sçavans commentateurs.

Le but de l'Auteur, en composant cette brochure, paroît avoir été de protéger les Habitans de Chitry en Nivernois, dont la Mine fut découverte sous le règne de Charles VIII, par le sieur de Bèze Gentil-homme de cette Province, en faisant les fondemens d'une grange. Il obtint à ce sujet des Lettres-Patentes de ce Prince, au mois de Février 1493, lesquelles furent confirmées par Louis XII au mois de Juin 1498.

Ce Gentilhomme étant mort, ses deux fils Pierre de Beze & Jean de Beze, obtinrent du même Roi, par des Lettres-Patentes du mois de Juillet 1514, la permission d'exploiter les mines d'argent, de cuivre, de plomb & autres métaux, aux Pays de Nivernois & autres lieux & places du Royaume de France, de les tirer & affiner & porter l'argent à la plus prochaine Monnoye où ils devoient payer le dixième dû au Roi; & comme leur pere avoit commencé le travail des mines de Chitry, il fut défendu à toutes personnes, de quelle qualité & condition qu'elles fussent, sinon leurs enfans, successeurs & ayant causes, de faire dresser ni ériger aucuns martinets ou engins, à deux lieues à la ronde desdites mines déja ouvertes, s'ils ne discontinuoient de travailler l'espace d'un an entier. Le Roi leur appliqua plus spécialement les privilèges généraux, contenus dans les Ordonnances sur le fait des mines.

Ces Lettres furent regiftrées à la Chambre-des-Comptes, *demptis duntaxat in ferro operantibus quantum ad gaudentiam privilegiorum*, le 14 de Juillet 1550, & au Parlement de Paris, le douze du mois d'Août suivant. Il y eut aussi des confirmations à l'égard de la mine de Chitry, par François I, le 10 Octobre 1520, par Henri II, au mois de Septembre 1548, & le 20 Mars 1554.

Cette mine, dit Garrault, rapporta jusqu'à onze-cent marcs d'argent fin & cent milliers de plomb pour une seule année; le même Auteur nous apprend comment ces bons Gentilhommes instruisirent leurs habitans; comment ils formerent une Ecole de Mineurs, dans le milieu du Royaume,

PRÉFACE.

La Description metallique de Chitry, dont il fait l'histoire, est si simple pour la police, que l'ouverture des mines seroit devenue générale, si on eût employé une semblable méthode dans les autres Provinces. Pour juger mieux de la tradition de la Docimasie en France, à cette premiere époque, nous allons la mettre en paralèlle avec celle des Egyptiens, rapportée par Diodore de Sicile.

» Entre l'Egypte, l'Ethiopie & l'Arabie, il est
» un endroit rempli de métaux, & surtout d'or,
» qu'on tire avec bien des travaux & de la dé-
» pense ; car la terre dure & noire de sa nature,
» est entrecoupée de veines d'un marbre très-blanc
» & si luisant, qu'il surpasse en éclat les matières les
» plus brillantes. C'est-là que ceux qui ont l'inten-
» dance des métaux, font travailler un grand nom-
» bre d'ouvriers. Le Roi d'Egypte envoye quelque-
» fois aux mines avec toute leur famille, ceux qui
» ont été convaincus de crimes ; aussi bien que les
» prisonniers de guerre, ceux qui ont encourru
» son indignation, ou qui succombent aux accu-
» sations vraies ou fausses, en un mot tous ceux
» qui sont condamnez aux prisons. Par ce moyen
» il tire de grands revenus de leur châtiment.

» Ces malheureux, qui sont en grand nombre,
» sont tous enchaînez par les pieds & attachez au
» travail sans relâche, & sans qu'ils puissent ja-
» mais s'échapper ; car ils sont gardez par des sol-
» dats étrangers, & qui parlent d'autres langues
» que la leur. Quand la terre qui contient l'or, se
» trouve trop dure, on l'ammolit d'abord avec le
» feu ; après quoi ils la rompent à grands coups de

A 3

» pic ou d'autres inſtrumens de fer. Ils ont à leur
» tête un Entrepreneur, qui connoit les veines de la
» mine & qui les conduit. Les plus forts d'entre les
» travailleurs fendent la pierre à grands coups de már-
» teau; cet ouvrage ne demandant que la force des
» bras, ſans art & ſans adreſſe. Mais comme pour
» ſuivre les veines qu'on a découvertes, il faut ſou-
» vent ſe détourner, & qu'ainſi les allées qu'on creuſe
» dans ces ſouterains, ſont fort tortueuſes, les ouvriers
» qui ſans cela ne verroient pas clair, portent des
» lampes attachées à leur front, changeant de poſ-
» ture autant de fois que le requiert la nature du
» lieu, ils font tomber à leurs pieds les morceaux
» de pierre qu'ils ont détachés. Ils travaillent ainſi
» jours & nuits, forcés par les cris & par les coups
» de leurs guides. De jeunes enfans entrent dans les
» ouvertures que les coins ont faites dans le roc, &
» en tirent les petits morceaux de pierre qui s'y
» trouvent & qu'ils portent enſuite à l'entrée de la
» mine. Les hommes âgés de trente ans, prennent
» une certaine quantité de ces pierres, qu'ils piſent
» dans des mortiers avec des pilons de fer, juſqu'à
» ce qu'ils les ayent reduites à la groſſeur d'un grain
» de millet. Les femmes & les vieillards reçoivent
» ces pierres miſes en grain & les jettent ſous des
» meules qui ſont rangées par ordre : ſe mettant en-
» ſuite deux ou trois à chaque meule, ils les broyent
» juſqu'à ce qu'ils ayent réduit en une pouſſière auſſi
» fine que de la farine, la meſure qu'il leur en a été
» donnée.

» Il n'y a perſonne qui n'ait compaſſion de l'ex-
» trême miſere de ces forçats, qui ne peuvent pren-
» dre aucun ſoin de leur corps, & qui n'ont pas

PRÉFACE.

» même de quoi couvrir leur nudité, car on n'y
» fait grace, ni aux vieillards, ni aux femmes,
» ni aux malades, ni aux estropiés; mais on
» les contraint également de travailler de toutes
» leurs forces jusqu'à ce que n'en pouvant plus
» ils meurent de fatigue. C'est pourquoi ces infor-
» tunés n'ont d'espérance que dans la mort, & leur
» situation présente leur fait craindre une lon-
» gue vie.

» Les Maîtres recueillant cette espèce de pou-
» dre achèvent l'ouvrage de cette maniere : ils
» l'étendent sur des planches larges & un peu in-
» clinées, & ils l'arrosent de beaucoup d'eau. Ce
» qu'il y a de terrestre dans ces matieres est em-
» porté par l'eau qui coule le long de la planche,
» mais l'or ou le métal demeure dessous à cause de
» sa pesanteur. Après ce lavage répété plusieurs fois,
» ils frottent quelque tems la matière entre leurs
» mains. Ensuite l'essuyant avec de petites épon-
» ges, ils emportent ce qui y reste de terre jus-
» qu'à ce que le métal soit entièrement net, d'au-
» tres ouvriers le prenant au poids & à la mesure,
» le mettent dans des pots de terre. Ils y mêlent
» dans une certaine proportion du plomb, des grains
» de sel, un peu d'étain & de la farine d'orge. Ils
» versent le tout dans des vaisseaux couverts &
» lutés exactement, qu'ils tiennent cinq jours &
» cinq nuits dans un feu de fourneau : ensuite leur
» ayant donné le tems de se refroidir, on ne trouve
» plus aucun mélange des autres matieres; mais l'or
» est pur avec très-peu de déchet. Au reste la dé-
» couverte des métaux est très-ancienne puisqu'elle

« nous vient des anciens Rois (1). *Livre III,*
« *Chap. VI.* »

Les Seigneurs de Chitry firent conſtruire à leurs dépens les martinets pour piler, fondre & affiner & ils ſe reſerverent les cinq ſixiemes d'un dixieme du revenu. Un autre ſixieme fut deſtiné pour les gages des Officiers de la Juridiction des mines, les autres huit dixiemes reſtans, étoient le profit des ouvriers, tant pour l'acquiſition des ſurfaces de terre que de tous les autres frais du martinet.

Chaque foſſe avoit une compagnie de vingt hommes, compris un Maître de bande. Toutes les bandes étoient réunies ſous un Maître général, il y avoit auſſi un Contrôleur des mines.

Il y préſidoit un Juge, un Procureur du Roi; un Greffier & un Sergent. Les appeaux ſe relevoient à la Cour des Monnoyes, qui envoyoit un garde pour être ſédentaire & préſent aux affinages dont il tenoit regiſtre.

Cette méthode encourageante, ne ſe reſſentoit en rien de ce qui ſe pratiquoit chez les Egyptiens & ſur les rivages occidentaux du Golfe Arabique. Les Seigneurs François étoient des peres qui vivoient avec leurs enfans, auſſi les habitans de Chitry devenus habiles dans l'Art métallurgique étant venus ſolliciter Garrault, il écrivit en leur faveur ce petit Livre, parce qu'ils demandoient la confirmation des anciens privilèges donnés *aux ouvrans de ladite mine*. Les payſans voulurent la prendre à leurs dépens & continuer l'ouvrage en payant le

---

(1) Voyez la note ſur Jean Rey, p. 1.

dixieme au Roi ; ils en obtinrent la permiſſion par Lettres-Patentes du mois de Juin 1579. Le Roi octroya auſſi aux habitans de Chitry & autres ſes ſujets, la permiſſion de travailler les mines & minieres d'or & d'argent, de plomb & autres métaux en quelques lieux qu'elles puſſent être & confirma aux bandes de vingt ouvriers & Maître, dans chaque foſſe de mine & miniere, les anciens priviléges des Rois ſes prédéceſſeurs, en les prenant ſous ſa ſauve-garde, ainſi que les martinets, fonderies & affineries ; ces lettres ont été regiſtrées au Parlement de Paris le 26 Août 1579, après l'impreſſion du Livre de Garrault, dont le titre ſe lira dans le Catalogue ſuivant.

OUVRAGES DE FRANÇOIS GARRAULT.

I.

« Les Recherches des monnoyes, poids & maniere de nombrer, des premieres & plus renommées Nations du Monde : depuis l'eſtabliſſement de la police humaine iuſqu'à préſent. Reduictes & rapportees aux monnoyes, poids & maniere de nombrer des François. Auec une facile inſtruction pour partir & diuiſer vn entier en pluſieurs parties & reduire pluſieurs parties en vn entier, à l'imitation de l'*As* Romain. Livres trois par François Garrault, Sieur des Gorges, Conſeiller du Roy, & General en ſa Cour des Monnoyes, in-8. Paris, *Martin le jeune*, 1576, 128 pages, & 1595, chez *Mettayer*.

Ce livre eſt dédié à Henri III. L'Epitre eſt datée de Paris, le 16 Juin 1576.

Au revers du titre il y a un arbre où sont appendus trois écussons, l'un au pied, champ chargé de molettes sans nombre, au lion issant & langueté, & les deux autres sur les branches, l'un d'argent à trois hures de lion languetées, deux & une au milieu une molette, l'autre d'argent avec un chevron & deux molettes des deux côtés, dans l'ouverture du chevron une aîle d'oiseau.

Enfin cinquante vers François, de Guillaume Postel Cosmopolite en l'honneur de Garrault.

Jean Garrault, Conseiller au Parlement, & Claude Garrault portoient d'azur au lion d'or semé de molettes ou d'étoiles, ils furent reçus le 16 Mai & le 21 Juin 1600. Louis Phelypeaux, Conseiller au Présidial de Blois avoit épousé Radegonde Garrault : M. le Comte de Maurepas & feu M. le Duc de la Vrilliere, sont leurs descendans.

II.

» PARADOXES sur le faict des monnoyes, par Fran-
» çois Garrault, Sieur des Gorges, Conseiller du
» Roy & General en sa Cour des Monnoyes, in-8°.
» Paris, *Jacques du Puys*, 1578, contenant 48
» pages.

Il est dédié à M. du Faur, Seigneur de Pybrac, Conseiller du Roi en son Conseil Privé, & Président en sa Cour de Parlement à Paris.

Paradoxe premier, *que les monnoyes n'ont point changé de valeur*; deuxieme, *que de l'augmentation & surhaussement du prix des monnoyes, vient la vilité & bon marché de toutes choses, & que de la reduction & rabais d'icelles provient l'enchérissement*

PRÉFACE.

III

» Discours de Jean Bodin, sur le rehauffement
» & diminution des monnoyes, tant d'or que d'ar-
» gent, & le moyen d'y remedier & refpondre aux
» paradoxes de M. de Maleftroict. Plus, vn recueil
» des principaux advis donnez en l'Affemblée de
» Saint Germain des Prez, au mois d'Aouft der-
» nier 1577, par François Garrault, Seigneur des
» Gorges, Confeiller du Roi & General en fa Cour
» des Monnoyes; in-8. Paris, *Jacques du Puys.*
» 1578.

La première partie de ce recueil eft l'ouvrage de Bodin, que Garrault fit réimprimer. Enfuite :

Paradoxes du Seigneur de Maleftroict, Confeiller du Roi & Maiftre ordinaire de fes Comptes, fur le faict des monnoyes, préfentez à Sa Majefté au mois de Mars 1566, in-8. Paris, 1578.

C'eft un des plus importans ouvrages qui aient été faits fur cette matiere, il n'eft ici qu'en extrait. J'en poffède un exemplaire entier complet manufcrit, venant de Séraphin le Ragois, l'un des principaux Officiers du Confeil de Gafton, (*Monfieur*, Duc d'Orleans, & de Mademoifelle de Montpenfier) il avoit été imprimé en 1566, & traduit alors en Anglois par ordre du Chancelier d'Angleterre.

Recueil des principaux advis donnez es affemblées faictes par commandement du Roy, en l'Abbaye Saint Germain des Prez, au mois d'Aouft dernier 1577, fur le contenu des memoires préfentez à Sa Majefté eftant en la ville de Poitiers, portant l'établiffement du compte, par efcus; & fuppreffion de celui par folz & liures, par François Garrault,

Sieur des Gorges, Conseiller du Roy & General en sa Cour des Monnoyes, in-8. Paris, 1578, 38 pages; il est dédié à M. de Chiverny, Chancelier de l'Ordre, Conseiller du Roi au Conseil-Privé.

IV.

» Des Mines d'argent trouuees en France, ou-
» urages & police d'icelles, par François Garrault,
» Sieur des Gorges, Conseiller du Roi & General
» en sa Cour des Monnoyes, in-8. Paris, *Veuve*
» *Jehan Dalier & Nicolas Roffet*, 1579 : 42 pages.

Au revers du titre, les mêmes armes que celles qui sont aux Recherches des Monnoyes, N°. 1.

Cette brochure est mal analisée dans M. Hellot, & par l'Auteur de la Vie de M. Lenglet du Fresnoi, qui en a parlé.

V.

» Sommaire des Edits & Ordonnances Royaux,
» concernans la Cour des Monnoyes, & Officiers
» particuliers d'icelles : ensemble les Changeurs,
» Orfeures, Joiaillers Affineurs, Tireurs, Batteurs
» d'or & d'argent, & autres respondans & justi-
» ciables de ladite Cour, par François Garrault,
» Sieur des Gorges, Conseiller dn Roi & General
» de sa Cour des Monnoyes, in-8. Paris, *Jacques*
» *du Puys*, 1582. *Le privilege est donné au Li-*
» *braire le 8 de Novembre 1581*. Le volume con-
» tient 40 pages, in-8. Tours, *Mettayer*, 1591,
» in-8. Paris 1632.

C'est un précis fort bienfait des Ordonnances sur cette matiere, imprimées confusément, éparses dans plusieurs volumes & difficiles à trouver, pour ne pas dire impossibles. En voici un exemple, *titre* 24,

Charles VI, 1414, *des mines d'or & d'argent.*
« Au Roy seul & non à autre Seigneur, appar-
» tient le dixiesme du reuenu des mines : les Sei-
» gneurs Hault Justiciers des terres où lesdites mi-
» nes seront assises, bailleront aux maistres & ou-
» uriers d'icelles en payant raisonnablement, che-
» mins, voyes, entrées, issues, par leurs terres,
» bois, riuieres & autres choses necessaires. Les
» mineurs pourront chercher, fouiller mines en
» tous lieux, en contentant les proprietaires desdits
» lieux. Lesdits ouuriers residans esdites mines & lieu
» du martinet trauaillans actuellement, auront un
» juge particulier, duquel les appellations ressortiront
» en la Chambre des Monnoyes à Paris, & seront
» exempts d'aides, tailles, gabelles & impositions
» quelconques, de ce qui sera du creu de leurs
» terres & possessions.

VI.

» REDUCTION & avaluation des mesures & poids
» anciens du Duché de Rethelois à mesures & poids
» Royaux, mises & redigees par escrit en presence
» des Deputez dudit Duché, par François Garrault,
» Sieur des Gorges, Conseiller du Roi & General
» en sa Cour des Monnoyes, Commissaire par lui
» ordonné, in-4. Paris, *Sébastien Niuelle*, 1585,
» contenant 90 pages, *très-rare.*

C'est à la requête du Prince & de la Princesse,
Duc & Duchesse de Rethelois, que le Roi commit
Garrault pour cette réforme, par lettres-Patentes,
données à Saint Germain en Laye, le 10 Novembre
1584. Henri II, par lettres-patentes données à Vil-
lers-Cotterets & à Saint Germain en Laye, le 20
Mai, & au mois d'Octobre 1557, avoit nommé des
Commissaires pour procéder à la réduction des poids

& mesures du Royaume. Il seroit à desirer qu'on voulût s'occuper de cette matiere importante dont le procès-verbal de Garrault me paroit être le seul exemple qu'on ait imprimé & qu'il faudroit joindre à la fin de la coutume locale de ce Duché.

Cette même année le 18 Mars 1585, M. François Garrault, Conseiller Général en la Cour, mit au Greffe de la Juridiction des Monnoyes, *Registre Z, fol.* 164. la B le de Grégoire XIII, du cinq des Ides de Février 1583, portant excommunication à l'encontre de ceux qui alterent les monnoyes du Roi de France, qui les rognent, qui en apportent de contrefaites, foibles ou alterees; impetree par ledit Garrault, etant en la ville de Rome, de notre Saint Pere, suivant la charge qu'il en auroit eue de Messieurs du Conseil, ausquels il l'a presentee, & icelle mettre suivant leur ordonnance au Greffe de la Cour, dont il a requis acte.

VII.

» Discours & interpretation de la Monnoye,
» Tournois & Parisis du tems du Roy Sainct Louis,
» avec leur pourtraict, poids & valeur, par Fran-
» çois Garrault, Sieur des Gorges, Conseiller du
» Roy, & General en sa Cour des Monnoyes, in-8°.
» Paris, *Veuve Nicolas Roffet*, 1586, contenant
» 24 pages.

Louis de Gonzague & Henriette de Cleves, Duc & Duchesse de Nivernois & Rethelois, Prince & Princesse de Mantoue, ayant montré à Garrault, dans le Château de la Cassine en Rethelois où il avoit été Commissaire du Roi pour la réduction des poids & mesures Royales du Duché, à celle de la ville de Paris, des gros Tournois & Parisis d'argent : il composa cette brochure curieuse & savante comme le font tous fes ouvrages. Il y eft queftion des monnoyes des Princes appanagers.

VIII.

„ MEMOIRES & Recueil des nombres, poids,
„ mefures, & monoyes anciennes & modernes, des
„ nations plus renommees ; raport & conference des
„ vnes aux autres ; avec vne reduction aux Royales
„ de la France, qui font en vfage en la ville de Paris,
„ par François Garrault, Sieur des Gorges, Con-
„ feiller du Roi, Treforier de France & General
„ des Finances en Champagne, & ci-deuant Ge-
„ neral en la Cour des Monnoyes, in-8. Paris,
„ Jamet Mettayer & Pierre l'Huillier; 1595, con-
„ tenant 88 pages. Ouvrage intéreffant par fon éru-
dition.

Avant de terminer cet Extrait, nous ferons connoître un Chimifte François, formé dans les mines du Nivernois, & dont Becher faifoit tant de cas, qu'il a puifé dans fes ouvrages cette doctrine que les Chimiftes modernes admirent encore aujourd'hui dans les fiens. C'eft Gafton *Duclo*, qui fe nommoit en latin *Gafto Claueus*, dont le nom eft fi horriblement défiguré, qu'il eft néceffaire de parler de cet habile homme. On l'a appellé *Gafto Claveus*, & on a traduit gauchement ce nom par celui de Gafton de Clave ; on l'a nommé encore Gafton du Cloud, comme Etienne de Clave qui m'avoit induit en erreur dans une note fur Palifly : Gafton le Doux, dit de Clave, erreur d'un de fes traducteurs ; *Gafto Dulco*, tranfpofition de lettre de quelques Auteurs, ce qui a fait traduire Gafton le Doux : un autre Chimifte moderne, a rendu ce nom par Gafton, Duc de Cleves, Chimifte François. D'après ces fautes, comment connoître Gaston Duclo, qui naquit dans le Nivernois vers l'an 1530, comme on l'apprend de son portrait gravé l'an 1590, qui se trouve à la fin de son premier livre où il est dit âgé de soixante ans, & d'un passage du même Traité où il se dit *jam senex & sexaginta annos natus*. Il étudia la Jurisprudence dans sa jeunesse, & il exerça la profession d'Avocat au barreau de Nevers; peut-être même fut-il un des Juges Royaux, Commissaire des mines de Chitry & que cette place lui procura le moyen de scruter cette haute Chimie qui ne s'étudie qu'avec la Docimasie. Il commença à s'y appliquer à l'âge de 25 ans, & c'est ce qu'il nous apprend lui-même : car en 1590 il disoit, *multis meditationibus & experimentis triginta quinque ferè ab hinc annis*. Il étoit encore Avocat lorsqu'il décida cette question de Jurisprudence par la Chimie :

Un Bourgeois de Nevers voulant acheter d'un passant un collier qu'on assuroit être d'or, le fit examiner par un Orfevre de la ville; ce dernier ayant fait l'essai à la pierre de touche sans qu'il lui fût permis de le couper, le jugea d'or fin; en conséquence le collier fut acheté & payé, & le passant disparut. Mais peu de tems après ce même collier ayant été rompu, on vit qu'il étoit d'argent recouvert d'or. Le Bourgeois traduisit aussitôt son Orfevre devant les Juges, l'accusant de dol & de connivence, répetant la somme qu'il avoit payée & les dépens. Un Conseiller du Siége consulta Duclo, depuis son collègue, sur ce qu'on devoit déterminer dans cette affaire. Il lui observa que si le collier étoit simplement doré, la preuve de la pierre de touche

touche pouvoit suffire pour être apperçu par l'Orfevre, & que dans ce cas il seroit condamné, mais que si ce collier étoit fouré d'argent, comme on ne lui avoit point laissé entamer la matiere par un instrument, on ne pouvoit pas prononcer contre lui. On rendit donc une sentence interlocutoire qui ordonna qu'avant faire droit, l'épreuve en seroit faite par l'eau de départ. Si le collier eût été simplement doré, les particules d'or se seroient brisées en poudre impalpable, mais dans le cas présent, l'argent fut dissout & l'or se soutint en son entier, ensorte que l'Orfevre fut renvoyé absous & sans dépens.

En 1584, Gaston Duclo devint Lieutenant particulier du Siége de Nevers. Dans ses momens de loisirs ayant lû un ouvrage de Thomas Eraste, Médecin d'Heidelberg, intitulé : *Medicina Nova Paracelsi*, imprimé à Bâle en Suisse, l'an 1572, dans lequel ce Médecin attaque la Chimie en Dialecticien sans expérience ; Duclo lui répondit par le livre suivant.

I. *Apologia Argyropoeiæ & Chrysopoeiæ, adversus Thomam Erastum in schola Heydelbergensi professorem. Authore Gastone Claueo Sub-præside particulari Nivernensi*, in 8. Nivernis, (Pierre Roussin) 1590, 224 pages, jolie édition.

Il le dédia à Louis de Gonzague, Duc de Nivernois & de Rethelois : il se nomme Gaston Duclo, à Nevers aux Calendes d'Avril 1590.

Il fut un des premiers Auteurs qui fit imprimer à Nevers. L'Imprimerie & la Sculpture venoient d'y être introduits par le Prince, son bienfaiteur & son maître, *sed & novissimis hisce diebus Typographum*

B

& Sculptores ingeniosos multis tuis sumptibus huc appellare jussisti. La verrerie, l'émail & la fayance de Nevers, sont encore les bienfaits de Louis de Gonzague; *Hinc vitrariæ, figulinæ, & encausticæ artis artifices egregii jussu tuo accersiti & immunitate tributorum alliciti præstantia opera civibus tuis commoda, magisque exteris admiranda subministrant.* Emulation qu'on doit sans doute aux excellens ouvrages de Palissy. Le Duc fit aussi élever des édifices & déchargea le cens onéreux dont les maisons étoient vexées, afin de contribuer aux embelissemens de Nevers. Elles étoient réunies au Domaine faute de payer le cens pendant trois ans, & les héritiers rachetoient le bien de leurs pères.

» Les ouvrages des anciens Chymistes, dit Duclo,
» sont presque tous enigmatiques, comme les oracles de Delphes; je n'ay tiré aucune utilité de
» leur lecture, quoique je les aye etudiés avec grand
» soin: le seul Geber paroît avoir ecrit avec quelque methode. Je rechercherai d'abord si l'art de
» la Chrysopée & de l'Argyropée existe; *agendi*
» *tamen methodum silebo.*

Ainsi son Traité doit être regardé comme un plaidoyer en faveur de cet art. Il y rapporte plusieurs expériences curieuses, & le divise en trois parties; la premiere, « De la cognoissance de la nature des metaux & leur formation naturelle dans les mines. A ce sujet il rapporte les opinions des Alchymistes, de Gilgil Mauré Espagnol, d'Albert, de George Agricola; ce qui bien résumé se reduit au cinquieme element de Palissy. *Metalla humiditatem habent aeream sulphuream & inflammabilem;* la cause efficiente est dans une vapeur, une eau qui contient les principes des métaux & des pierres : *postea densatur & in metallum evadit*; tous les corps naturels sont composés d'un principe onctueux & inflammable, & d'un autre aqueux qui en est le gluten, *quo tanquam visco terrenæ corporum partes junctæ cohærent.* » La seconde partie traite « de la matiere prochaine de l'or & de l'argent sur la fixité de l'or qu'il tient en fusion pendant deux mois au four des verriers sans dechet ainsi que l'argent avec dechet sur la gravité & la densité des métaux, sur le mercure des Chimistes ou la terre mercurielle de Becher : *at vero argentum vivum quod dicimus esse materiam argento & auro proximam, non solum est illud vulgare, quod palam à mercatoribus venit, & ex Hispania aut Germania advehitur, verum etiam illud quod ex corporibus imperfecte mistis plumbo, stanno, ære & ferro subtili arte prolicitur.*

La troisieme partie traite de la méthode. L'Auteur enseigne plusieurs opérations sur l'or & sur l'argent ; il cite le livre de Robert Duval, *De Veritate & Antiquitate artis Chemicæ*, imprimé à Paris en 1561 : il dit encore, *neque existimandum est, argentum vivum, quod solvendi auri obtinet facultatem esse illud vulgare, quod palam à Pharmacopolis aut mercatoribus venit.* La Docimasie lui fournit plusieurs expériences qui lui faisoient illusion, l'autopsie des mines & leur traitement lui démontroient la possibilité de faire de l'or, ou du moins de le retirer par la méthode que Becher a copiée chez lui. Enfin il termine par la réponse à quarante-trois argumens qu'Eraste avoit écrits en 1566.

A la page 218 est le portrait de l'Auteur, gravé en bois, des vers latins par deux anonymes ; le premier, J. L. le second, J. B. A. d'autres de Guillaume Dubroc & d'Etienne Gascoing, jeunes gens du Nivernois.

Bernard G. Londrada-Penot, de Port Sainte Marie, en Gascogne, ayant fait réimprimer cet ouvrage en Allemagne, un Médecin appellé André Libavius, qui étoit partisan de l'Alchimie & de la Chimie, écrivit « *Defensio & Declaratio perspicua Alchimiæ transmutatoriæ opposita Nicolai Guiperti, & Gastoni Clauei Jurisconsulti Nivernatis apologiæ contra Erastum malè sartæ & pravæ*, in-8. Ursellis 1604, depuis la page 309, à la page 694.

2°. *De recta & vera ratione progignendi Lapidis Philosophici, seu salis argentifici & aurifici dilucida & compendiosa explicatio. Authore Gastone Duclo, Sub-præside particulari in foro Nivernensi*, in-8. Nivernis, (Roussin) 1592, 39 paragraphes.

Il est dédié au Prince Ernest, Archevêque Electeur de Cologne, Archichancelier de l'Empire, Evêque de Heldischeim, & Freyssingue, postulant de Munster, & Administrateur de Stavelot, Comte Palatin du Rhin, Duc de Baviere & de Westphalie, Duc de Bouillon, Marquis de Franchinon, Comte de Fougre & de Horne.

La cause de cette dédicace, dit l'Auteur, qui ne vouloit laisser paroître son ouvrage qu'après sa mort, vient de ce que Thomas Tolet raconta avoir vu à Liége trois fois la projection de l'or par la poudre des Chimistes, ce qui avoit été exécuté par des passans en présence du Prince Ernest.

Thomas Tolet, Sculpteur & Architecte de la ville & du Prince de Liége, fut appellé en Nivernois par le Duc & la Duchesse, vers l'an 1590, pour terminer l'Autel de Saint Cyr dans l'Eglise Cathédrale de Nevers, qu'il orna des statues de marbre des anciens Ducs, soit en finissant celles qui avoient été commencées par d'autres Sculpteurs, ou en en faisant de nouvelles d'après ses desseins; il éleva les colonnes de ces marbres de différentes couleurs & de tous genres, qui furent apportés du pays de Liége, *ex tua patria Leodiensi huc advecta sunt.* Le nom de Tolet fut gravé dans cette Eglise, cet évenement fut alors une époque pour le bon goût dans le Royaume, comme il prouve aussi la disette où nous étions alors de nos propres richesses, puisqu'on fut chercher du marbre hors de France. Duclo rendit Tolet Chimiste, *si quod partim vidi, partim quod de eo pulvere aurifico sentio....* dit-il au Prince, *unica est totius arcanis, arcani clavis quam fidei Toleti commisi*; il lui fit construire un fourneau, parce que, *totam vim in igne jacere.* Ce livre a été traduit assez mal en François par le sieur Salmon.

13°. *De Triplici præparatione argenti & auri. Auctore Gastone Duclo, &c. in-8. Nivernis,* (Roussin) 1594.

Il est dédié à Jacques de Lassin, Chevalier de l'Ordre du Roi, Baron d'Aubusson, qui se trouva contre les Espagnols devant Lagny en Brie, amateur de la Chimie & souvent trompé par des sophistes de cet art.

Ce livre a aussi été mal traduit par le sieur Salmon, & imprimé in-12. à Paris, 1695.

Becher dit dans ses Opuscules Chimiques ces paroles remarquables, *Legite Claueum de triplici præparatione auri, & si nihil indè potestis discere, nec electi, nec vocati estis ad hanc materiam.* Il faut rendre justice à M. Roth-Scholtz qui a sçû qu'il falloit nommer cet Auteur Gaston Duclo, cette éxactitude presque unique doit être remarquée, Voyez sa Bibl. Chimique.

Il n'y a de bonnes éditions de cet Auteur que celles de Nevers, ou de Neuchatel en Suisse qui contiennent les trois ouvrages imprimés en 1596 & dont la copie faite par Denis du Four Médecin est à Saint-Germain-des-Prés dans les Manuscrits de Séguier N°. 2702 ; toutes les autres sont mauvaises.

Le Président de la Barre assure que l'an 1589 il avoit vû à Nevers un Sculpteur Liégeois nommé Me Jacques, qui fit par son Art fondre dans un creuset une livre de Fer, plus promptement qu'une livre de beurre sur le réchaut dans un plat, & cela par gageûre : le Fer échaufé, dit-il, fondit tout à coup, & il restoit presque un quarteron de beurre à fondre. Tout concourroit à favoriser la Province de Nivernois suivant le même Auteur ; car dès l'an 1561, des Pasteurs se chauffant dans un bois, mettoient des pierres de charbon avec les buchettes qu'ils bruloient & faisoient un bon feu : le Duc de Nevers Louis de Gonzague étant à la Chasse, s'étant retiré à l'abri d'un orage, les apperçut & ayant fait becher, y trouva des Minieres de Charbon de Terre. Le malheur voulut que le feu s'y alluma lequel brusle encore (en 1613.) On y a attiré des clarifs & dégouts, mais rien ne proffite & s'embrase davantage rendant une fumée épaisse qui se voit de tous les environs, meslée le soir d'un peu de flâmme. »

DES MINES D'ARGENT,

TROUVEES EN FRANCE;

OUVRAGE ET POLICE D'ICELLES.

PAR FRANÇOIS GARRAULT Sieur des GORGES, Conseiller du Roy, & General en ſa Cour des Monnoyes.

Il y a diuerſes opinions entre les hommes ſur la commodité ou incommodité des metaulx : aucuns les eſtimans vtilles & proufitables, autres pernicieux & nuiſibles à l'homme, comme cauſe de meurtre, enuie, larrecin, & de toute autre eſpece de mal introduict au monde. Mais qui diligemment voudra eſplucher ces deux opinions, il ſera facile à iuger de combien ils ſont plus neceſſaires que dommageables, comme l'antiquité de l'vſage le faict aſſez cognoiſtre : car auant que le fer, l'or, argent & autres metaulx, fuſſent trouuez, le meurtre, l'auarice, l'ambition, & tous autres vices regnoient

François Garrault. 1572

B 4

François Garrault 1579.

entre les humains : comme nous lisons de Cain premier homicide, & de Samson lequel sans aucun ferrement porta plus de dommage aux Philistins, que n'auoient faict ses predecesseurs auecques leurs espées & lances ferrées : il n'y a longtems que les Indiens n'vsoient d'aucuns ferrements & neantmoins s'entreguerroyoient auecques telles armes que la commodité leur permettoit.

Lors de l'ancienne permutation, que les principales richesses consistoient en possessions de Domaine & bestail, l'ambition l'enuie, la rapine, & larrecin estoient comme on peut colliger par le discours des histoires anciennes, tant sacrées que prophanes, où il est faict mention des emulations, querelles, & debats qui sont interuenus pour les limites des habitations, fertilité des terres, & augmentation de bestail : dont on peut juger que tels malheurs ne sont advenus à l'occasion des mineraulx, qui sont insensibles & immobiles, ne pouuans rien d'eux-mesmes, mais sont appliquez selon l'affection bonne ou mauuaise, de celui qui les possede. Ceux qui les mesprisent si fort, semblent estre transportez de quelque passion particuliere, & se vouloir rendre ennemis de nature, laquelle d'une bonté accoustumée impartit esgalement aux humains les biens qu'elle nourrit, les distribuant par sa prudence en diuerses manieres selon les climats & habitations : comme aux habitans des plaines, vne campaigne fertille & abondante des fruicts : à ceux qui demeurent aux valées, estandue de pasturages & abondance de bestail : & à ceux qui se retirent aux montaignes, vne terre seiche & sterille, qu'elle reuest de bois, & remplit en dedans de mines, tant pierreuses que metaliques, pour employer à diuers ouurages, & auoir moyen d'achepter par icelles ce qu'il leur default.

En tels lieux montueux doncques, on doit rechercher les mines metaliques, tant pour la bonté & abondance des matieres, que facilité de l'ouurage, par le moyen du bois propre pour eſtamper les creux, fondre & affiner, que commodité des ruiſſeaux qui ſont aux valées pour dreſſer & eſdifier martinets, que auſſi des pentes des montaignes pour eſuacüer les eaux qui ſourdent ſouventeſuis dans les mines ; ce qui ne ſe peut ſi aiſément faire aux plaines, & eſt du tout impoſſible aux valées pour l'abondance des eaux que on ne pourroit eſpuiſer, difficulté de ſouſtenir les terres qui ſont couſtumierement humides & glereuſes qui donnent grande peine aux ouuriers : les habitans eſtant occuppez au labour & paſturage (dont le gain eſt euident & aſſeuré) ne s'adonnent à tels ouurages, comme peuuent faire les montaignarts qui n'ont autre vacation. Et quand ores toutes ces commoditez de trauailler ès mines, ſeroient aux plaines & valées, & qu'il s'en trouuaſt aucunes ſi près de fleur de terre que on n'euſt grand beſoin de creuſer : on n'en doit faire eſtime, d'autant que tous metaulx ſe nourriſſent & affinent en lieu chaud & ſec dans les entrailles de la terre, & non en la ſuperficie qui eſt humide & euentée : quoy qu'on die de cette mine d'argent qui fut trouuée en Dalmatie, près de fleur de terre, du temps de l'Empereur Neron qui rendoit tous les iours cinquante liures d'or ſelon le poids Romain, reuenant à trente-trois liures cinq onces neuf deniers, poids de marc. Non pour cela que ie veuille inciter aucun à rechercher les mines metaliques, & conſommer ſa vie & ſon bien à explaner les montaignes pour les trouuer : d'autant que on pourroit perdre huille & peine : (ſelon l'ancien prouerbe) mais au contraire i'eſtimeray pipeurs ceux qui le conſeilleront, & fols & inſenſez

François Garrault.
157.

François Garrault •1579

ceux qui y employeront leurs peines ou facultez à rechercher vne chose incertaine : mais quand elle est descouuerte, & le prouffit & commodité est euident, lors on peut seurement entreprendre & continuer l'ouurage.

Un chacun sçait que les mines (1) ne se cherchent de propre deliberation, estant cachées au centre de la terre sans paroistre ou donner aucune desmonstration en l'exterieur, quoique ces imposteurs veuillent faire croire que passant sur vn filon d'argent tant profond qu'il soit en terre, ils pourront trouuer & enseigner le lieu où il sera, par le moyen du baston de fresne fendu par le bout, qu'ils tiennent des deux mains, & prononçans quelques char-

---

(1) Athenée, Livre VI, chap. IV. traite des métaux précieux : *sub terris latent horum venæ, eruendæ laboriosa & difficili opera, ut qui næc tractant, tanta molestia fatigati illa desinant vel possidere; non solum qui metalla effodiunt, verum etiam qui effossa congerunt & accumulant, infinitis ærumnis facultatum illam affluentiam stupendam venantes. Exemplis ut hoc probetur, quamvis in extremis orbis terræ partibus metallorum ea genera superficiaria sint, exiguique fluvii ramenta quædam auri fortuita deferant, fœminæ tamen & imbecillo corpore viri subradentes ab arena separant, & elota in fornacem fusoriam convehunt, velut apud maris accolas, & alios quosdam Celtas, inquit meus Possidonius, & in montibus quos olim Riphæos appellarunt, deinde Obios nunc vero Alpes. In Gallia cum sylva casu accensa conflagrasset, liquatum argentum profluxit quamvis metalli hujus major pars profundis suffossionibus, cum summa vexatione ac molestia reperitur.*

Je remarquerai ici que les montagnes ont des noms génériques puisqu'on appelle *les Alpes* ce qu'autrefois on nommoit les monts *Oby* à l'extrémité de la Moscovie ; les peuples Septentrionaux ont aussi actuellement leurs monts *Oby*. Enfin ce que dit ici Athenée, des Gaules, Diodore le dit des monts Pyrénées.

mes (que i'obmets pour la reuerence de la religion qui le deffend) foudain qu'ils paffent & marchent à l'endroict où eft la mine d'argent, le bafton tourne en leur main : ce qui a bien quelque apparence à l'endroict de ceux qui ne confiderent pas que les deux bouts de la verge qu'ils tiennent des deux mains font tellement tors, que les lafchant de l'vne des mains, la verge tourne par neceffité. La defcouuerte des mines, fe fait par accident, comme par le courant des eaux qui ameinent des paillolles auecques le fable, qui donne iugement & indice certain d'auoir des mines en ces lieux : ou par inconuenient de feu, comme il aduint du feu qui print aux bois des Monts-Pyrenées, & efchauffa tellement les mines de ce lieu que les ruiffeaux d'argent defcouloient le long des valées : lequel embrafement a donné le nom à la montaigne.

François Garrault 1572.

L'autre maniere eft en fouillant quelque puits comme la tant renommée & riche mine de Schuatz, au Comté de Tyrol, fut trouuée par vn pauure payfan en faifant vne foffe en terre, pour refferrer fes laitages : & celle *de Chytri en Niuernois* (qui eft fi riche & abondante, que pour vne année elle a rendu vnze cens marcs d'argent fin & cent milliers de plomb), fut trouuée en fouillant les fondemens d'vne grange : qui font les moyens par lefquels les mines metaliques font defcouuertes, & eftant effayées & trouuées riches & fuffifantes pour porter la defpenfe de l'ouurage, lors elles peuuent eftre mifes en valeur.

L'ouurage des mines & vfage des metaux eft fort ancien, introduict de tout temps par Tubalcain [dit Forgeron] auecques l'art de fonderie, & continué en la famille d'Azael ou des Noirs, d'où on a tiré les Fables Poëtiques defquelles les Efcriuains

François Garrault. 1579.

prophanes se sont aydez en l'inuention des choses concernantes l'Art des metaulx : disans que Cyniras fils d'Agriopas, trouua la mine de Bronze, & inuenta les tenailles, marteaulx, enclumes, & autres vstencilles seruants à l'Art de Fonderie. Ceux que les Candiotz appelloient *Dactily Idei* trouuerent les mines de fer. Erictonius Athenien inuenta les mines d'argent, aucuns disent que ce fut Eacus. Cadmus Phœnicien, les mines d'or, & maniere de le fondre & affiner : aucuns l'attribuent à Thoas & á Eaclis de Panchaye : & autres à Sol fils d'Ocean. Midacritus, les mines de plomb, les Chalybes, les fourneaulx pour fondre & affiner. Lydus Scythe, le moyen de ietter en fonte & les Cyclopes les martinets pour forger : qui sont les vstencilles & choses necessaires pour reduire les metaulx en leur perfection. Car la mine etant tirée de terre, est brisée, est brouée, recuite, pillée, lauée, fondue & affinée au feu : toutefois selon la qualité de la matiere, on donne plus ou moins de façons ; car si c'est or, ou argent, on le met en poudre dans le mortier, comme pratiquent les Alemans, ou entre deux meules, selon l'vsage des François, pour la mieux netoyer & chasser tout le terrestre : d'autant qu'il n'y a chose qui consomme & mange plus le fin desdites matieres à l'affinaison, auquel s'il y auoit seulement de la loupe qui prouient de la fonte on n'en tireroit la moitié du fin : ou quand il n'y a rien de terrestre, il ne se perd aucune chose ainsi que ie l'ai experimenté.

Or, delaissant à parler des metaulx les moins estimez, nous traicterons seulement de l'or & argent esquels à present consistent les principalles richesses. Ces metaulx se trouuent purs ou meslez : toutesfois Pline, nie l'argent se trouuer pur, & quant à l'or, il n'y a point de difficulté que la plus grande partie de celui qui se trouue dans les riuieres ne soit fin, sans auoir besoin d'estre mis à la fournaise, que les Grecs appellent ἄπυρον : & celui de mine qu'il conuient affiner & nestoyer au feu est dit : ἀπέφθιον ; mais l'or qui estoit estimé par les Anciens fin, n'estoit reduit à telle perfection que on faict à present.

François Garrault. 1579.

Quant à l'argent (contre l'opinion des Anciens), nous tenons pour certain qu'il s'en trouue de pur lequel on peut mettre en ouurage de monnoye ou vaisselle, sans qu'il soit necessaire le purifier au feu : comme ces mines de *Scheneberg*, *Anneberg*, *Jayr*, *valée de Joachim*, (2) & *Ambertham*. On compte

---

(2) Les mines de la Bohême sont sous l'autorité du Grand-Maître des Monnoyes de ce Royaume, *Supremus Præfectus Monetæ*. Suivant Bucellin, la Bohême étoit appellée le Royaume d'or. On y ramasse l'or de paillettes dans les fleuves depuis plusieurs siècles comme on pourra s'en instruire dans les mélanges historiques de Bohuslas Balbin, qui fait exactement la description des rivieres qui le roule. Le même Auteur fait mention de l'or blanc.

Aurum album, argentum esse jurares, nisi pondus & quædam fulvedo per metallum fusa aliud suaderent. Album aurum inquam, in Cerconossis montibus vidi non semel ; illustrissimus vir qui adstabat, locum nominavit, ubi ejusmodi fodinæ prostarent ; locum recordari non possunt ; sed Pragâ non ita procul affirmabat Illustrissimus & Doctissimus Præsul Johannes de Talemberg Episcopus Reginohrodecensis.

C'est-à-dire, " l'or blanc que vous affirmeriez être de " l'argent si le poids & une certaine couleur fauve ne " persuadoit du contraire, le blanc-or, dis-je, que j'ai " vu plusieurs fois dans les mines de Cnin : suivant l'il- " lustre personage qui demeuroit dans les environs, il " m'a nommé le lieu même où il avoit été découvert qui " n'est pas loin de Prague, c'est Monseigneur Jean de " Talemberg Evêque de Kœningingrœtz. "

Il paroit par les titres conservés dans la Bohême dans

30　　　　　LES ANCIENS

François Gar:ault. 1579.

qu'en la fosse, nommée George de la mine de *Sceneberg*, on trouua vne masse d'argent qui seruit de table au Prince Albert de Saxe & à tous ses gens qui estoient descendus en la fosse de *Stille* & *Suicerre* de la *valée Joachim*, qui pesoit dix talens attiques reuenant à quatre-cent seize livres dix onces seize deniers, poids de marc (car le talent attique de six mille dragmes, poise quarante vne liures dix onces seize deniers poids de marc. En la *fosse Theodore*, de la mine d'*Ambertham*, il s'en trouue du poids d'vn & deux talens attiques. Mais ce n'est argent pur comme

---

les archives, qu'on y exploitoit des mines dès le dixieme siècle ; depuis cette époque les mines n'ont pas toujours été dans un état florissant, on les a souvent négligées malgré le droit d'asyle accordé à ceux qui s'y refugient. C'est encore pour favoriser la désobéissance, que des ouvriers mécontens, ont imaginé les esprits des mines. Les mines d'argent d'Anneberg ou mines de Sainte Anne *Annæberga* produisirent depuis 1496 à 1500, non compris les dépenses & les dixmes, 1240838 florins du Rhin, celles de la valée de Joachim, *Jochimesthal* furent découvertes le 13 Mars 1516, on y frappa les Jocondalles. Les mines de Saint-George ou Georgenberg, de Schrechemberg, de Scheneberg & d'Abertham, appartenoient aux Margraves de Bade-Baden ; cette derniere fut découverte le 10 des calendes de Mars, l'an XI du règne de l'Empereur Charles V, par un paysan qui creusoit une fosse pour raffraichir son laitage : il en fut établi le premier Surintendant. Il est aussi question de celle de Gaire ou Jayr, *Gairich* ; de Stille, *Stella* dans le même ouvrage de Balbin, Lib. 1. C. XII-XXII. & dans le supplément Cap. XVII. Cet Auteur donne le Catalogue des mines de toute espèce de la Bohême, & des notions sur les Vsines, Verreries, Carrieres, Papeteries, qu'il faut voir dans son livre, ainsi qu'Agricola, lib. 2 *de Re metallica* & Jonston Chap. 27.

MINERALOGISTES.

on peut voir par les *Dallers* de diuerses fabrications forgées en Alemaigne, des matieres prouenantes desdites mines sans estre affinées qui sont de differentes bontez, sans qu'il y en ait vne seule d'argent fin, comme il se peut verifier par l'essai, & les meilleures sont celles qui estoient forgées de l'argent prouenant des mines de *la valée Joachim* dictes des Alemans (à la difference des autres qui ne sont si bonnes) Joachim *Taler*, & des François *Jocondalles*, & les autres sont dictes simplement *Talers* ou *Dalles* qui ne sont tant aualuées. Et combien que ces deux metaulx soient conduicts en mesme façon jusques à la fonte, neantmoins, ils ne sont affinez en mesme maniere : car l'or lequel anciennement estoit affiné au ciment, est à présent departy à l'eau forte & l'argent est affiné à la cendrée : par lesquels moyens ils sont reduicts à leurs derniers degrez de perfection.

Il se trouue peu de mines d'or en Europe, quoique les anciens ayent escript de celles d'Asturias, Galice & Portugal qui rendoient tous les ans vingt milliers d'or. Les Italiens se vantoient d'en auoir en leur pays ; mais la necessité qu'ils en ont, faict assez cognoistre du contraire. Il est vray qu'ils s'excusoient sur la deffence qui estoit faicte d'y trauailler. Par *les regiftres de la Cour des Monnoyes*, que aucuns mémoires que i'ay trouués, il est faict mention d'aucunes mines d'or trouuées en France és pays de Rouergue & Quercy (3).

François Garrault. 1579.

---

(3) Agricola fait mention des mines d'argent du Rouergue qui étoient connues des Anciens, *Argentum foderunt in Gallia-Aquitanica, Gabales & Rhuteni.* DE VETERIBUS ET NOVIS METALLIS *Liber II.* Les Regiftres des Greffes & des Archives de Villefranche en Rouergüe, font foi

François Garrault. 1579.

I'en ay veu vne à quatorze lieues de Paris à vn village nommé Eſtrée; peu par de-là Pont Saincte Maixence, en laquelle trauailloit vn Flamand: lequel pour n'auoir moyen de ſubuenir à la deſpenſe, abandonnant l'ouurage, ſe retira en ſon pays, ainſi qu'il m'a eſté depuis rapporté. Il ſe trouue bien de l'or de pailloles auecques le ſable d'aucunes riuieres (2): comme en Ganges d'Inde, Pactolus de Lydie, Hebrus de Trace, Tagus d'Eſpaigne, le Po d'Italie, Albis & le Rhin d'Alemaigne, le Roſne & Aillier de France, (4) mais en ſi petite quantité, qu'elle ne merite qu'il en ſoit faict eſtat. I'ay bien opinion que les mines du Peru ſont auſſi ſterilles que celles de par-deçà: & ſi les Eſpaignols n'apportoient autre or en Eſpaigne que celui qu'ils tirent des mines, ou bien aſſemblent és riuieres, il n'y en auroit ſi grande abondance: eſtant tout certain & comme ils ont eſcript que cette affluence prouient du ſac & pillage qu'ils ont faicts des threſors des Roys du pays, amaſſez

---

qu'il y a eu des mines d'argent ouvertes aux environs de cette ville & ſuivant les Mem. de la Houſſaye, la tradition du pays eſt qu'on y a travaillé juſqu'à la fin du dernier ſiécle. *Voyez la Reſtitution de Pluton*, & Strabon qui parle des mines d'or de cette Province.

(4 Ego enim ipſe aurum purum, *dit Albert le Grand*, inventum vidi in lapide duriſſimo, & aurum vidi immixtum ſubſtantiæ lapidis; & pro certo didici quod frequenter diſtinctum à ſubſtantia lapidis invenitur: ſicut inveniuntur auri grano inter arenas. Similiter argentum ego ipſe inveni immixtum in lapide & purum in alio lapide; quaſi eſſet vena currens per lapidem diſtincta à ſubſtantia lapidis.

Nos autem vidimus purum aurum generari inter arenas fluminum diverſarum terrarum; & in terra noſtra

de longtemps; & par tout le difcours de l'hiftoire des Indes, il ne fe trouue que l'on en ayt tiré des mines: mais bien amaffé dans les riuieres, ce qui aduient par les ruynes des eaux paffant le long des rochers contre lefquels l'or eft aucunesfois attaché.

François Garrault. 1579.

Or laiffant les mines d'or des Indes qui font de peu cogneues, il conuient parler de celles de noftre Europe autrefois tant renommées, & à prefent la plus grande partie delaiffées, qu'aucuns pourroient eftimer eftre aduenu pour n'auoir efté trouuées bonnes & les pourroit deftourner de reprendre l'ouurage d'icelles. Celles d'Efpaigne ont efté eftimées fort riches des anciens, defquelles Hannibal fçeut bien faire fon prouffit, & tiroit par chacun jour de celle qui eftoit nommée Bebelo, trois cent liures d'argent, felon le poids des Romains, qui reuiennent à deux cent liures de notre poids de marc: (car la liure Romaine ne reuient qu'à dix onces feize deniers dudit poids de marc.) Il y a encore plufieurs foffes en ces mines qui portent le nom des Carthaginois qui les ont efuentées, dont aucunes font encore en valeur, & les autres ont efté delaiffées.

Celles de la France font du tout abandonnées: &

---

ram in Rheno quam in Albia. Scimus etiam in terra noftra & in terra Sclavorum aurum inveniri generatum in lapidibus duobus modis. Uno quidem modo quod videtur toti lapidi incorporatum & eft lapis difpofitus ficut topazion non perfpicuus vel fic marchaffita aurea & educitur de lapide poftquam *calcinatus eft in molendino facto de filicibus magnis duriffimis* & per ignem aduftis aduftione vehementi.

Vidimus etiam aurum in lapide generatum non toti lapidi incorporatum fed effe venam quadam quæ tranfit vel in toto vel in parte per lapidis fubftantiam & hoc eruitur de lapide per foffuram & depuratur per ignem ; *De Mineralibus*, Lib. III.

François Garrault. 1579.

la plus grande partie de celles d'Alemaigne combien qu'elles foient fort riches & abondantes defdites matieres, dont il conuient defduire les raifons, qui font l'abondance des eaux qui fourdent de terre qu'on ne peut facilement efpuifer, la froidure & viuacité d'icelles qui engendre aux ouuriers des enflures, vlceres & retirement de nerfs, & ofte tout fentiment, empefchant aux membres de faire leur fonction: de maniere que les pauures fe voulant retirer & monter fur terre, n'ayant aucune affiete des pieds ni prinfe des mains, fe laiffoient tomber du hault en bas des efchelles, fe rompant bras & jambes, & finiffant en cefte forte miferablement leurs jours. La trop grande feichereffe eft autant nuifible pour la pouldre qui s'efleue à caufe du continuel ouurage, qui eftouffe fouuent les ouuriers : ou bien deffeiche tellement leur poulmon & le foye, qu'ils deuiennent miferables le refte de leur vie : aucunes fois les veines fulphurées rendent tel feu que les eftais font bruflez, & la terre fondant, les pauures pionniers font vifs enterrez : tous lefquels accidents font aduenus es mines d'Efpagne : dont les Alemans fe font bien garantis, mais ils n'ont peu empefcher les mauuaifes vapeurs qui fortoient de leurs mines qui ont faict mourir plufieurs de leurs gens, & encores moins fe font-ils deffendus de la morfure des beftes veneneufes qui font en grand nombre en leurs mines.

Mais la principalle occafion a efté par les (5) efprits metaliques qui fe font fourrez en icelles, fe reprefentant les vns en forme de cheuaulx de lefgere encoleure, & d'vn fier regard, qui de leur souffler

---

(5) Ce qui eft dit plus bas, eft la caufe des revenans ou des efprits des mines, *voyez Paliffy, nouvelle édition*. Note de la page 709 & fuiv. fur les efprits.

& hennissement, tuoient les paures mineurs. Et dit-on qu'en la mine d'Anneberg en la fosse surnommée Couronne de Roses, vn de tels esprits tua douze ouuriers pour vne seule fois. Il y en a d'autres qui sont en figure d'ouuriers aseublez d'vn froc noir, qui enleuent les ouurans jusques au hault de la mine, puis les laissent tomber du hault en bas. Les follets ne sont si dangereux, ils paroissent en forme & habit d'ouuriers, estant de deux pieds trois poulces de hauteur : ils vont & viennent par la mine, ils montent & descendent du hault en bas, & font toute contenance de trauailler (combien qu'il n'expedient rien.) Les Grecs les nomment κοϐάλος pour ce qu'ils sont imitateurs. Ils ne font aucun mal à ceux qui trauaillent, s'ils ne sont irritez ; mais au contraire ils ont soin d'eux & de leur famille, jusques au bestial, qui est cause qu'il n'en sont effrayez, mais conuersent ensemble familierement. On compte de six especes desdits esprits, desquels les plus infestes sont ceux qui ont ce capeluchon noir, engendré d'vne humeur mauuaise & grossiere. Toutesfois on peut surmonter leur malice par jeusnes & oraisons.

François Garrault. 1579.

Les Romains ne faisoient discontinuer l'ouurage de leurs mines pour quelque incommodité que les ouuriers peussent receuoir : aussi ils n'y employoient qu'hommes abandonnez, desquels la vie estoit condamnée dicts *Jerui pœnæ*. Qui n'est le moyen d'a-

---

On punit en Espagne les criminels, en les envoyant travailler aux mines de mercure d'Almaden ; mais Jean Beguin chap. XIII. Livre II, raconte avoir visité les mines du village d'*Idria* dans le Comté de Goritz en Esclavonie ; celle de *Gimnovoda* en Pologne à six lieues de Cracovie entre *Tarnoua*, *Ribie* & *Streletzcy* ; enfin celles d'*Almaden* auprès de Calatrava, toutes abondantes en

cheminer vn bon ouurage d'autant que les hommes forcez, cherchent tous les moyens de gafter la befongne pour la faire cefler, & par ce moyen fe deliurer de cefte feruitude, auffi les Romains ne s'y font fort enrichis & n'en ont tiré leurs grands threfors qui font pluftot provenus des depouilles des villes & provinces que rapportoient les Capitaines & Chefs d'armées retournans glorieux & triomphans en la ville de Rome. Et à la verité les grandes richefles font plus etrangeres que patriotes, lefquelles fans aucune violence font attirées par diuers moyens: comme celles des Indes font amenées en Efpaigne & Portugal, par le moyen du commerce: comme auffi au femblable les François les tirent d'Efpaigne & Portugal pour la valeur de plufieurs biens qui croiflent en France, defquels l'Efpaignol ne fe peut pafler s'il ne fe vouloit reduire à l'extremité de Midas, ou bien iouer en la tragedie de Tantale, là où le François n'a aucun befoin de fes richefles, ayant de l'argent à fuffifance pour entretenir & continuer le traficque regnicole : & au furplus toutes chofes neceflaires pour la vie & le veftement: pour cefte caufe plu-

François Garrault. 1579.

---

mercure coulant & en cinabre, mais excellent dans cette derniere... » Bien que les voifins de ces lieux, dit-il, » foient quafi tous les ans travaillez de pefte néanmoins les » villages des mines en font exempts .. d'où appert que » le mercure eft un fouverain alexipharmaque.» M. Bowles affure que les forçats d'Almaden, jouiffent d'une fanté robufte & que les habitans du lieu travaillent le double, pour gagner moitié moins de ce que ces gens-là coûtent au Roi d'Efpagne. D'après ces obfervations, on peut faire travailler dans ces mines fans danger & comme le dit Garrault, les forçats font un moyen pernicieux au ttravail des mines.

sieurs (6) ont appellé l'vberté de la France, mines inexpuisables qui se renouuellent tous les ans: où celles d'or & d'argent se peuuent vuider sans renaistre, qu'en plusieurs siecles. Et si le François sçauoit conseruer ses richesses & jouyr de son bien, il commanderoit à toutes Nations, estant orné en tems de paix, & fortifié en guerre d'vne quantité incroyable d'or & d'argent, pour l'abondance qui afflue de toutes parts.

François Garrault. 1579.

Ce qui donna autrefois occasion aux Espaignols de prier l'Empereur Charles cinquiesme de pouruoir à l'amas & transport d'or & d'argent que les François faisoient hors d'Espaigne. A quoy ce sage Prince cognoissant le naturel du François, respondit qu'il ne pouuoit commettre ses richesses plus seurement qu'entre les mains des François, lesquels sans aucun risque, change, port ou voiture de deniers luy faisoient tenir en Italie & Flandres, (qu'il entendoit par le moyen du commerce que le François a auecques l'Italien & Flamand) lesquels auecques choses plus de luxe que de necessité retirent tous les deniers de la France, en quoy on cognoist la legereté du François.

De maniere que ces richesses sont comme passageres & subjectes à flux & reflux, qui ne font qu'alterer vn Estat & ne sont si certaines & assurées que les mines naturelles qui sont en France en abondance & suffisance, si on s'en vouloit contenter. Mais il conuient aussi bien que des autres, dire les raisons pour lesquelles elles ont esté delaissées, pour après desduire les moyens de les remettre en valeur. Aucune desquelles ont esté abandonnées faulte de bonne police, & par l'auarice des Seigneurs qui vouloient

---

(6) V. Bodin dans sa *République*.

François Garrault. 1578.

prendre tout le prouffit & efmolument fans entrer en defpen e & afferuir les pauures ouuriers comme efclaues, combien que les Roys de France y euffent pourueu par plufieurs ordonnances, mais l'ignorance ou conniuence des Commis fur l'ouurage, les rendoit fans effect. Il y a eu aucuns de ces Commis qui confeilloient l'entreprife de l'ouurage à quelques particuliers, lefquels ils conftituoient en telle defpenfe fans prouffit qu'ils eftoient contraincts abandonner le tout; mais quand ceux qui faifoient la defpenfe ont conduict l'ouurage fans eftre inquiettez d'vne troupe affamée d'Officiers, ils en ont tiré grand prouffit.

Delà eft venu le commencement des grands biens de Jacques Cueur (7), mais il eft vrai que fans

---

(7) Les Chimiftes doivent apprendre avec plaifir, que Jacques Cuer ne fut qu'un grand Minéralogifte, & que cet homme fi célèbre & fi malheureux n'eut d'autre Pierre Philofophale, que l'exploitation des mines & la métallurgie qu'il introduifit avec fuccès dans le Royaume. Les mots *faire, dire, taire*, qui étoient fa devife ne peuvent expliquer aucune opération de chimie; les hieroglyphes de fes maifons de Bourges, de Montpellier & de N. D. de Loches, font des emblêmes de fa vie & de fes actions. Il y a peut être des chofes relatives aux mines par exemple, la ftatue qui le repréfente fur un mulet ferré à rebours, mais c'eft un conte répété à la Croix-aux-mines, & qu'on attribue à un Maître de mines de cet endroit qui fe fauvoit ainfi pour détourner les traces de fa fuite lorfqu'on lui annonça une découverte d'argent natif, qui l'enrichit dans un inftant; en reconnoiffance il fit fondre une groffe cloche qui exifte dans la Paroiffe de ce lieu. Ces emblêmes font des fignes qui démontrent que les myftères des anciens Chimiftes, annoncent des opérations très-communes, très-fimples & qui viennent de la même tradition dans toute l'Europe.

le bail de la monnoye il n'en euſt tiré ſi grand prouffit. Il n'y a pas longtemps que es mines d'argent qui ſont en Auuergne, vn marchand gaigna pour vne année quatorze mille liures, & l'année ſuiuante voyant qu'il auoit faict deſpenſe de la moytié ſans retrouuer le filon délaiſſa l'ouurage, ſe contentant aux ſept mille liures qui luy reſtoient : qui fut une faulte à luy d'auoir des hommes ignorans qui ne ſçauoient ſuyure & reprendre la veine, ou bien ils eſtoient ſi malicieux qu'ils vouloient tirer tout le prouffit que ceſtuy cy auoit faict de leur labeur, & tenir la veine perdue ſecrette pour en prouffiter vne autre fois ; car qui ne les veille de près, quand ils ont trouué vn bon filon aux deſpens (8) d'vn tiers ils le cachent & tiennent ſecret ſi leur eſt poſſible, en deſtournant la mine d'vne autre part : & pluſieurs de ces ouuriers m'ont dit quelquefois, leur pere leur auoir enſeigné aucunes mines riches comme par les hereditaires, deſquelles auecques le temps ils eſperoient tirer prouffit, eſtant preſts d'y trauailler à leurs deſpens s'ils euſſent eſté aſſeurez que tout le prouffit leur en fut demeuré, ou bien les huict dixieſmes francs & quittes, ſuyuant les anciennes ordonnances ainſi qu'il ſera declaré cy après. Et quant à celles deſquelles l'ouurage a eſté diſcontinué de noſtre temps, eſt aduenu à l'occaſion des guerres ciuiles : ainſi que i'ay eſté informé & veu par les ruynes des lieux où elles ſont aſſiſes : & durant les interuales paiſibles, le bled fut ſi cher que le boiſſeau valoit quarante cinq ſols,

François Garraul. 1579.

---

(8) C'eſt la véritable cauſe des Eſprits des mines, il n'y a que des raiſons de cette nature, qui les ayent créés car il en eſt des Eſprits de ces ſouterrains, comme de ceux des vieux Châteaux : il y a une cauſe intéreſſée. V. la note ſur *Paliſſy*, p. 709. & ſuiv.

François Garrault, 1579.

(qui n'en vault aujourd'huy que quatre) qui fut cause qu'ils furent délaissez des marchands fournisseurs, auecques lesquels ils auoient conuenu pour l'année, du prix de toutes choses necessaires, qui estoient la maniere de laquelle vsoient les ouuriers, quand ils n'auoient moyen de faire les frais.

Aussi le Marchand fournissant accordoit pour toute l'année le prix du plomb pour la part qui leur pouuoit appartenir, car les mines d'argent de la France rendent grande quantité de plomb, & du reste il estoit payé sur le prouffit que faisoient lesdits mineurs en l'ouurage desdites mines, où ils ont quelquesfois trauaillé six mois entiers sans descouvrir le filon, duquel ils estoient neanmoins bien asseuré par l'apparence & suite des filets & pierres perdues : & lorsqu'il estoit trouué gaignoient en quinze jours de quoy se reposer le reste de l'année. Car les mines de ce pays ne sont moins à estimer que celles d'Alemaigne par la conférence que i'ay faicte du reuenu des vnes & des autres. Celle de *Leberthal* (9) en Alemaigne

---

(9) Les mines de Sainte-Marie en Lorraine, & en Alsace dans le val-de-Lievre, sont les plus anciennes de la France ; on lit dans le Cartulaire de Folquin, que Saint-Bertin fit construire une Eglise dans son Monastere de Sithiu à Saint-Omer vers 660 *ut primitus nobile templum lapidibus rubrisque lateribus intermixtum in altum eligeret, cujus ex vicino columpnæ quarum capitibus singulis imposita testudine utramque parietem firmiter sustentant, nec minus in interius oratorii PAVIMENTA MULTIS COLORIS PETRARUM JUNCTURA QUÆ PLURIBUS IN LOCIS AUREA INFIGUNT LAMINA, decenter adornavit;* ce Temple, dit Folquin, existoit encore l'an 963. Cette construction de murs en pierres, & en briques, se voit encore dans la cour du Château d'Arques & ce pavé de l'Eglise en pierre de rapport, se retrouve au Chevet de l'Eglise de Saint-Denis en France. Ces lames d'or à Saint-Bertin & à Saint-Denis, sont des morceaux de la mine

(Val-de-Lievre) qui est des plus estimées ne rend que la valleur de quinze cent escus par chacun an. Et autant celle dicte Sainct Guillaume.

Et celle de Chitry sur Yonne (*Election de Vezelay*) au pays de Nivernois, a rendu pour telle année vnze cent marcs d'argent fin, & enuiron cent

François Garrault. 1579.

---

de Sainte-Marie, qu'on employoit à cet objet de luxe. Les Archives de la Lorraine, sont plus curieuses que celles des autres Provinces du Royaume en ce qui concerne l'exploitation des mines; il est rapporté dans l'histoire des Evêques de Toul, par Adson Abbé de Montier-en-derf, que vers l'an 975, Gérard XXXIV. Evêque de Toul, concéda plusieurs biens à l'Eglise de Saint-Diez & qu'il se reserva le droit de dixme sur les mines d'argent, *decimas minæ argenti*. Ces Evêques ayant la permission de faire frapper des monnoyes, avoient aussi les régales des mines par concession des Souverains, dans le Lieberthall, ou Val de-Lievre; car on voit que Berthold XXXVI, Evêque de Toul, se fit confirmer son district ou usage des mines, *districtum minæ*, par l'Empereur Henri. La Chronique de Senones, écrite par Richer, Moine de cette Abbaye, nous instruit que vers l'année 997, deux hommes distingués, sçavoir Guillaume & Acheric étant venus au lieu de Belmont, ils y exploiterent des mines, *quorum diebus argentariæ fossæ repertæ sunt in quibus multum argentum esse fertur effossum ... in valle Lebrath.*

Ils y construisirent un Château, & Acheric y fonda un Prieuré, qui depuis a porté son nom. En 1315, Ferry Duc de Lorraine, donna en ferme les dixmes & argentieres, appartenantes au Chapitre de Saint-Diez, moyennant le dixieme & une soixantieme partie, plus une semaine entiere au profit des Chanoines, ce qui démontre que les Souverains ont toujours réglé les matières concernant les mines. Celles d'Acheric ayant été négligées, furent reprises suivant Herquel, l'an 1536; sous le Duc Charle-le-Grand, on exploita beaucoup les mines en Lorraine, les Auteurs assurent qu'il y avoit vingt-

François Garrault. 1572.

milliers de plomb, comme ie l'ay verifié tant par les regiftres de la Cour des Monnoyes, que Controsle des Gardes defdictes mines : & y a grande apparence d'eftre fort riche de ce que les payfans

fept mines d'argent, non compris les mines d'azur de Valdrevange, celles de Grenats, Calcedoines, Jafpes & Agathes dans l'office de Schavenbourg ; auffi Blaru Poëte Lorrain, dit avec raifon, de fon pays vers 1510 :

. . . . . . » Hic unio furgit
» Lucidus ac prægnans eft divite terra metallo.
Nanceid. Lib. 1

Le Duc Antoine fit exploiter avec les plus grands fuccès, les mines du Lieberthall affez près de Saint-Hypolithe, celle du Val de Sainte-Marie & en deça de l'Aveline.

Symphorien Champier, premier Médecin de ce Prince affure dans le *Campus Elyfius Galliæ* 8°. *Lugduni* 1533, que les mines d'argent apportent de grands profits au Duc de Lorraine ; il parle des perles des Voges, du *Lapis-Lazuli*, de la Calcedoine dont l'Evêque de Toul, avoit un Calice *ex uno fruftro*. Nicolas Guibert, Médecin de Vaucouleurs à la fin du même fiècle vouloit écrire auffi un traité *de lapidibus* & il difoit *fcio in territorio divi Nicolai oppidi Lotharingiæ, quod mihi eft natale folum, Calcedonios paffim reperiri eximiæ duritiei quæ ad rubrum inclinant.* Jean Herquel Chanoine de Saint-Diey en 1541 & natif du village de Plainfain au pied de la montagne du Bonhomme, dit des mines *& quidem in Comitatu Ferretenfi, in loco Planchis,* (Planchez) *nuncupato argentum, in valle Gallilæa* (Saint-Diez) *& ibidem in valle Labro* (Lieberthall) *haud procul ab Acherio non folum argentum verum & æs & plumbum ; apud Grandem fontem ferrum, apud Val Derphingam* (Vaudrevange) *& ripam Saræ illum cæruleum & pretiofiffimum afurum*, Cap. 1.

Lorfque le Duc Antoine faifoit des conceffions il s'en refervoit le dixieme ainfi que fes prédéceffeurs & à la charge de régir les mines par *Les droits Statuts & Or-*

font contents de reprendre & continuer l'ouurage à leurs defpens & payer au Roy fon droict dixiefme franc & quitte : s'il plaift à Sa Maiefté confirmer les anciens priuileges accordez aux ouurans efdites mines.

François Garrault. 1579.

donnances des mines de Lorraine, ce qui prouve un ancien Code fur cette matiere dans les Ordonnances des Ducs qu'il feroit très-important de raffembler dans tous les anciens dépôts ; par exemple un titre de Simon I. de l'an 1120 ou environ, porte, *fi argentum de montibus elicitur, fi montes in banno Sancti Deodati fuerint argentum quoque ad ditionem ejus & fuorum pertinebit.* Il feroit néceffaire que le miniftere s'occupât de réunir cet objet.

Piguerre qui a écrit une Hift. de France en 1550, dit que dans le Lieberthall, il y a tant de mines d'argent, de bronze & de plomb qu'il n'y a lieu en toute l'Allemagne où il s'en trouve tant enfemble, ni de meilleur revenu ; cette grande vallée contient en foi plufieurs autres vallées moindres, fçavoir Furthelbach (ou Furtil) dans laquelle il y a environ douze puits de minieres à raifon de quoi eft fort peuplée & fort frequentée. Une autre nommée Surlafte dans laquelle font quatre puits de minieres, une autre qu'on appelle Prahegert en laquelle il y en a fix, une nommée Eckrich, où il y en a deux feulement. Les mines de cette vallée du côté du couchant, appartiennent au Seigneur de Rapolftein & celle du côté du levant, à la Souveraineté de Lorraine. Elles ont été premierement découvertes par les Seigneurs de Rapolftein, vers l'an 1525. Ayant enfuite fait chercher du côté de Lorraine, ils trouverent une grande mine d'argent, au lieu nommé Saint-Jacques, de laquelle ayant tiré grand profit, ils ne cefferent qu'ils n'euffent éventé toutes ces minieres qui font en toutes ces vallées des Voges, tellement qu'il n'y a quafi lieu dans toute cette montagne qui ne foit creufé & fureté jufqu'aux entrailles de la terre. Après avoir bien creufé, ils trouverent plufieurs grands puits & anciennes cavernes, où les Anciens avoient cherché des métaux & fait des

François Garrault. 1579.

Cefte mine d'argent de Chitry fut trouuée en fouillant les fondemens d'vne grange, & mife en valeur par aucuns gentilshommes qui enfeignerent aux habitans du lieu le moyen d'y trauailler. Ils firent efdifier à leurs defpens les martinets pour piller, fondre & affiner, prenant pour tout droict, à caufe defdits martinets cinq fixiefmes d'vn dixiefme du reuenu defdites mines, & l'autre fixiefme eftoit pour payer les gages des Officiers eftablis, tant pour adminifter la iuftice & police, que tenir le compte du

minieres bien profondes; mais ils avoient abandonné ces recherches, par la grande quantité d'eau qu'ils rencontroient & qui s'amaffoient dans ces puits, car les Anciens alloient toujours en creufant profondément, jufqu'à ce que les eaux les arrêtaffent; mais à préfent on fait dans les mines, des allées en long & en large, par une infinité de détours, & au milieu on creufe des puits pour la décharge des eaux.

En cette vallée de Vofge, toute ftérile qu'elle eft, il y a tant de métaux de plufieurs fortes, même de bronze de plomb, de métal argentin, duquel fe tire l'argent, le cuivre, & en quelques lieux l'argent pur, qu'on y voit jufqu'à douze forges à métal où l'on ne ceffe de travailler, cuire, fondre, laver & purger les métaux; & depuis quelques années que ces mines font en état, on y a bâti plus de douze cent maifons & on tient pour certain, que depuis l'an 1528, on a tiré de ces mines, par an, fix mil cinq cens marcs d'argent, L. 11. Ch. 6. Les mines de Sainte-Marie ont fourni les beaux morceaux de mines cités par Paliffy, par Daviffon & par Guillaume Granger, Médecin du Roi & de Monfieur, l'an 1640; ce dernier à l'occafion d'un fragment tiré des mines de Sainte-Marie en Lorraine dont lui fit préfent le fieur Fournier Confeiller d'Etat du Duc de Lorraine & Intendant de fes mines, compofa le *Paradoxe que les métaux ont vie*.

reuenu d'icelles : & les autres huict dixiesmes restans appartiennent aux ouurans, tant pour leurs peines, achapts & compositions des terres où lesdites mines sont trouuées (estimées toutesfois selon l'exterieur seulement, d'autant que la matiere intrinseque ne sert de rien en l'agriculture) ensemble pour tous autres frais qu'il conuient faire hors le martinet. Quand les ouuriers n'ont moyen d'aduancer & faire les frais, ils ont coustume d'estre aidez par des personnes riches & aisées qui leur administrent toutes leurs necessitez le long de l'année. (10)

François Garrault. 1579.

Tels hommes sont dits maistres des bandes ayant pareil priuilege que les ouurans. Lequel mot de bande doit estre entendu qu'en vne mine il y a plusieurs fosses ou puyts, & en chacune fosse ou puyts y aura vne compagnie d'enuiron vingt hommes pour trauailler à prouffit commun : laquelle compagnie est appellée bande, surnommée du nom du plus apparent, & celui qui les fournit est appellé maistre de bande, lequel se rembourse sur leur part & portion du reuenu desdites mines. Et en faueur de l'ouurage & donner plus grande occasion de le continuer, les Roys de France ont affranchi de toutes choses quelconques les ouurans actuellement iusques au nombre de vingt personnes en chacune mine, auquel nombre sont compris le maistre de la bande, fournisseurs & associez : ainsi qu'il est plus à plain contenu es lettres de ce expediées par commandement

---

(10) Sur la Nievre dans les Vaux de Nevers, il y a plusieurs mines de fer ; & à Décise, il y a une mine de charbon de terre, noir, gras & visqueux, il s'allume très-facilement, le feu en est plus ardent que celui du charbon de bois. Les machines en sont très-curieuses. *Mémoires de l'Intendance de Moulins.*

François Garrault. 1579

des Roys Charles huictiesme, dactées du mois de Feburier mil quatre cent quatre vingt & trois : confirmées par Louys douziesme au mois de Iuin mil quatre cent quatre vingt dix huict, François premier le dix septiesme Octobre mil cinq cent vingt, & Henry deuxiesme au mois de Septembre mil cinq cent quarante huict, & vingtiesme Mars 1554.

Le semblable est faict es mines d'Alemaigne comme on peut iuger par la signification du nom des villes de Fribourg, qui signifie Franchourg, lesquelles ont esté basties & augmentées par le moyen de l'ouurage desdites mines. Sigismond, Duc d'Austriche, fut le premier qui donna les priuileges aux ouuriers des mines de Schuaths au Comté de Tyrol.

Au surplus la police y est comme en vne Republique : car pour la seureté des ouuriers & des matieres, il interuient la sauuegarde du Prince. Il y a vn maistre general qui a esgard sur l'ouurage de toutes les mines, & puissance de faire fouiller toutes autres qui seront trouuées en quelque lieu du pays qu'elles soient situées & assises, hors mis sous villes, esglises, chasteaux & autres gros esdifices : en desdomageant le proprietaire de la terre au cas qu'il n'y veult faire trauailler. Il y a aussi vn Controsleur general pour faire la description des matieres & de ce qu'elles rendent. Plus y a en chacune mine vn Iuge Royal, vn Procureur du Roy, vn Greffier & vn Sergent pour administrer la iustice & vuider les differens qui interuiennent entre les ouuriers pour raison desdites mines, duquel Iuge les appellations ressortissent sans moyen en la Cour des Monnoyes à laquelle la superintendance desdites mines est attribuée. Dauantage en chacune desdites mines y a vne garde pour assister aux affinaisons & pesées desdites matieres & en tenir fidele registre pour la conferuation des droicts d'vn chacun & se donner garde que les matieres propres à fabriquer monnoyes ne soient transportées hors le pays, mais employées en monnoyes aux coings & armes du Prince.

Les mines d'argent de France ne sont aucunement dangereuses hors l'eau qui y sourd quelquefois qu'il fault soigneusement vuider, & esboulement de terres, quand elles sont mal estampées: il n'y a aucunes mauuaises vapeurs, (11) ne bestes dangereuses, qui faict que les habitans des lieux entreprennent

François Garrault. 1579.

(11) Les moffettes sont aussi dangereuses dans les mines de France que dans les autres Etats, mais la maniere d'exploiter les mines & de les ouvrir, peut contribuer à les rendre salubres. Beguin rapporte que l'an 1611, étant en Hongrie à demi-lieue de Schemnitz, il descendit dans la mine d'argent, profonde d'environ trois cent toises. » J'aprins, dit-il, des fossoyeurs, qui à cause de » la violente chaleur de la mine sont contrains de tra- » vailler tout nuds sans chemise, que les vapeurs miné- » rales montent souvent du centre de la terre, avec » une si grande impétuosité, qu'elles eteignent leur lam- » pes, & suffoquent par fois leurs ouvriers, s'ils ne sont » prompts à se retirer: mais que peu de temps après, il » trouvent la vapeur attachée & amassée contre les pa- » rois de la mine, laquelle vapeur au moindre attou- » chement coule comme huile... J'ai encore des mor- » ceaux de roche pris en la mine susdite, lesquels par » telle vapeur ou par telle autre liqueur minérale ont » été percés de toutes parts... d'une livre de mine se » peuvent tirer six dragmes d'argent pur & demi-scrupule » d'or. V. le Discours de M. Genssanne, T. II. *Hist. Nat. du Languedoc.*

Ce Jean Beguin, Lorrain Aumônier du Roi Henri IV, mourut avant 1620, il est le premier des Chimistes de l'Europe, qui ait écrit des *Elémens de Chymie* complets & méthodiques en Latin l'an 1608, qu'il traduisit en François. En 1615, cette édition fut ornée de vers Latins, d'Alexandre Anderson Ecossois, de vers François des

François Garrault. 1579.

volontairement l'ouurage. La maniere de tirer la mine, est semblable à celle de tirer le moillon ou marne : on faict premierement vn puyts profond à l'endroict du sillon, lequel puyts est estayé de pieces de bois : les ouuriers descendent par des eschelles, ou bien le long d'vn chable qui est attaché à vne roue, mise sur le puyts pour tirer & vuider auecques des seaux la terre ou mine.

Les ouuriers estans sur le sillon, le despecent & suyuent tousiours en fouillant sous la terre, qu'ils

---

Sieurs de Rhodes, le Sec & de Scipion de Gramont Sieur de Saint Germain Auteur *du Denier ou Traité curieux de l'or & de l'argent*, qui parut en 1620. Il étoit lié avec Bonne, Chimiste du Duc de Bouillon, Jérémie Barth de Sprolaw, Médecin des Etats de Silesie son disciple, son Sécretaire & son Editeur en Allemagne. Ce fut Jean Ribit Sieur de la Riviere, alors premier Médecin & Mayerne-Turquet, qui firent obtenir à Jean Beguin la permission d'élever un laboratoire & de faire des cours publics de Chimie où assistoit la haute Noblesse, les Princes, les membres des Cours Souveraines & des Docteurs, car il s'étoit soumis à la censure de la Faculté de Paris & les Médecins suivoient ses leçons. Il en fut le premier Démonstrateur comme Palissy avoit été le premier Naturaliste qui hazarda des leçons. Jusqu'à Beguin, la Chimie étoit mystérieuse & les ouvrages écrits d'un style Hyéroglyphique. Cet homme prouve par ses ouvrages & par ses lettres, qu'il étoit l'ennemi des souffleurs & il raconte comment un Seigneur Allemand avoit été attrapé par un Chimiste Suisse. Jean Lucas de Roi, Jurisconsulte & Médecin de Bosleduc, écolier de la Faculté de Médecine de Paris, & Rault de Rouen ont été ses Commentateurs, ainsi que Barth, Jean Christophe Pelshofer & Christophe Gluctradt. Nous aurons occasion de citer ses observations. Il faut avoir les éditions de 1615, 1620, celles de Barth & celle de 1660, afin de le juger. M. de Villiers fera un jour son histoire qui sera très-curieuse.

essayent

estayent soigneusement, craignant qu'elle ne fonde. Et si d'auenture le fillon trauerse quelque roche, si elle est petite, ils minent à costiere, pour reprendre le fillon par derriere, mais si elle est grosse qu'elle ne puisse tournoyer sans grands frais, peine & danger, lors on la brusle à force de bois & charbon, puis estant recuite & bruslée, est facilement rompue & brisée auecques marteaulx de fer: qui est le moyen duquel vsa Hannibal, pour rompre les rochers en trauerssant les Alpes, il est vrai qu'il y adiousta du vinaigre. Quand la mine est si profonde, & aduant sous terre, que l'air default aux ouuriers, on a de coustume vser de soufflets dans la mine, pour donner quelque vent, ou mettre sur la gueule du puyts des moulins aislés, en forme de moulins à vent qui chassent, ou poussent l'air dans la mine.

La mine est tirée de terre, dans des seaulx par des moulinets mis sur la gueule du puyts: estant tirée, elle est rompue & brisée le plus menu qu'on peut, puis esbrouée en lauoyrs acoustrez de planches, seichée : & pour esuaporer tout ce qu'elle contient de mauuais, & infect (comme arsenic, soulphre, & antimoine) on la brusle sur vn bucher dressé en forme de charbonnier, & le tout recueilli est criblé : & celle qui ne peut passer par le crible, est reduicte en pouldre entre les meules, ou dans le mortier, & encore lauée au plat, seichée, recuite & enfin iettée en la fournaise, & reduicte en fonte: laquelle est affinée selon la qualité de la matiere. Si c'est argent, la fonte venante de la fournaise est dicte plomb pelu, lequel est affiné à la cendrée sur laquelle l'argent affiné se prend, & la cendrée reçoit le plomb : laquelle cendrée battue deuient littarge & enfin jettée dans la fournaise est reduicte en plomb: vray est qu'elle diminue d'vne quatrieme partie. Et quand c'est or, la fonte tient d'or & d'argent,

François Garrault. 1597.

François Garrault. 1579.

ou d'or & de cuiure, & quelquefois de tous les trois enſemble : leſquels il conuient mettre au depart.

Aucuns vſent d'antimoine pour l'affiner, mais touſiours fault paſſer par le depart ce qui eſt demeuré en la louppe qui prouient de l'antimoine. Et aprés que leſdictes matieres ſont reduictes en leur perfection, on ſe doit donner garde qu'elles ne ſoient pillées y eſtans ſubiectes de tout temps. Comme nous liſons de l'or des mines de *Cholchos*, lequel ores qu'il fuſt ſoigneuſement gardé & reſſerré dans ſacs faicts de peaulx de mouton, ne delaiſſa d'eſtre pillé par Jaſon : lequel vol les Poëtes ont couuert de la conqueſte d'vne toiſon d'or : ce qui eut eſté imputé à larrecin à vn petit compaignon. Pour à quoi euiter, le garde de la mine doit mettre leſdites matieres en lieu ſeur & le pluſtoſt qu'il eſt poſſible le departir ſelon les droicts d'vn chacun ſuiuant les ordonnances, (12) qui eſt la fin de l'ouurage deſdictes mines, lequel ouurage i'ai trouué neceſſaire faire en-

---

(12) Gaſton du Clo, en Latin *Claueus*, de Nevers raporte dans ſon *Apologie de l'Argyropée & de la Chryſopée, ou l'Art de produire l'or & l'argent*, une expérience curieuſe ſur l'or que Kunckel a répétée ainſi que Boile. « Je me ſouviens, dit-il, d'avoir mis, il y a quelques » années, une once d'or très-pur dans un creuſet, *vaſ-* » *culus teſtaceus*, & une once d'argent pur dans un au- » tre & les avoir placés dans la fournaiſe d'une verrerie » où ils furent dans un état de fuſion pendant deux » mois. Après ce tems, je retirai l'or & je le peſai ſans y » trouver la moindre diminution de poids ; à l'égard de » l'argent, il ſe trouva à la ſurface du vaiſſeau, lorſqu'il » fut ouvert, un verre citrin qui ſe ſépara de l'ar- » gent au marteau, alors ayant été mis dans la balance » il ſe trouva un douzieme de déchet qui étoit la valeur » de cette matiere tranſmuée en verre citrin. »

tendre à vn chacun, pour autant que plusieurs mines ont esté trouuées en ce Royaume, lesquelles ont esté

François Garrault
1579.

Le même Chimiste répéta trois fois une expérience curieuse sur la gravité & la densité des métaux ; il fit passer l'or, l'argent, le plomb, le cuivre, l'acier, le fer & l'étain dans un même trou de filiere, il les coupa dans la même longueur & voici les résultats en poids qu'il remarqua.

L'or se trouva peser . . . . 72 grains.
L'argent. ⎱
Le plomb. ⎰ 36
Le cuivre. 30
L'acier. 27
Le fer. 26
L'étain. 25

La premiere de ces expériences a été connue de l'antiquité, car on lit dans l'écriture-sainte, *probabit nos Deus tanquam aurum in fornace*, c'est la seule méthode que les Anciens aient pratiquée avant la découverte de l'eau de départ & la coupellation ; la seconde peut se perfectionner & devenir utile dans les Arts ; elle prouve qu'on ne négligeoit point la Physique expérimentale dans le seizième siècle.

L'art de séparer l'or d'avec les autres métaux, par le moyen de l'eau forte que les Chimistes appellent le *départ*, n'a été connue à Paris que dans le commencement du seizième siècle. Guillaume Budé, *lib. III. de Asse*, nous apprend qu'un homme du peuple établit une boutique pour le départ : il se nommoit le Cointe (*Cointius*) son procedé alors connu de très-peu de personnes lui devint très-profitable. Budé dit qu'il employoit une eau chimique, qu'il appelle *Chrysulca*, comme il nomme l'atelier de le Cointe, *Chrysoplysium*, & que l'on retiroit l'or de toutes les espèces de dorures qui jusques-là avoient été perdues. Cet homme étant mort, son fils riche d'un patrimoine considérable, l'augmenta encore & acquit une grande célébrité. Ces gens-là te-

François Garrault. 1579.

deflaiſſées, & eſtimées de nulle valleur pour ne ſçauoir le moyen de les affiner ainſi que aucuns qui en ont faict l'eſſay, m'ont certifié, ou quand ils ſçauront le moyen de tirer le fin deſdites matieres, ils apporteront prouffit & commodité à la choſe publicque.

noient leurs opérations ſecrètes, ils feignoient qu'elle étoit dangereuſe; effectivement, ceux qui voulurent la tenter n'ayant point pris les précautions ordinaires, devinrent phtyſiques, & l'on crut ce qu'ils publioient à tous les artiſans; que la fumée de l'eau forte étoit pernicieuſe à la ſanté, de ſorte qu'ils faiſoient travailler leurs ouvriers ſe contentant d'obſerver de loin tout ce qui ſe paſſoit. Cependant on rendit générale l'eau de départ; l'expérience apprit que la peur étoit plus grande que le mal; car l'on voit dans l'Ordonnance de François I, donnée à Blois le 19 Mars 1540, Article XLIV. que les gages des eſſayeurs de la monnoye furent augmentés; de cinquante livres qu'ils avoient alors, il leur fut payé la ſomme de cent livres pour ſubvenir aux frais des eſſais de l'or au feu & à l'eau.

P. Bélon.

DESCRIPTION DES MINES DE SIDEROCAPSA EN MACEDOINE,

SUIVANT LES ORDRES DE FRANCOIS I.

Par Pierre Belon de la Soulletiere près Foulletourte, Diocèse du Mans, Médecin de la Faculté de Paris, pour servir de comparaison aux méthodes des François. 1546—1549.

Nous fumes deux iours en chemin de Salonichi, anciennement *Thessalonica*, aux minieres de Siderocapsa en Macedoine, qui est celle Place anciennement nommée Chrysites : elle est maintenant vn village d'aussi grand reuenu au Turc pour la grande quantité de l'or & de l'argent qu'on y faict, que la plus grande ville de toute la Turquie : & touftefois n'a pas longtems qu'on a commencé de nouueau à tirer la mine pour faire l'or & l'argent. Le village estoit auparauant mal basty, mais maintenant il semble à vne ville. Siderocapsa est entre les vallées au pied d'vn mont, assis dessus vn haut au pendant d'vne montagne, laquelle ne sçaurions mieux comparer, qu'à la ville de *Ioachimstal* au pays de Boheme, nommée en latin *Vallis Ioachimica*. Les metaux que l'on tire à Siderocapsa, sont causes que les hommes qui tirent la mine, se

P. Belon.

soyent rangez là & l'ayent rendue plus peuplée. Ils y ont faict de tres beaux iardins & vergers, & y a de l'eau par tout qui rend les iardinages beaucoup plus commodes, & sur tout les vignes qui sont aux enuirons sont fort bien cultiuées. Ceux qui habitent aux minieres de Siderocapsa, sont gens ramassés, & vsent de langage different, comme Esclauon, Bulgare, Grec, Albanois.

Siderocapsa est située en Macedoine ioignant la Seruie. Et pensons que c'est le lieu duquel Diodore a escrit, disant : que Philippe pere d'Alexandre le grand, feit premierement forger des *Philippus* d'or, quand Crenidas eut retrouué les mines, & les eut mis en valeur : & dit que dès ce temps là elles rendoyent chaque année mille talents d'or, & beaucoup d'auantage. Les ouuriers metallaires, qui y besognent maintenant, sont pour la plus part de nation Bulgare. Les paysans des villages circonuoisins, qui viennent au marché, sont Chrestiens, & parlent la langue Seruienne & Grecque. Les Iuifs en cas pareil y sont si bien multipliez, qu'ils ont fait que la langue Espagnolle y est quasi commune : & parlant les vns aux autres, ne parlent autre langage.

Nous nous arrestasmes quelque peu plus long temps à Siderocapsa, pour regarder les mines, & aussi qu'auions desir de sçauoir la maniere comment l'or est tiré de sa veine. Et entant que l'or est le plus parfait, & le plus pur de tous les metaux, & qu'on luy a donné tant de diuers noms en Europe, auons bien voulu examiner s'il les acqueroit en sa miniere : mais auons trouué que son impurité ne procede que de l'infidelité de ceux qui sont cause de le mesler. Les orfeures & les monnoyeurs luy attribuent diuers noms, le mettans en estime de plus haut prix l'vn que l'autre, dont l'vn est dit or *de ducat*, l'autre or *d'escu*, l'autre or *de maille*, l'autre or *de pistolet*,

MINÉRALOGISTES. 55

le faisant valoir vingt caratz, l'autre dixhuict, & ainsi des autres, tant du plus que du moins.

Mais tels noms & dignitez ont prins leur naissance en divers pays, où il a esté adulteré, sophistiqué, & falsifié par l'infidelité de ceux qui l'ont meslé & multiplié avec autres meslanges de metaux de moindre valeur, & moins purs qu'il n'est. Laquelle multiplication a esté inventée à la volonté de ceux qui l'augmentent és espèces des monnoyes modernes. Car les *Ducats, Escus, Philippus, Angelots, Portugaloises,* sont diversement forgez d'or pur ou impur. L'invention n'en est pas moderne : car nous trouvons que dès le temps de la grandeur des Romains, la Republique ne pouvant fournir à la despense de ses guerres, diminuoit quelquesfois le poids de la monnoye pour gaigner dessus : comme aussi sophistiquoit le pur argent, & y mesloit la huictiesme partie d'erain pour l'augmenter. Nature n'a jamais pris passetemps à faire vne plus parfaite substance elementaire que l'or : car il est autant pur & net en sa qualité, comme sont les simples elemens, desquels il est composé.

Ce n'est donc pas à tort si nous l'avons en prix d'excellence sur toutes autres richesses, & l'estimons à notre jugement estre plus precieux que les autres metaux : car nature s'estant esbatue à le composer proportionné d'egal quantité, bien correspondante en symmetrie des elemens, l'a rendu de son origine ia purifié, comme sont les mesmes elemens simples, & par ceste conionction d'elemens ensemble en vertu egale, a engendré vne tant delicate & parfaite mixtion d'indissoluble vnion, composant si fidelement sa liaison, qu'elle en a faict vne paste incorruptible, qui est permanente à toute eternité en son excellence & bonté. C'est la cause pourquoy il ne peut estre vaincu des iniures d'antiquité, & qu'il ne peut contenir en soy, ne supporter vne

P. Belon.

D 4

excrefcence & fuperfluité de rouille. Car combien qu'il demeure enfeuely en l'eau, ou en feu, quelque long efpace de temps, toutesfois il n'en eft iamais taché ny en acquiert autre qualité fans aucun dechet. C'eft le priuilege qu'il a particulier par deffus tous autres metaux.

Les minieres de Siderocapfa rendent vne moult grande fomme d'or & d'argent à l'Empereur des Turcs: car ce que le grand Turc reçoit chaque mois de fa part, fans en ce comprendre le gaing des ouuriers, monte à la fomme de dixhuict mille ducats par mois, quelquefois trente mille, quelquefois plus, quelquefois moins. Les rentiers nous ont dit n'auoir fouuenance qu'elles ayent moins rapporté depuis quinze ans, que de neuf à dix mille ducats par mois, pour le droict dudict grand Seigneur. Les metaux y font affinés par le labeur tant des Albanois, Grecs, Iuifs, Vallaques, Cercaffes, & Seruiens, que des Turcs. Il y a de cinq à fix cens fourneaux efpars par les montagnes de Siderocapfa, qui fondent ordinairement la mine; & n'y a fourneau qui n'ait fes particuliers maiftres, qui y font befongner à leurs defpens.

Les ouuriers qui befchent la mine dedans terre, & qui tirent à mont, n'ont point l'vfage du *Caducée*, qui en latin eft nommé *Virga diuina*, dont les Alemans vfent en efpiant les veines : mais fans autre fort ne calculation fuyuent felon ce qu'ils ont trouué en befchant. Les efpeces de Pyrites, ou Marcafites, y font de diuerfes couleurs. Ils ne trouuent point d'or ne d'argent tout pur, fans auoir efté fondu. Il n'y a point de *Chryfocolla*, ne de *Cobalt* & ne fe feruent point de charbon de terre. Il n'y a aucunes fleurs en leurs mines. Ils font l'excoction des metaux autrement qu'en Alemagne.

L'ordonnance & raifon faite entre les metallaires y eft bien obferuée comme és autres pays : & celuy qui departoit l'argent d'auec l'or, par la vertu de l'eau forte, eſtoit Chreſtien Armenien. Les noms dont ils vſent pour le iourdhuy à Siderocapſa en exprimant les choſes metalliques, ne ſont pas Grecs, ne Turcs: car les Alemans qui commencerent nouuellement à beſongner aux ſuſdictes mines, ont enſeigné aux habitans à nommer les choſes metalliliques ès terres & inſtrumens des minieres, en Aleman, que les eſtrangers tant Bulgares que Turcs ont retenu. Les boutiques ſont differentes à celles d'Alemagne.

P. Bélon.

Ils ont couſtume de beſongner toute la ſepmaine, commençant le Lundy, & finiſſant le Vendredy au ſoir, d'autant que les Iuifs ne font rien le Samedy. Toutes les cheminées ou fourneaux ſont faites le long des ruiſſeaux: car il faut que la roue qui eſleue les ſoufflets, ſoit virée par la force de l'eau. Il y a ſept ruiſſeaux qui font tourner leſdites roues. Les ruiſſeaux ſe nomment ainſi comme s'enſuit. Le premier *Pianize*, l'autre *Amerpach*, l'autre *Kyprich*. Ceux de la partie d'Orient s'appellent *Roſchetz Iſvotz*. Les fourneaux où l'on fond les Pyrites, ſont de petite eſtoffe, & ſont ſeulement couuerts de merrain & de membrures de bois, en forme d'appantis. Les cheminées ſont larges, & ſont aſſiſes au milieu de la maiſon, renforcées de forte maſſonnerie par le derriere, mais par le deuant ſont de legiere cloſture, qu'ils rompent le Vendredy au ſoir : car eſtant ainſi faites, quelques peu voutées, reçoyuent vne fumée ou ſuye blanche, anciennement nommée *Spodos*, au lieu où donne la flamme en fondant la mine : laquelle ſuye s'attache à la cheminée, en s'exhalant de la vapeur du metal.

Le vulgaire des Grecs la nomme *Papel* : les autres la nomment *Papula*, de laquelle ils n'ont point d'vſage, & n'eſt en aucune eſtimation entre eux. L'on y trouue auſſi du *Pompholix*, qui eſt quelque peu plus blanche que la ſuſdicte : & qui vouldroit en recueillir, tant de l'vne que de l'autre, l'on en trouueroit facilement dix liures toutes les ſepmaines ès cheminées des fourneaux.

Les ſoufflets de la boutique ſont tous droicts, ayant le nez contre terre, au fond de la cheminée. Ils ſont esleuez & abbaiſſez des bras qu'vne rouë enuoye, qui eſt tournée hors de la maiſon par la force de l'eau. La rouë a deux croiſées, qui font huit bras, fichez par le milieu au trauers. Les quatre premiers bras preſſent les ſoufflets, & les autres quatre ne ſeruent pas continuellement : car ils ſont dediez à faire ſouffler des autres ſoufflets, qui ſeparent le plomb d'auec l'argent. La ſuſdicte cheminée ou fourneau a vne grande bouche, par laquelle on iecte le charbon & la mine pour fondre, ores de l'vn, ores de l'autre. Et y a deux petits pertuis en la cheminée. L'vn eſt en bas contre terre, par où s'eſcoule la mine fondue : l'autre pertuis eſt quelque peu plus hault au milieu de la cheminée qui eſt le ſpiracle du vent qui ſort par là : & le feu ayant affaire de s'exhaler, prend l'air par iceluy pertuis. La matiere qui ſort par le pertuis d'enbas, deualle auec ſon excrement, qui touſiours eſt au deſſus, & faut qu'on l'oſte continuellement de deſſus le metal qui eſt au fond, en vn petit pertuis ioignant le fourneau. Et pour autant que les excremens, qui ſont les plus legers, ſont inutiles, les ouuriers les oſtent peu à peu, & les iectent : car en ſe refroidiſſant font vne crouſte ſur le metal, qu'ils oſtent auec vne verge de fer : mais l'or & l'argent & le plomb qui ſont meſlez, & ſont plus peſans, ſe tiennent au fond. La maniere de ſeparer le plomb d'auec l'argent, eſt faite non par la force du feu de charbon, mais ſeulement à la flamme de feu de gros bois, qu'on ſouffle violentement. Il faut pour telle affaire que les soufflets soyent couchez d'autre maniere que les premiers : car les dessusdicts sont droicts, soustenus sur le nez : & ceux qui sont pour separer le plomb, sont couchez obliques, soufflez par mesme moyen par la force de l'eau, & eleuez de quatre bras, comme auons dit. Le plomb, qui sort ainsi soufflé à la flamme du bois, est different à celuy qui est fondu auec le charbon, & ne semble pas estre plomb, mais plustost excrement de metal.

Le vulgaire des Grecs l'appelle *Moliui*, qui n'est autre chose que plomb en corps de lytharge, qu'on appelle *Molibdœna* : laquelle puis après est refondue pour en faire le plomb. Et d'autant que l'argent en sera mieux purifié, d'autant en sera-il plus fin. Les Latins ont nommé l'excrement de l'argent *Scoria*, c'est ce qu'on dit en parolle deshonneste *merde d'argent*, laquelle les metallaires iectent comme chose du tout inutile. Les Grecs l'appellent vulgairement *Leschen* : & toutesfois c'est vne diction que les Alemans leur ont apris. Quand ils veulent recuire la Galene, c'est à dire en faire l'excoction, après qu'ils l'ont quelque peu comminuée, ils la iectent dessus du feu de charbon & de bois, qu'ils ont là fait en la place. Leur Galene estant dure comme pierre de marbre, seroit autrement forte à la fournaise, s'ils n'en faisoyent excoction. Ils la mettent auec beaucoup de bois & du charbon, faisant vn lit de Galene, & consequemment meslent les vns parmy les autres, & & y mettent le feu, iusques à ce qu'elle ait changé de couleur : puis la mettent fondre en la cheminée. *Liuius* descrivant les mines de Siderocapsa, anciennement nommée *Chrysite*, dit que les Roys de Macedoine eurent bonne issue de leurs guerres, pour le grand reuenu du tribut que leur rendoyent leurs mines, ils furent illustres & renommez par l'or

P. *Bél* m.

            & l'argent Macedonien. Auſſi faut-il croire que ſans
P. Bélon. cela, Philippe ne fuſt venu au bout de ſes entrepriſ-
ſes, ne auſſi Alexandre ſon fils n'euſt pas entreprins
choſes ſi difficiles. Mais par luy les Roys ont fait de
grands efforts. Parquoy faut donner l'honneur au
ſeul or & argent d'auoir mis fin à beaucoup d'entreprinſes & fortes guerres, dont il auoit eſté autheur.
Paulus Æmilius Romain, apres auoir vaincu le Roy
Perſeus, defendit aux Macedoniens de ne tirer plus
d'or de leurs mines, à fin de diminuer la richeſſe des
Macedoniens, & croiſtre celle des Romains. *Solinus*
eſt auſſi autheur que les mines de Macedoine ont
eſté riches en fin or.

    Le grand Turc a fait expreſſement commander que
l'or & l'argent de Siderocapſa ſoit purifié & affiné
fidelement, ainſi qu'il faut. Deſià auons dit comment l'on a accouſtumé de ſeparer le plomb d'auec
l'or & l'argent : mais il n'y a pas grandes ceremonies
en ſeparant l'or d'auec l'argent. Cela eſt fait tant
ſeulement par la vertu de l'eau forte, dont vn Ar-
ménien en a la charge, lequel apres qu'il a party
l'argent d'auec l'or, il le fait battre en lames de
forme quarrée d'vn pied de large, & de deux pieds
de long, & de l'eſpoiſſeur du dos d'vn raſoir. Leſquelles il met en vn vaiſſeau bien proprement pour
les ſaupouldrer, faiſant premierement vn lict d'vne
pouldre compoſée du ſel, d'alun de glas, & de
tuile broyée, mettant vn carreau d'or deſſus vn lit
de ladicte mixture, puis le couurant de pouldre, &
mettant vn autre carreau par deſſus, puis apres couurant ainſi conſequemment & enueloppant les lames
d'or de ladite mixture, & mettant toutes les lames
les vnes ſur les autres enſemblement, & arrouſées de
vinaigre. Puis apres auec la force de feu fait de charbon, ſont laiſſées calciner & affiner tout vn jour artificiel iuſques à tant que l'or ſoit bien purifié, &

duquel en après sont forgez les ducats : lesquels ià parfaits sont portez à Constantinople.

P. Bélon.

Voila donc comment les hommes se gouuernans par leurs loix, ont voulu que l'or de ducat fust preferé à tous autres, sçachans qu'il est le plus pur, & que les autres especes d'or monnoyé ont communément esté meslez. L'or monnoyé en Turquie est fin or de ducat : lequel est tant obeissant & delicat, qu'il se peut facilement ployer amiablement. Duquel la splendeur, comme aussi de tout autre, encore qu'il soit manié de mains sales, n'est pas soudain contaminé, mais tousiours demeure clair & beau en sa couleur naturelle. Mais les autres metaux frottez contre quelque chose, laissent vne teinture de leur couleur : ce que ne fait l'or, qui ne laisse point le lieu coloré, ne de iaune, ne de noir. Ce n'est donc de merueille si sa seule couleur nous inuite à l'aimer, mesmement qu'elle ressemble auoir quelque participation auec les rayons du Soleil, & a tant de vertu, que comme sa beauté se presente plaisante à nos yeux, tout ainsi vn chascun le desire & souhaite. L'or mangé en quelque sorte que ce soit, entier, ou en limeure, ou en feuille, ne peut nuire à la vie, comme font les autres metaux : mais à l'ombre de sa vertu, quelques trompeurs ont eu occasion d'en faire de tresgrands abus : lesquels trompeurs, voulant auoir vn nom plus excellent que de medecin, se sont fait appeller guerisseurs : feignans auoir trouué quelque vertu nouuelle en l'or : & l'ont fait mascher en doubles ducats par quelques ieunes enfans, les nourrissans à leur mode, se faisans reseruer la saliue pour faire vser aux malades. Mais pource que ce sont tromperies euidentes, sommes d'opinion que deformais on ne les laisse impunis.

Maintesfois auons ouy esmouuoir disputes entre gens de sçauoir, doutans si l'on trouuoit de l'or auec

P. Bélon.

le fablon ès riuieres, comme l'on a eftimé : de ce auons efté incitez d'en noter briefuement quelque petit mot en ceft endroit. Il eft certain que les hommes ont de tout temps cherché l'or, le mieux à propos qu'il leur a efté poffible. Auffi l'experience leur ayant apris, que celui qui eft meflé auec le fablon des riuieres, eftant plus pefant & en fi menus grains & deliez, va au plus profond, & donne peine à le feparer. Parquoy s'eftans imaginé vne induftrieufe maniere de le tirer, l'ont recueilly auec des peaux de moutons à tout la laine. Cela nous fait prefuppofer qu'ils n'auoyent encor l'vfage du vif argent, duquel l'on vfe maintenant. Car telle maniere de le feparer auec les peaux de moutons, eft hors d'vfage. Mais de cefte maniere de feparer l'or & le trier d'auec le fablon, eft née vne fable fur la toifon d'or.

C'eft que Iafon auec fes Argonautes ayant nauigé en Pont, & paruenus à vn fleuue *Phafis*, où les payfans le feparoyent auec la toifon, eurent grand argument d'en reciter beaucoup de chofes à leur retour : mais ce qu'on peut dire d'eux, eft quafi femblable à ce que dirons des Efpagnols & Portugalois, en parlant de l'or du Peru. Car ce qui a mis les Argonautes en bruit, n'a pas efté vne toifon ou peau de Belier : mais c'a efté l'or qu'ils en raporterent en leurs vaiffeaux. Combien que Pline ait defià mis quelques noms de riuieres qui ont bruit d'auoir de l'or auec leur fablon. Si eft-ce que les auons bien voulu inferer en ce lieu. *Le Tagus*, en Efpagne : *Ebrus*, en Thrace : le Rhin & Danube, en Alemagne : Ganges, en Indie : *Pactolus*, en Hongrie : Le Thefin, qui fort du lac *Verbanus* : & *Abdona* qui fort du lac *Larius* : *Ada*, & le Po en Italie, fon renommez de porter l'or meflé auec le fablon. E pource que fçauons qu'il y a beaucoup de nations qu ont opinion, que les poiffons nourris ès riuieres qu ont bruit d'auoir de l'or, s'en nourissent, & le prennent pour pasture : il nous a semblé auoir trouué occasion d'en dire quelque petit mot, & estre chose digne de notre obseruation d'en acquerir la verité.

P. Bélon.

Car les habitans de Pesquere au riuage du lac de Garde, & aussi de Salo, se sont persuadez que les Carpions de leur lac, se nourrissent de pur or. Et pour ne parler de si loing, grande partie des habitans du Lyonnois, pensent fermement que les poissons nommez Humble & Emblons, ne mangent autre viande que de l'or. Il n'y a paysan au contour du lac du Bourget qui ne vouluft maintenir que les Lauarets, qui sont poissons qu'on vend iournellement à Lyon, ne s'appastent que du fin or.

Ceux aussi du riuage du lac de *Paladrou* en Sanoye pensent que l'Emblon, & aussi l'Ombre ne viuent d'autre chose que de l'or. En cas pareil, ceux de Lode au pays du Milanois, nous ont dit que le poisson nommé *Themolo*, ou *Themero*, & anciennement *Thymalus*, s'engresse de la pasture de l'or : mais ayans regardé plus curieusement ès estomachs d'vn chacun, & obserué chaque chose en faisant leurs anatomies, auons trouué par leurs entrailles, qu'ils viuent d'autres choses & non de l'or : & que les Lauarets, Humbles, Ombres, Emblons, Carpions, Themeres, n'ont estomach qui puisse digerer l'or : combien que les hommes du pays disent en commun prouerbe, que les poissons nourris d'or sont excellens par dessus les autres : voulans entendre des dessusdicts, qui surpassent tous autres poissons de riuiere en bonté seulement. Mais le vulgaire ignorant la chose à la vérité, l'assure comme si elle estoit vraye. Il est tout arresté que quelque part que l'or soit trouué, est affiné auec grand' peine & grande despense, n'exceptant non plus celuy du Peru que de l'Indie.

P. Bélon.

Les Espagnols (13) facent & auancent tant qu'ils voudront de leur credit, & escriuent miracle de l'or du Peru : toutesfois il appert en quelques passages de leurs escrits, en la nauigation des isles occidentales, qu'il le faut fondre de sa mine, comme en tous les autres lieux d'Europe. Et qui les voudroit croire, il sembleroit que chacun arriuant en Indie, moyennant qu'il le voulust becher, comme qui abatroit vne vieille masure, seroit quitte de l'emballer pour le charger sur nauires.

Mais il appert que cela est faux : car la plus grande partie de celuy que les marchands ont rapporté, estoit de celuy que les gens du pays leur ont trocqué à l'echange d'autres hardes, & principalement des ioyaux de femmes. Soit que les Espagnols en ayent apporté moult grande quantité à celle premiere fois qu'ils y furent, il ne faut pas qu'ils y retournent maintenant pour la seconde, pour en recouurer autant : car ce qu'ils firent lors qu'ils arriuerent, se peut comparer à l'exploict d'vn sergent, qui desgage vn pauure homme, luy emportant tout ce qu'il trouue de metal en sa maison, qu'il avoit iá de long temps amassé pour son vsage.

Or si le sergent a emporté vne fois le bien qu'il a trouué chez vn pauure homme, quel espoir prendra le pauure paysan d'en recouurer autant, sinon long temps apres ? Le semblable faut entendre des Espagnols, qui arriuans la premiere fois ès isles du Peru, busquerent & menerent si bien les mains à celle fois, qu'ils pillerent tout l'or & l'argent que les In-

---

(13 Historia del Descubrimiento & Conquista del Peru por Augustin de Carate 8°. en Anvers 1555. Libr. VI. Cap. IV. *De como se descubrieron las minas de Potosi*, feuillet 200.

diens auoyent iá de long tems amaſſé par les petits.

Poſons le cas qu'ils en veulent maintenant retourner querir autant, ne faudra-t-il pas qu'ils donnent terme aux Indiens de le leur amaſſer ? Mais à la verité il leur conuiendra attendre moult long temps, ou bien mettre moult de gens en œuure, & faire la deſpence qui y eſt requiſe : car les Indiens l'auoient tiré des minieres par la force du feu, tout ainſi que nous faiſons en Europe.

Nous le prouuerons par ce qu'eux-meſmes en ont eſcrit. Et entant que les Indiens n'ont aucun vſage de monnoye, il eſt à preſuppoſer que leur argent & or eſtoit forgé en vſtenſiles. Soit que les minieres des Indiens ſoyent plus fertiles qu'elles ne ſont ailleurs, plus faciles, & de moindre deſpenſe qu'en Europe, ou bien que leurs fleuues rendent l'or meſlé auec le ſablon de meilleure ſorte que par deçà : ſi eſt-ce qu'il faut grande manufacture & deſpenſe à toutes les deux ſortes, auec longueur de temps pour le ſeparer de ſes immundicitez, & non comme pluſieurs auoyent par cy deuant penſé qu'on le trouuaſt iá formé en lingots, & que tous ceux qui alloyent le querir, n'auoient la peine de l'empaqueter à douzaines, & l'emballer pour le mieux charger ſur les nauires. Et que la choſe ne ſoit tout au contraire, les meſmes autheurs parlans du Roy des Indes qu'ils firent priſonnier, recognoiſſent par leurs liures qu'il y a beaucoup de maiſons deputées à fondre l'or & l'argent, & que l'or mineral du plat pays eſt beaucoup plus difficile à amaſſer que celuy des montagnes, qui ſont deſſus les riches parties du Peru, & que l'or des montagnes eſt meſlé d'eſtain & de ſouffre, & que pour le ſeparer de l'incorporation des autres metaux, ils allument vn grand feu ardent & vif en la montagne, lequel en echauffant le ſouffre,

P. Belon.

E

P. Bélon.

deflie l'argent de la coniunction des autres metaux, & fait escouler l'argent & ruisseler tout net.

Desquelles parolles prinses du liure des Espagnols, il est manifeste que l'or & l'argent y est affiné & tiré des veines de mesme maniere que nous faisons par deçà : car quelque part qu'on le prenne, il faut tousiours entendre, qu'il est mineral : & par consequent accompagné de plusieurs autres metaux.

Parquoy s'ils en ont quelque fois apporté grande quantité à vn coup, ç'a esté de la rançon des Roys, & de l'eschange qu'ils ont trafiqué de leurs marchandises. Nous auons dit cela, pource que plusieurs pensoyent que l'or est si commun en ce pays là, qu'on n'y ferrast les cheuaux, & les charettes, & charrues que de pur or. L'or de l'Inde orientale est aussi bien tiré des mines comme celui des isles occidentales du Peru. Pour les isles orientales de l'Inde, entendons les pays d'Ethiopie (2) où domine le le Prestre Iean. Les lettres escrites en latin, & qu'on peut voir imprimées, que le susdit Prestre Iean escriuoit n'a pas long temps au Roy de Portugal, font foy qu'il luy promettoit mille fois cent mille dragmes d'or, qui est la somme d'vn million de dragmes, moyennant qu'il feist la guerre contre le Turc. Et de fait le Prestre Iean luy bailla gens de guerre, & argent pour le combatre. C'est vne moult grande somme d'or qu'vn million de dragmes baillées à vn coup par les Indiens au Roy de Portugal : & toutesfois ce n'est pas à dire qu'il n'ait fallu moult despendre à le tirer des mines.

---

(2) Historiale Description de l'Ethiopie, traduite par Jehan Bellere 8°. Anvers Plantin 1558, aux feuillets 322-327, *les Epîtres de David Empereur d'Ethiopie aux Roys de Portugal Emmanuel & Jean.*

Ledit Prestre Iean enuoya vne autre lettre au Roy de Portugal, quatre ou cinq ans après la premiere, par laquelle il luy prioit qu'il luy enuoyast gens du pays des Chrestiens, de toutes sortes de mestiers, & sur tout les bons ouuriers à estendre l'or en feuille, & tailler medalles, bons monnoyeurs, & graueurs en or & argent. Consequemment de bons imprimeurs, pour luy imprimer des liures en moulle : mais sur toutes autres choses demandoit grand nombre d'ouuriers bien experts ès mines, sçachans l'artifice requis à gens metallaires, cognoissans la purité des veines de tous metaux, & qui eussent la science de bien separer l'or & l'argent de sa veine, d'auec les autres sortes de metaux. Parquoy est manifeste par les susdites lettres, que tout l'or & l'argent des Indes orientales, est artificiellement tiré de ces mines par l'industrie & grand labeur des metallaires, dont les vns sont mieux experts en l'art que ne sont les autres : & que le mestier n'est pas egal à tous, non seulement de son pays, mais aussi du pays d'Europe & d'Asie. Et de vray plusieurs metallaires se partirent des mines de Boheme, & de Saxonie, & aussi du pays d'Alemagne, pour aller besongner en Indie, qui y furent conduicts aux despens du Roy de Portugal.

Partant, il appert qu'ils ont accoustumé en toutes les deux Indes tirer l'or des mines auec grosses despenses & longueur de temps, comme nous faisons en Europe, & que les Espagnols ont eu tort d'en auoir parlé si auantageusement, sçachant bien qu'ils n'en escriuoyent pas la verité. Et à fin d'en parler mieux, auons cherché lieu pour prouuer que l'or tiré & affiné des veines d'Occident, est aussi fin & parfaict qu'est celuy qu'on a tiré des mines d'Orient : & celui du Septentrion, comme celui de Midy. Car combien que l'Orient est plus chaud & sec que le pays de l'Occident : & que le Septentrion est plus

P. Bellon.

P. Bélon.

froid & humide que le Midy : toutesfois l'or ne ne laisse pas d'auoir sa coction aussi parfaite en vn lieu comme en l'autre : car celuy du pays le plus froid du monde, est aussi parfait comme au plus chaud d'Ethiopie.

Nous ne voulons que l'experience pour le prouuer. Attendu que tout l'or, qui est tiré des mines de quelque veine que ce soit, s'il a esté affiné, est tout aussi parfait en vne part du monde comme en l'autre : n'ayant esgard à la temperature du lieu de chaleur ou froidure, de siccité ou humidité. Et à fin que ce discours ne soit trouué trop aspre, nous le voulons demonstrer par raison correspondante à la chose susdite. Et disons que si quelqu'vn nous apportoit de l'or d'Ethiopie, qui est le plus chaud pays du monde, ià purifié & affiné sortant de sa mine : & en feist comparaison auec vn autre qu'on auroit apporté d'vn autre pays le plus septentrional & le plus froid qui soit : & qu'vn autre feist le semblable de celuy de l'Orient : vn autre aussi de l'Occident : tous estans afinez viendront à vne mesme valeur, & monstreront mesme couleur sur la pierre de touche.

Car estans affinez par la puissance du feu, l'on trouuera la paste de celuy de Septentrion, qui ne sera ne pire ne meilleure, ne n'auroit difference à celle du Midy. Et que tous les quatre seroyent ainsi rendus de mesme qualité. Les autres metaux, & fust-ce de ceux qui sont les mieux affinez, sont d'autre nature. Car quant à eux, ils sont blessez pour bien peu d'iniure. Mais l'or, encor qu'il fust tiré plus deslié que ne sont les filets de la toile d'vne Araigne, & enseuely entre les plus corrosifs medicamens sublimé & Verdet, sel & vinaigre, encore qu'il y demeurast deux mille ans, il ne seroit pour cela corrompu, mais au contraire y seroit affiné. Or si d'auenture il se trouuoit quelqu'vn qui en contredisant à cecy, proposast quelques animaux ou plantes, ou leurs fruicts pour exemples, & nous niast ce qu'en auons escrit, allegant qu'vn fruict est plus parfait en vn pays qu'en l'autre, & aussi qu'vn animal est plus sain en vne contrée qu'en l'autre : disant aussi que le fer, l'acier, le cuyure, le plomb, & l'argent, sont plus fins en vn lieu qu'en vn autre, nous luy confesserons ces choses susdictes estre vrayes, mais nierons qu'il y ait chose en nature qui dure à l'eternité, & resiste contre toutes iniures, comme fait l'or. Parquoy toutes les choses susdites estans subiettes à alteration, se muent & corrompent pour peu de chose, & acquierent vne qualité bonne ou mauuaise en naissant & en prenant fin. C'est de là que quand elles sont en leur vigueur, elles ne sont pas tout vn.

Mais l'or est incorruptible, qui n'est point subiect à telles mutations, & tousiours tant que le monde sera, aussi sera t-il permanent : & qui plus est, ne l'air, ne les autres elements, ne les vents, ne la mer, ne nuisent, n'aident à le haster ou tarder, comme plusieurs ont pensé : mais c'est sa nature qui le rend tel.

Auant partir de Siderocapsa, montasmes dessus la sommité de la plus haute montagne voisine : nous vismes tout à clair l'isle de Lemnos, & le mont Athos, qui sont dedans la mer Mediterranée. Puis regardans vers terre ferme de Macedoine, veoyons vn pays inegal & montueux, qui dure tant que la veue se peut estendre en loing. Dauantage veoyons deux lacs, qui ne sont qu'à demie-petite iournée de là. Outre ce, on pouuoit aisement discerner les pays des miniers, & les cheminées, & tous les fourneaux qui sont espars çà & là par les susdites montagnes, tant de costé d'Orient que d'Occident.

Les Pyrites, ou Marcasites de Siderocapsa ont changé leur nom Grec à un estranger : car il n'y a celuy des habitans, quel qu'il soit, estranger ou

P. Bélon.

E 3

P. Bélon.

Grec, qui ne les nomme *Ruda*. Les autres disent *Quitz* ou *Ritz*, à la maniere des Alemans. Et est l'excrement que les Latins nomment *Scoria*, les metallaires, tant Seruiens, Bulgares, Albanois, Iuifs, Turcs, que Grecs la nomment du nom Aleman *Schlakna*. Il y a encore vne autre espece d'excrement different à *Schlaken*: & n'y a celuy qui ne le sçache nommer *Lesken*, qui est plus pesant que le *Schlaken*, ce nom nous semble plustost estre Aleman que Grec, qui est vne escume spongieuse & legiere, comme est l'escume d'vn metal : car il est tiré nageant par dessus la mine de l'or & l'argent fondue, & est ietté hors de la maison. Car quelque part qu'on fonde le metal, on ne s'en sert non plus que d'vn excrement inutile.

Mais le *Lesken*, ou *Leskena*, est bien fort pesant, & sert dauantage que le *Schlaken* : car les Alemans & Bohemes s'en seruent à mesler auec les autres metaux. Et comme le *Stimmi*, que les Latins nomment *Antimonium*, est vn metal commun, ressemblant au *Lesken*, prouenant de mesme maniere, & mesme matiere, & quasi semblable en toutes sortes, & fait des Pyrites d'or & d'argent, seruant grandement aux fondeurs de cloches, & aux potiers d'estain, & principalement à ceux qui font les mirouers & fondeurs de lettres : tout ainsi que le susdit *Lesken* pourroit bien seruir meslé auec autres choses.

Mais il n'est trouué personne à Siderocapsa qui le vueille faire seruir : & toutesfois sommes certains qu'il seroit propre à fondre auec du fer pour faire des boulets d'artillerie : & les amenderoit grandement, & espargneroit beaucoup de la despense. Si est-ce que ne le voulusmes dire à personne de ce pays là, d'autant qu'il nous sembleroit auoir fait vn grand mal : veu mesmement qu'il y en a vne si grande quantité par tous les endroicts de la montagne, qu'on en trouueroit facilement deux millions de liures. Et non pas seulement la part où l'on fond maintenant les minieres, mais aussi où elles ont esté fondues le temps passé en diuers lieux de ladicte montagne. Nous ne l'auons sçeu nommer autrement, n'ayans point entendu son nom ancien : car les Grecs qui font par les minieres, ne retiennent que bien peu des noms anciens.

P. Bélon.

Nous allasmes expressement regarder dedans l'vn des spiracles des minieres, qui auoit n'a pas long temps esté d'vn moult grand reuenu à son maistre, qui estoit Iuif : mais auoit esté contraint de l'abandonner, combien qu'il fut abondant en metal : car il y auoit vn esprit metallique, que les Latins nomment *Dæmon Metallicus*. Et pour autant qu'il se monstra souuentesfois aux hommes en la forme d'vne Cheure portant les cornes d'or, ils nommerent le pertuis susdit *Hyarits cabron*, & estoit au dessus du village qui s'appelle *Piauits*, en la montagne bien près du ruisseau nommé *Rotas*. Mais ce diable metallique estoit si mal plaisant, que nul n'y vouloit aller n'en compagnie, ne seulet. La peur ou frayeur ne les engardoit pas d'y entrer : car il y a encor d'autres diables metalliques : & mesmement nous fut dit qu'ils ne faisoyent point de nuisance. Il y en auoit d'autres qui aidoyent aux ouuriers à trauailler ès mines.

Les machines dont ils se seruent à tirer la mine, ne sont pas tousiours d'vne façon : car quelquefois la veine est si basse & profonde en terre, qu'il faut deux cheuaux à les virer. Mais quand la mine n'est pas profonde en terre, il suffit de quatre hommes à la mener. Aussi quelquefois la miniere est tirée à veine descouuerte. Il fut vn tems que les metallaires fondans la mine, auoyent grand peine entour leurs fourneaux, d'autant que le pertuis qui est au

E 4

P. Belon.

milieu du fourneau, par où le vent des soufflets a issue, s'estoupoit sans cesse, tellement que l'excrement du metal bouchoit le pertuis, & leur conuenoit chasque fois laisser besongne.

Mais vn iour en passant quelque estranger leur enseigna vne experience pour remedier à ceste grande discommodité : lequel ils n'estimerent pas sage de leur auoir enseignée sans qu'il leur coustast rien. Car s'il eust eu l'aduis de leur demander argent, ils se fussent facilement cotisez à lui donner six mille escus, leur faisant voir l'experience : qui est telle, que (comme auons dit que la cheminée est defaicte le Vendredy au soir, & en après refaite le Lundy en suyuant : auquel temps le fourneau & la place sont refroidis) quand le deuant de la cheminée est refait, ils iettent force charbon au fond du fourneau : puis iettent dessus vn lict de veine, puis vn lict de charbon, & ainsi mettent de l'vn & de l'autre, tant que la cheminée soit pleine. Cela font-ils tousiours pour la premiere fois, & puis après allument le feu au charbon, & laissent escouler l'eau dessous la rouë, laquelle en tournant, fait souffler le feu, qui n'arreste guere à allumer le charbon : & petit à petit en se consumant & diminuant, fait fondre la mine. La soufflerie dure ainsi iour & nuict sans cesse : & comme le charbon se brusle, & la veine se fond, ils iettent dedans le fourneau d'vne pierre blanche rompue à petits morceaux, afin que le pertuis du vent ne se bouche. Ceste pierre est reluysante & graueleuse qu'ils nomment en deux sortes selon diuerses nations. Car les Seruiens, Bulgares, Vallaques & Turcs, la nomment *Varouiticos*, ou *Varouitnicos*, ou bien d'vn autre nom Grec *Assuest*. Ceste est la pierre, que leur monstra celuy duquel auons parlé cy dessus : & faut qu'ils en iettent en la cheminée trois ou quatre fois le iour, plus ou moins selon que le metal fait de closture au pertuis en se fondant, par lequel le vent a son issue.

P. Belon.

Il y a vn village au dessus de Siderocapsa situé sur la sommité de la montagne au costé du Soleil leuant, nommé *Piauits*, qui est moult discommode : aussi est-il seulement fait de petites maisonnettes couuertes de Limandes & de Merrain. Là bas au pied de la montagne, il y a vn autre grand village nommé Seriné. Estans sur le mont, trouuasmes de grands monceaux de *Scoria* ou *Schlaken* au dessus de *Piauits*. Et pource qu'il est loing des ruisseaux, auions conceu vn doute, à sçauoir si au temps passé l'on s'aidoit de vent au lieu d'eau pour souffler la mine : car ainsi que considerions qu'il n'y auoit aucun ruisseau, & qu'il n'estoit rien plus vray qu'on y eust fondu du metal, pensasmes qu'on n'auoit point l'vsage de sçauoir adapter les rouës qui sont maintenant virées à force d'eau pour faire souffler les metaux en fondant la mine : mais qu'on agitoit les soufflets par le labeur des hommes. Toutesfois sçachant que les anciens auoyent grande commodité de tirer & parfaire les metaux, en fondoyent en grande quantité.

Il y a plus de six mil hommes besongnans ordinairement ès mines de Siderocapsa : & pour autant que le village de Sirené est quasi ioignant la mer, & que les fourneaux en sont plus près, les ouuriers viennent là se pourvoir de viures : & aussi que les barques qui sont au port, les y apportent de toutes parts. Après qu'on a fondu toute la sepmaine, & qu'on a rendu le metal, & separé le plomb de l'or & argent, & que l'or & l'argent sont bien purifiez : alors il ne reste sinon à les partir par l'eau forte. Et encor que l'or soit net, si est-ce qu'il est purifié encore vne autre fois, & affiné à la maniere qu'auons dicte : & de là il est iecté en lingots, & puis tiré en

P. Bélon. en verges longues de deux ou trois toises de longueur, rondes, & grosses comme le doigt. Puis on les signe de petites coches, à fin de les tailler par petites rouelles du poids d'vn ducat : car elles sont ainsi mises par petits morceaux auec vn ciseau & marteau : & puis après on les applatit dauantage en les pesant à la balance. Et sont coignées & sellées en ducats en ce lieu mesme, puis portées à Constantinople (3).

(3) Ce que l'Auteur nomme *Rouelles*, les Officiers des monnoyes les appellent Flaons : à cette occasion j'observerai qu'il étoit d'usage autrefois de donner la couleur aux Flaons d'or, quand ils étoient assez recuits, en les jettant dans un sceau où on mêloit huit onces d'eau forte. On blanchissoit les Flaons d'argent par la même voye en y mettant six onces d'eau forte ; mais comme cela diminuoit le poids des Flaons d'argent, on a cessé de s'en servir. Cette opération s'appelloit *Tirepoil*, terme que Palissy employe à la page 74. Il dit aussi que les Alchimistes blanchissent le cuivre avec le sel de tartre ou autres espèces de sels p. 214 ; ce Sçavant Artiste proposoit un nouveau *Tirepoil* préférable à celui qu'on employoit dans son temps.

F I N.

LA RECHERCHE
ET DESCOUVERTE
DES MINES DES MONTAGNES PYRENEES,

Faicte en l'année 1600, par Jean de MALUS PERE, Escuyer & Maître de la Monoye de Bourdeaus : & redigée en'escrit, par M. JEAN DUPUY, Docteur ez-Droits, Lieutenant principal en la Jugerie de Riuiere, au Siege Royal de Trye.

PRÉFACE.

M. de Malus fils prétend que les travaux de l'exploitation des mines dans les Pyrenées, qui se faisoient par les Romains, se sont renouvellés en France du tems de Gaston Phœbus III. douzieme Comte de Foix, Seigneur de Béarn. On trouve en effet des Ordonnances de Philippe-le-Bel qui concédent au Comte de Foix les mines de ses Domaines ; mais la grande reprise des exploitations des mines n'a commencé que sous Gaston IV Comte de Foix, & de Bigorre, Seigneur de Béarn, devenu Roi de Navarre, par Éléonore son épouse, mais dont le titre n'a été porté que par François Phœbus leur fils. Ce Gaston IV fut un des plus aimables Princes de son tems, & un des plus braves, comme on l'apprend par nos Histoires & par *Guillaume le Seur*, son historien particulier ; il fut aussi un des Princes les plus sages, c'est ce qu'on voit dans son cartulaire écrit par *Arnaud Squerrer*, son Procureur général dans le Comté de Foix, & conservé dans les Archives de Pau.

Sous les regnes de Charles VI. Charles VII,

& Louis XI, la Minéralogie & la Métallurgie commencèrent à être protegées avec attention par le Gouvernement. Il est vrai qu'il faut en excepter les mines de fer qui sont beaucoup plus anciennes, quoique nous n'en sçachions pas davantage sur leur origine. Les mines des Provinces particulieres du Royaume quoique soumises à des Princes particuliers étoient au nombre des grandes régales, parce que le droit de fabriquer les monnoyes d'or, étoit reservé au Roi de France, comme la marque d'une souveraineté absolue & indépendante, & que la fortune d'or trouvée en mine, appartient au Roi comme on l'apprend de nos Jurisconsultes Nationaux. Ainsi les loix générales des mines doivent toujours avoir été promulguées par les Rois de France.

C'est pourquoi Louis XI, par ses Lettres-patentes » données au Plessis du Parc les Tours, au mois d'Avril 1483, regiſtrées au Parlement de Paris le 23 Juin ſuivant, concéda à Etienne Raguenau, Raymond Guyonnet, Alexis Heim, Jehan Sclabe des Polſans & Conrart Wuinſuſcript, la permiſſion pour ouvrir & faire beſogner aux mines d'or, d'argent, plomb, cuivre, étain, acier fer & autres métaux en la Vicomté de Couſerans & autres lieux circonvoiſins. Le Roi les exempta de tous impôts, péages, paſſages, & autres ſubventions miſes ou à mettre, du ban & arriere ban, Francs-Archers & de tous autres, ainſi que jouiſſent les ouvriers monnoyers du ſerment de France, accordant de plus ledit Roi lettres de naturalité & habitations aux Allemands (1) qui y voudroient travailler. »

Dans la même année Charles VIII, par d'autres Lettres-Patentes données à Beaugency au mois de Novembre 1483, fit une nouvelle conceſſion à Jean le Duc, habitant de Tours & autres ſes Aſſociés, des mines du Vicomté de Couſerans & lieux circonvoiſins, révoquant tous autres dons qui par ci-devant pourroient en avoir été faits à d'autres; défendit que nul autre qu'eux & leurs héritiers & ayans cauſes, ne pût beſogner & ouvrer eſdites mines en continuant par eux & payant le droit de Régale au Roi & du Seigneur très-foncier pour ſon indemnité : avec des Priviléges pour les Allemands qui voudroient travailler à ces mines.

Lorſque la Chambre-des-Comptes procéda à l'enregiſtrement de ces Lettres le 7 Avril avant Pâques, elle modifia que les ouvriers qui ſeroient eſdites mines, y beſogneroient ſans diſcontinuation de fait & ſans fraude ; & quand à affiner les metaux & les fondre, ſeront toujours préſens les Gens de la monnoye de Toulouſe qui eſt la plus prochaine dudit Vicomté de Couſerans, ou l'un d'eux, ou commis de par eux, afin que le droit du Roi ſoit gardé en toutes choſes & auſſi que l'or & l'argent qui ſeront tirés deſdites mines ſeront portés à Touloufe, pour y être monnoyés ſelon les Or-

---

(1) La Juridiction des Allemands, Généralité de Bordeaux, Election d'Agen, prend ſon nom des Juges commis pour les mineurs venus d'Allemagne en France.

donnances Royaux sur le fait des monnoyes ; que les causes civiles & seulement à l'occasion desdites mines & des dépendances, seront décidées par les Commissaires Juges des mines à ce ordonnés par le Roi. A l'égard de toutes autres causes civiles ou criminelles, elles devoient être portées devant le Juge Royal de Couserans.

Les ouvriers besognans actuellement en icelles mines devoient jouir des privileges & franchises déclarées dans lesdites Lettres & non autres, comme aussi seulement ceux qui travailleroient aux mines d'or, argent, cuivre, plomb & étain, en ce non compris ceux qui travailleront à tirer le fer. Les mêmes clauses se trouvent aussi dans l'enregistrement des mêmes Lettres au Parlement de Paris le 18 Mai 1484.

Enfin ce même Jean le Duc, les donna en bail à Jean Dupuy ou Despuis, (2) Ecuyer Sieur de Montbrun, de Forgues & de Colononiers, surquoi Louis XII, donna des Lettres-Patentes à Bourges pour confirmer cette cession, au mois de Février 1506 : elles sont aussi regîstrées au Parlement aux conditions ci-dessus.

---

(2) La maison de Dupuy existe encore en Touraine près de la Haye & de la Guierche; Angelique Antoinette de la Rochefoucaud veuve du Seigneur de Montbrun avoit encore des droits sur les mines ainsi que MM. Dupuy habitans de la Selle-Saint-Avant, &c. cette Dame du nom de la Rochefoucault, ayant été le 14 No-

Jean

PRÉFACE.

Jean Dupuy Docteur ès-Droits, Lieutenant principal de la Jugerie de Riviere au Siége Royal de Trye, qui a publié la recherche de Jean de Malus, pourroit avoir été un de ses descendans. Il étoit natif d'Aspet petite ville dans la même province ; il avoit été employé par le Baron de l'Arbouſt, qui lui fit connoître, ainsi qu'à un de ses neveux nommé *Larade*, le Sieur de Malus pere.

Ce Jean Dupuy étoit un Philosophe sage, qui a écrit avec précision & clarté ; il paroit que c'est encore à la Minéralogie que nous devons cet Auteur, qui vouloit écrire aussi *de la transmutation des métaux*; livre où il n'auroit pas été question de faire de l'or sans or, mais qui auroit été un excellent ouvrage de Métallurgie.

Il n'est pas étonnant que les registres du Domaine, déposés dans les Archives de Tarbes, de Lourde, de Bagnieres, de Toulouse & de Pau en Béarn, faſſent mention du produit des mines de ces Provinces puisqu'elles ont été exploitées.

Henri II, Roi de Navarre a été un des protecteurs de la Chimie & de la Métallurgie ; les Princes avoient alors à leur suite un Médecin Spargirique qui étoit inscrit sur l'état de leurs Officiers ; ils

---

vembre 1630, maraine de François fils de René Quentin, Seigneur de la Vienne & d'Antoinette Binet, céda depuis à son filleul les droits qu'elle avoit sur des mines en Anjou, Poitou, &c. qu'elle avoit acquis de Charles Dupuy Sieur du Puy-Nivet & autres ses parens.

F

avoient des laboratoires où l'on faisoit des opérations de Chimie, où l'on cherchoit le grand-œuvre & tout ce qui en dépend. L'Auteur qui s'est caché sous le nom de Denis Zécaire, Gentilhomme & Philosophe Guiennois, parle des procédés qui portoient le nom de la Reine de Navarre, du Cardinal d'Armagnac, du Cardinal de Lorraine, du Cardinal de Tournon, &c. Il ajoûte que le Roi de Navarre Henri II (3) le manda à Pau, où il fit des opérations de Chimie. La politique de cette petite Cour étoit de promettre aux Chimistes de grandes sommes d'argent, de les bien traiter, ensuite on finissoit par leur offrir d'exploiter des mines ou d'obtenir les biens de quelques confisqués. C'est dans ce pays & dans des voyages de cette nature que des étrangers ayant découvert le Cobalt dans les Pyrénées, l'emportoient dans leurs pays pour le travailler, & nous le vendre sous le nom de *Smalt*; & que les Espagnols venoient enlever les mines d'argent de Saint-Pau (qui étoient très-riches) jusqu'en 1600 que Henri IV y mit ordre.

Antoine Roi de Navarre, commanda suivant Palissy, de suivre la veine de quelques mines d'argent qui avoient été trouvées aux montagnes Pyrénées; mais quand on en eut tiré quelque quantité, les eaux qui y étoient, contraignirent les

---

(3) Opuscule de la vraie Philosophie naturelle des metaux traictant de l'augmentation & perfection d'iceux; avec advertissement d'eviter les folles dépenses qui se font ordinairement. Par Me. Denis Zécaire, Gentilhomme & Philosophe Guiennois 8°. Anvers 1567.

PRÉFACE.

Maîtres de minieres de quitter tout. Suivant de Malus pere, Jeanne d'Albret épouse d'Antoine avoit aussi essayé de faire des exploitations.

J'emprunterai encore le témoignage de Bertrand Hélie Jurisconsulte de Pamiers, qui dans son Histoire des Comtes de Foix, imprimée à Toulouse en 1540, parle des excellentes mines de fer du Comté & ajoûte *sunt item innumeræ plumbi, argenti æris, auri, electrique fodinæ, nostra etiam memoria recens adinventæ*; expression qui démontre la reprise de ces travaux sous les derniers Princes qui avoient précédé son ouvrage.

Enfin Henri-le-Grand ordonna des recherches sur les mines : elles sont détaillées dans l'ouvrage de Jean Dupuy, qui est si rare qu'aucun des Chimistes modernes ne l'a connu & n'a pu en faire usage ; le seul (4) exemplaire qui nous soit tombé entre les mains est à la Bibliotheque du Roi, où ceux qui souhaiteront de voir l'original pourront aller le consulter.

M. de Malus fils composa un extrait en 1632, de l'ouvrage de son pere, celui-la quoique fort rare, est cependant plus répandu : je crois devoir ajoûter que M. de Malus Commissaire des Guer-

---

(4) La Recherche & découverte des mines des montagnes Pyrenées, faite en l'année mille six cent, par Jean de Malus Escuyer & Maistre de la Monoye de Bourdeaux & redigées en escrit par Jean Dupuy Docteur ès-Droits, Lieutenant principal en la Jugerie de Riviere au Siege Royal de Trye: in-12 Bordeaux (Simon Millanges) 1601. contenant 110 pages.

res à Lille en Flandres, est assez heureux pour porter ce nom ; M. son pere, originaire de Pau en Béarn, y étoit né en 1694, sans doute que M. de Malus fils se fixa à la recherche des mines, comme il paroit qu'il le desiroit dans son Mémoire. Il est toujours glorieux de porter le nom d'un homme illustre, & j'en félicite celui qui a cet honneur : les armes de M. de Malus sont d'or au pomier de sinople.

Travaux des Anciens, dans les mines des Pyrenées, par Diodore de Sicile, Liv. V. XXIV. Pour servir de comparaison avec Jean De Malus.

» Les montagnes des Pyrenées surpassent tou-
» tes les autres par leur hauteur & par leur con-
» tinuité. Car séparant les Gaules de l'Espagne ou
» du pays des Celtiberiens, elles s'étendent vers
» le Nord l'espace de trois mille stades, depuis la
» mer du Midi jusqu'à l'Océan. Autrefois elles
» étoient couvertes d'une épaisse forêt : mais quel-
» ques pasteurs y ayant mis le feu, elle fut entiè-
» rement consumée. L'embrasement ayant duré
» plusieurs jours, la superficie de la terre parut
» brûlée ; & c'est pour cette raison que l'on a
» donné à ces montagnes le nom de Pyrenées.
» Des ruisseaux d'un argent rafiné & dégagé de la
» matiére qui le renfermoit, coulèrent sur cette
» terre. Les Naturels du pays en ignoroient alors
» l'usage, & les Phéniciens qui en connoissoient le
» prix, leur donnèrent en échange d'autres mar-
» chandises de peu de valeur. Transportant ensuite
» cet argent dans l'Asie, dans la Grèce, & en d'au-
» tres endroits, ils en retirèrent des profits im-

» menſes. Leur avidité pour ce métal, fit qu'en
» ayant amaſſé plus qu'ils n'en pouvoient charger
» ſur leurs vaiſſeaux ; ils s'aviſèrent d'ôter tout le
» plomb qui entroit dans la fabrique de leurs an-
» chres & d'employer à cet uſage l'argent qu'ils
» avoient de trop. Les Phéniciens ayant continué
» ce commerce pendant un fort long-tems devin-
» rent ſi riches qu'ils envoyèrent pluſieurs colo-
» nies dans la Sicile & dans les Iſles voiſines, dans
» l'Afrique, dans la Sardaigne & dans l'Iberie mê-
» me. Mais enfin les Iberiens ayant reconnu les
» avantages de ce métal, creuſèrent de profondes
» mines & en tirèrent de l'argent parfaitement
» beau, & en aſſez grande quantité pour ſe faire
» des revenus très-conſidérables. Nous rapporte-
» rons ici de quelle maniere on conduit ce travail.

» Il y a dans l'Iberie pluſieurs mines d'or, d'ar-
» gent & de cuivre. Ceux qui travaillent à ces der-
» nieres en retirent ordinairement la quatrième par-
» tie de cuivre pur. Les moins habiles de ceux qui
» entreprennent les mines d'argent en rendent en
» l'eſpace de trois jours la valeur d'un talent Eu-
» boïque (5). Car les morceaux de mines ſont
» pleins d'un argent fort compacte & très-brillant,
» de ſorte que la fécondité de la Nature eſt là auſſi
» merveilleuſe que l'adreſſe des hommes. Les na-
» turels du pays s'enrichiſſoient beaucoup autre-

___

(5) Le talent étoit communément compoſé de 60
mines de différente valeur comme nos monnoyes, ſelon
les lieux. C'eſt ce qui lui faiſoit donner les noms de talent Euboïque, Tyrien, Babylonien, &c.

» fois à ce travail auquel l'abondance de la matière
» les attachoit extrêmement. Mais depuis que les
» Romains ont subjugué l'Espagne, ses Provinces
» ont été remplies d'un nombre infini d'Italiens
» qui en ont rapporté des richesses immenses. Car
» achetant des esclaves en grand nombre ils les
» mettent sous la conduite des Intendans des mines.
» Ceux-ci leur faisant creuser en différens endroits
» des routes ou droites ou tortueuses trouvent bien-
» tôt des veines d'or & d'argent. Ils donnent à
» leurs mines nonseulement la longueur de plu-
» sieurs stades, mais encore une profondeur ex-
» traordinaire, & ils tirent ainsi leurs trésors des
» entrailles de la terre. Au reste, si l'on compare
» ces mines avec celles de l'Attique, quelle diffé-
» rence ne trouvera-t-on pas entre les unes & les
» autres ? Dans ces dernieres outre un travail ex-
» cessif, on est encore obligé à de grandes dé-
» penses : souvent même au lieu d'en tirer le pro-
» fit qu'on en espéroit, on y perd le bien qu'on
» possédoit, comme le chien de la Fable. Au con-
» traire ceux qui travaillent aux mines de l'Espa-
» gne ne sont jamais trompés dans leurs espéran-
» ces ; & pourvû qu'ils rencontrent bien en com-
» mençant, ils découvrent à chaque pas qu'ils font
» une matiere toûjours plus abondante : & les vei-
» nes semblent s'entrelasser les unes avec les au-
» tres. Les ouvriers trouvent assez souvent quelques-
» uns de ces fleuves qui coulent sous terre. Pour
» en diminuer la violence, ils les détournent dans
» des fossés qui vont en serpentant ; & l'avidité du
» gain, les fait venir à bout de leur entreprise. Ce
» qu'il y a de plus surprenant, c'est qu'ils dessé-

» chent entierement ces fleuves par le moyen de
» la roue ou de la vis Egyptienne, qu'Archimède
» de Syracuse inventa dans son voyage en Egypte.
» Ils s'en servent pour faire monter continûment
» ces eaux jusqu'à l'entrée de la mine, & ayant
» mis à sec l'endroit où elles couloient, ils y tra-
» vaillent à leur aise.

» Les esclaves qui demeurent dans les mines,
» rapportent, comme nous l'avons dit, des reve-
» nus considérables à leurs Maîtres : mais la plû-
» part d'entre eux meurent de misère, après avoir
» été excessivement tourmentés pendant leur vie.
» On ne leur donne aucun relâche, & les hom-
» mes qui les commandent, les contraignent par
» les coups, à des travaux qui passent leur force,
» jusqu'à ce qu'ils y laissent leur malheureuse vie.
» Ceux d'entre eux dont le corps est plus robuste
» & l'ame plus patiente ont à souffrir plus long-
» tems, en attendant une mort que l'excès des
» maux qu'ils endurent leur doit faire préférer à
» la vie. Entre les différentes choses que l'on ob-
» serve dans ces mines, celle-ci ne me semble pas
» une des moins remarquables. On n'en voit au-
» cune qui soit nouvellement ouverte ; mais elles
» le furent toutes par l'avarice des Carthaginois,
» du tems que ces peuples étoient les maîtres de
» l'Espagne. Ce fut par le moyen de l'argent qu'ils
» tirèrent de ces mines qu'ils eurent à leur solde
» des soldats courageux dont ils se servirent dans
» les grandes expéditions qu'ils firent alors. Car
» les Carthaginois avoient pour maxime de ne se
» fier jamais ni à leurs propres soldats, ni à ceux
» de leurs alliés. Combattant à force d'argent, ils

PRÉFACE.

» ont prodigieusement inquiété les Romains, les
» Siciliens & les Afriquains. Au reste il semble
» qu'on puisse dire que la passion des Carthaginois
» pour les richesses leur a fait chercher tous les
» moyens d'en acquérir, & que celle des Romains
» a été de ne rien laisser à personne. On trouve
» aussi de l'étain en plusieurs endroits de l'Espa-
» gne, non pas sur la superficie de la terre, com-
» me l'ont faussement écrit quelques Historiens,
» mais dans des mines d'où il faut le tirer pour le
» faire fondre comme l'or & l'argent. La plus gran-
» de abondance de ce métal est dans des Isles de
» l'Espagne situées au-dessus de la Lusitanie & qu'on
» nomme pour cette raison les Isles Cassiterides (6).

---

(6) Ces Isles n'existent plus, elles ont été submergées.

AU ROY,
HENRI IV.

SIRE,

J'AY esté longtemps en doubte, si je deuois adresser à Vostre Maiesté ce petit Traicté de la recherche & descouuerte des mines des montagnes Pyrenées. D'vn costé la mesfiance, que i'ay de moymesme, me le dissuadoit, de l'autre le deuoir d'vn très-humble & très-obeyssant subiect me le commandoit. Enfin considerant qu'il n'y auoit rien de plus sainct que l'obeyssance, ie me suis resolu d'obeyr au com-

mandement que le deuoir m'en a faict, fortifié de l'esperance que i'ay, que Voſtre Maieſté agréera que ie m'y ſois hazardé, tant pour l'amour du ſubiect, que pour le plaiſir, qu'elle aura, que ſa ville d'Aſpet aye porté de ſon temps vn eſprit curieux des plus grands ſecrets de la Nature, & d'attaindre à tel degré de perfection, qui puiſſe vn iour donner des teſmoignages à Voſtre Maieſté, qu'il veut viure & mourir comme il eſt nay.

SIRE:

Voſtre très-humble & très-obeyſſant
ſubiect & ſeruiteur, Iean Dupuy.

AVANT PROPOS.

LE defir que i'ay eu dès mon enfance, de feruir le public, outre mon inclination naturelle à la recherche des plus grands fecrets de la Nature, m'a faict efpier de iour à autre auec vne grande curiofité & extrefme diligence, les moyens de pouuoir tefmoigner cefte affection. Et comme il n'y a rien de plus digne d'vn efprit bien nay; rien de plus loüable, & de plus fainct, Dieu a voulu fauorifer mon intention par l'arriuée de *M. le Marefchal d'Ornano* (1) en fon gouuernement de Guyenne : ou peu de iours après fon entrée faicte en la ville de Bourdeaus, arriua vers mondict fieur le Marefchal, par mandement de Meffire *Corbeyran d'Aura, Seigneur & Baron de l'Arbouft, Cardeillac, Sarramezan, Lortet & autres lieux, le fieur de la Fage* (2) *Confeiller Medecin ordinaire de Sa Maiefté, Commiffaire en la recherche des mines ès valées d'Aure, l'Arbouft, Luchon, Couzerans, & Comté de Foix*: lequel lui fift entendre l'occafion de fon ariuée à Bourdeaus, n'eftant autre que pour luy faire veoir plufieurs efchantillons des mines differentes les vnes des autres, tenans les vnes plomb, cuiure, or, & argent, defquelles ledit *fieur de la Fage* auoit faict recherche dès l'an 1599.

Monfieur de l'Arbouft en ayant donné l'aduis à Sa Maiefté à fon voyage, qu'il fift dernierement en Cour, en compagnie duquel eftoit *Monfieur de la Fage*, lefquels efchantillons de mines prinfes efdictes

---

(1) Lieutenant pour le Roi en Guyenne en l'abfence du Prince de Condé, Henri de Bourbon, & alors Maire de Bourdeaux.

(2) Voyez un fonnet Italien à la fin de ce livre.

valées suyvant les procès verbaux sur ce faicts, furent apportées au Chasteau Trompette, dans le cabinet de mondict sieur le Mareschal, lesquels il fit veoir & visiter par personnes entendues au faict des mines entre lesquels fut appellé M. *de Malus*, maistre de la monnoye de Bordeaus. Et ayant M. le Mareschal, ouy leurs rapports, & voyant l'vtilité qui en pourroit aduenir, estant homme desireux du bien de la France (encore qu'il soit estranger) & de faire quelque seruice signalé, & memorable à Sa Maiesté, comme il a monstré vne infinité de fois, en plusieurs endroicts de ce Royaume au peril & hazard de sa vie, ne voulant auec la paix demeurer ocieux & inutile, il n'auroit voulu mespriser la recherche des choses dignes d'vne grande, haute, & loüable entreprinse : & s'estant representé l'estat florissant du grand Empire des Romains, lesquels encore bien qu'il maistrisassent tout l'vniuers, n'auoyent moyen de recouurer de l'or & de l'argent, que quelques vns appellent les Dieux de la terre, si ce n'est des montagnes Pyrenées, qui estoient leurs vrayes Indes ; tant elles sont abondantes en toutes sortes de mines : lesquelles ils faisoient tirer iournellement auec vn grand soin & diligence, pour fournir à la superfluité de leurs depenses excessiues : il a veu en mesme temps l'iniure que les François s'estoient faicte eux mesmes, de les auoir laissées inutiles si long temps, & le grand profict & vtilité, que la France en receuroit, si elles estoient bien trauaillées, pour ne perdre l'occasion, qui se presentoit, de procurer vn si grand bien à la France, & de faire vn si bon service à Sa Maiesté, laquelle informée de tout cecy, n'a voulu suiure en cela l'humeur difficile de ses predecesseurs, lorsquels ont tousiours mesprisé les aduis, qui leur estoient donnés par ceux qui auoient enuie de s'employer pour le bien & utilité public, en la recheche de ces choses.

AVANT PROPOS.

Sçachant que *Monsieur de l'Arbouſt*, au dernier voyage qu'il a faict à la Cour, auoit obtenu de Sa Maieſté la permiſſion de faire trauailler à la deſcouuerte & ouuerture des mines, vouluſt enuoyer vers luy *Jean de Malus*, *Eſcuyer & Maiſtre pour Sa Maieſté en la Monoye de Bourdeaus*, depuis quatorze ans ou plus, homme entendu en la cognoiſſance des mines, & très apte à la recherche d'icelles, en compagnie de *Guillaume Boucaut*, *citoyen de Bourdeaus*, *Comiſſaire en la recherche des mines au Gouuernement de Guyenne*. Leſquels eſtant partis de Bourdeaus le vingt deuxieme iour du mois de Iuillet de l'an mil ſix cens, arriuerent en la valée de *l'Arbouſt* le premier iour du mois d'Aouſt ſuyuant, auec hommes pour les employer au trauail des mines, qui ſont en ceſte valée: où dans peu de iours *Monsieur de Malus* ennemy iuré du repos, & de l'oiſiueté, ſe trouuant en main de quoy faire veoir la grandeur & dexterité de ſon eſprit, fiſt executer tellement ſes deſſeings auec vne grande prudence, & merueilleuſe induſtrie, qu'il n'y a perſonne qui ne s'eſtonne d'eſbaïſſement à le veoir pouſſé pluſtoſt (à ce qu'il m'a dict) du deſir qu'il a d'effectuer la volonté & les commandemens de mondict ſieur le Mareſchal, & du zele & affection qu'il porte à ſon ſeruice : que de l'enuie de contenter l'appetit de ſon eſprit deſireux depuis longtemps de ſe repaiſtre de la douceur de ceſt aliment. Mais par deſſus le grand trauail, qu'il faiſoit faire, il ne laiſſoit tous les iours de grauer de pieds & de mains ſur les plus hautes & difficiles montagnes, pour deſcouurir les mines, auec vne ſi obſtinée reſolution, que les lieux plus rudes, dangereux & inacceſſibles, luy ſembloient de grands chemins battus : les eſpines, les ronces, & les pierres tranchantes, luy ſembloient roſes aux mains, lorſqu'il eſtoit contraint de s'y prendre & ſe garder de trebucher dans les precipices eſpouuantables auxquels il se hazardoit. Le plus petit danger desquels ne le menaçoit de rien moins, que d'vn brisement entier de sa personne, suiui quant & quant, ou pour mieux dire, accompagné d'vne mort horrible. Les tenebres affreuses des lieux soustrerrains, luy estoient plus agreables, que la clarté d'vn beau iour serain, l'apprehension de perils iminents, & du rencontre des bestes sauuages dans les deserts des autres cauernes, ne le destournerent iamais d'vn pas, tant il étoit bandé à son entreprinse. Aussi en moins de six mois il a descouuert vn si grand nombre de mines, que presque il semble incroyable, si non à ceux qui l'ont veu.

Tandis qu'il employoit si bien le temps, ie ne bougeois de la ville d'Aspet, qui est le lieu de ma naissance, attendant d'heure à autre que *Monsieur de l'Arboust*, qui m'auoit autrefois employé en ces recherches, m'appellast pour assister *Monsieur de Malus* en vne si loüable & glorieuse occupation. Mais je ne sçay si *Monsieur de l'Arboust* m'auoit oublié en ceste saison, ou la rigueur de mon destin combattoit ma bonne fortune, car ie ne demeuray priué de mon attente. Toutesfois au bout de quelques mois mon nepueu *Larade*, qui auoist esté quelque temps aupres de *Monsieur de l'Arboust*, m'estant venu trouuer, me fist entendre la cognoissance, qu'il auoit faict auec *Monsieur de Malus*, & l'enuie qu'il auoist de me veoir. Ceste nouuelle seruist d'vne alumette, pour enflamber du tout le desir, que i'auois de le cognoistre & de m'insinuer en sa bonne grace. Ie fus en ceste peine iusques au vingt cinquieme iour du mois de Nouembre du mesme an mil six cens, que m'en allant *de la ville d'Aspet* en la ville de Trie, & passant a *Cardeillac* pour saluer *Monsieur de l'Arboust*, & luy faire entendre mon voyage, vne heure & demie apres mon arriuée, estant enuiron deux heures de minuict, *Messieurs de Malus*, & *de Boucaut* y arriuerent, les-

AVANT PROPOS. 95

quels venoient de *la valée de l'Arbouſt* tous engourdis de froid. Cependant qu'ils ſe debottoient, on eut ſeruy, ſi qu'il fallut lauer les mains & ſe mettre à table.

Tout au long du ſoupper *Monſieur de Malus* entretint la compagnie en fort bons termes du diſcours de pluſieurs grands ſecrets, auquel ie repartois quelfois. En meſme temps qu'on eut rendu graces à Dieu, nous eſtans leuez de table, nous feuſmes contraints tous deux de rompre la barriere de toutes conſiderations, qui nous auoient retenus maugré nous iuſques alors : & nous eſtans ſaluez & etroitement embraſſez, nos ames ne pouuoient eſtre en repos, qu'elles ne ſe fuſſent communiquées iuſques aux plus ſecrettes penſées. Nous quittaſmes la compagnie, & nous nous retiraſmes tous deux ſeuls, auec mon nepueu *Larade*. A l'inſtant il commença d'entrer au diſcours des mines, & à particulariſer par le menu toutes les remarques qu'il auoit faict en nos montagnes, me priant de vouloir ioindre mon eſtude à ſes labeurs Ce feut alors que je vis deuant mes yeux le plus louable ſubiect, que ie pouuois deſirer, pour paruenir au but auquel i'auois tant aſpiré : de ſorte que ie luy promis fort librement.

Du depuis nous auons tant communiqué, & conferé enſemble, & apprins tant de belles choſes ſur le ſubiect des mines, que i'ay penſé eſtre de mon deuoir d'en eſcrire quelque choſe, à l'inſtance d'vn homme de ſi bon iugement, verſé & entendu en cela par deſſus tout autre, auec ce que ie ne ſçaurois faire n'y entreprendre rien de plus digne, ny de ſi recommandable à la poſterité : ioinct auſſy que pluſieurs conſiderations m'y ont pouſſé. Premierement l'aiſe, & le contentement que Sa Maieſté en receura (ſi tant eſt que ce petit ouurage puiſſe auoir l'honneur de venir deuant ſes yeux ou de luy eſtre repreſenté) entendant que ſon Royaume eſt fourny de tant de richeſſes : & le gré qu'elle en ſentira à mondict Sieur le Mareſchal, qui eſt cauſe de ceſte deſcouuerte, & à *Monſieur de l'Arbouſt*, qui luy en donna les aduis, outre l'obligation que la France en aura à l'un & à l'autre.

D'ailleurs le deſir que i'ay de reſoudre les François à la pourſuite d'vne ſi grande & honorable entreprinſe, de laquelle ils ſe peuuent promettre toute ſorte de commodités : l'eſperance deſquelles nous arreſte plus longuement après nos entreprinſes, & à plus forte raiſon les commodités meſme. Or en ceſt endroit ie ne le pouſſeray pas après des eſperances incertaines, n'eſtant plus queſtion d'eſperer en cecy, mais tant ſeulement de mettre la main à la beſogne, pour en reſſentir en meſme tems le profit. Il eſt vrai que ſi ce trauail n'eſt continué auec toute aſſiduité, & auec l'ordre requis & neceſſaire, le profit qu'on en retireroit ſeroit ſi petit, que preſque il n'y auroit moyen de le reſſentir.

Dequoy i'ay voulu aduertir le François, ſçachant très bien qu'il eſt de telle humeur, que ſi en meſme temps il n'a toutes ſes pretentions en main, il ſe laiſſe aller à l'impatience, qui le tranſporte de telle façon, qu'elle luy fait quitter & abandonner ſon entrepriſe, pour ſi honorable & vtile qu'elle puiſſe être. Nous en auons veu la practique en ces recherches, & deſcouuerte des mines, là où pluſieurs perſonnages ont monſtré le peu de reſolution, qu'ils auoient s'eſtans peut eſtre repreſenté du commencement qu'on deuſt trouuer dans les entrailles de la terre, les lingots de l'or & de l'argent comme le ſablon ſur le riuage de la mer, tous preſts à eſtre employés à l'vſage des hommes ſans y faire autre choſe. Ceſte impatience auſſi a faict veoir ouuertement combien ils etoient indignes d'vne ſi haute entrepriſe, & de l'honneur qui leur eſtoit faict : & ſera cauſe à mon aduis, que cy après

on

on n'y pouruoira de perfonnes de telle humeur, & fans y penfer plus murement. Au refte il ne faut pas croire qu'il n'y aye d'autres mines, dans les montagnes Pyrenées, beaucoup plus riches que celles qui font defcouuertes : eftant très certain que *Monfieur de Malus n'en a pas fuiui la milliefme partie :* comme auffi le peu de temps, qu'il a eu pour s'employer à cefte recherche, n'eftoit baftant pour luy defcouurir tant de chofes, n'euft efté fa diligence extrefme. Ceft ouurage donc ne contiendra rien plus que le recit de fa recherche, & ce qu'il y a defcouuert dans cinq ou fix mois : auffi ie ne l'ai faict en autre intention du commencement.

Mais qu'on ne s'attende pas d'y voir de grands difcours pleins de raifonnemens defduicts auec artifice & douceur de paroles. Car nous ne fommes pas en terme qu'il faille prouuer par raifons & argumens, ce que nous traictons, attendu que la chofe fe monftre d'elle mefme, & que nous n'en parlons que comme nous la trouuons, & la veoyons.

Puis la recherche des mines eft fi mal aifée & difficile, leur ouuerture fi facheufe & penible, & elles mefmes fi rudes à les manier, qu'il n'y a moyen d'en parler auec vne delicateffe de langage affecté, comme fi l'on enfiloit des perles.

D'ailleurs ie fuis nay & efleué en vn pays où l'on ne fçeut iamais que c'eft de bien dire. Et ce qui me rendra plus excufable, eft qu'aucun encore deuant moy n'a mis la main à la plume en ces quartiers, pour laiffer quelque tefmoignage de fes eftudes à la pofterité, fi qu'il me fuffit de commencer pour ouurir le paffage & encourager ceux qui viendront après moy : lefquels peuteftre pouffez de ialoufie, s'efforceront en me fuyuant de dire mieux. Ie crois bien qu'il y en aura plufieurs de ceux qui verront mon nom au front de ce liuret, lefquels fe trouueront deçeus, ne

G

voyans dedans rien qui corresponde à l'opinion qu'ils ont conçeu de moy.

Toutes fois ie les prierai d'auoir patience iusques à ce que Monsieur de Malus & moy ayons faict l'entiere descouuerte des montagnes des Pyrenées (s'il est ainsi que Sa Maiesté veuille fauoriser nos desseins:) car ie promets de leur faire veoir alors quelque chose de rare, mon intention estant de traiter (3) *au long des mineraux, des metaux, de leur generation, de la dissolution & transmutation d'iceux, de leurs qualitez, & proprietez, combien ils sont vtiles & necessaires à la santé des hommes; de la vertu qu'ils ont de guerir toutes sortes de maladies incurables, soient elles interieurs ou exterieures;* dequoy les anciens ont faict de grandes preuues & miracles, traictans aussi *des simples & plantes rares & admirables, qui croissent en ces montagnes, des christaux, des pierres precieuses, du vray talc, de sa calcination & dissolution en huille:* & enfin *de la grande œuure des anciens* (après laquelle plusieurs se rompant la teste aduançans leurs commoditez, en lieu qu'ils deuroyent chercher les moyens de retrograder la Nature pour y paruenir,) *de la multitude & varieté des animaux, qui se nourrissent en ces montagnes, des perdrix blanches, des faisans, paons sauuages, butors, autours, aigles, & d'vne infinité d'oyseaux rares & admirables, qui s'engendrent & viennent dans les forests & rochers.* Ie proteste toutesfois qu'il n'y a rien du mien, & confesse franchement après en auoir donné l'honneur & la gloire à Dieu, que la loüange en appartient à *Monsieur de Malus,* qui en a prins la peine, & m'a fourny toute l'estoffe necessaire pour faire cest ouurage.

---

(3). Il seroit à desirer que cette histoire naturelle de Jean Dupuy, eût été dans ce tems & à cette époque rendue publique & que ceux qui la possédent, la fissent connoître.

LA RECHERCHE
ET
DESCOUVERTE
DES MINES DES MONTAGNES PYRENEES,

Faicte en l'année 1600, par Jean de MALUS PERE, Escuyer & Maître de la Monoye de Bourdeaus: & redigée en escrit, par M. JEAN DUPUY, Docteur ez-Droits, Lieutenant principal en la Jugerie de Riuiere, au Siége Royal de Trye.

CHAPITRE PREMIER.
De la matiere des Metaux.

PUISQUE nous auons entreprins de parler des mines, qui se retrouuent dans les montagnes Pyrenées, tenans de toutes sortes de metaux parfaicts, & imparfaicts, nous ne nous pouuons excuser, pour le contentement des lecteurs, d'aller vn peu plus auant, que nous n'auons promis en nostre Auant-Propos : & afin que nous ne semblions ignorer ce dequoy nous nous empeschons. Et comme il est très certain qu'en

Jean de Malus 1e.a. 1600.

G 2

Jean de Malus pere. 1600.

toutes choses formées, il y a vn principe de Nature; il ne peut estre remis en difficulté, que les metaux produits par elle mesme, soient sans aucun principe. Mais pour ne nous embroüiller dans le labyrinte des Philosophes espeluchans ceste matiere, nous nous contenterons de dire en passant, que comme il n'y a rien, qui ne soit composé & formé de quelque matiere, les metaux ont aussi la leur, de laquelle la Nature se sert pour les produire, suiuant l'ordre que Dieu luy a donné : autrement rien ne s'engendreroit de nouueau. Quy seroit en cela accuser d'oisiueté la Nature : laquelle toutesfois ne cesse jamais de ses operations. Et vouloir dire que les metaux ont esté dès lors de la creation du monde, dans les entrailles de la terre, en la mesme perfection, qu'ils y sont aujourd'hui ce seroit vne notable absurdité. La matiere donc des metaux, quels qu'ils soient, est vne mesme. C'est le souffre & *l'argent vif* (4) : & de

---

(4) Le mercure dont parlent tous les Auteurs qui ont traité de la formation & composition des métaux, est la même chose que le cinquième élément de Palissy, & cette terre mercurielle dont a parlé Becher, décrite dans les ouvrages de Gaston Duclo, Chimiste du Nivernois : *argentum vivum quod dicimus esse materium argento & auro proximam, non solum est illud vulgare argentum vivum, quod palam à mercatoribus venit, & ex Hispania aut Germania advehitur : verum est illud quod ex corporibus imperfectè mistis plumbo, stanno, ære & ferro subtili arte prolicitur.* L'examen des minéraux par la Docimasie en grand, donne les plus grandes notions de la véritable Chimie ; car Becher après avoir écrit sa Physique souterraine, s'écrie avec des transports surprenans, qu'il auroit été ignorant toute sa vie, s'il n'eut pas travaillé dans les fourneaux des mines de Cornouailles : sur quoi on peut lire *Alphabetum minerale.* Duclo écrit encore, *equidem vidi & novi*

ces deux seulement la Nature produit toute sorte de metaux, les cuisant dans les entrailles de la terre, iusques à tant qu'elle a alteré leur nature. De ceste alteration se produisent les corps metalliques. Ce que nous mettrons en auant pour vn axiome, attendant d'en donner les raisons, lorsque nous traicterons *de la transmutation des metaux.*

Jean de Malus pere. 1600.

CHAPITRE II.

Pourquoy d'vne mesme matiere s'engendrent diuers corps metalliques.

Du precedent Chapitre naist vne grande difficulté sur la diuersité des metaux qui s'engendrent d'vne mesme matiere : car il semble à voir, que d'vne mesme matiere il ne s'en puisse former qu'vne mesme

ex omnibus metallis, ferro excepto, argentum vivum fluidum excernere beneficio argenti vivi vulgaris abluendo enim & macerando perfectè.

Si cette expérience prouve quelque chose, c'est que ce Chimiste avoit l'art de tirer l'or & l'argent de tous les métaux ; qu'il sçavoit retrouver son plomb & son mercure sans perte aux essais ordinaires ; que plus habile qu'on ne l'étoit alors, il employoit son art à traiter des métaux dans le commerce : ils n'avoient point alors cette pureté qu'ils ont acquise depuis que la coupelle, l'eau de départ sont en usage : les Chimistes étoient souvent témoins de merveilles qui leur donnoient insensiblement une propension secrette pour croire au grand œuvre. Nous parlerons ailleurs d'un procédé indiqué par Jean Beguin dans ses Elémens de Chimie, pour retirer, dit-il, demi-once de mercure d'une once d'argent & de l'opinion de Gabriel Fallopio sur le même sujet.

G 3

Jean de Malus pere, 1600.

chose en nature & qualité. Mais nous disons que cela vient de la pureté ou impurité de la matiere, parce que lorsque le souffre & l'argent vif se rencontrent plus purs ou impurs en l'operation de la Nature, elle produit des corps metalliques d'autant plus parfaicts: au contraire d'autant plus imparfaicts, que le souffre & l'argent vif, desquels ils sont composés, sont impurs & imparfaicts.

CHAPITRE III.

Seconde raison de la diuersité des metaux.

IL ne faut pas conclure que la seule impurité des souffres, & de l'argent vif soit cause de la diuersité des metaux, que la Nature produit: car cela vient aussi des accidens (5) qui empeschent la Nature en

---

(5) » Si les metaux estoyent faits d'argent vif & de soulphre, il s'ensuivroit qu'ils pourroyent estre resoulds en soulphre & argent vif: mais il ne se trouva onques personne, lequel feit du soulphre & de l'argent vif, de cuiure, ou d'autre metail, & quant à moi, j'ai esté quelquefois present, qu'un Alchemiste s'essayoit de ce faire à mes despens, & toutes-fois, je ne vis jamais autre chose que des fumées, vapeurs & quelques liqueurs: tellement que mes escus s'en allerent en fumée, & en une sepmaine j'ay despendu septante escus d'or: dont je m'en repens encore. Parquoi concluons par un principe veritable & comme par l'Evangile des Alchemistes, que l'argent-vif & le soulphre ne peuvent être la matiere des metaux; car comme ainsi soit qu'ils tiennent pour certain que tous composez peuvent estre dissoulds en ce qui les compose: il s'ensuivroit quant & quant que de tous metaux (excepté l'or, car il ne se dissoult point) l'argent vif & le soulphre pourroyent estre faits, toutes-fois nous voyons que cela est tres-faux. L'opinion donques des Alchemistes

ses operations, la destournant quelquesfois de son cours, augmentant ou allentissant la force de son feu en la decoction des souffres & de l'argent vif: qui est cause que les matieres se bruslent quelquesfois, ou demeurent trop humides & grossieres en leur alteration. Quelquefois aussi le changement de saisons empesche que la Nature ne meine les corps metalliques à leur perfection non plus que les fruicts.

Jean de Malus pere. 1600.

CHAPITRE IV.

Troisieme raison de la diuersité des metaux.

LA plus grande raison que nous sçaurions amener de la diuersité des metaux, est l'influence celeste: car l'axiome du Philosophe disant que toutes choses se font moyennant la lumiere & le mouuement, ne s'entend moins des metaux, que des autres choses, qui

est friuole: & les argumens mesmes qui prouuent que l'argent vif n'est la matiere des metaux, donnent mesme conclusion du soulphre; mais notez que les Alchemistes voulans persister en tout & partout en leur opinion, ont recours à quelques mysteres, tout ainsi comme certainement leur opinion m'a semblé *mystique*, quand ils disent que l'argent vif & le soulphre, sont bien la matiere des metaux, mais qu'ils n'entendent pas ce soulphre commun ou vulgaire ny cet argent vif commun: ains d'un argent vif & soulphre philosophique, lequel est dissemblable au commun.

Cette note est traduite du traité des mineraux de Gabriel Fallopiy par Jacques Grevin qui prétendoit avec Bernard Palissy, que les metaux sont faits d'eau plustot que d'argent vif & d'une terre ou sel de leur essence.

Jean de Malus pere, 1600.

se produisent en la Nature. Par consequent l'influence dispose les souffres & l'argent vif dans les entrailles de la terre iouxte leur purité ou impurité à s'alterer plustost en vn metal, qu'en vn autre. Et comme l'influence de quelque planette est plus forte que celle des autres, elle faict que la Nature produit quelque metal, tenant de la nature de telle planette. Ce qui se monstre clairement en la production des metaux, qui se font en diuerses regions. Car comme elles sont subiectes au regne & iufluence de quelque planette (6), elles portent des metaux tenans de leur nature : & d'autant plus purs, parfaicts ou abondans en leur qualité, que le regne & influence de la planette sont forts en la region, en laquelle ils se retrouvent. Ce qu'ayant obserué les sages ont appellé l'or Soleil, l'argent Lune, le cuiure Venus, l'argent vif Mercure, le fer Mars, le plomb Saturne, & l'estain Iupiter, exprimans ces metaux nonseulement par les noms de ces planettes, mais encore par les caracteres par lesquels les astrologues les ont voulu signifier, à cause de la nature & qualité que ces metaux tiennent chacun en soy de l'vne ou de l'autre des planettes.

Loys de Launay, Médecin de la Rochelle avoit écrit, j'ai veû de l'or réduit en son argent vif qui seroit quasi incroyable à ceux qui ne l'auroient vû ; les metaux, ajoûte-t-il, sont composés d'eau & d'air & des sels, la vapeur est une eau transmuée en nature de l'air & cette nature aëreé unit les parties terrestres, tellement qu'il faut grand feu pour les séparer.

(6) Les mineurs qui travaillent dans les ténèbres, ont regardé les métaux objets de leur recherche comme les flambeaux qui animoient leurs espérances ; ils les ont comparés au sept planettes. Les unes servent à éclairer les hommes, les autres à les enrichir. C'est la seule analogie qu'il y ait entre le soleil & l'or, &c.

CHAPITRE V.

Si les metaux se trouuent tous purs, soit parfaicts ou imparfaicts dans la terre.

<small>Jean de Malus pere, 1600.</small>

ENCORE que nous ayons dict, que les metaux s'engendrent dans la terre d'vne mesme matiere pure ou impure, parfaicte ou imparfaicte, suiuant l'influence, la decoction, & accidens qui suruiennent en leur production ; nous n'entendons que personne croye qu'aucun de ces metaux, soit-il des fixes & & parfaicts, soit-il des plus imparfaicts, se trouue tout pur en sa nature dans la terre exempt de tous excremens (7). Car la nature ne faict quant à eux, ses operations si parfaictes, qu'estans produits, ils ne demeurent meslés parmy les excremens de leur matiere plus grossiere, qui n'a peu s'alterer en metal, de laquelle il faut qu'ils soient purgés les passans par le feu. C'est ce que nous appellons *mines ou d'or ou d'argent*, ou de quelque autre metal, selon la quantité qu'elles tiennent d'aucun d'iceux, ou de diuers ensemble : desquelles nous auons entreprins de traicter.

---

(7) Avicenne n'a-t-il point la même idée que Palissy, dans le Livre, *De Congelatione & conglutinatione lapidum.* C. II. On y lit, *sicut ergo fit generatio montium sic generatio lapidum, quia aquæductus adduxit illis lutum viscosum continuè, quod per longitudinem temporis desiccatur, & fit lapis, & non est longè, quin sit vis mineralis convertens aquas in lapides : & ideò in multis lapidibus inveniuntur quædam partes animalium & aquaticorum & aliorum.* Voila l'explication de notre Auteur & la cause des poissons & autres animaux fossiles. Dans le Ch. I. cette doctrine est plus conforme à Palissy, *de aqua autem fiunt lapides duobus modis ; unus est*

Jean de Malus pere. 1600.

CHAPITRE VI.

Du moyen de descouurir les mines.

LES Alemans fort curieux & diligens à la recherche des mines, n'ont pas oublié parmy leur labeur & industrie, de s'aider d'vne voye cachée & occulte : c'est qu'ils ont trouué l'inuention de couper vne *verge de coudrier* en certaine saison, à certaine heure, sous certain signe & planete, après auoir obserué quelques ceremonies, & prononcé quelques paroles; par le moyen de laquelle ils se vantent de pouuoir descouurir toute sorte de mines pour si profond qu'elles soient dans la terre, tenant pour tout asseuré qu'en marchant auec ceste verge en main, & gardans la ceremonie ordonnée, s'ils viennent à passer en aucun endroit, auquel y aye des mines, elle se ploye deuers l'endroit où sont les mines. Et

---

quod congelatur aqua guttatim cadens, les Stalactites. Alius quod descendit de aqua currenti, toutes les autres pierres par couches où les pétrifications *sunt enim certa loca super quæ aquæ effusæ conuertuntur in lapides qui diuersorum colorum sunt*, voila les pierres précieuses. *Scimus ergo quod in terra est vis illa mineralis quæ congelat aquas : principia lapidum vel fiunt ex substantia viscosa.* C'est la matiere du cinquième élément de Palissy, qui est dans les entrailles de la terre, son eau esseruée. *Calor adueniens coagulat*, c'est de qui arrive à son eau évaporative. *Quædam animalia conuertuntur in lapides, virtute minerali lapidificatiua & fit hoc in loco lapidoso.* Voila des pétrifications, *est que locus in Arabia qui colorat omnia corpora in eo existentia sub colore. Panis prope Toratem in lapidem conuersus est, remanserat illi suus color.* Voyez ce Traité à la suite de l'édition de Geber, imprimé à Dantzig.

cette *verge* est par eux appellée *de Iacob* ou *la Verge diuine*, ou bien la *Verge diuineresse*. Ils tiennent aussi qu'il y a des mines en tous les endroits où croissent certains simples. Mais outre que ceste voye est toute pleine de superstitions, ils experimentent à leurs despens le plus souuent combien elle est dangereuse & incertaine. Quant à moi ie n'en trouue pas de plus asseurée, que de sçauoir bien cognoistre *les feuilles & les fleurs des mines*. Car l'experience nous faict voir, que la Nature attentive à ses operations, reiette tousiours ce qui est de plus grossier, & notamment aux mines, & repousse tellement les excremens de iour à autre, qu'enfin ils ouurent la terre & sortent dehors, comme après vn long & rude hyuer, les feuilles & les fleurs pressent tellement l'escorce des arbres, que ne les pouuant retenir dauantage, poussée de la Nature, elle est contrainte de les laisser sortir. Les sages appellent ces excremens, les *feuilles* & les *fleurs des mines*, selon qu'elles sont proches ou esloignées du fruict (c'est-à-dire du metal, duquel elles tiennent) & comme les bons Arboristes, les sages & experimentez voyans les feuilles & les fleurs des mines jugent nonseulement de la mine, mais encore du metal duquel la mine tient. Monsieur de Malus aussi n'en a pas suyui d'autre; mais il s'y est monstré si entendu & experimenté, que maugré l'iniure du temps & les grandes neges, qui ont tenu presque tousiours occupées les montagnes, pendant qu'il a esté à leur recherche, il a descouuert toutes les mines desquelles nous voulons parler, en voyant ou les feuilles, ou les fleurs; & a tellement iugé de quel metal elles tenoient, que les essays nous ont faict voir, qu'il ne s'y est aucunement trompé.

Jean de Malus pere. 1600.

Jean de Malus pere. 1600.

CHAPITRE VII.

Pourquoi nos montagnes sont appellées Pyrenées.

IL est très-certain, que nos montagnes sont appellées Pyrenées ἀπὸ ἃ πυρὸς qui veut dire *feu*; & partant elles sont appellées par quelques vns, les montagnes du feu, mais les Autheurs qui en ont traicté, ne sont pas d'accord pourquoi elles sont appellées de ce nom. Car aucuns disent, que c'est à cause qu'elles sont proches de la Zone Torride, & en assiette chaude; les autres tiennent que c'est à cause que les foudres & les feux celestes y tombent ordinairement, & les autres à cause de certain feu, (8) qui fust mis aux forests de ces montagnes, qui les deuora toutes: & fust l'embrasement si grand, que les mines fondirent, tellement que longtems après *on trouvoit l'or, l'argent* & autres metaux, qui auoient coulé iusques au pied, comme de petits ruisseaux. Mais je n'approuue aucunement ces raisons, premierement il y a des montagnes qui sont plus proches de l'Equateur que les nostres & en region plus chaude, qui deuroient à plus forte raison estre appellées de ce nom. D'ailleurs il y a plusieurs autres montagnes, qui sont battues des foudres & feux celestes. Moindre apparence y a-t-il encore qu'elles ayent ce nom du bruslement des forests, car nous ne trouuons en quel temps ce bruslement fust faict; & ceux qui en parlent auec plus d'asseurance, l'attribuent à des personnes, qui ont esté longtemps

---

(8 C'est dans Diodore liv. V. Chap. XXIV, qu'on trouve l'histoire de cet embrasement que Jean Dupuy ne croit pas & dont il a grande raison de douter.

après que ce nom a esté baillé à nos montagnes. Ie diray pluftoſt que ces montagnes ont eſté *appellées du feu*, ou Pyrenées à cauſe des *ſouffres* & mineraux, qui ſont dedans, qui cauſent vne telle ardeur, que la pluſpart ne peuuent porter ny arbres, ny herbes: ains les rochers s'y briſent de la force de tant d'ardeur & grillent inceſſamment aual : & tant de mineraux les rendent riches & abondantes en toute ſorte de mines & d'eaux chaudes de très-grande vertu. Les aucunes ayans force d'arreſter les diſſenteries, les autres, d'amolir la pierre dans la veſſie ou dans les reins comme de la paſte, & la pouſſer dehors par la verge. Il y en a qui ont force de remettre la veue preſque perdue, de fortifier les nerfs, & les eſchauffer, & d'appaiſer la douleur des gouttes, voire de les guerir & vne infinité d'autres, deſquelles nous traicterons vne autre fois au long, en deſcriuant par le menu les raretés des montagnes Pyrenées. Ce mot Pyrenées eſt general, appartenant indifferemment à toutes nos montagnes, comme l'eſpece aux indiuidus. Mais chacune d'icelles a ſon nom à part, comme nous ferons voir cy après, lequel nom leur a eſté donné à bon droict par les Anciens, à cauſe du *feu naturel* ſulfureux & mineral, qui eſt en elles.

Jean de Malus pere.
1600.

CHAPITRE VIII.

Des mines de la montagne d'Agella, en la valée d'Aure.

DANS les montagnes Pyrenées y a vne grande valée nommée d'*Aure*, appartenant à l'ancien Domaine de Nauarre, dans laquelle y a deux petites Villes aſſez iolies, l'vne appellée Sarancolin, l'autre

Jean de Malus pere. 1600.

Arru, & vn grand nombre de villages fort peuplez, au long de laquelle passe vne riuière nommée la Neste, par laquelle les habitans du pays conduisent du bois & du fustage à bastir en la Ville de Toulouse, & par ce moyen, retirent beaucoup de commoditez qui aydent grandement à leur entretenement. On y entre du costé d'Occident, car elle est enuironnée de grandes, hautes, & rudes montagnes de tous les autres endroicts : & n'y a moyen d'y aller par autre lieu, sinon qu'on veuille trauerser les destroicts des montagnes, que les habitans du pays appellent les ports. Et entre autres montagnes qui l'enuironnent, il y en a vne nommée *Agella* du costé d'Espagne, au fonds de la valée grande & spatieuse, contenant enuiron trois grandes lieues de tour, & enuiron deux grandes lieues de hauteur, esloignée de plus d'vne grande lieue de toute habitation; son assiette est si haute, que du somme en auant on voit l'Espagne, qui n'est qu'à vne lieue & demie de là. Et mesme pour y aller, on passe en vn destroict de cette montagne appellée *le port d'Agella*. Plus de la moytié de cette montagne, est dans la seconde region de l'air, i'entens quant à la hauteur. Elle est extresmement rude & seche sans aucun arbre. Il y a de belles esplanades au bout, dans lesquelles on a fossoyé pour tirer les mines de fer & de plomb, desquelles il y a vne très-grande abondance. Entre autres mines, il y a vne vete de mine de fer plus grosse que le corps d'vn homme, si dure, que mal-aisement on en peut rompre: parmi laquelle il s'y trouue de petites marques d'azur, & des christals d'incroyable dureté, approchant de la nature des diamans. A vne lieue de cette montagne dans la valée se voit *vne ferriere en ruine*, qui est vn grand preiudice, à Sa Maiesté, à cause *du droict de dixiesme*, qu'elle prend sur toute sorte de mines dans ceste montagne.

Il y a si grande quantité de mine de plomb tirée, tenant argent, & la mine est si abondante, qu'elle envoye les fleurs iusques au couppeau, audessus duquel on a commencé à trauailler auec vn grand labeur, il y a encore vne quantité de mine de fer & de plomb tirée sur les lieux.

Jean de Malus pere. 1600.

CHAPITRE IX.

De la montagne d'Auuadet.

LA montagne d'*Auuadet* est en la mesme valée d'Aure du costé d'Espagne fort haute, rude & malaisée, en laquelle y a vne mine de plomb tenant argent.

CHAPITRE X.

De la montagne d'Auuesia.

IL y a dans la mesme valée du costé d'Espagne vne montagne appellée *Auuesia* extresmement haute & des plus rudes qui se puisse voir, composée de grands rochers & de marbres de toutes couleurs: dans laquelle il y a grande abondance de mines & de marcassites de cuiure azurées. Mais ce qui est de plus merueilleux & presque incroyable, est la grande quantité de christals, qui est dans ceste montagne à grands rochers si reluisans & esclattans, voire mesme la nuict, que considerant leur solidité & dureté, ie me crains leur faire tort ne les nommant diamans, & croys fermement qu'ils le sont. Il y a dans la mesme montagne vne autre de christals, ou

Jean de Malus pere. 1600.

pierres iaunes transparantes, reluisantes & dures extresmement à voir, de nature de topaze. Il y en a encore de violets, de pers, & de couleur d'azur ressemblans aux saphirs, si beaux, reluisans, & durs, qu'ils ne cedent aucunement aux blancs, ny aux iaunes en beauté & perfection. La plus part des christals sont si durs, qu'il n'y a moyen d'en rompre à grands coups de marteaux. Monsieur de Malus a remarqué que ceux qui sont au plus haut de la montagne, sont plus beaux, plus durs & plus parfaicts. Quand il n'auroit rien faict plus, que la descouuerte de ceste montagne, la France ne luy sçauroit dignement recognoistre ce seruice.

CHAPITRE XI.

De la montagne de Pladeres.

LA montagne de Pladeres est en la valée d'*Aure* fort rude & difficile du costé d'Espagne plus reculée deuers l'Occident mal pourueue & garnie de bois, dans laquelle y a des mines de plomb fort abondantes, tenant de l'argent.

CHAPITRE XII.

De la montagne de Baricaua.

CESTE montagne de Baricaua est encore des plus rudes & plus occidentale que les autres du mesme costé d'Espagne en laquelle se trouuent des mines de plomb & d'argent, ensemble des mines d'azur de roche, si abondantes, qu'il n'est possible de l'exprimer

primer. Le feu mineral est si fort & violent en ceste montagne que la force & vehemence d'iceluy fait rompre & briser les rochers au plus haut, de sorte qu'il en tombe ordinairement de grands quartiers au pied, & entre autres de grandes pieces *d'azur de roche.*

Jean de Malus pet. 1680.

CHAPITRE XIII.

De la montagne de Bouris.

A suite de la montagne de laquelle nous auons parlé au precedent Chapitre deuers l'Occident, & du costé d'Espagne, est la montagne de Bouris, en laquelle y a mines de cuiure vert azur, plomb, tenant argent, abondante en mine.

CHAPITRE XIV.

Des mines de la montagne de Varen.

IL y a vn pays dans les montagnes Pyrenées appellé *Zizan*, dans lequel y a vne fort belle montagne, que les habitans du pays appellent *Varen*, en laquelle y a vne mine de plomb & d'argent, trèsriche, car trente quintaux de mine en rendent vn d'argent.

CHAPITRE XV.

De la valée de l'Arboust.

L'ARBOUST est vne valée dans les montagnes Pyrenées, entre les valées de l'Ozan, Luchon, &

Goueilh, dans laquelle y a enuiron dix-sept ou dix-huict beaux villages. Et quoique ce pays soit appellé vne valée, il est toutesfois assis au plus haut des montagnes Pyrenées sauf le village d'*O*, qui est bas au pied des montagnes contre lequel passe vn beau ruisseau nommé la Neste, qui prend sa source de trois estangs qui sont en la montagne de *l'Asperges* : le pays est si bruflé de l'ardeur du feu mineral, que presque il ne croist aucune herbe en ces montagnes, lesquelles sont comme vne mer de mines, d'vne partie desquelles nous traicterons, ainsi que Monsieur de Malus les a descouuertes.

Jean de Malus pere. 1600.

CHAPITRE XVI.

Des mines de la montagne d'Esquierre.

LA montagne d'Esquierre est en la valée de l'Arboust enuiron vne lieue par dessus le village d'*O*, fort rude, haute & difficile, enlaquelle y a vne mine de plomb tenant argent, si riche & abondante, qu'elle a fait creuer la montagne vn peu plus haut que du mitan, tout à trauers d'vn grand rocher, lequel est demeuré comme vne aisle de haut tout pendu & balancé en l'air. Il est tombé de ceste ouuerture, de grandes pieces de mine, lesquelles Monsieur de Malus ayant veu, iugeant la grande abondance de mine, qui estoit dans ceste montagne, & voyant qu'il n'y auoit moyen de la tirer par cest endroict, pour le peril esuident que les ouuriers courroient, à cause des pierres qui tomboient incessamment de ce rocher brisé, il fist percer la montagne en deux endroicts par le bas, auec telle industrie & prudence qu'on y peut aller sans aucun hazard : & tirer la mine auec telle facilité, qu'il n'y a ouurier qui n'en tire pour le moins deux quintaux tous les iours. Il faict trauailler continuellement ceste mine & en a amaſſé & faict remettre vne grande quantité dans la maiſon *du Sieur de Campech* au lieu de *Villieres* en la meſme valée, en laquelle il a commencé de dreſſer le *magaſin de Sa Maieſté*. Ceſte mine eſt ſi abondante en plomb, que de trois quintaux de mine il en peut ſortir deux quintaux de plomb ou plus.

Jean de Malus père. 1608.

CHAPITRE XVII.

De la montagne de l'Aſperges.

ENVIRON vne grande lieue pardeſſus la montagne d'*Eſquierre* eſt la montagne de l'*Aſperges*, fort grande & d'vne incroyable hauteur. Elle eſt toute compoſée de grands marbres & rochers entaſſez l'vn ſur l'autre, preſque inacceſſibles de tous coſtés. Elle s'eleue fort auant dans la moyenne region de l'air, & y faict vn ſi grand froit, qu'homme ne l'a iamais veu, ſans le chapeau blanc. La nege y eſt tellement endurcie par la violence du froit, qu'elle ſemble du verre ou du criſtal, mal aiſée à rompre à coups de marteaux. Il y a trois grands eſtangs que les habitans du pays appellent ms, leſquels la pluſpart du temps demeurent glacez. Ils ſont enuironnez de grands rochers tout à l'entour, faicts en forme de grandes tours, clochers & pyramides d'extreſme hauteur, auec vne telle ſymettrie, qu'on diroit que tout l'art du monde a eſté employé pour les entourer & embellir, encore qu'il n'y aye rien que la Nature. Monſieur de Malus y a deſcouuert des mines de plomb tenant argent, fort riches & abondantes.

Jean de Malus pere. 1600.

CHAPITRE XVIII.

De la montagne de Saint-Julien.

TOUT auprès du village d'*O*, y a vne grande montagne, au pied de laquelle paſſe le ruiſſeau de la *Neſte*, toute bruſlée du feu mineral ; extreſmement rude, difficile, & fort haute, appellée la montagne *Sainct-Julien* : en laquelle y a vne grande abondance de marcaſſites de cuiure, & d'or.

CHAPITRE XIX.

De la montagne de Caumade.

AUPRES de la montagne de *Sainct-Julien*, eſt la montagne appellée de *Caumade*, laquelle n'eſt pas plus aiſée que les autres, ny moins rude, elle tient en ſoy, mine de plomb & d'argent.

CHAPITRE XX.

De la montagne de Lys.

DANS la valée de l'*Arbouſt*, y a vne grandiſſime montagne appellée *Lys*, laquelle tient ſon nom de *Lys*, à cauſe de la grande quantité des lys qui fleuriſſent en printemps en ceſte montagne : leſquels ſont differens en couleurs ; enſemble vne infinité de tres-belles fleurs à nous incogneues. Elle a plus de ſix grandes lieues d'eſtendue ou de tour, fournie d'arbres d'vne incroyable & merueilleuse grandeur & hauteur. Les forests sont belles & fort espesses: abondante en ruisseaux & fontaines, & en mines de plomb, tenant bonne partie d'argent. J'ay opinion que c'est la plus riche des montagnes Pyrenées, si les mines estoient trauaillées vn peu auant : ce que ie coniecture d'vne fontaine qui sort dedans, appellée par les habitans du pays, *le Goueilh d'argent*: l'eau de laquelle a telle vertu & proprieté, que si on en boit vn verre tant seulement, elle arrestera quant & quant la plus grande dissenterie du monde : & fera cesser la fieure en mangeant du pain trempé dedans. Les eaux chaudes *de Bagnieres de Luchon*, viennent de ceste montagne : lesquelles passent par des mineraux si chauds & ardents, que ces eaux bouillonnent tousiours & sont si chaudes, qu'on en peut aisement plumer vne volaille.

Jean de Malus pere. 1600.

CHAPITRE XXI.
De la valée de Goueilh & de ses mines.

LA valée de *Goueilh*, est entre les valées de *Loron l'Arbousi* & *Barousse*, enuironnée de très-grandes & hautes montagnes. Il y a dans la valée, vn vieux Chasteau rompu, appellé *Blanquat*, appartenant à Sa Maiesté : auprès duquel y a deux belles mines de plomb tenant argent.

CHAPITRE XXII.
De la valée de Luchon.

LA valée de Luchon est assise entre vne partie de la valée *d'Ayran*, de la montagne *de Lys*, des montagnes de *Goueilh* & *Barousse*, de la riuiere de *Garonne*. Elle est d'assez belle estendue & fertile en grains: au long d'icelle passe vne riuiere appellée *le Picque* qui se rend dans la riuiere de Garonne. Il y a de fort beaux villages & en grand nombre. Les habitans du pays font traficq de bois & fustage, qu'ils conduisent par la riuiere du *Picque*, iusques en la riuiere de Garonne, & de-là en la Ville de Toulouse. Dequoy ils reçoiuent beaucoup de commoditez. Ceste valée est toute dans la Comté de Comminges, appartenant à Sa Maiesté. Il y a beaucoup de mines & principalement au lieu de *Sier*, auquel y a deux mines de plomb de descouuertes tenans vne bonne partie d'argent. La feüe *Royne mere* Jeanne d'Albret les faisoit trauailler vn an auant son decez, il y a de fort beaux & grands boscages tout à l'entour, appartenans à Sa Maiesté.

Jean de Malus pere. 1600.

CHAPITRE XXIII.

Des mines de Lege.

UNE lieue ou enuiron par dessoubs le lieu de *Sier* est le village de *Lege*, dans lequel y a deux mines de plomb tenant argent, fort abondantes, tout contre la maison *du Sieur du mesme lieu*.

CHAPITRE XXIV.

De la Ville de Saint-Beat & des mines près d'icelle.

SAINCT-BEAT, est vne petite Ville bien forte, de laquelle ie parleray sommairement. Elle est en la

Comté de Comminges. Sa situation est entre deux montagnes, qui luy seruent de closture: par le milieu de laquelle on trauerse sur vn pont, par dessoubs lequel passe la riuiere de Garonne, qui prend sa naissance d'vne fontaine, qui sort d'vne montagne appellée *Garonne*, qui est à trois petites lieues loing de Sainct-Beat. On y tient deux fois la semaine marché, où viennent ordinairement les *Araues*, qui sont de la frontiere d'Espagne. Pardessus ladicte Ville, enuiron trois cens pas, se voit dans vne montagne, du marbre gris extresmement dur, vn grand vuide de vnze grands pas de largeur & vingt pas de longueur, & d'vne extresme hauteur: le commun vulgaire tient que la pyramide de marbre qui est dans Rome estant toute d'vne piece, d'vne grande largeur & hauteur est sortie de ce vuide, chose estrange d'ouir dire, qu'vn si grand poids & vne telle piece entiere aist esté portée & conduicte en si loingtain pays. Considerez ie vous prie les curiositez & grandeurs des anciens Romains. A demy petite lieue de la Ville & du village nommé *Channe* au haut d'vne montagne, il y a vne fontaine, qui rend l'eau rouge comme sang, de laquelle eau les habitans voisins se seruent pour marquer leurs brebis & moutons de leur marque; tellement que pour pluye ny rosée ceste marque ne se perd. Monsieur de Malus a faict ces remarques, & m'a dit que la cause de ceste couleur procede, que ceste eau groppit & passe dans quelques mines abondantes en soufre, de fer, & d'ocre rouge, d'où elle tire ceste couleur: & à vne lieue pardessus ladite Ville, il y a vn village appellé *Argut*, qui est en Languedoc, où il y a vne mine de plomb & argent, mais elle est fort maigre, & auprès de laditte Ville il y a vn autre village appellé *Chaune*, où il y a vne mine de cuiure, qui se trouue semée dans vn marbre gris blanc fort dur & fascheux à rompre.

Jean de Malus pere. 1600.

Jean de Malus pere, 1599.

CHAPITRE XXV.

De la montagne de Goueyran.

Par-delà les montagnes d'Argut y a des montagnes fort hautes & defertes, appellées les montagnes de Goueyran, dans lesquelles y a vne grande quantité de mines de plomb & d'argent, enfemble des mines de fer : lefquelles ont été fort trauaillées anciennement par les Romains, comme se monftre par les grands voyages qui y font.

CHAPITRE XXVI.

Des montagnes de Portufon.

Assez près des montagnes d'Argut y a deux montagnes appellées de Portufon : dans lesquelles y a deux puyts de mines de plomb tenant beaucoup d'argent. Les Romains les ont fort trauaillées le temps paffé.

CHAPITRE XXVII.

De la montagne de Maupas.

Entre la Ville d'Afpet & le village d'Encauffe, y a vne montagne appellée Maupas, tout auprès du village, ainfy nommé, a ce que les gens du pays difent, parce que anciennement vne befte fauuage, qui fe retiroit dans vne cauerne, qui eft dans cefte montagne, prenoit & tuoit les paffans, & les alloit

MINÉRALOGISTES.

deuorer dans ceſte cauerne, de ſorte que le paſſage fuſt appellé Maupas & la montagne auſſi. Quoiqu'il en ſoit, il y a dans ceſte cauerne, vne infinité d'oſſemens d'hommes de merueilleuſe & incroyable grandeur. Il n'y a pas encore dix ans que quelques hommes y eſtant entrez chercher de la terre pour faire du ſalpeſtre, y trouuerent dedans, le cœur d'vne corne droite ſemblable à la licorne, de plus de douze pams de longueur. Dans ceſte montagne y a grande abondance de mines de plomb tenant argent, de laquelle ſortent les (9) eaux chaudes d'Encauſſe ſi renommées par toute la France, pour les grandes vertus & proprietés qu'elles ont, leſquelles elles prennent des ſubſtances minerales qui ſont dans ces montagnes, par leſquels elles paſſent.

Jean de Malus pere, 1600.

CHAPITRE XXVIII.

De la montagne de Milhas.

DANS le Conſulat de la Ville d'Aſpet deſpendant de l'ancien Domaine de Nauarre y a vn village nommé Milhas, tout auprès de la maiſon du ſieur

---

(9) Diſcours & abregé de la vertu & proprieté des eaux d'Encauſſe ès Monts-Pyrenées, dans la Comté de Cominges.
Par Pierre Gaſſen de Plantin, Docteur en Médecine: in-12 Paris, 1601, in-12 Toloſe 1611. Cont. 128 *pages, ſans les titres & Préface, &c.*
L'Auteur a dédié la ſeconde édition à Auger de la Mothe Seigneur d'Yſaut & autres lieux, elle eſt datée de S. Gaudens. Charles de Boiſſy, Conſeiller du Roi & Juge Royal à Valentine, J. Mennecier, Raymond Rivet Chirurgien, J. Dufour, J. Pelteret D. Med. Etienne

Jean de Malus pere. 1600.

de Saue, Gouuerneur pour le Roy de Nauarre de la Ville, Terre, Baronnie d'Aspet, audessus duquel y a vne grande montagne fort garnie de boscages que les habitans du pays appellent *les Ludens*, dans laquelle y a de grands trauaux & vieux voyages faits par les Romains (10) pour tirer les mines de plomb & d'argent, les marcassites d'or & d'argent, & le talc qui sont en icelle en grande abondance. Je me

---

Deschamps, Avocat de Charlieu en Lyonnois, le Sieur de la Fage, Médecin ordinaire du Roi & Jean Dupuy ont adressé des vers Latins, François & Italiens à l'Auteur. Louis Guyon Dolois avoit déja fait imprimer une mince brochure sur ces eaux chez Barbou à Limoges, mais celle de Gassen étoit avouée par les Metallurgistes Dupuy, la Fage & Malus, ses amis.

(10) Les travaux des mines des Pyrénées doivent être considerés sous deux époques, travaux des Romains & travaux des Maures. Les premiers construisoient les Tours de leurs Châteaux & de leurs Forts en ligne circulaire afin de diminuer autant qu'il étoit possible l'effet des *machines de guerre* sur les angles: aussi les puits de leur mines, soit par habitude ou par principe, sont toujours ronds; les Maures au contraire & les Francs dans le reste du Royaume de France construisoient les Tours quarrées ainsi que les excavations de leurs mines; on en trouve de ces deux manieres dans les Pyrénées. M. de Genssane dans l'histoire naturelle de la Province de Languedoc tome II, donne la Description d'un ancien fourneau qu'il trouva aux environs d'Arles en Roussillon, auprès des mines de plomb exploitées autrefois, il étoit enterré dans un ravin qu'il fit décombrer (p. 228); autrefois l'on abregeoit beaucoup les peines des ouvriers & la dépense en construisant les fourneaux au plus près des mines. De crainte d'induire en erreur sur la forme des Tours, il est à propos d'observer que les Tours quarrées sont restées en usage en France jusqu'à la fin du quinzieme siecle, mais à cette époque on a repris la forme des Tours rondes dans les édifices.

MINÉRALOGISTES. 123

souuiens qu'en l'an mil cinq cent huictante neuf, *Monsieur de Labattut mon oncle* se tenant à Saue, trouua au lieu de Milhas vne pierre de marbre, sur laquelle y auoit vne inscription en lettres Romaines antiques, par laquelle il cogneut que ceste pierre auoit esté la sepulture d'vn Romain. Et voyant qu'elle estoit antique, la fist retirer à Saue, où elle est encore. Quelques iours après, estant allé à Saue, il me la fist voir, & me demanda comme quoy ceste pierre auoit esté portée en ce lieu. Car lui qui a esté longuement en Italie & à Rome, & a veu toutes les antiquités, iugeoit que ceste pierre estoit des plus antiques, mais nous ne sceumes iamais nous resoudre du doubte que nous auions. Car nous voyons bien que la Ville d'Aspet n'estoit pas si antique, & d'ailleurs nous remarquions qu'en ce pays, n'y avoit eu iamais aucune Colonie des Romains, & qui plus est n'y auoit aucun passage. Car ce pays il n'y a pas guere plus de cent ans estoit tout forests & boscages, entierement inhabité. Ie me souuiens quoique ie n'aye plus de trente ans, d'en auoir veu tirer vne grande partie, ce qui nous mettoit plus en peine. Mais depuis la descouuerte que Monsieur de Malus a faict des voyages qui sont en ceste montagne, ie me suis resolu, que ce Romain estant commis pour faire trauailler les mines, mourust en ce lieu & y fust ensepuely; & que ceste sepulture luy fust faicte par ses amis qui estoient en ce pays. L'inscription s'est gastée par la longueur & iniure du tems, toutesfois i'en ay mis icy ce que i'en ay peu tirer.

Jean de Malus pere. 1600.

SCINNI

FONNEY

SELEXSE

ARRI. S. F.

V. S. L. M.

Jean de Malus pere. 1600.

CHAPITRE XXIX.
Des Mines de Portet.

LE lieu de Portet est tout dans les montagnes dependant de la Baronnie d'Aspet de deux grandes lieües. Il faut presque tousiours passer & trauerser des deserts, des montagnes & des forests pour y aller. A vne mousquetade du village y a vne petite montagne en laquelle y a vne mine d'or, d'azur & de vert azur, la plus riche peut estre qui soit au monde. Elle a esté trauaillée, peut auoir cinquante ou soixante ans, par vn nommé *Bertin* qui se tenoit au lieu d'Alan, ou le sieur *Euesque de Comminges* a vne maison Episcopale. En l'an mil cinq cent nonante six vn financier de la ville de Toulouse nommé *Bachelier*, ayant ouy parler de ceste mine, vint sur le lieu : & en vertu de quelque permission qu'il obtint de la Court de Parlement de Toulouse, la fist trauailler. Ie le fus voir sur le lieu, où estant, il me monstra de la mine, qui estoit extresmement belle & riche : car vous y voyez l'or tout pur, & l'azur & le vert d'azur aussi riches qu'on les sçauroit desirer : toutes fois au bout de deux ou trois mois il la quitta sans qu'on aye peu sçauoir pourquoy.

CHAPITRE XXX.
De la montagne de Chichois.

TROIS grandes lieües par delà Portet est la montagne de Chichois, esloignée de toute habitation de plus de quatre ou cinq lieües, sauf de Portet, fort haute, aspre & difficile, en laquelle y a des mines de plomb & d'argent : & l'argent tient vn peu d'or.

CHAPITRE XXXI.
De la montagne de la Souquette.

Jean de Malus pere. 1600.

DANS la Chaſtellenie de Caſtillon en la Comté de Comminges, près d'vn village nommé *Augirein* y a vne fort belle montagne appellée *la Souquette*, fournie de grands & beaux boſcages : en laquelle y a vne mine de plomb & d'argent tenant or, la plus belle qui ſe puiſſe voir & la plus riche. Elle a le corps tout rond d'enuiron quatre pams de diametre. Le feu ſieur *d'Aucazeing* l'a faite trauailler autrefois : mais la ſeule incommodité de l'eau qui naiſt ſur l'entrée, l'a contraint longtemps auant ſon decez de la quitter. Il y faudroit vn peu de deſpenſe pour donner chemin à l'eau. Mais ſi cela eſtoit faict il s'en retireroit de grandes richeſſes, tant la mine eſt bonne & abondante. Ceſte montagne appartient à Sa Maieſté.

CHAPITRE XXXII.
De la montagne de Nert.

LA montagne de Riuiere-Nert eſt dans la Viſcomté de Couzerans : en laquelle y a des mines d'or & de cuiure fort abondantes.

CHAPITRE XXXIII.
De la valée Duſtou en Couzerans.

LA valée eſt au fonds de la Viſcomté de Couzerans, enuironnée des montagnes de *Biros*, *Peyrenere*, *Carbouere*, *Barlogne*, *l'Arpent*, *Lafonta*, *Martera* &

Jean de Malus pere 1606.

Peyrepetufe : les aucunes defquelles font fournies de beaux & grands bofcages, les autres font fi rudes & malaifées qu'il ne fe peut exprimer. Lefquelles Monfieur de Malus a vifité du village de *Tren* en hors, & y a trouué plufieurs mines d'or, d'argent, de plomb, d'eftain commun, d'azur de roche, d'arfenic, de marcaffites d'or & d'argent, & de plufieurs autres fortes de marcaffite. Leur bonté fe recognoit en ce que nous voyons qu'elles ont efté fort trauaillées le temps paffé.

CHAPITRE XXXIV.

De la valée d'Ercé.

EN la Vifcomté de Couzerans y a vne valée nommée Ercé, laquelle eft enuironée de deux montagnes, entre autres appellées *les Bazets* & *Fourcilhou*, qui ont efté vifitées par Monfieur de Malus, lequel trouua deux veines d'eftain, & plufieurs marcaffites de diverfes fortes & des veines d'arfenic.

CHAPITRE XXXV.

Des Mines Royales. (11)

EN la Vifcomté de Couzerans à vne lieüe par deffus le village d'*Aulus* y a vn chafteau vieil, compofé d'vne tour carrée fort haute ayant neuf grands pas

---

(11) Pline rapporte que les Romains tiroient des mines des Pyrénées toutes les années plus de quatre millions d'or, fans ce qu'ils en tiroient d'argent.
Gafton de Foix furnommé Phébus qui fut beau-frere du Roi Charles de Navarre & gendre de Jean Roi de

de carré au dedans. Ceste tour est enfermée d'vn costé de fausse braye, au coin de laquelle y a vne tour demy ronde seruant d'vn flanc à deux costés; du costé de la plus grande montagne y a vne vieille porte, par laquelle on entroit dans la grande fonte, où l'on fondoit l'or & l'argent. Ce chasteau est appellé par ceux du pays *le Castel Minié*. Il n'y a pas encore plus de vingt ans qu'vn vieil paysan du lieu d'Aulus nommé *Galin*, trouua dans ceste fonte vn lingot d'argent pesant huict liures, qui valent seze marcs;

Jean de Malus pere. 1600.

France, exploitoit les mines des Pyrénées, avec tant d'avantage qu'il surpassoit par sa dépense celle des plus grands Rois de son tems.

Malus pere, Maître de la Monnoie de Bordeaux qui fut chargé en 1600 par Henri IV, d'aller à la recherche des mines des Pyrénées, a dit dans le rapport qu'il en fit, qu'elles étoient au moins aussi riches que celles du Potosi; Henri IV s'étoit déterminé à les faire exploiter, sa mort fit négliger ce projet. Les Paysans des Pyrénées se sont contentés de tirer de la mine de plomb de la montagne des Argentieres pour l'aller vendre dans les villes voisines où ils en trouvoient le débit parcequ'elle contient beaucoup d'argent.

Dans l'espace d'environ deux lieues que parcourent les ruisseaux de Saurat & Vic d'Asoas, depuis le port de Comedar jusqu'à Tarascon où ils se perdent dans l'Ariege, on compte vingt-deux Villages; les pailletes d'or que ces ruisseaux charrient, ont déterminé les habitans des Pyrénées à établir leur demeure sur leurs bords. Les expériences dont je vais rendre compte, me font présumer que l'or qu'on trouve dans les ruisseaux, & dans les rivieres du Comté de Couserans viennent des mines de cuivre auriferes, qui se sont décomposées; il y en a une de cette espèce à Aulus, qui paroit fournir l'or au ruisseau dont j'ai parlé, de même qu'à la riviere de Sarlat qui leur est opposée.

La mine jaune de cuivre aurifere d'Aulus a pour gan-

Jean de Malus pere 1600.

quelques autres y ont trouué de grands saumons de plomb, pesans les vns vn quintal, les autres plus ou moins. Auprès de ce chasteau y a vn grand & profond abysme, dans lequel s'escoulent les eaux qui descendent des montagnes. Cest abysme est apellé par les gens du pays, *le Pic de la Gruë*. Or dans ceste grande montagne appellée *le Poüeg de Gouas* enuironnée de deux riuieres, l'vne appellée la riuiere de *Parabis* ou bien la riuiere d'*Arcq*, & l'autre la riuiere de *Garbet*, y a plusieurs grands voyages faicts pour tirer les mines, ayans les vns, demy lieüe d'estendue dans la montagne, les autres vn quart, les autres trois quarts, quelques vns vne lieüe, & les autres vne lieüe & demie plus ou moins. Enuiron vne lieüe & demie auant vers le sommet de ceste montagne y a vn trou faict en forme de puyts, que ceux du pays appellent le *trou de la barre*, si profond, qu'il va jusqu'au fonds

---

gue un quarz blanc; le fer, le cuivre, l'or & l'argent qu'elle contient y sont minéralisés par le soufre.

Cette mine jaune de cuivre, perd trés-peu de son poids par la torréfaction, ce qui reste dans le test est noirâtre & attirable par l'aimant; cette mine ayant été fondue avec trois parties de flux noir, a produit 50 livres de cuivre par quintal; le quintal de ce cuivre a rendu à Paris, après avoir été coupellé avec quinze parties de plomb, huit marcs deux onces cinq gros vingt quatre grains d'argent; & deux marcs quatre onces deux gros d'or.

Les paillettes d'or qu'on trouve dans les ruisseaux du Comté de Couserans me paroissent provenir de la décomposition des mines de cuivre dont je viens de parler, les vitriols qui en résultent ayant été dissous par de l'eau, l'or reste sous forme de paillettes, celles-ci entraînées par les pluies qui délayent les terres, sont charriées avec elles dans les ruisseaux & les rivières.

Note communiquée par un Sçavant Minéralogiste.

de la montagne. En vn autre cofté duquel y a vn commencement de voyage, qui s'en va au long d'vn rocher de marbre blanc, entaffé de marcaffites d'argent. En diuers endroits de cefte montagne ont efté trouuez de grands foufpiraux, jufques au nombre de neuf, les vns ayans fix braffes de largeur, les autres quatre, les autres deux, plus ou moins, de profondeur, de quarante, foixante, & quatre-vingt braffes. Il y a encore de grands efgouts pour deftourner & receuoir les eaux. Il s'y eft trouué tout auprès iufques à quatre vingt fept meules à moudre les mines. A vne lieüe de ce chafteau font les montagnes de *Monbias*, de *Montariffe*, des *Argenteres*, dans lefquelles y à de grands & vieux voyages faicts pour tirer les mines. On ne fçauroit croire les grands trauaux que les Anciens ont faict en ces montagnes, tirant les mines d'argent auec vne telle & fi grande defpenfe, qu'il n'y a langue qui le fçeut dire, ni plume qui le peut exprimer. Car à vray dire, la veuë de ces chofes fi merueilleufes eftonne d'efbahiffement les plus capables & judicieux. C'eft pourquoi nous les auons baptifées du nom de *Mines Royales*, ne leur en pouuant donner autre digne d'elles.

Toutes ces montagnes font abondantes en mines d'or, d'argent, de plomb, d'eftain, d'azur, de vert azur, de cuiure, de marcaffites d'or, d'argent & de cuiure. Bref ce font les Indes Françoifes, & le tems paffé l'ont efté des Romains. Le baftiment du chafteau faict voir ouuertement la grandeur de cefte entreprinfe, l'extrefme & incroyable defpenfe qu'on y a faict, le tout digne de la grandeur & magnificence de leur Empire. Les habitans du pays tiennent par tradition que le trauail de ces mines a efté continué, finon defpuis cinq ou fix cens ans, que les Catalans ayans trauerfé les montagnes, fe ietterent armez de fer & de feu auec telle furie dans le pays

Jean de Malus perd. 1600.

Jean de Malus pere. 1600.

de Couzerans, bruflans, & tuans tout ce qu'ils rencontrerent, fans pardonner à age ny à fexe, qu'il demeura longtemps inhabitable. Qui fut caufe que les mines furent abandonnées, & ont efté toufiours du depuis inutiles fans eftre trauaillées. Toutes ces montagnes & plufieurs autres, enfemble plufieurs forefts & bofcages qui font aux enuirons, appartiennent entierement à Sa Maiefté.

Ce fut dès le dix-feptiefme iour du mois d'Aouft, de l'an mil fix cent, iufques au vingt cinquiefme du mefme mois, que Monfieur de Malus fift la recherche de ces mines du pays de Couzerans, & fe monftra fi refolu, que les rapports pleins d'effroy & de terreur que les gens du pays luy faifoient des abyfmes qui fe font ordinairement en ces vieux voyages, & luy difcourroient les grands bruits terribles & efpouuantables, qui s'oyent fouuent dans les montagnes *de Poueg* & *Gouas*, les efclairs & les tonnerres, ne le peurent deftourner d'entrer dans les voyages qui y font. Moins le peut arrefter l'apprehenfion du rencontre des Efprits, oyant dire à ces gens la, que les mines de cefte montagne eftoient charmées, ains comme vn autre Cheualier de l'ardente efpée, fe mift en deuoir de les defcharmer. Il n'entra iamais en aucune confideration des perils & hazards qu'il couroit d'eftre deuoré des beftes fauuages, defquelles y a grand nombre en ces lieux, qui font deferts & inhabitables. Et afin que la memoire n'en demeure efteinte à la pofterité, ie me fuis delliberé d'efcrire quelques vns des hazards, aufquels il s'eft opiniaftrement expofé contre l'aduis de tous ceux qui l'affiftoient. Tandis qu'il fuft en Couzerans à la recherche de ces mines, il fuft toufiours affifté du fieur *de Poëntis*, *Vifconte de Couzerans*, & d'vn grand nombre des gens du pays, que le fieur Vifconte fift venir auec toute forte d'outils & ferre-

MINÉRALOGISTES. 131

mens; pour ouurir les entrées des voyages, qui s'estoient fermées.

Ayant donc recogneu les grands voyages, les canaux pour receuoir les esgouts des eaux qui couloient dans les puyts miniers, les souspiraux & les quatre-vingt sept meules à moudre les mines, qui estoient esparses ça & la; en vn endroit dix, en vn autre six, en d'autres quatre, ou plus ou moins, pour auoir moyen d'entrer plus aisement dans les voyages, il employa vne partie des ouuriers à l'ouuerture des canaux & esgouts, afin de faire escouler les eaux. Tandis qu'on faisoit ceste ouuerture & d'vn voyage qui est à trente brasses des esgouts, il s'en alla accompagné du sieur Visconte, & de quelques autres vn quart de lieüe vers le haut de la montagne recognoistre vn vieux voyage descouuert trois mois auparauant par vn charbonnier, dans lequel il entra accompagné de trois hommes tousiours le ventre contre terre, tant le voyage est bas & estroit, plus de cent cinquante brasses de profond: duquel il fut contraint de sortir auec les trois hommes, qui estoient auec luy tout couuerts de boue, sans qu'il eust moyen de recognoistre dedans aucune sorte de mines, moins aucunes veines, à cause que l'eau qui tombe dedans s'est congelée (12) & endurcie de tous

Jean de Maluspefes 1600s

---

(12) *Sunt quædam aquæ ex quibus generantur lapides, quando funduntur super ripas suas, in quibus manant & si super alium locum infundantur, non generantur lapides ex eis. Expertum est in locis Pyrineis, esse loca quædam in quibus aquæ pluviales convertuntur in lapides quæ si alibi fundantur remanent aquæ non transmutatæ.* ALBERT. MAGN. *de Mineralibus*, lib. 1 cap. 7. Le même Auteur dit encore, *videmus generari crystallos in montibus altissimis qui sunt perpetuarum nivium; quod iterum esse non potest nisi per virtutem mineralium quæ est in illis locis.* Tout ce qui est observation dans de semblables Auteurs est infiniment précieux.

I 2

coſtés de l'eſpeſſeur de trois doigts pour le moins. Sortant de voir ce voyage, il s'en deſcendit vers les ouuriers, leſquels à ſon retour eurent ouuert & netoyé vn voyage iuſques à la profondeur de quinze degrés ſeulement, lequel il fiſt abandonner, voyant qu'il y auoit trop de peine à l'ouurir.

Jean de Malus pere. 1600.

Toutesfois ne ſe pouuant contenter de ceſte recherche, il retourna au chaſteau minier auec le ſieur Viſconte & pluſieurs autres, où eſtant il fiſt ouurir l'entrée d'vn voyage qui eſt tout auprès du chaſteau; l'ouuerture eſtant faite, il entra dans le voyage tout botté pour n'eſtre empeſché de le ſuiure tout par les eaux. Le ſieur Viſconte y entra auſſi auec quelques autres: mais comme ils furent quarante braſſes de profond dans le voyage, ils commencerent treſtous à reſſentir le plus grand & le plus violent froit du monde, & s'eſtonnans & perdans cœur d'aprehenſion, le ſieur Viſconte s'en retourna auec tous ceux qui eſtoient entrez, ſi non deux, qui demeurerent pour aſſiſter Monſieur de Malus. Comme le ſieur Viſconte fuſt dehors, & tous ceux qui s'en retournerent auec luy, les autres qui n'eſtoient pas entrez dans le voyage, les voyans venir, furent tous eſbahis de les voir: car ils ſembloient des hommes morts qu'on tire de la ſepulture, tant ils eſtoient bleſmes & eſtonnez. Mais Monſieur de Malus qui ne perdit iamais courage, continua touſiours ſon chemin aſſiſté d'vn homme ſeulement, qui demeura auec luy, ayant l'eau iuſques aux genoux: dans lequel voyage il demeura plus d'vne heure & demye, ſuiuant pluſieurs autres voyages qui ſont dedans, les vns à la droicte, les autres à la gauche, dans lequel il remarqua de grands rochers chargez de veines d'argent. Le ſieur Viſconte & ceux qui eſtoient dehors auec luy, eurent opinion qu'il fuſt mort, ou ſe fuſt perdu dedans, dequoy ils monſtroient eſtre fort marris,

MINÉRALOGISTES. 133

Monsieur de Malus pourtant continua si auant son voyage, qu'il se vint rendre au haut de la montagne, où il sortit plus de trois quarts de lieüe loing de l'entrée, non sans beaucoup d'ennuy & fascherie, à cause que l'homme qui l'accompagnoit pensa mourir trois ou quatre fois dans ledict voyage, & craignoit de ne l'en pouuoir sortir iamais. Mais Dieu le fauorisa tellement, qu'ils sortirent enfin sains & sauues, & vindrent trouuer le sieur Visconte & les autres, qui l'attendoient à l'entrée hors d'esperance de le reuoir plus : & leur apporta des pierres de marbre noir, marquetées de vetes d'or & d'argent. Il faudroit voir son procès-verbal pour estre bien informé de ceste recherche des Mines Royales.

Jean de Malus pere. 1608.

CHAPITRE XXXVI.

De la montagne la Montaigneuse.

TOVT contre la montagne *des Ludens* de Milhas y a vne autre montagne appellée en vulgaire du pays *la Montaigneuse* : au bout de laquelle y a vn puyts, dans lequel *Monsieur de Labatut* se fist descendre à son retour d'Italie, pour prendre des Cigales qui font leurs nids dans ce puyts. Ce sont des oyseaux noirs de la grandeur d'vne Corneille : & ont le bec & les pieds tout jaunes comme du saffran. Ce puyts a plus de trente ou quarante brasses de profond : au fonds duquel s'estant fait descendre par le moyen d'vne corde bien grosse, il vist de grands voyages dedans tout pauez, enuironnez, & couuerts de glaces. Toutes fois il a opinion que ce soit du christal, tant ceste glace est dure, de laquelle il ne peut rompre aucunement auec vn petit poignard qu'il auoit à a ceinture, Il m'a dit qu'il y a vn endroit large & spacieux au commencement d'vn voyage : dans lequel il y a dix ou douze grands pilliers plantez, comme s'ils soustenoient le dessus, de longueur de seize à vingt pams, plus gros que le corps d'vn homme, beaux, luisans, & transparans, & croit fermement qu'ils sont de christal. La violence du froit, & l'effroy qu'il eut se voyant la dedans tout seul, le contraignirent de se faire remonter plustost qu'il n'eut voulu, tant il prenoit plaisir à voir ces choses.

Jean de Malus pere. 1690.

CHAPITRE XXXVII.

De la montagne du Gerrus ou de l'Ispanecq.

TROIS lieües par dessus la ville d'Aspect, y a vne montagne nommée le *Gerrus* ou *l'Ispanecq*. La riuiere du Ger, qui passe à Aspect, y prend sa source, dans laquelle y a vn grand voyage faict par les Anciens, pour tirer vne mine de plomb, tenant argent, & or, fort abondante, qui est dans ceste montagne : la veine de laquelle est grosse comme la cuisse d'vn homme.

CHAPITRE XXXVIII.

Des mines de Sainct Pau.

DANS le Conté de Foix, à vne lieüe de la ville de Foix est le village de Sainct Pau, appartenant à Messire Andrieu de Sarrieu, Seigneur & Baron de ce lieu, dans lequel y a vne montagne, en laquelle la

Nature a defcouuert vne mine d'argent & de marcaffites d'argent fort riches ; laquelle quelques Efpagnols venoient tirer, & la portoient vendre en Efpagne. Dequoy s'eftans apperçus les habitans du lieu, craignant que ces Efpagnols allaffent marquer la fauffe monnoye en cefte montagne, trouuerent moyen de les y attraper, & les ayans prins, les trouuerent tous chargez de cefte mine.

Jean de Malus pere. 1600.

CHAPITRE XXXIX.

Des mines du pays de Bearn.

TANDIS que Monfieur de Malus trauailloit à la recherche des mines, defquelles nous auons parlé, vn de fes amis du pays de Bearn luy enuoya de trois fortes de mine, l'vne defquelles eft de cuiure, tenant vne bonne partie d'argent, enfemble d'vne mine de talc le plus blanc & delié qui fe puiffe voir au monde, fans toutesfois luy mander le nom des lieux, aufquels ces mines fe font trouuées.

APRÈS vous auoir fpecifié plufieurs montagnes minerales, ie n'ay voulu obmettre à vous dire, qu'en plufieurs & diuers endroits de ces Pyrenées, & au haut des plus hautes montagnes, il s'y voit vne infinité de puyts creufez en rond, d'vne profondeur incroyable, qui feruoient anciennement à defcendre les *Efclaves & Minateres*, pour aller tirer l'or, l'argent & autres metaux, qui eftoient dans les voyages & extremitez de ces puyts, foit à dextre ou feneftre, les aucuns plus hauts, les autres plus bas, fuiuant le rencontre des veines & filons mineraux &

metalicques, & pour tirer les vuidanges des marbres & rochers en leur rencontre. Et après auoir demeuré & trauaillé dans ces miniers, l'espace de huict ou dix heures plus ou moins, on les alloit retirer, & en remettre d'autres, tellement que ce trauail estoit continuel iour & nuict. Il s'y voit encore sur pied vn très grand nombre de vieux & grands chasteaux, vieilles mazures & vestiges très remarquables à voir & considerer, estans bastis la pluspart ès sommités des hautes montagnes, lieux fort eminents, steriles & deserts, qui sont bastis en forme de grandes forteresses, au milieu desquels il s'y voit encores en pied de très hautes tours, les aucunes rondes, les autres carrées estans voutées de pierres iusques au haut de deux à trois estages, commandant sur toute la forteresse : lesquels chasteaux & forteresses seruoient tant pous la deffense & garde des passages, ports & valées, que pour retirer en temps d'hyuer, & de grandes neges, les esclaues & hommes seruans aux mines, que pour y faire les affinages d'or & d'argent : pour le printemps venu le faire transporter & conduire à la ville de Rome, dans les thresors de ces grands Empereurs Romains.

He! bons François, ces seules remarques & vieux vestiges vous deuroient elles pas inuiter d'en faire le semblable, & vous efforcer à remplir les thresors de l'or & l'argent de nos Pyrenées, que Dieu vous a donné si abondantes en toutes sortes de metaux? Il ne faut plus aller aux Indes Orientales, pour y chercher l'or, l'argent, ny les pierres pretieuses, à la mercy des flots, des ondes, & pirates de mer, puisque Dieu en a voulu remplir nostre France. Despetrés vous de vos vsures, & de ce vice de paresse, vice très pernicieux, & soyez vigilans à imiter ces vieux & vertueux Romains, qui ont dominé par

Jean de Maluspere, 1600.

leurs vertus & vigilance, tout l'Vniuers, iufques au profond des entrailles de la terre.

 Voila fix mois bien employez par Monfieur de Malus. C'eſt à vous, François, de recueillir les fruits de ſes labeurs. Vous ne deuez pas perdre de tems, ſi vous ne voulez eſtre accuſez de pareſſe, negligence, & de peu de ſoing de vous & de vos commodités, voire d'vne inouye cruauté contre voſtre prochain & vous meſme. N'eſt-ce pas le defir d'amaſſer de l'or & de l'argent, qui vous fait contracter frauduleuſement, & donner voſtre argent à l'vſure, à la ruine de voſtre prochain, & de vos pauures ames, que vous expoſez à vne damnation eternelle? Et après tout, le troiſieſme heritier ne iouira pas des biens que vous acquerrez par ceſte voye, ny peut eſtre le premier.

 Vous feriez beaucoup mieux d'employer vne partie de vos moyens au trauail des mines qui ſont en ce Royaume. Car outre que vous multiplieriez exceſſiuement vos biens par ce moyen, au lieu de ſucer iniquement la ſubſtance de vos prochains, vous donneriez de quoy viure à vne infinité de perſonnes, qui languiſſent & demeurent inutiles à faute de commodités & d'occupation. Ceſte acquiſition ſeroit bien plus honorable, plus aſſeurée, & de plus longue durée, outre le profit & vtilité que le public receuroit par voſtre moyen. Qu'auez vous à faire d'eſtre ſi cruels à vous meſmes, que de vous commettre à la mercy des flots d'vne mer enragée, pour aller chercher de l'or, de l'argent & des pierres pretieuſes, puiſque vous les auez à la porte de voſtre maiſon?

 Ne feriez vous pas mieux d'employer les deniers que vous deſpencez à dreſſer & equipper les nauires, au trauail des mines? Au moins vous ne courriez le riſque de les perdre tout à vn coup auec la vie,

Jean de Malus pere. 1600.

Jean de Malus pere. 1600.

quelquesfois vne heure après vous estre embarquez. Et quand bien vous ne feriez naufrage, les transes & la peur vous bourrellent incessamment l'ame, voyans les perils où vous estes, & considerans que vostre vie & vostre mort ne sont separées que de l'espesseur du bois qui vous porte.

C'est pourquoy vn des Philosophes anciens estant interrogé, lequel nombre estoit le plus grand ou des viuans ou des morts, auant que respondre voulut qu'on le resolust en quel rang ils mettoient ceux qui nauigeoient sur la mer, faisant doubte s'il les deuoit estimer plustost morts que viuans.

Pensez vn peu de près au profit que vous pouuez retirer de tant de mines sans hazarder vos biens, vos vies, & sans bouger de vostre maison, & considerez la faueur que Dieu vous faict d'auoir voulu susciter de vostre temps vn homme pour en faire la recherche, lequel sa bonté a accomply de toutes les parties requises & necessaires pour ce faire, outre vne infinité d'autres graces qu'il luy a desparty auec vne telle largesse, qu'il semble n'y auoir rien espargné, pour le faire reluire en toutes sortes de perfections & vertus, comme vn soleil en plein midy, sans que les nuages d'vne sinistre fortune puissent empescher la clarté de leurs rayons de penetrer jusques au plus profond des ames les plus vicieuses & mal conditionnees.

C'est le Phœnix de nostre temps: rendons graces à Dieu qu'il nous l'aye reserué pour ceste saison, & n'oublions iamais l'obligation que nous auons à vn homme de tant de merite, qui a suiuy dans cinq ou six mois plus de cent quatorze lieües de montagnes remplies de precipices espouuantables & couuertes de neges la pluspart du temps, & trauersé tant de grands deserts, sans crainte des ours & d'vne infinité de bestes sauuages, qui se nourrissent dedans, la moindre desquelles l'ayant rencontré, l'auroit deuoré entierement. Que rien donc ne vous arreste à retirer ces thresors inutiles, qui sont à vostre porte. Et je prierai Dieu de vouloir toucher aux cœurs de quelques bons François, & fauoriser ceste tant loüable entreprinse de sa saincte benediction.

ODE DE L'AUTHEUR.

A Messieurs de Beaulieu-Ruzé, Conseiller du Roi en son Conseil d'Estat, & Premier Secretaire des Commandemens, & Le Clerc, Premier President en la Court des Monoyes.

STROPHE.

J'Aloys venerant Astrée,
Practiquant ses sainctes loix;
Quand la neufaine sacrée,
Des riches monts Pyrenois,
Toute en colere m'appelle,
Me disant, enfant rebelle,
Le plus ingrat des humains!
Est-ce pas la recompense
De t'auoir dès ton enfance,
Eslevé entre nos mains.

ANTISTROPHE.

Le loz de ton nom s'envole,
Dessus l'aisle de nos vers,
Despuis l'vn à l'autre pole,
Voire par-tout l'Univers,
Consacrant à la memoire,
Riches d'honneur & de gloire,
Les sonets subtils & doux,
Qui rauirent Laonice.

Et pour vn si bon office,
Tu te veux mocquer de nous.
EPODE.
Quand on a faict d'vn amy,
Incontinent on l'oublie,
Et l'ingrat, vray ennemy
Des honneurs de ceste vie,
Foule le bienfaict au pied;
Et tellement le mesprise,
Qu'au besoing l'amy s'aduise,
Que le bien est oublié.

STROPHE.
Quitte tant de procedures,
Qui te brouillent le cerueau,
Et n'employe plus heures
A vuider vn faict nouueau.
Croy nous, la chicanerie,
Les procès, la crierie,
Sont les boureaux des mortels.
Reprends la premiere voye,
Si tu veux qu'elle t'enuoye,
Au rang des Dieux immortels.
ANTISTROPHE.
Ne vois-tu pas miserable!
De quel soing laborieux,
Nostre MALUS admirable,
Recherche d'esprit & d'yeux,
Les thresors de nos montaignes,
Et cependant tu desdaignes,
De le suyure, te priuant
De l'honneur qu'en recompence,
Le grand Monarque de France,
Pour vous deux va reseruant.
EPODE.
Haste-toy, le temps perdu,
Malaisement se recouure.
Il te seroit cher vendu,

Si ton labeur ne descouure,
Les thresors qui sont cachés
Dans le sein des Pyrenées.
Par vous deux les destinées,
Veulent qu'ils soient recherchés.

STROPHE.

Maintenant ne faut plus craindre
L'ingratitude des Roys.
Non, il ne se faudra plaindre,
D'auoir mis à part les loix,
Pour auoir seulement cure
De rechercher la Nature,
Et tous ses plus grands secrets :
Car le Roy prise & caresse,
Ceux qui s'employent sans cesse,
Après ces labeurs sacrés.

ANTISTROPHE.

Il a desia faict eslite
Du docte Sieur de Beaulieu,
Et cognoissant son merite ;
Digne d'vn grand demy-Dieu
Tant il l'honore, & le prise,
Luy a donné la maistrise
Des mines & mineraux,
Du grand Royaume de France
Vne belle recompence
Dignes de ses grands trauaux.

EPODE.

Les vertus & le sçauoir,
Qui son bel esprit decorent
Font que par vn sainct deuoir,
Partout les hommes l'honorent ;
Et quand le cruel trespas
L'aura priué de la vie,
On fera maugré l'enuie,
Des autels pour luy çà bas.

STROPHE.

Quand par voſtre diligence,
Noſtre grand Malus & toy,
Les grands threſors de la France,
Aurés deſcouuert au Roy,
Ce Seigneur qui ne meſpriſe,
Que toute baſſe entrepriſe,
Deſcouurant les grands deſſeins,
Qu'il fiſt des maintes années,
Fera que de vos journées,
Les labeurs ne ſeront vains.

ANTISTROPHE.

Lors vne flamme diuine
Et l'aiguillon de l'honneur,
Eſchaufferont ſa poictrine,
Et luy bruſleront le cœur ;
Et tout deſireux de gloire,
Pour en laiſſer la memoire,
Soudain fera commencer,
De reparer les ruynes,
Faiſant trauailler les mines,
Iour & nuict ſans repoſer.

EPODE.

Il ne fera pas ainſi,
Comme firent ſes Ancestres,
Qui n'eurent jamais ſoucy,
Que du ſeul nom de Grands-Maistres:
Il ne ſe veut contenter
Du nom, car il veut la gloire,
Que la France puiſſe croire,
Qu'il l'a pour s'en acquitter.

STROPHE.

Son eſtat de Secretaire
Et le grand maniement,
De maint important affaire
Qu'il reçoit journellement,

Tefmoignent quelle affeurance,
L'on a de fa fuffifance
Et de fon entendement :
Le Confeil d'Eftat ne trouue
Rien de bon, & ne l'approuue,
S'il n'en faict le jugement.
ANTISTROPHE.
Le flambeau ardant du monde,
Soit qu'il desbarre les cieux,
Ou foit qu'il fe plonge en l'onde,
Ne fçauroit voir de fes yeux,
Rien au monde de fi digne.
Il eft en vertus infigne,
Incomparable en fçauoir,
Vn grand torrent d'eloquence.
Il fouftient l'Eftat de France
Bandé de tout fon pouuoir.
EPODE.
Maintenant il fera voir,
Son efprit & fon adreffe,
Et vfant de fon pouuoir,
Fera trauailler fans ceffe
Les mines faifant eftat
De remettre le monoyes,
Qui font les plus feures voyes;
Pour bien conduire vn Eftat.

❋

STROPHE.
Tout alloit en decadance.
Les montaignes fe perdant,
N'euft efté la vigilance
Du Roy qui va regardant,
Quel homme il pourroit eflire,
Pour faire encore reluire,
Les monoyes des Gaulois,
Qui font en telle ruyne,
Que rien plus ne s'affine,
Ne s'y parle des alois.

ANTISTROPHE.

L'argent n'a plus cours en France,
Et l'or en est transporté :
L'essay, le marc, la balance,
De toutes parts est quitté.
Le carrach n'est en vsage,
On n'entend plus ce langage,
Car on ne touche plus d'or.
Les deniers & les coupelles,
Sont choses aussi nouuelles,
Que l'argent, & plus encor.

EPODE.

Mais le Roy pour y pouruoir,
A choisi vn personnage,
Qui ne cede en grand sçauoir,
A nul autre de cet aage.
Le sieur Le Clerc est celuy
Que le Roy de France enuoye,
Presider à la Monoye,
Seul digne pour le jourd'huy.

✳

STROPHE.

Les destins & l'influence
Promettent despuis longtemps,
Que pour le bien de la France
Après vn grand nombre d'ans,
Le sieur Le Clerc deuoit naistre,
Pour les monoyes remettre,
Et presider le premier,
Faisant trauailler nos mines,
En des especes plus fines,
Par maint excellent ouurier.

ANTISTROPHE.

Les fleurs de Lys relevées,
Dedans l'Ecusson du Roy,
Desormais seront grauées
Sur metaux de fin aloy.
Que les riches Pyrenées,

Par l'Arreſt des deſtinées,
Pouſſeront hors de leur ſein,
Et les monoyes de France,
N'iront plus en décadance,
Puiſqu'il les a ſoubs ſa main.
EPODE.
Il a faict vn reglement,
Qui donne bon teſmoignage,
De l'excellent iugement
D'vn ſi digne perſonnage,
Qui veut de tout ſon pouuoir,
Chaſſant la ſotte ignorance,
Hors des monoyes de France,
Des plus ſçauans y pouruoir.

✼
STROPHE.
Nous en treſſaillons de joye,
Voyant ia deuant nos yeux,
Qu'on forgera la monoye,
D'vn ſoin plus induſtrieux,
Arrachant les riches mines
Encloſes dans les poictrines
Des larges monts Pyrenois
Soubs deux ſi grands perſonages
Choiſis entre les plus ſages,
Par le Monarque des Rois.
ANTISTROPHE.
Nos belles lyres ſacrées,
Par leur trauail diligent
Seront deſormais dorées:
Nos archets ſeront d'argent,
Nous changerons d'eſquipage,
N'en doubte pas dauantage;
Mais ſuy MALUS pas à pas,
C'eſt ainſi que la memoire
De voſtre naiſſante gloire
Ne ſentira le treſpas.

EPODE.

Mettant fin à sa chanson,
Ce troupeau sacré s'envole,
L'air én emporta le son,
J'en receuillis la parole,
Et tournant la veue aux cieux,
I'y ay mis nostre esperance,
Me confiant que la France,
M'assistera de ses vœux.

VERS DE M. JEAN DUPUY.

Conseiller du Roy, Maistre des Requestes ordinaire de son Hostel de Nauarre, Magistrat Royal & Lieutenant Principal en la Iugerie de Riuiere au Siege de la Ville de Trie.

SONNET *à M.* PLANTIN, *Docteur en Medecine sur son liure des eaux d'Encausse.*

Voici le Paradis où tout delice abonde,
  Que le docte Plantin de sa main a planté,
Où d'vn Art merueilleux par ordre est rapporté
  Tout ce qui est beau dessous la voute ronde.
Il a pour l'embellir suiui la terre & l'onde.
  Il a les Monts du feu despouillé de beauté,
Et voyant l'autre Pole il y a rapporté
Les plantes & les fleurs de tous les coins du monde.
Ici le Medecin à son aise peut prendre
  Le remede à tout mal : ici l'on peut apprendre
  Les secrets de Nature, & ses effects diuers :
Le curieux n'y peut desirer autre chose,
  Car l'esprit de Plantin qui jamais ne repose
A dedans ce jardin enclos tout l'Vniuers.

SIXAIN.

Celebrons deformais le Comingeois silence,
Puisque nous endurons si doucement l'offence
De laisser moissonner nos champs en liberté.
Plantin par ces escrits consacre à la mémoire
Le los des eaux d'Encausse & s'enyvre de gloire
Qu'il gaigne à nos despens vne immortalité.

SONNET du Sieur de la FAGE *, Conseiller &*
Medecin ordinaire du Roy, à Pierre Gassen
de Plantin, Docteur en Medecine

Non piu d'Hedere, mirti, palme & allori
Tesson le nimphe vn gran lauor diuino
Ma d'vna rara pianta à vn bel Giardino
Coglion mille ghirlande, & mille fiori.
 Consacran le corone, l'Imne è honori,
Le muse, & ogni spirto Pelegrino
Al dequo author che la pianto Plantino,
A cui redon le glorie, & gli fauori
 Non fonti di Parnasso, ò d'Olicana,
D'Argo, Amenon, d'Irce, Piren, Corintho
Rinfresca quest'altiera, & Riuha pianta.
 Ma Iacque ch' Esculapio, è Apollo ordonna
Per reuiuir thisia di vita estinto
Che Plantina scriue & le sue lodi canta.

Malus fils.
1632.

AVIS.

Des riches Mines d'Or & d'Argent, & de toutes especes de metaux & mineraux des Monts-Pyrenées, par le Sieur de MALUS, fils, tiré des Memoires de feu son pere & des aduis qu'il a reçu d'ailleurs.

DE tous ceux qui se sont enhardis depuis plusieurs années de presenter au Roy des moyens pour recouurer de l'argent à son besoin & pour la necessité de ses affaires, il n'y en a eu aucun qui l'ait sçu faire sans blesser le bien de Sa Maiesté, ou de celuy de son peuple. Ces deux pieces ont esté le continuel obiect de leurs inuentions, sans que nul ait adressé son esprit ailleurs, comme s'il n'y auoit autres sources en France que de ces deux fontaines, pour puiser les necessités priuées & publiques : ie veux neantmoins croire, qu'entr'eux il s'en est trouué d'ame si bonne, que s'ils eussent cogneu les merueilles des Pyrenées, & obserué leurs inombrables thresors (1), qu'ils

---

(1) Celui principalement que M. de Malus fils a en vue dans cette plainte, est François du Noyer, Ecuyer Sieur de Saint-Martin, Blaisois, depuis Controlleur Général du commerce de France, qui s'employa beaucoup à concerter des projets utiles & à l'établissement d'une *Compagnie Royale de la Navigation & du Commerce*; il obtint des Lettres-Patentes le 20 Novembre 1616, à cet effet. Les premieres idées de Saint-Martin, sont dans la brochure intitulée, » Propositions, aduis & moyens de Fr.
» du Noyer &c. S. de S. M. approuuez & iugez suffisans

eussent porté leurs pensées de ceste part & montré au doigt à Sa Maiesté, que le ciel l'a rendue en cet endroit (comme en plusieurs autres) autant ou plus aduantagée qu'aucun Monarque de la terre : car outre l'immensité des richesses qui s'en peuuent tirer pour s'enrichir, & pour soulager son peuple, c'est encore vn moyen très innocent, caché de dans son espargne, & le plus legitime que Dieu & la Nature luy ayent donné de leurs mains liberales

Mais comme l'on n'a pas pensé à ce bien recellé, ou pour le mecognoistre, ou pour la difficulté de le trouuer, il est ores tems de le tirer de sa nuict,

Malus fils.
1632.

” & capables de remettre la France en son premier lustre & splendeur.... à mesnager & mettre en valeur les paslus & marais & autres terres & choses inutiles, ensemble les riuieres, mines d'or, d'argent, de cuiure, de plomb, d'estain & autres mineraux, &c. 4°. Paris *Jean Regnoul*, 1614. 88 *pages: publiée avant les Etats Généraux.*

Art. XVIII. Le Sieur de Saint-Martin fera ouurir mines d'or, d'argent, cuiure, plomb, estain, curer & rendre nauigables les riuieres qui sont possibles, dessecher, & mettre en valeur tous les paslus, marais, &c.

L'Auteur disoit qu'il falloit instituer un Ordre Royal-Hospitalier & Militaire, & lui donner tous ces biens à mettre en valeur, pour les ameliorer & les administrer au profit du Roy. *Voyez Art. VIII.* Il se plaint beaucoup des Nations qui font trauailler par force ès-mines *Art. XXXVIII*, dans les *Art. XCV. XCVI.* Ces articles seront grandement profitables à Sa Maiesté & au public comme minieres d'or & d'argent, cuiure, plomb, estain, fer, acier, & autres mineraux qu'elle tirera auec profit, tous frais faits... qui vaudront, pris au moins vingt à vingt-cinq pour cent à Sa Maiesté.

Il est singulier d'apprendre dans cet Ouvrage, qu'un Chirurgien Provençal fort habile, nommé le Capitaine Lion, qui avoit serui sous le Maréchal de Lesdiguieres

Malus fils, 1632.

& de monſtrer que ce n'eſt pas vn ſonge ſorti des reſueries d'vn long ſommeil, au moins ſi les hiſtoires & nos yeux ne nous deçoiuent. Car ce que nous en propoſons n'eſt pas nouueau, & ſans exemples. Les Romains, dans la ſplendeur de leur Empire, riches du butin qu'ils ont remporté des nations qu'ils ont vaincues, n'ont pas laiſſé en leur ſaiſon de tirer des Pyrénées, ce que les Eſpagnols moiſſonnent main-

avoit voulu, étant à Paris, y établir des Colléges de Chirurgie. Par Arrêt de cette Chambre du Commerce du 8 Août 1617, il étoit dit, *Art. XIV*: Lui accorder l'ouuerture & iouiſſance des mines d'or & d'argent, cuiure, eſtaing & plomb de ce Royaume, à condition que ladite compagnie ſera tenue de payer à Sadite Maieſté, le dixieſme du profit qu'elle y fera, & indemniſer les propriétaires, ſans preiudicier aux droits des Seigneurs Haut-Iuſticiers. Dans une autre brochure, qui a pour titre. » Aduis & reſolution de ce qui s'eſt paſſé aux Eſtats » derniers tenus à Nantes, ſur la Compagnie du com- » merce, &c. Enſemble les propoſitions faites en iceux » par Fr. du N. Eſc. Sieur de Saint-Martin, &c. in-4°. Rennes, *Jean Durand*, 1623, 32 pages & dans les offres articles & priuileges accordez au Conſeil du Roy pour l'établiſſement de la Royale Compagnie de la nauigation & commerce, &c. 4°. Rennes 1623, 16 pages; on apprend, *Article XIII*, que du Noyer avoit dit aux Etats: La pluſpart des mines de France ſont ès-monts Pyrénées eſloignées de la mer & deſdites riuieres, & nonobſtant les Romains les amenageoient en y enuoyant les vagabonds & gens ſans adueu & meſme y condamnoient les malfaicteurs à y trauailler aulieu de les faire mourir; on trouue encore auiourd'hui les meules & robinets de quoy ils trauailloient, qui ſont fort bons & delà ils tiroient de grands treſors.

Il faut réformer la note 315, de la Bibl. Hiſt. du P. le Long, qui eſt abſurde, du Noyer auoit imprimé en 1614 & Malus fils en 1632.

tenant de l'vne & de l'autre Inde, & si l'on en veut croire Pline, qu'ils n'en recueilliffent tous les ans vingt mille liures d'or, montant à quatre millions d'or, sans ce qu'ils tiroient de l'argent & d'vn nombre infini des autres metaux & mineraux; comme du cuiure, de l'estain, du plomb, du fer, & du fer propre à reduire en acier, du vif-argent, soit en cinabre ou autrement, de l'azur, du vert azur, du vitriol, de l'alun, de l'ocre, du saffre, de l'emery, de l'orpiment rougé & jaune, de l'antimoine, du bol, de la calamine, du talc, du soulffre, & de toutes sortes de marcassites, du marbre de toutes couleurs, du porphire, de l'albastre, du cristal, des turquoises, des ametistes, des agates, des lapis, & autres mineraux. Car ces montagnes sont tellement abondantes en tous ces concrets, & fruits des entrailles de la terre, qu'il est impossible d'en trouuer ailleurs de plus fertiles. Leur scituation orientale, & leur aspect regardant le leuer & le midy du soleil, y est si commode, qu'elle surpasse de bien loin celle des montagnes de la Hongrie, de la Saxe, de la Silesie, de la Boheme, & de l'vne & l'autre Carintie, beaucoup plus esloignées de la chaleur que nos Pyrenées, iustement placées entre le quarantiesme & quarante deuxiesme degré de l'eleuation polaire, & dans le dix-neuuiesme de longitude : la vue le decouure, & cela est tellement conforme à la verité, qu'encor en ces lieux se voyent les grands trauaux, soit des Romains ou des plus modernes qui les ont fouillées : les vestiges, demeures des fourneaux, & les autres attirails en font foy, mesme les histoires françoises nous rapportent qu'vn *Gaston de Foix* surnommé *Phebus*, egaloit sa despense à celle des plus grands Roys de son temps, par le moyen de ces thresors qu'il falloit foüiller.

Aussi le feu Roy Henry le Grand (d'heureuse

Malus fils 1632.

memoire) à qui la meilleure partie des Pyrenées appartenoit comme Roy de Nauarre, ayant ouy parler de leurs richeſſes, pour s'en aſſeurer, donna commiſſion l'an mil & ſix cens au *Sieur de Malus*, *Maiſtre* (2) *de ſa monnoye de Bordeaux*, très intelligent au fait des mines, pour en faire la recherche, ce qu'il accomplit auec tant de celerité & de trauail par l'eſpace de ſix mois qu'il y fut occupé, que difficilement vn autre pourroit en deux ans, dont il rapporta vn fidele aduis à Sa Maieſté, ce qui ſe peut voir par les memoires qu'il a dreſſez.

Malus fils, *1632*.

Il commença ſa recherche par la montagne *d'Agella* (3), qui borne la valée *d'Aure*, de l'ancien domaine de Nauarre, qu'il trouua remplie de mines de fer très doux, & de plomb, tenant argent, que l'on a ci-deuant ouuertes, comme il ſe voit par la grande quantité de mine tirée, giſſant encore ſur la face de la montagne, & pluſieurs pieces d'azur, marque infaillible de mines d'argent, & d'ailleurs couuertes de beaux & fins criſtaux très durs.

De-là, il paſſa en la prochaine montagne, nommée *d'Auuadet* (4), pleine de riches mines de plomb tenant argent, très-faciles à foüiller.

---

(2) Abel Foulon de la Paroiſſe de Loué au Maine, Ingénieur & Maître de la Monnoye de Paris avoit compoſé un MS avec ce titre:

Traité de machines, engins, mouuemens, Fontes metalliques cet ouvrage fait en 1567, ou environ, cité par la Croix du Maine eſt perdu. Combien la France auroit gagné ſi cet Auteur l'avoit fait imprimer; nous pourrions revendiquer ſur nos voiſins des connoiſſances dont il faut leur avoir obligation.

(3) Extrait des Recherches de Jean de Malus Pere, Chap. VIII. p. 109.

(4) Chap. IX. p. 111.

Puis il vint en celle d'*Auuefia* (5), couuerte de marbres de toutes couleurs, accompagnez de très-fins criftaux, & fi durs, qu'à peine en peut-on rompre à grands coups de marteau, mefme fi reluifans, que de nuict ils rendent le lieu tout efclairé : auec ces criftaux fe voit vne pierre jaune & tranfparante, approchante de la beauté & dureté des topafes orientales ; là encore s'en trouue de bleus, comme faphirs & de plufieurs autres couleurs belles, & tefmoignant la richeffe de cefte croupe, il remarqua que ceux du haut de la montagne font beaucoup plus clairs & durs que ceux de fes flancs.

Malus fils, 1632.

Quittant celle là, il monta fur celle que l'on nomme *Pladeres* (6), regardant l'Efpagne, très-abondante en mines de plomb, tenant argent.

Des Pladeres, il circuit la *Baricaua* (7) qu'il trouua tant chargée de mines de plomb, d'argent, d'azur de roche, que toute la montagne en eft creuaffée & ouuerte, monftrant les groffes pieces d'azur, & de metal tout à decouuert.

De la Baricava, il arriua à celle de *Bouris* (8), très fertile en mines riches de metal, de cuiure, de plomb, d'argent, d'azur, & vert azur, très aifées à foüiller.

Puis il monta la montagne de *Varen* (9), regardant à fon pied vne petite contrée nommée Zizan, pleine des mines de plomb, tenant argent, dont l'vne rend le trentiefme d'argent fin.

---

(5) Chap. X. p. 111.
(6) Chap. XI. p. 112.
(7) Chap. XII. *Ibid.*
(8) Chap. XIII. p. 113.
(9) Chap. XIV. *Ibid.*

Malus fils.
1632.

Laissant la valée d'*Aure*, il entra en celle d'*Arbouft* (10), scituée entre les valées de Lozan, de Luchon, de Goueilh, peuplées de dix sept ou dix huit beaux villages : elle est appellée valée (bien qu'il faille monter de tous costés pour y entrer) parce qu'elle est bordée de montagnes, entre lesquelles est celle que l'on nomme l'*Esquierre* (11), abondante en mines de plomb, tenant argent, & si riches & si faciles qu'en ayant fait ouurir vne par le bas de la montagne, il trouua qu'vn homme en pouuoit tirer plus de deux quintaux par iour.

Montant au sommet de ceste montagne, il en trouua encore vne autre nommée de l'*Asperges* (12), toute de grands marbres de diuerses couleurs, entassez les vns sur les autres, à guise de clochers, pleine des riches mines de plomb, tenant argent.

Assez proche delà, il vit la montagne *de Saint-Iulien* (13), reluisante en marcassites d'or & de cuiure, & celle que l'on nomme *Caumade* (14), remplies de mines de plomb & d'argent.

De la valée d'*Arbouft* il monta *le Lys* (15), montagne ainsi nommée pour la grande quantité de lys, & de mille autres fleurs de diuerses couleurs, qui y fleurissent au printemps, couuerte d'ailleurs d'arbres d'incroyable grosseur & hauteur, & fort arrousée de ruisseaux, contenant plusieurs mines de plomb, tenant argent. Là se voit vne fontaine dont l'eau

(10) Chap. XV. p. 113.
(11) Chap. XVI p. 114.
(12) Chap. XVII. p. 115.
(13) Chap. XVIII. p. 116.
(14) Chap. XIX. *Ibid.*
(15) Chap. XX. *Ibid.*

MINÉRALOGISTES. 155

guerit en peu de tems les plus fascheuses dissenteries & les plus opiniastres fieures.

Ayant visité ces montagnes & valées, il passa en celle de *Goueilh* (16), placée entre de *Boron*, de l'*Arbouft* & de *Barouffe*, enuironnée de très hautes montagnes, là se voit vn vieil chasteau appartenant au Roy, proche duquel il vit deux mines riches de plomb, tenant argent.

De la valée de *Goueilh*, il entra en celle de *Luchon* (17), au Comté de Comminges, voisine de celle d'*Ayran*, entre les montagnes de Lys, de Goueilh & Barouffe, remplie de beaux villages & boccages, très fertile en bleds, appartenant au Roy, où il trouua des mines de plomb en quantité, tenant argent, où la Reine mere Catherine de Medicis, vn an auant sa mort auoit fait trauailler.

Proche delà, est la ville de *Lege* (18), où il vit deux mines de plomb, tenant argent.

Laissant la ville de *Lege*, il arriua à *Saint-Beat* (19), au mesme Comté de Comminges, où a trois cens pas du bourg, on lui montra dans vne montagne de marbre gris très dur, vn grand vuide long de vingt pas, & large de douze, & d'vne excessiue hauteur, que l'on tient estre la place de l'aiguille de marbre qui est à Rome.

Delà il passa au village d'*Argut*, & monta la montagne qui en porte le nom, où il vit plusieurs mines, mais pauures.

Laissant ceste montagne, il se transporta en celle de *Goüeyran* (20), pleine de mines d'argent & de plomb,

Malus fils.
1632.

(16) Chap. XXI. p. 117.
(17) Chap. XXII. *Ibid.*
(18) Chap. XXIII. p. 118.
(19) Chap. XXIV. *Ibid.*
(20) Chap. XXV. p. 120.

Malus fils.
1632.

où l'on a autrefois fouillé, & tient-on que ce font les Romains, à caufe des grands travaux qui s'y remarquent.

Puis il paffa aux deux prochaines, nommées de *Portuſon* (21), où il vit encore de grands trauaux pour les mines d'argent & de plomb qui y font très bonnes.

De ces montagnes & valées, venant à la ville d'*Aſpect* (22), proche du village d'*Encauſſe*, il viſita la montagne que l'on nomme *Maupas* (23), où il vit vne grande cauerne pleine d'offemens d'hommes, comme il femble, & de grandeur effroyable, n'ayant de different des os humains, finon qu'ils font plus folides, auſſi eſt-ce jeu de nature, & ordinairement où fe trouuent tels ſchellettes eſt la mine de la turquoife : mais outre cefte pierrerie, elle contient nombre de bonnes & riches mines de plomb, tenant argent : de cefte montagne fortent les eaux d'Encauffe, tant renommées pour les belles cures des plus faſcheufes maladies.

De-là paſſant à *Milhaſis* (24), circuit & viſita la

(21) Chap. XXVI. p. 120.

(22 Conceſſion de Monfeigneur le Duc de Bourbon Grand-Maître des mines & minieres de France, le 6 Mai 1718, en faveur du Sieur Bertrand de Marcin de Saint-Germain & de Saint-Julien, pour l'exploitation des mines d'or, d'argent, cuivre, plomb, étain, vif-argent, antimoine & azur, dans les valées d'Aſpe, d'Offau, & de Baretons, Province de Béarn pendant 18 années. Par Lettres-Patentes du 6 Août 1719, le Roy lui accorda la remife du dixieme Regalien fur le plomb & la conceſſion pendant 20 années de la mine de fer fur les mêmes territoires.

(22) Chap. XXVII. *Ibid.*

(23) Chap. XXVIII. p. 121.

montagne de *Ludens*, où il vit de grands trauaux pour tirer les mines de plomb & d'argent, & les marcaſſites d'or & d'argent, ſans le talc très beau dont elle eſt toute pleine.

Malus fils. 1632.

Dans la meſme Baronnie *d'Aſpet* (25), à deux lieües de la ville, & proche d'vn petit village, il viſita *le Portet*, petite montagne, mais riche, pour vne mine d'or, d'azur & vert azur, qui a eſté foüillée il y a enuiron 90 ans, & encore depuis 35 ans, par vn particulier de Touloufe, qui mourut au trauail.

A cinq lieües diſtant *d'Aſpet*, & hors du *Portet*, il trouua dans la montagne de *Chichois* (26), des mines de plomb & d'argent, tenant d'or.

De-là, il vint à celle de *Souquette* (27) au Comté de Comminges, fort boccageuſe, où il vit vne mine de plomb & d'argent tenant or, très riche, foüillée autrefois par vn particulier nommé le Sieur d'Aucazin, qui la delaiſſa ſeulement pour les eaux, mais portant aiſées à eſpuiſer.

Ceſte viſite acheuée, il paſſa à *Couzerans*, où il vit en la montagne de *Riuiere-Nert* (28), de très riches mines d'or & de cuiure.

Deſcendant de ceſte montagne en la valée *Duſtou* (29), au meſme Vicomté de *Couzerans*, enuironnée des montagnes de *Biros*, de *Peyrenere*, de *Carbouere*, de *Barlogne*, de *Larpant*, de *la Fonta*, de *Martera*, & de *Peyrepetuſe*, ſur leſquelles il monta, & trouua embellies de grands & beaux boccages, & riches de

---

(25) Chap. XXIX. p. 124.
(26) Chap. XXX. *Ibid.*
(27) Chap. XXXI. p. 125.
(28) Chap. XXXII. *Ibid.*
(29) Chap. XXXIII. *Ibid.*

plusieurs mines d'or, d'argent, de plomb, d'estain commun, d'azur de roche, d'arsenic, de marcassites d'or & d'argent, & de plusieurs autres sortes de mineraux qui ont esté trauaillées le temps passé.

Puis visita au mesme Vicomté de *Couzerans*, la vallée *d'Ercé* (30), enuironnée des montagnes des Bazets & de Fourcilhou, pleines de mines d'estain & de plusieurs marcassites.

De-là il passa au village *d'Aulus* (31), dedans le mesme Vicomté, & vit les mines surnommées Royales, où se voit encore vn vieil chasteau, garny de fauces brayes, & du costé de la plus grande montagne, il vit vne grande porte, par laquelle on entroit à la grande fonte, où s'affinoient l'or & l'argent; le chasteau est nommé par ceux du pays, le *Castel Minié*, où vn vieil paysan trouua il y enuiron cinquante ans, vn lingot d'argent pesant seize marcs, d'autres ensuite y ont rencontré des saumons de plomb, du poids de cent liures, & il y a en ceste montagne nommée le *Poueq de Gouas*, de très grands trauaux & des voyes de demy lieue & de trois quarts, de lieue de profond; & enuiron vne lieue & demie tirant vers le sommet de la montagne, se voit vn trou qui va jusqu'au fonds de la mine, accompagné de neuf soupiraux de 80 & 100 brasses de creux, & de plusieurs egouts des eaux, ayant trouué en ces voyes iusques à 87 meules à moudre les mines, tesmoin du grand trauail qui s'y faisoit.

A vne lieüe de ce chasteau, il visita les montagnes de *Monbias*, de *Montarisse* & des *Argenteres*, dans lesquelles il apperçeut de grands trauaux pour

---

(30) Chap. XXXIV. p. 126.
(31) Chap. XXXV. Ibid.

tirer les mines d'argent, dont elles font très abondantes, fans celles d'or, d'eftain, de plomb, de cuiure, d'azur, de vert azur (32), & de toutes fortes de marcaffites qu'elles contiennent. Après les auoir contemplées de toutes parts, par vne grande hardieffe, il fe hazarda d'entrer bien auant dedans leurs ventres, & d'aller à leur profond, d'où il rapporta des morceaux de marbre noir marquetés de veines d'or & d'argent, ayant veu que la mine d'argent y eft fi riche, que le Potofi des Indes ne l'eft pas plus. Là finirent fes recherches & rebrouffa fes pas, laiffant pour vne autre fois les montagnes de *Milhas*, des *Ludes*, & la *Montagneufe* (33), qu'il apprit auoir efté fouillées ; celle de *Gerrus* (34), où on luy dit eftre vne mine de plomb, tenant or & argent, dont le filon eft gros comme la cuiffe d'vn fort homme. On luy enfeigna auffy les mines de *Saint-Pau* (35), au Comté de Foix, où depuis n'a gueres les habitans du lieu furprindrent des Efpagnols foüillant & très chargez de mines d'argent très riche, y eftant deia venus plufieurs fois s'en charger pour la porter chez eux affiner.

Mais outre ces montagnes de Foix, de Com-

Malus fils. 1632.

---

(32) Becher parlant du Cobalt qu'on prépare à Harlem en Hollande, dit quelque chofe de bien fingulier de l'or blanc, qu'il appelle *métal anonyme* dans fon Hiftoire de minera arenaria perpetua fous la lettre G. » *penes Harlemium quoque Cobolti minera reperitur undè Smalta, fiuè cœruleus color præparatur, & metallum anonymum quod nec aurum nec argentum eft, & tamen cupellæ & aquæ forti refiftit.* Voyez le paffage de Balbin fur l'or blanc, ci-devant p. 29.

(33) Chap. XXXVI. p. 133.
(34) Chap. XXXVII. p. 134.
(35) Chap. XXXVIII. Ibid.

Malus fils. 1632.

minges, de Couzerans & de Saint-Pau, il apprit que celles de *Bearn* (36), de *Bigorre*, & toutes les autres des Pyrenées, qu'il n'euſt commodité de viſiter, eſtoient très fertiles en mines d'or, d'argent, & de toutes eſpeces de mineraux : il ſçeut que maintes fois les payſans de ces lieux portoient à Pau des plaques de très fin argent, dont ils ne vouloient dire les mines, crainte d'en perdre l'vtilité.

De ceſte veritable relation rapportée au feu Roy par ledit Sieur de Malus, & après auoir veu les eſſais de pluſieurs mines très riches d'or & d'argent, & l'auoir fait oüyr dans ſon conſeil, Sa Maieſté prit le deſſein d'y faire trauailler ; pour cela il remit ſur les officiers des mines auxquels il attribua gages, ce qui n'auoit eſté iuſques alors, & qu'il confirma par Edit très celebre l'an 1601, qui fut publié en 1603, mais ſans effet, quoiqu'il donnaſt pour lors la charge de Surintendant des mines à Monſieur de Beaulieu-Ruzé, Secretaire de ſes Commandemens, dont Monſieur le Mareſchal Deffiat eſt maintenant pourueu par ſa mort ; car Sa Maieſté enſuite diuertie par pluſieurs empeſchemens ſuruenus & continuez iuſques à ſon inopinée & malheureuſe mort, ne peut donner autre commencement à ce loüable deſſein, & la compagnie qu'auoit dreſſée le Sieur de Malus pour cet effet fut diſſipée.

Depuis, la Royne-Mere du Roy, informée des richeſſes de ces montagnes, deſira continuer l'entrepriſe, & de donner la main à ce trauail, ce qu'elle eut accompli, ſi elle n'euſt eſté trauerſée par les factions arriuées pendant ſa régence : ainſy les affaires continuelles luy firent ſurſeoir ſon intention, & l'on n'y a penſé.

---

(36) Chap. XXXIX. p. 135.

Mais

Mais ores que le Roy a donné la paix à tout son Estat, mesme à ses voisins & alliez : il semble qu'il ne luy reste plus que cette entreprise pour couronner son regne de gloire & de richesses, pouuant par cet innocent moyen s'enrichir plus qu'aucun de ses deuanciers, & d'vn mesme coup (estant arriué dans la pleine iouissance de ses thresors) soulager son peuple des grandes charges que la malice & la necessité du temps luy ont imposées.

Car il est sans doute qu'vn tel effet suiura sa veritable proposition, & le peut on nier sans dementir ses yeux, au moins si l'on veut prendre la peine de voir les grands trauaux qui n'ont pas esté continuez, que par la raison de la fertile moisson des richesses que l'on a recueilli : & les vieux vestiges des chasteaux, des forteresses & des fonderies, restant encore sur les croupes de ces riches montagnes, ne porteront ils pas de signalez tesmoignages de ces thresors, dont la recolte n'est pas à peine commencée, puisque tant de mines de tant de sortes des metaux & mineraux sont encore toutes entieres, qu'elles monstrent sans y avoir foüillé : cela connu, il faudroit nier que l'or & l'argent ne sont pas l'ame du commerce : & que pour les posseder afin de s'acquerir l'aise & le repos, que les hommes ne trauaillent pas iour & nuit, soit trauersant les mers avec mille hazards, soit dans les continuels perils de la guerre pour les butiner sur autruy, soit dans les autres penibles & incertains labeurs de la vie, dont souuent l'on ne rapporte que misere, qui nous fait penser qu'il est bien plus conuenable & iuste pour soy, de les chercher dedans ces mines, où l'or & l'argent paroissent très abondans & à descouuert, voire avec toute asseurance de les posseder, que de les aller hazardeusement chercher és pays esloignez, d'où on ne les peut rapporter avec telle

Malus fils. 1632.

L

abondance & asseurance que ces montagnes les peuuent fournir.

Malus fils. 1632.

Par-là, il est indubitable que si elles estoient foüillées, elles donneroient l'abondance d'or & d'argent comme au regne de Salomon, où l'or estoit très commun, & l'argent comme les pierres, & que par ce moyen le peuple seroit soulagé de ses maux.

Mais encor que ces thresors tous esclatans d'or & d'argent grandement desirables, deuroient porter vn chacun à leur recherche, si s'apperçoit-on que peu y donnent leur sentiment, quoy qu'ils sçachent ou doiuent sçauoir, que ces deux precieux metaux ne croissent pas sur les chesnes comme le gland, & qu'il les faut chercher en leurs minieres : car dès longtemps ils fussent consommez par la continuelle dissipation que l'on en fait tous les iours en dorures & claincantages, si les Espagnols par la descouuerte des Indes, ne nous les eussent fournis.

Offrant verifier que tous les ans dans Paris, il se reduit en feuilles d'or, qui tourne en pure perte, plus de trois cens marcs, reuenant à près de soixante quinze mille liures, & qu'il s'employe en feuilles & filleries pour les passements, plus de quatre mille marcs d'argent, montant à près de cent mille liures, de sorte que si l'on continue sans en redonner de nouueau, il est indubitable que le tout se consommera : cela se remarque à la haute valeur des espèces de monnoye, n'y ayant que soixante ans que les escus d'or ne valoient que quarante & cinq sols, montez maintenant à quatre liures deux & trois sols ; mais quoique cela soit très apparent, ils ne laisseront de faire ces obiections.

Pourquoy ces mines tant riches ont esté delaissées, que depuis l'Empire des Romains, cessant en France à l'establissement de nos Roys, qui est au moins depuis treize cens ans, l'on n'y a pas pensé ?

Pourquoy des particuliers les cognoiſſant, & tant riches & tant aiſées à poſſeder ne les ont fouillées, ſoubs le bon plaiſir de nos Princes, comme les Foucres (37) d'Alemagne, celles qui les ont ſi puiſſamment enrichis ?

Malus fils 1632.

Et puis ſçauoir ſi elles n'ont pas eſté eſpuiſées, comme il y a de l'apparence en ce qu'elles ne peuuent pas touſiours durer, & veu la profondeur des trauaux penetrant iuſques au fond des montagnes qui ont eſté fouillées.

Pour LA PREMIERE OBJECTION, il eſt pour conſtant que l'Empire Romain perdant la domina-

---

(37) Les Foucre ou *Fucares* & *Fucato* ſont les deſcendans de Jean Fugger, habitant du village de Graben près d'Augsbourg qui obtint en 1370, le droit de Bourgeoiſie dans cette Ville, par ſon mariage; & il fut inſcrit ſur les regiſtres des Métiers dans la bande des Tiſſerands. Il fut pere de Jacques I, qui eut pour fils George & Jacques II; ce dernier ſe livra avec tant de ſuccès à l'exploitation des mines, que ſes immenſes richeſſes le mirent en état d'acheter pluſieurs Comtés & Seigneuries. Les Armes du nom de Fugger, ſont partie d'or & d'azur à fleur de lys de l'un à l'autre : ce qui ſemble indiquer que ce fortuné Minéralogiſte tient des Rois de France ſa premiere illuſtration & que c'eſt dans ce Royaume où il fit ſes premiers eſſais. L'Empereur Maximilien le créa Chevalier du Saint-Empire, & Charles V donna aux deſcendans de ſon frere qui fut ſon héritier, la dignité de Comtes & Barons de l'Empire en 1530. Ils ont voix & ſéance à la Diète ſur le banc des Comtes de Suabe. Deux lignes de cette maiſon ſavoir la Raymondine dans la Suabe Autrichienne, jouit des Comtés de Kirchberg & de Weiſſenhorn ſur l'Iler & le Danube. La ligne Antonine ſéparée en trois branches & enſuite en pluſieurs rameaux, eſt patrimoniale dans le cercle.

Je dois remarquer ici qu'indépendamment des Ordonnances mal rédigées ſur le fait des mines qui s'écartoient

Malus fils.
1632.

tion de la France & ces montagnes, quitta auſſi leurs richeſſes, & que les François n'ont pas eſtendu leurs limites iuſques à ces hautes buttes, la riuiere de Loire ayant eſté longtems la borne de leur Royaume ; car l'Empire Romain ſe demembrant de ce coſté, pluſieurs peuples inondant ces prouinces, les ont poſſedées iuſques à ce que par le laps de temps le regne des François ſe ſoit auancé iuſques la ; car encore que Charlemagne dans les huit cents ans de la naiſſance de noſtre ſalut, portaſt ſes armes iuſques en Eſpagne, ſi ne les poſſedoit-il pas ; de ſon temps il y auoit vn Roy de Nauarre, vn Comte de Foix, & vn Comte de Touloufe, meſme elles ont eſté longtemps partagées par les Meſcreans & Mores d'Eſpagne, & ce fut comme les hiſtoires le rapportent, vn Garcias Ximenes, Comte de Bigorre, qui premier les chaſſa du pied de ces montagnes, & ſe fit Roi de Nauarre l'an de notre ſalut 716. Depuis elles ont touſiours eſté du Domaine de Nauarre & des Comtes de Bearn, de Bigore, de Foix, de Comminges, & de Toulouſe, qui n'ont pas tous oſé les foüiller, crainte

---

des premieres que nos Rois avoient promulguées & des excellens moyens de la mine de Chitry, un abus très-dangereux s'introduiſit dans les Fonderies : c'eſt que les Fermiers étrangers plus ſçavans dans l'exercice continuel de la Docimaſie, eurent le talent d'y fabriquer des monnoyes aux titres ordonnés par la loi du Souverain : cette fraude fruſtroit le Prince 1°. du dixième 2°. du monéage. En général, on accuſe les Foucre de cet abus de confiance, en Eſpagne, dans les Pirénées, & même dans l'Allemagne : au reſte cette illuſtre famille a produit des hommes ſi célèbres & a cauſé tant de bien qu'il ſeroit à deſirer que l'imputation fût véritable & que l'exploitation de nos mines eût été continuée dans le Royaume. Ce ſeroit une reſſource abondante pour employer les hommes & pour augmenter une matiere très précieuſe.

que ces richesses descouuertes n'aleschassent les peuples barbares à les enuahir, ce qui est arriué à quelques vns d'eux ayant surmonté ces difficultés par les ouuertures qu'ils en ont fait, car leurs gens y ont esté surpris par les Catalans d'Espagne qui se ruerent de ceste part & deserterent de sorte tous ces lieux, qu'apres il fallut mettre le feu dans les bois qui les couuroient pour les habiter. De maniere que n'ayant pas esté possedées par les Roys de France qu'en ioignant la Couronne de Nauarre à la leur, ce qui n'est arriué qu'en ces dernieres années, que Henry le Grand les unit toutes deux, ils n'ont pas tenté ceste besongne; car bien que par le mariage de Philippes le Bel & de Ieanne de Nauarre, ces deux Royaumes fussent vnis, & que leurs enfans Louys Hutin, Louys le Long, & Charles le Bel, les possedassent l'vn après l'autre, leur regne fut si court, que mourant sans enfans masles, le Royaume de Nauarre retourna à Ieanne de France, fille de Louys Hutin, qui espousa Philippes le Bon, Comte d'Eureux, premier Prince du Sang, & depuis la Couronne de Nauarre ne s'est reiointe à celle de France qu'en la personne de Henry le Grand, que possede maintenant nostre Louys le Iuste: par-là paroist que nos Roys ne les ayant seigneuriées, ne les pouuoient foüiller: aussi parlant de leurs mines, ils ne faisoient estat que de celles de Lyonnois & de Forest, bien que l'Auuergne en ait, si sont elles demeurées incognües quoy que très-bonnes & riches.

Or ceux de ces Princes montagnars qui les ont ouuertes, s'en sont grandement enrichis, comme ce Gaston de Foix, surnommé Phebus, dont nous auons parlé, qui fut beau-frere du Roy Charles de Nauarre, & gendre de Iean Roy de France. Et le reuenu que quelques vns ont tiré, se voit encore par les registres & archiues de Tarbe, de Lourde, de

Malus fils.
1632.

Bangneres & de Touloufe, mefme l'on y en trouue de ceux des Romains.

Malus fils. 1632.

POUR LA SECONDE OBJECTION. Pourquoy des particuliers n'ont pas effayé de tirer ces richeffes à l'imitation des Foucres ? Il y a plufieurs notables raifons.

La premiere, c'eft que toutes les mines de France appartenant au Roy, il n'eft pas permis à aucun de foüiller fans fa permiffion, & foubs des conditions finon fafcheufes d'elles mefmes, au moins rendues telles ci-deuant par les Officiers des mines, moleftant & preffant les entrepreneurs. Mais maintenant il faut efperer que par le bon ordre qu'a commencé à y donner *Monfieur le Marefchal Deffiat, Grand-Maiftre des mines de France*, par celles de Lyonnois, foigneux de faire valoir les belles & bonnes chofes feruant au bien public, qu'il fuyura pour celles des Pyrenées, lorfqu'il en aura la cognoiffance, par le fidel rapport que l'on luy en fera.

Secondement, c'eft que les mines quelques aifées qu'elles foient, ne fe peuuent foüiller fans bon nombre d'hommes, foit pour l'affiduité du trauail, foit pour la diuerfité des befongnes, que les particuliers trouuent difficilement, mais chofe tres facile au Roy.

Tiercement, c'eft qu'il conuient de faire de grandes auances, comme le tefmoignent les trauaux où chacun n'eft tant hardy, & puis ceux qui le pourroient commodement faire, ou ne penfent aux mines, ou en font fi fort effloignez, qu'ils ne le voyent que comme en fonges, mefme plufieurs ont efté intimidez par d'autres qui auoient trop inconfiderement entrepris tel labeur ; car demeurez au milieu de la carriere, faute d'y pouuoir fournir, & fans pouuoir trouuer fecours d'ailleurs, ont efté contraints de tout abandonner, & de ne pas rencontrer comme les Foucres.

Quartement, il arriue que la pluſpart de ceux qui deſireroient entreprendre ce labeur, n'en cognoiſſent le commerce, ils ignorent ſon deſtail & les particularités qui forment ſon gros. Maints miniers ignorants la condition de la mine, & le ſecret de la fonte, l'ont eſtimée pauure, que d'autres plus experts ont trouuée très riche.

Ainſi les particuliers n'ont pas touſiours reüſſi en la recherche des mines, & ceux à qui il eſt mal eſcheu ont refroidy les autres.

Quant à la TROISIESME OBJECTION, ſçauoir ſi elles ne ſont pas eſpuiſées par les Romains qui les ont foüillées des ſiecles entiers, l'on pourra aſſurerement reſpondre que non; car ils ne les ont pas abandonnées pour ceſte cauſe, mais parce qu'ils les ont perdues auec la domination de la France, ioint que les Romains ne les ont pas toutes trauaillées, il en reſte encore tel nombre & de très riches qui n'ont iamais eſté ouuertes, que des millions d'années ne ſont pas capables de les eſpuiſer, & ſi tous les iours il s'en deſcouure de nouuelles, car celles dont nous auons fait mention, ne ſont pas la centieſme partie de ce qu'en contiennent ces riches montagnes, ainſi de ceſte part il n'y a aucune choſe à craindre.

Ces obiections vuidées, il peut eſchoir que l'on fera encore de nouuelles difficultés, ſoit pour le nombre des hommes neceſſaires à la rudeſſe & continuité de ce penible trauail, nous repreſentant que les Romains y employoient la grande quantité de leurs eſclaues que nous n'auons pas, & que les Eſpagnols en vſent ainſi pour leurs mines des Indes, les acheptant ès coſtes de l'Afrique: ſoit pour la diſette des hommes entendus au fait des mines, & qui en ſça-

Malus fils.
1632.

chent cognoiftre la bonté en la nature & efpece du metal, fa fertilité par fon abondance en metal, fon efpurement & feparation à caufe du meflange de plufieurs metaux & des matieres eftranges comme fouffre, orpiment, realgal, antimoine, arfenic, talc, bol, ocre, zifre, azur, marcaffites & autres mineraux, empefchant ou bruflant la mine en la fonte, & de riche la rendant pauure : foit pour l'inuention des machines, tant pour creufer en terre & en rocher, que pour rompre les pierres très dures qui fe rencontrent en fouyffant, pour porter les defcombres & vuidanges, & pour vuider les eaux, dreffer les cauins & les voyes & pour mille autres befongnes conuenables à ce trauail, auxquelles nous pouuons refpondre.

Pour *la premiere*, nous difons qu'il eft vrai qu'il faut bon nombre d'hommes penibles & vigoureux pour le plus lourd trauail, furtout voulant continuer de trauailler fans intermiffion, comme il eft requis ; mais pourtant il n'eft pas neceffaire que ce foient *des efclaues* : ceux qui foüillent les mines de Saxe, de Silefie, de Boheme, de Carintie & d'autres endroits n'en ont non plus que nous, ils ne fe feruent que de volontaires, neantmoins ie ne voudrois pas dire que les *efclaues* (38), fi nous en auions l'vfage, ne feuffent très-commodes, voire très vtils ; & fi nous n'auions cefte niaiferie en la ceruelle, de penfer que la terre de France à caufe de fon nom, n'en peut fouffrir, nous iouirions de cefte commodité auffy bien que les Efpagnols qui s'eftiment au-

Malus fils. 1632.

---

(38) L'ufage des efclaves & des galériens dans les mines de France, fera toujours d'un mauvais effet, malgré les idées de feu M. le Marquis de Rocozel ; le projet d'enregimenter les mineurs, en leur donnant une part dans le produit des mines outre leurs gages, me paroit plus équitable & mieux fondé. Malus fils donne un mauvais confeil.

tant bons chreftiens que nous, & de mesme que les Hongrois qui ne voudroient ceder en liberté & franchise, voire qui se mocquent de nostre sotte imagination, nous qu'ils voyent estre *esclaues* par-tout, & très-ordinairement du vice, la plus mauuaise *esclauitude*. Or encore que cela ne soit pas, quelle difficulté à vn grand Roy de trouuer des hommes dans vn Royaume tant peuplé; mesme i'oserois dire qu'en ceste occasion, l'on pourroit faire d'vn seul coup, deux effets bien vtils, au moins si Sa Maiesté auoit gré de faire mettre la main à ce trauail. C'est que tous les ans il part de Gascogne, Biscaye & des prouinces voisines beaucoup d'hommes, & comme l'on tient, plus de dix mille qui vont en Espagne faire le labeur, & autre œuure penible de ceste nation arrogante & paresseuse, au lieu des Morisques, cy-deuant habitans de la Grenade, qu'ils ont chassez; car si Sa Maiesté les retenoit pour le mesme salaire qu'ils reçoiuent des Espagnols, & les faisoit trauailler à ses mines, elle en retireroit les richesses, & d'autre part elle affameroit ses voisins peu affectionnez ou plustost de tousiours & à tousiours ennemis, & les ruineroit plus par ce moyen iuste & legitime, que si elle gagnoit dix battailles sur eux; & puis outre ces volontaires, dont la France est tousiours assez abondante, qui empeschera que l'on y conduise les vagabonds & les vicieux, voire mesme les mutilez en quelques vns de leurs membres; celuy qui n'aura pas de iambes auec les mains peut bien tirer les mines que l'on lui mettra deuant; & celui qui n'aura qu'vn bras & vne main, ne pourra-t-il pas manier la maniuelle de quelque instrument de rouage, comme aussi ceux qui n'auront que des iambes d'ailleurs valides, ne pourront-ils pas entrer dedans des roües appliquées à des machines pour les faire mouuoir. Car maintenant plus riches en inuentions de machines, soit pour tirer les eaux, que pour les au-

Malus fils,
1632.

Malus fils.
1632.

tres trauaux, ne pourrons-nous pas facilement mettre vn chacun en beſongne, & faire trauailler vtilement: auſſi-bien quelque part qu'il ſoient, la France les nourit, ils ne deſpendront pas daduantage de viure là qu'ailleurs.

Pour *la ſeconde*, quant aux hommes duits à la cognoiſſance de la bonté, fertilité, eſpurement, ſeparation & fonte des metaux, comme ils ne ſont pas bien communs, auſſi n'en faut-il pas grand nombre: vn ſeul en peut inſtruire pluſieurs, il ſuffira que celui à qui Sa Majeſté aura donné la charge de la recherche, ſoit bien entendu pour conduire le reſte, car il n'eſt pas neceſſaire que tous les ouuriers ayent la parfaitte cognoiſſance des mineraux, & du moyen de les traiter; on n'a beſoin que de leur trauail, parce que où la force du corps eſt requiſe, l'on n'a pas affaire du commerce de l'eſprit, c'eſt au conducteur, luiſſant ſes bras à repos, de faire paroître ſon iugement.

Quand à *l'inuention des machines*, nous pouuons aſſeurer que la France n'eſt pas diſetteuſe d'ouuriers tres inuentifs pour ce negoce, les anciens ont eu les leurs groſſes & maſſiues, pour produire beaucoup de forces & moins induſtrieuſes, & nous auons les noſtres fortes & tres-aiſées, ne redeuant rien pour l'vſage à celles dont ils ſe feruoient: au contraire, nous pouuons nous vanter d'auoir la fabrique de certaines machines hydroliques qui vuideroient plus d'eau en vn iour & plus facilement que les deuanciers en deux, & d'autres pour briſer & moudre les mines beaucoup plus aiſées que les anciennes: nous nous pouuons encore aduantager d'auoir des inuentions pour eſpurer, ſeparer, & fondre des metaux à plus grande facilité & profit, que beaucoup de ceux qui nous ont deuancé par le temps: car nous ſçauons que ſouuent il eſt arriué que pour n'auoir pas bien ſçeu cognoiſtre ni vſer de la mine, que l'on ne l'a peu fondre, & ſi elle a eſté fondue par la violence du feu qu'elle s'eſt trouuée pour la meilleure part bruſlée & reduite en louppes, comme il arriue à l'argent desia affiné, ſi on le fond auec quelque portion de ſouffre, il eſt reduit en craſſe noire, & ne cognoiſt-on plus ce que c'eſt, auſſi ces pieces ignorées ont eſté cauſe que pluſieurs mines très-riches n'ont pas enrichy ceux qui les ont fouillées: mais l'ouurier aduiſé & expert donnera facilement remede à tels inconueniens.

Ores qu'il ſemble que nous ayons reſpondu à toutes les obiections propoſées contre ce que nous venons d'eſtaller pour le fait des mines, ſi n'eſt-ce pas fait.

La principale reſte pour fermer la bouche qui eſt, que ce n'eſt pas vn prompt ſecours au beſoin preſent, que celui que l'on fait eſperer des mines: mais l'on repart que celui qui ſeme du bled doit attendre la ſaiſon de la moiſſon, & qu'il ne faut pas eſperer des millions du premier iour de l'ouuerture de ces montagnes: l'Eſpagnol n'amaſſa de la premiere année l'or & l'argent qu'il a compté depuis, il faut fouiller & faire les autres façons, & puis l'on aura de l'or & de l'argent en abondance; & oſerois bien aſſeurer que dans vn an à compter du iour que l'on commencera la beſongne, que l'on en retirera vn notable profit, & qui ira augmentant d'année à autre, ſi l'on y apporte le ſoing & les autres conditions requiſes. Mais quand ce ne ſeroit que les marbres de toutes couleurs, riches ornemens des Edifices Royaux, que l'on peut tirer meilleurs & plus beaux que ceux d'Italie, meſme qu'il y en a de tranſparans & ſi fins que l'on les prendroit pour criſtaux, deuroient conuier à viſiter ces montagnes: car outre qu'ils ſont plus excellens & plus durs, la facilité de les faire venir iuſques au pied du Louure, eſt plus grande, les embar-

Malus fils,
1632.

172 LES ANCIENS

Malus fils. 1632.

quants à Bayonne, pour les amener par la mer aux riues de la Seine; il faut bien qu'il soit ainsi, puisque les Romains y en ont tiré pour leurs superbes bastimens.

Mais sans aller si loing prendre des tesmoignages dans les siecles passez, nous auons ici *Claude Picot*, dit *la Fleur*, de Bayonne, très entendu aux diuerses bontés, beautés & qualités des marbres & porphires dont il a fait vne assez exacte recherche par l'exprès commandement de Sa Maiesté dès l'année 1624 (39);

―――――――――――――――――――――――――――――――

(39) Thomas Tolet étoit Architecte & Sculpteur du Prince Ernest de Bavière Evêque de Liége, qui devint Electeur de Cologne. Cet Artiste demeuroit à Liége & il étoit employé par les Magistrats de cette Ville à plusieurs édifices qu'il construisit avec différens marbres de couleurs de tous genres qu'il faisoit exploiter dans le pays de Liége. Louis de Gonzague & Henriette de Cleves Duc & Duchesse de Nevers obtinrent du Prince Ernest, la permission de faire venir Tolet dans la Ville de Nevers environ l'an 1590. Il arriva en France au milieu des périls de la guerre & amena avec lui des marbres de toutes les espèces & de toutes les couleurs qu'il employa à la construction de l'autel de Saint-Cyr dans la Cathédrale de Nevers, qui est de sa composition ; il orna l'Oratoire des Ducs de plusieurs colonnes de marbre & acheva les statues & les images des anciens Ducs qui avoient été laissées imparfaites par un autre Sculpteur. Il en fit aussi de nouvelles. Ce genre de décoration fit époque dans les Arts. On transporta à grands frais du marbre d'un pays fort éloigné. On embellit une Eglise d'une maniere neuve ; car dans toute la France ces ornemens étoient alors très-rares, pour ne pas dire inconnus : rien n'étoit plus beau, plus précieux, plus riche, ni plus ingénieusement sculpté ; aussi le Prince & la Princesse ordonnerent qu'il fit graver son nom sur ces beaux monumens, il fut admiré & chéri dans cette Province. C'est dans ce tems que Gaston Duclo, en latin *Claveus*, Lieu-

MINÉRALOGISTES. 173

suiuant ses commissions, y ayant si bien trauaillé, qu'il y a peu de reste qu'il n'ait visittées & desquelles il n'ait tiré & rapporté des eschantillons, entre autres du brocatel le plus estimé de tous les marbres ; mesme il a esté assez curieux pour remarquer en passant de très-riches mines de plusieurs metaux, ce que l'on peut apprendre de sa bouche, estant bien memoratif de ce qu'il a veu.

Outre encore l'abondance & richesse inestimable des metaux & mineraux de ces montagnes, leurs costes & valons produisent les plus belles plantes du monde, soit pour la medecine ou pour l'embellissement des iardins ; car l'on les voit selon les saisons, toutes parsemées des rares & belles fleurs, tant à racines bulbeuses, tubereuses, que fibreuses ; comme lys, iacintes, hemerocales, narsis, ciclamen, ranoncules, anemones & autres dont les parterres de nos iardins seroient richement diaprés ; & auec ces basses plantes, là (40) se voyent les hauts pins & sapins, tels

Malus fils, 1632.

tenant particulier du Siege de Nevers fit connoissance avec cet habile Artiste, dont le caractere & les mœurs étoient sociables ; il lui rend ce témoignage & il ajoûte que malgré son habileté il n'avoit été que deux ans à construire & à exécuter un si grand nombre d'édifices tandis que d'autres y auroient employé plus de cinq lustres. Cette anecdote fait voir combien nous avons peu sçu profiter des richesses que le Royaume renferme dans son sein, puisque le Sculpteur & le marbre furent amenés des pays étrangers.

(40) Cet avis a été exécuté par M. Destigni, Intendant d'Auch dont je regrete tous les jours la perte & l'amitié ; il a rendu les Pyrénées praticables par des chemins & il a rendu nécessaires des forêts jusqu'alors inutiles. Son nom ne sera jamais oublié dans la Généralité que Louis XV, lui avoit confiée ; son intégrité, sa vertu lui attirerent des ennemis comme tous les bons citoyens en ont pendant leur vie.

Malus fils. 1632.

que difficilement s'en pourroit-il trouuer ailleurs de plus hauts, gros & droits pour faire des masts de nauires ; principalement ceux que nourrit la valée du Saut en Bearn, que l'on peut à peu de frais conduire par radeaux à Bayonne, & cela plus facilement si l'on rend la riuiere du Gaue Bearnoise nauigable, suiuant le dessein résolu & commencé par Henry d'Albret, ayeul de Sa Maiesté.

Là aussi se voyent mille fontaines & ruisseaux d'eaux medicinales, tant chaudes que froides, surpassant celle de Bourbon, de Vic-le-Comte & autres, dont vsent leurs habitans contre leurs plus fascheuses maladies, en retirant de très-grands secours. L'on pourroit encore adiouter à ces beautés la grande diuersité des animaux differens en grosseur & couleur des nostres ; car la pluspart des perdrix & faisans y sont blancs, les chuquettes y ont le bec & les pieds rouges, les aigles y sont grands & beaux, les gerfauts, les sacres, les faucons & tous les oyseaux de poing & de leure s'y voyent très courageux : pour les ours, on les y rencontre d'incroyable grandeur, la pate d'vn ayant esté mesurée, s'est trouuée large d'vn pied en tout sens. Il n'est pas iusques aux auetes qu'elles ne soyent differentes des nostres : mais pourtant produisant le meilleur miel de la terre.

Reste maintenant de sçauoir, que de foüiller les mines pour en tirer vn grand profit, c'est œuure royale, plusieurs Princes qui les ont cherchées, ont eu cet aduantage, que quelques chetiues qu'ayent esté les mines, qu'ils en ont tiré de l'vtilité, tesmoin celles de Sainte Marie en Lorraine, & celles de Saxe, où les particuliers n'auroient pas eu grand profit, car auant que les droits du Souuerain soient prins, les frais rabbatus, & les chaumages desduits, le reste ne peut pas estre grand : il ne peut estre tel qu'il puisse donner du desir à l'vsurier, de quitter son iournal & ſa banque, pour s'y appliquer. Et bien que celles que nous propoſons, ſoient de toute autre condition, eſtant tellement riches, que ſi les particuliers eſtoient ſouſtenus de la puiſſance du Roy, & fauoriſez des Seigneurs proprietaires des terres, où elles ſont ſçituées, ou des voiſins, ils en receuroient tous droicts payez, & tous frais faits, plus que le plus perdu vſurier ne ſçauroit profiter de la plus exceſſiue vſure, meſme quand elle ſeroit de mille pour cent : neantmoins pour commencer, & donner luſtre à l'ouurage, il eſt neceſſaire que ce ſoit par la puiſſance & par l'authorité du Souuerain, & puis on doit tenir pour conſtant, que ſi Sa Maieſté auoit fait l'entrée de ſes montagnes, & ouuert le pas à leurs richeſſes, qu'il viendroit des particuliers en trouppes, s'offrir à Sa Maieſté pour les luy faire valoir, car il faut cognoiſtre les choſes pour les porter à leur iuſte valeur.

Si donc Sa Maieſté veut profiter de ces richeſſes, il eſt conuenable qu'Elle les faſſe rechercher & deſcouurir, pour en faire l'eſſay, afin de cognoiſtre en quoi elles conſiſtent, ce quelle en doit eſperer, & quels ſont les threſors que Dieu & la Nature luy ont donnez.

Malus fils.
1632.

F I N.

Villars.

MÉMOIRE

CONCERNANT LES MINES DE FRANCE,

Avec un Tarif, qui démontre les opérations qu'il faudroit faire pour tirer de ces mines, l'Or & l'Argent, qu'en tiroient les Romains, lors qu'ils étoient Maîtres des Gaules. Par Charles Hautin de Villars. (1)
1712-1730.

NOUS avons longtemps balancé sur le parti que nous avions à prendre, c'est-à-dire, sur la question de sçavoir, si nous rendrions publiques les connoissances que nous avons acquises sur la nature des mines de France, & sur la maniere d'en tirer l'or & l'argent : ou, si nous tiendrions secretes ces connoissances en faveur de notre famille, pour lui tenir lieu de dedommagement des dépenses que nous avons faites pour les acquerir : mais enfin nous nous

---

(1) M. Hautin de Villars est l'un des premiers de ce siècle, qui ait cherché à introduire parmi nous la métallurgie ; je crois que dès 1712, il fit imprimer la brochure indiquée n°. 290 de la Bibl. du P. le Long, nouv. édition & celle du n°. 405 ; ce n'est cependant qu'une conjecture de ma part : ce qu'il y a de certain, c'est qu'en 1728, il fit imprimer de nouveau le même ouvrage dans la forme que nous le publions aujourd'hui ; il offrit au Ministre de donner des preuves de sa capacité dans l'art des essais devant tels Commissaires qu'il plairoit au Roi de nommer pour rendre compte de ce qu'ils auroient vû par eux-mêmes de la réalité de ces opérations. C'étoit pour appuyer ses sollicitations, qu'il donna : *Traité*

fommes

sommes déterminés à préférer le bien général au bien particulier, & dans cette vue, nous avons dressé ce Mémoire, pour communiquer ces mêmes connoissances à notre Nation, & lui faire comprendre, combien il lui seroit avantageux de rétablir les travaux que les Romains avoient établis dans les mines des monts Pirenées, d'où, selon Strabon (2), ils tiroient dès le temps de Jesus-Christ, des quantités d'or & d'argent si considérables, que le premier de ces métaux devint dans Rome plus commun, qu'il ne l'avoit été avant la conquête des Gaules par César.

Cet Auteur nous confirme qu'il y a dans la France des mines d'or & d'argent, aussi abondantes que

Villars.

---

de l'art Métallique in 12 Paris Saugrain 1730, Extrait des Œuvres d'Alvare-Alfonse Barba, Curé de Saint-Bernard, de la Ville de Potozi ; abrégé fait avec beaucoup d'intelligence: il fit réimprimer à la fin le Mémoire concernant les mines de France. L'édition de Barba donnée par l'Abbé Lenglet du Frenoy sous le nom de Gosford est très-mauvaise & ne mérite aucune considération des gens instruits.

(2) *Asserunt quidem Galli sua metalla esse præstantiora in Cemmeno monte*, (les Cévennes) *& sub ipsam Pyrenen* ; (dans les vallées des Pyrénées) *tamen & hic major pars laudatur. Cæterum inter auri ramenta aiunt inventas aliquando selibres glebas, quas ipsi palas nominant, exigua purgatione indigentes*. (Ce mot *Palas* est Celtique ; il signifie un palet d'or ; les gros morceaux de minerais d'or qui étoient en Espagne se nommoient suivant Pline *Palacras* & *Palacranas* ; & ils appelloient *Balux* ou *Balluca* le sable ou les cailloux & pyrites aurifères.) *Ferunt etiam lapidibus fissis inveniri glebulas uberibus similes*. (C'est encore des pyrites) *Porrò auro cocto & purgato aluminosa quadam terra, Electrum esse id quod purgando rejicitur quod cum habeat argenti auríque mixturam, eo cocto argentum quidem comburi, aurum autem permanere ; nam forma est fusilis & lapidea*. Ce passage prouve

M

Villars. dans les autres Etats des trois parties de l'ancien Monde. Bien différent en cela de quelques-uns de nos François, qui pensent, qu'avant que Cortès eût subjugué le Méxique & le Pérou, ces métaux étoient rares dans l'Europe, & que ce qui en circuloit alors dans la France, n'y entroit que par la voie du commerce avec l'Etranger.

Ces mines ayant été ouvertes dans les Pirenées par les Romains, qui les travaillerent pendant le tems que cette portion des Gaules faisoit partie de leur empire, il est certain qu'on peut continuer aujourd'hui les mêmes travaux, qui existent encore dans les lieux que l'on designera dans la suite.

Si ces mines ont été des sources intarissables, où les Romains puisoient des richesses immenses, pourroit-il tomber sous les sens qu'une Nation, aussi laborieuse que la nôtre, se refuseroit à une entreprise, qui peut lui procurer des avantages, qu'elle ne sauroit trouver dans aucun genre de travail qu'elle puisse s'imaginer : on doit présumer plus favorablement de sa disposition à entrer dans un dessein conçu pour ses intérêts. On croit même qu'elle se porteroit à en presser l'exécution, si elle venoit à se persuader, que les Romains étoient trop prudens pour donner infructueusement leurs soins à cons-

---

qu'ils ne connoissoient point le départ de l'or d'avec l'argent ; qu'ils employoient la cementation pour purifier leur mineral & que la méthode de retirer l'or de l'*Electrum* étoit mauvaise & très-ruineuse.

Itaque etiam palea faciliùs liquefit aurum : quia flamma mollis cùm sit proportionem habet temperatam ad id quod cedit & facilè funditur, carbo autem multum absumit, nimis colliquans sua vehementia & elevans. Ce texte prouve déja la rareté du bois & du charbon dans les Pyrenées. Voyez Strabon liv. III. p. 146.

truire ces fameux magasins & ces vastes réservoirs, où nous avons vû qu'ils amassoient ces matieres minérales, dont ils se servoient avec tant de succès.

Villars

Ces admirables monumens sont autant de témoins de la réalité des mines de France, & ils semblent nous reprocher notre négligence à exercer un art, qui nous deviendroit aussi utile qu'à ces Romains.

Il est vrai qu'ils ne nous ont pas laissé par écrit le détail de leurs opérations, pour tirer de nos mines les métaux qui y sont enfermés. Mais comme ces mêmes Romains étoient des hommes comme nous, qui ont eu la patience d'étudier & de pénétrer le secret d'un travail aussi difficile, nous avons, à la lueur de quelques foibles lumieres qu'ils n'ont pû empêcher de venir jusqu'à nous, marché pas à pas dans la recherche de ce même secret, & après des études assidues & des épreuves réitérées, nous sommes enfin parvenus à la connoissance de ce travail pénible, & au développement de cet art mystérieux dont ils n'avoient garde de nous transmettre volontairement une notion entiere, de peur de donner de nouvelles forces à une nation belliqueuse, qui venoit de secouer leur joug, & qui cherchoit à porter ses armes dans le sein de leur empire, après les avoir contraints de se retirer au-delà des Pirenées.

Ces études dont nous venons de parler, & ces épreuves nous ont couté presque tout le cours de notre vie, & la plus considérable partie de notre bien; ce qui a donné lieu à quelques critiques, peu versés dans l'art dont il s'agit, d'attaquer notre réputation, en nous mettant au niveau de ceux qui cherchent à imiter la nature dans la formation des métaux. Mais quoique nous ayons employé de grandes sommes à des recherches, diamétralement opposées à celles de ces prétendus Philosophes, nous avons fait un sacrifice volontaire de ces dépenses, dans la

M 2

Villars.

deffein de procurer à notre Nation un avantage, dont elle peut profiter, en mettant en pratique un art, qui a toujours fait l'opulence des Princes qui ont eu de ces mines précieufes dans l'intérieur, ou fur les frontieres de leur domination.

C'eft donc, fans avoir fait attention au genre de travail que nous faifons, qui eft à peu près femblable à celui que l'on fait aux Indes, en Hongrie, & ailleurs, pour tirer des entrailles de la terre les métaux, fans chercher à imiter la Nature dans la maniere de les former; c'eft donc, difons nous, fans y avoir fait attention, que ces critiques nous ont placé dans la catégorie de cette forte de Philofophes, ridicules aux yeux des perfonnes inftruites dans la faine philofophie: ainfi nous efpérons qu'ils voudront bien nous accorder une place, qui répondra mieux à l'excellence de notre travail, lors qu'ils prendront la peine de réfléchir fur la différence qu'un efprit raifonnable doit mettre entre ce qu'on nomme vulgairement un foufleur, qui confume fes veilles à la recherche de la *poudre de projection*, & un homme qui a employé de longues années à aprofondir les principes d'un art, que les Romains ont exercé utilement dans les Pirenées, & que d'autres Peuples exercent encore avec fruit dans les contrées, où la Nature fe plait à former ces métaux.

Il y a longtems que ces mêmes critiques nous objectent que la dépenfe excéderoit le produit du travail, dont il eft queftion, & qu'il ne convient qu'à un Souverain d'entrer dans une entreprife qui ne pourroit être qu'onéreufe à un particulier, qui n'a pas comme lui, affez de forces pour la foutenir.

Nous ne nous arrêterons pas à réfuter cette objection, en difant vaguement, qu'elle n'a pas un fondement folide. Nous allons en démontrer la foibleffe par un tarif qui fera voir que le produit de ce travail excéde la dépenfe de plus de cent pour cent, dans l'espace de vingt-quatre heures, qui est à peu près le tems qu'il faut employer pour chaque opération, en supposant les matieres préparées dans l'ouvroir. Mais avant de donner ce tarif, nous allons dire un mot en passant de la formation des métaux, pour en tracer seulement une idée à ceux qui, ne s'étant jamais appliqués à l'étude des matieres minérales, n'en ont parconséquent aucune connoissance.

La Terre, notre mere commune, est la matrice naturelle dans laquelle se forment tous les métaux, plus ou moins en nombre, en qualités & en especes.

Nous ferions volontiers un discours étendu sur cette formation des métaux ; mais nous craindrions que notre raisonnement ne fût pas assez concluant, & que nos démonstrations ne parussent même susceptibles de quelque erreur ; ne voulant pas en cela ressembler à ceux qui ont tâché d'établir les principes de cette formation ; mais qui, selon nous, ne les ont pas mis au point d'une entiere évidence ; c'est pourquoi nous passerons légérement sur cette matiere.

Des Auteurs Espagnols, Allemans, Anglois & Italiens ont amplement écrit sur l'art métallique, principalement au sujet des mines d'or & d'argent, & tous ont considéré cet art comme le plus *curieux*, le plus *noble* & le plus *utile* de tous les autres, c'est-à-dire, comme celui qui, dans tous les tems, a le plus mérité l'attention des grands hommes, & des Rois mêmes, qui ne peuvent se passer de son secours; mais ils ont parlé si diversement de la maniere dont la Nature forme ces deux métaux que nous aurions peur d'embarrasser notre lecteur, si nous lui donnions à examiner des opinions, qui ne lui seroient d'aucune utilité pour parvenir à la connoissance des travaux, dont il s'agit dans ce Mémoire.

Nous nous en tenons donc seulement à dire, que

Villars.

Villars.

l'opinion la plus commune est, que les métaux se forment dans cette matrice du plus pur d'une masse de terres, plus ou moins cuites par le moyen des *feux centraux*, qui sont les premiers principes de toutes générations & de toutes productions, & que c'est par l'action de ces *feux centraux* que ces mêmes métaux deviennent plus ou moins riches, parce qu'ils demeurent plus ou moins formés, comme on voit de certaines mines au Pérou & dans le Méxique, surnommées *Machacados*, n'avoir souvent qu'un quart de terrestre ; mais elles sont rares ; car au rapport de Frézier, de Saint-Malo, dans ses relations imprimées, on travaille au Chili des mines qui ne produisent qu'un gros d'or par quintal.

Que les métaux se forment dans la terre de cette maniere, ou qu'ils y soient formés d'une autre façon, comme veulent ceux qui pensent que leur formation soit l'effet de certains degrés de chaleur, sous d'autres climats que le nôtre, qui n'est pas, disent-ils, exposé à cette heureuse influence, avec laquelle le soleil en prépare la semence, en excite la végétation & en opére la perfection : comme cela ne fait rien à notre sujet, puisque nous ne nous proposons que d'enseigner les moyens de tirer ces métaux du sein de la terre, nous poursuivons, en disant, qu'il s'agit uniquement de persuader que notre système métallique, après une infinité d'épreuves, souvent faites en aveugle, est présentement fixe ; que notre travail est maintenant fondé sur des principes évidens, & que la Nation trouveroit un avantage effectif dans le rétablissement des travaux que nous lui proposons. Malgré notre grand âge, nous nous sentons assez de courage pour nous transporter encore aux mines, si notre présence étoit nécessaire pour y rétablir nous-mêmes la partie de ces travaux, qui doit être rétablie sur les lieux, avant que d'établir dans Paris ou aux environs, l'autre partie de ces mêmes travaux, dont nous n'estimons pas que l'établissement doive se faire ailleurs, pour des raisons que nous expliquerons dans un moment. Nous concevons bien que ce grand ouvrage ne seroit pas d'une éxécution facile pour ceux qui n'ont pas, comme nous, acquis les différentes connoissances, qui concourent à la perfection de ce même ouvrage ; c'est pourquoi nous serions disposés à consacrer le peu d'années qui nous restent à vivre, pour enseigner la pratique de notre art, si le Ministère daignoit jetter les yeux sur ce Mémoire, & après l'avoir examiné, en faire le rapport au Roi, & porter Sa Majesté à protéger son Auteur. Nous sommes persuadés que pour mériter l'honneur d'une si haute protection, il ne suffit pas d'exposer simplement des idées, que le préjugé semble même ne pas favoriser; aussi ne desirerions-nous cette protection qu'après des épreuves, faites en présence de personnes commises pour y assister, sur la foi desquelles la Cour ne pourroit révoquer en doute ce qu'elles attesteroient de nos opérations. Nous sommes si assurés de leur succès, que s'il plaisoit à Sa Majesté de donner ses ordres à ce sujet, nous irions encore avec joie revoir les Pirenées, sans exiger que l'on contribuât de la moindre chose aux dépenses de notre voyage, & nous avons jusqu'à présent travaillé à cette entreprise avec tant de désintéressement, qui si nous mettions notre Nation en état de profiter de nos découvertes, nous ne lui demanderions pour marque de sa reconnoissance, qu'un souvenir affectueux dans ses prieres à Dieu, dont nous aurions besoin seulement, après lui avoir transmis un bien, que nous aurions pû conserver pour nous-même. Revenons à notre sujet.

Villars.

L'or étant le plus pur de tous les métaux, il se trouve moins abondamment que les autres, parce qu'il ne s'épure pas avec la même facilité ; mais quoique la mine qui le contient, soit moins riche en quantité, si quelques-unes donnent quatre onces d'or fin & de bon aloi, par quintal de *ramentum*, qui est le produit minéral d'environ cent cinquante pesant de mine brutte, & d'autres huit, dix & douze onces, comme sont celles que l'on nomme *Calichales*, ce doit être un objet d'attention pour le Roi, pour l'Etat & en particulier, pour ceux qui pourroient dans la suite entreprendre ces travaux.

Etablissant donc pour un fait constant, que le quintal de *ramentum* (3) donne toujours au moins l'un de ces produits d'or fin & de bon aloi ; car toutes mines ne donnent pas un produit égal, mais du fort au foible, dix onces seulement ; pour l'or nous allons démontrer par notre Tarif, que nous n'avançons rien qui ne soit véritable, quand nous disons, que le produit de notre travail excéde la dépense de plus de cent pour cent par chaque opération.

A l'égard des mines d'argent, nous en parlerons dans un autre Mémoire auquel nous joindrons aussi un tarif d'opération.

---

(3) Le produit minéral qui se tire des pierres métalliques.

TARIF,

Servant à démontrer les Opérations qu'il faudroit faire pour tirer l'Or & l'Argent des Mines de France, & le Produit de plus de Cent pour Cent par chaque Opération dans les Travaux proposez.

MINES BRUTES,

A tirer du sein de la Terre & à transporter à Paris.

	Quintaux.		Quintaux.	Livres.
Beda, à Bannieres.	3	Tenant Or, Argent, Cuivre & Fer. 18.	54. à 6. l. Le Quintal rendu à Paris.	324
Baigori blanc.	3			
Mont-de-Marsan.	3			
Issachou.	3			
Daxe.	3			
Macaye.	3			
Bergerac Moladera.	36.			

Ces différentes mines doivent être mêlées, suivant cette proportion; mais on ne doit faire ce mélange que dans les Ouvroirs, après qu'elles auront été transportées à Bayonne ou à Blaye; de-là à Rouen par Mer, & ensuite à Paris par la Seine.

Villars.

PRÉPARATION
DES MATIERES POUR LES FONTES.

Aux Ouvriers par Quintal.

	Livres.	Quintaux.	Travail.	Liv. dans Paris.
Calcinage.	3	}		
Pilage.	1	}		
Moulage.	1	} 54. à 8. liv. }	432.
Tamisage.	1	}		
Lavage.	1	}		
Séchage	1	}		

Montant de l'autre part. 324.

Réduction des Matieres en Ramentum.   36   Coûtant 756.

PREMIERE FONTE.

Livres.

Quintaux. Produit de 54. coûtant 756.

	Quintaux.			Livres.
Ramentum.	36			
A fondre dans un Fourneau à Manche & à Soufflets, avec,				
Yerva quemada.	9.	à	25 liv.	225.
Lapis Lazuli.	9.	à	6	54.
Chaux éteinte.	9.	à	6	54.
Schories pilées.	9.	à	6	54.
	72.			} 603.
Charbon de Décise.	72.	à	3	216.
En 24 heures.	144. Quintaux.			
Ouvriers	3.	à	2	6.

1365.

Cette premiere fonte doit se faire dans un fourneau élevé, à manche, comme ceux où l'on fond le fer, ayant de forts soufflets. Il en faut tenir la bouche toujours ouverte, afin que la matiere, à mesure qu'elle fond, coule dans le premier *catin* ou petit *bassin* qui doit être placé sous la bouche de ce fourneau, d'où la fonte étant faite, on retire l'étofe qui se forme sous les scories, qu'on leve de temps en temps pour la mettre à part.

Villars.

Cette même fonte, qui tient tous les métaux ensemble, donne donc une étofe, & cette étofe est en pain & grenaille, de couleur brune ou ressemblant au fer, à raison de quarante-huit onces ou environ, par cent de *ramentum*.

Ainsi pour trente-six quintaux à trois livres d'étofe par quintal 108
Qui font, marcs . . . 216

C'est cette étofe, qui doit servir de bain, & qu'il faut fondre avec le *ramentum* de la mine d'Isturie, sorte de mine, que l'on appelle au Pérou *Calichale*, à cause que dans la calcination, elle se tourne toute en chaux.

Le travail de la mine d'Isturie, est un des plus grands travaux des Romains. Il a plus de 1200 pieds de profondeur. Sa montagne est percée d'outre en outre, pour l'écoulement des eaux, en sorte que le travail est toujours à sec. Il étoit autrefois flanqué de trois grosses tours, dont une existe encore, avec un retranchement à camper cinq à six mille hommes ; le tout apparemment pour soutenir les travailleurs.

Cette mine qui tient arsénic, est grisâtre, & comme je viens de dire, se tourne en chaux à la calcination. Barba, Auteur Espagnol, pour désigner cette mine dans son Livre, *De arte de los metalles*, de l'art des metaux, nous la dénote sous le nom de celle qu'il appelle *minas Calichales, las quales prometen mucho*, mines Calichales, qui promettent beaucoup. Et Agricola, Auteur Allemand, Inspecteur général des mines sous l'empire de Charles-Quint, dit qu'elle ne peut ni doit se fondre ; mais qu'il faut la travailler avec les eaux-fortes.

C'est sans doute cette mine, à en juger par la grandeur du travail, que les Romains, pour rendre la chose plus mystérieuse, ont travaillée sous le nom d'Emeri d'Espagne ; car Isturie est de la Navarre, qui étoit autrefois une province de la monarchie Espagnole. Tels sont quelques autres de leurs travaux à Avantignan, près de Monrégeau, terre de M. le Duc d'Antin sur la Garonne ; à Lourde, place frontiere d'Espagne ; à Béda, dans Bannieres. Outre les autres mines Calichales, comme celle de Clameci dans le Nivernois, & de Chimai dans le Hainaut.

Nous pourrions encore indiquer d'autres mines d'or, comme sont celles que nous avons découvertes, travaillées & éprouvées dans le Limosin, paroisses d'Escluseaux & d'Amboüilléras, & dans la Normandie, paroisse de Bonnevalle près de Lisieux ; mines qui dans leur calcination, changent tellement de couleur, que l'on diroit qu'elles sont purement or, & qu'elles ne renferment aucune matiere étrangere à ce métal. Mais nous nous réservons à parler du travail de ces mines, après l'établissement des travaux dans les mines des Pirenées, si l'on juge à propos de le faire, parce qu'il seroit inutile d'en ouvrir de nouvelles, à cause des dépenses qu'il faudroit faire, les mines déjà ouvertes étant suffisantes pour remplir toute l'étendue de notre dessein.

MINÉRALOGISTES. 189

ISTURIE CALICHALE, — *Villars,*

Tenant Or, sans mélange & dont le travail est différent des autres Mines.

Il faut le Double de cette Mine, & la Poudre en provenant doit être fondue avec l'Etofe ci-devant.

	Quintaux.	Quintaux.	Livres.	Livres.
Brutte	108.	Ramentum 72.	à 6.	648.
Sa préparation.			à 8.	864.
				1512.

Quintaux.
72 De Ramentum font 7200 liv.
    à passer aux Eaux
    Fortes Vitriolées à . 3 liv. pour une
        21600 l. à 1 l. 21600

              Façons. 200 } 21800

Ces 7200 livres de *Ramentum* ainsi passées, donnent une Poudre noire, ou brune, ou de Pavot, à raison de demie-once sur chaque livre, ce qui fait 3600 onces,

    Qui font . . 225 Livres.

A dessécher, avec Salpêtre de la seconde
Cuitte.   225 à 15 s. 168 l. 15 s.
Tartre Rouge ou
Blanc.   225 à 15 s. 168 l. 15 s. } 360.
Livres pesant   675. Façon 22 l. 10 s.

Réduit à Livres.	400.	coûtant.	23672.
Etofe, ci-devant.	108.	coûtant.	1365.
Matiere à refondre, Livres	508.	coûtant.	25037.

Villars.

DEUXIEME FONTE,

Dans un Fourneau aussi à Manche, mais plus petit.

Il faut dans cette Opération fondre ensemble le Produit en poudre de la Mine Calichale, avec l'Etofe des autres Mines.

Livres.
De l'autre part. Liv. 508. . . . . 25037.
A fondre avec
Litarge. . . . 300. . . à . . 30. 90. ⎫
Gréta. . . . . 300. . . à . . 10. 30. ⎬
Lapis Lazuli. . 100. . . à . . 6. 6. ⎭
     12. Quintaux & 8. liv. ⎫ 162.
Charbon de Décise 10. . . à . . 3. 30. ⎭
     22. Quintaux.
Ouvriers. . . . . 3. . . à . . 2. 6.

AFFINAGE.

Cette Opération se fait dans un Fourneau de Réverbère, sur une Sole de cendre pure, lessivée, & bien battue.

Le Produit de la deuxieme Fonte, pourra monter à livres pesant.   300.
A affiner avec Plomb neuf, éprouvé pour ne tenir ni Antimoine ni Argent :
liv. 1000. 10. Quintaux à 30 liv. 300. ⎫ 400.
Feu & Ouvriers. . . . . 100. ⎭

Le tout ensemble 13 Quintaux à . . . . 25599.

TOTAL DE LA DÉPENSE DE L'OPÉRATION.

Tirage, Transports, Préparations, Fontes, & Affinage. . . . . . 25599.
Frais. . . . . . . 401.
TOTAL. . . . . . 26000.

PRODUIT DE L'OPÉRATION.

Ramentum, provenant de 54 Quintaux de Mines, tenant différens métaux. . . . . 36. Quintaux.
Poudre, provenant de 108. Quintaux de Mines, nommées *Calichales*. . 72.
                                                        108.

Ces deux Matieres, fondues ensemble sont réputées devoir donner du fort au foible, dix onces d'Or de bon aloi, par cent pesant.
Ainsi les 108. Quintaux ci dessus, à dix onces, donnent Marcs. . . 135
Lesquels 135. Marcs, le Marc à. . . 400.
Donnent, Livres. . . . . 54000.
Dépenses, Livres. . . . . 26000.
Reste net de Profit de l'*Opération*, Livres 28000.

On voit par ce calcul, qu'en évaluant l'or seulement à 400 livres le marc, une opération de vingt-six mille livres de frais, donne un profit de vingt-huit mille livres : ce qui excede le bénéfice de *cent* pour *cent*, que j'avois promis de démontrer évidemment. Ainsi l'objet de notre travail est plus avantageux encore que nous n'avons jugé à propos de le déclarer au commencement de ce Mémoire, quand les frais de l'opération monteroient même à une somme plus considérable que nous ne la faisons monter dans notre tarif.

L'avantage que les François peuvent tirer de nos découvertes dans l'art métallique, doit exciter leur curiosité à aprofondir ce qu'il peut avoir de solide. La vérification de ce que nous avons avancé leur est facile par le secours de ce tarif, qui leur développe *l'utile* de nos recherches, & leur apprend le *secret* de nos opérations; & si avec toute l'intelligence que nous donnons ici de ce travail, ils trouvent encore des difficultés dans leurs essais, nous leur donnerons avec plaisir les éclaircissemens qu'ils pourront desirer, s'ils nous font l'honneur de nous consulter.

Quelques personnes nous ont quelquesfois objecté, que si l'on tiroit des mines de France la quantité d'or que nous semblons faire espérer, le Royaume en auroit beaucoup plus qu'il ne lui en faudroit pour son usage, & qu'insensiblement le commerce se négligeroit dans les provinces, parce qu'on y abandonneroit le soin des manufactures, pour se jetter dans le travail des mines, qui leur seroit plus avantageux en apparence.

Pour satisfaire à cette objection, nous répondons qu'il n'y auroit point trop de matiere d'or dans le Royaume, parce qu'on n'en tireroit des mines, qu'à proportion des besoins de l'Etat; imitant en cela la prudence des Espagnols, qui depuis la conquête du Méxique & du Pérou, n'ouvrent plus dans l'Andalousie les mines qu'ils ont dessein de conserver, pendant qu'ils pourront tirer de l'or de ces deux empires. Ainsi cette matiere étant tirée avec proportion, elle ne préjudicieroit point, par sa superfluité, à la manutention de nos manufactures; au contraire, l'espece devenant plus commune qu'elle

ne

ne l'est présentement, les Manufacturiers auroient plus de facilité, nonseulement à soutenir leurs fabriques, mais encore à les multiplier. Par ce moyen ils rendroient le commerce plus étendu qu'il n'a jamais été, & occuperoient une infinité de familles qui languissent dans la misere, par le dépérissement de ces mêmes fabriques, où elles trouvoient auparavant par leur travail, les ressources nécessaires pour vivre avec quelque aisance, & payer les subsides sans s'incommoder.

Nous osons pousser plus loin notre réflexion sur ce sujet, & nous disons, que la circulation de l'espèce remettant les Manufactures dans le mouvement, les ouvriers dispersés depuis dix ans chez les étrangers, pour y trouver leur subsistance, séduits par l'amour de la Patrie, si naturelle à l'homme, reviendroient reprendre leurs premiers établissemens; & les pauvres, qui roulent dans les Provinces, en mendiant leur pain, prendroient le parti du travail, pour ne plus mener une vie vagabonde, si remplie de souffrances & de mortifications. Ce qui opéreroit un soulagement considérable aux Hôpitaux, où l'on est contraint de recevoir, au préjudice des véritables pauvres, tant de malheureux, qui ne demanderoient pas mieux que de travailler, si on leur en fournissoit les moyens.

Cette reflexion nous conduit à une autre également importante, qui est, que les enfans des vagabonds, dont nous venons de parler, manquant d'éducation, par l'indigence de leurs peres, s'élevent dans un libertinage, qui les conduit insensiblement dans le crime; ce qui n'arriveroit pas, si leurs parens étoient en état de leur faire apprendre quelque Art ou quelque Métier, qui pût les faire subsister honorablement.

Villars.

Vue d'intérêts différens.

EN suivant ce qui est établi par les concessions, pour des travaux, à peu-près semblables aux nôtres, outre le droit du Roi, qui se leveroit sur le pied du quint du profit, pour suivre en cela ce qui se pratique en Espagne pour le droit de Sa Majesté Catholique, on prendroit les précautions nécessaires pour empêcher les fraudes qui se font aux Indes & ailleurs dans ces sortes de travaux; & cela seroit d'autant plus facile, que les fontes se feroient sous les yeux du Ministère, & sous l'inspection de personnes, dont la probité feroit connue. Par ce moyen, ni le Roi, ni ceux qui entreprendroient ces travaux, ne courroient point le risque d'être trompés, & ils jouiroient en sûreté de conscience d'une espèce *d'usure*, permise par les loix divines & humaines, puisqu'elles ne s'exerce que sur des productions de la terre, dont cette bonne mere nous fait part, à proportion des soins que nous nous donnons pour les tirer de son sein, sans égard au capital que nous employons dans ces travaux, lequel est médiocre, par rapport au bénéfice qu'ils produisent. De sorte que nous osons dire, que s'il plaisoit au Roi, de favoriser l'établissement de ces mêmes travaux, Sa Majesté ajoûteroit à ses revenus ordinaires, un fonds annuel de plusieurs millions, d'autant plus faciles à remettre dans ses coffres, que ceux qui s'intéresseroient dans la ferme, que l'on pourroit proposer alors, aulieu du droit de quint, seroient toujours, par leurs profits, en état de satisfaire à leurs engagemens.

※

Raiſons de l'Établiſſement de ces Travaux dans Paris. *Villars.*

LA premiere raiſon, eſt la diſette de bois dans les lieux des mines, ainſi que celle de charbon. Les Romains ont conſumé preſque toutes les forêts des environs, ſans que depuis ce tems-là on ait eu ſoin de les replanter.

La ſeconde, la rareté des ouvriers ; ce qu'il y en a dans la province, étant néceſſaire pour la culture des terres. Il n'en ſeroit pas de même à Paris, où l'on trouveroit, autant qu'on le ſouhaiteroit, de ces ouvriers dans les Gardes-Françoiſes & Suiſſes, que l'on occuperoit utilement pour eux, lorſqu'ils en auroient le loiſir.

La troiſieme, la fabrication des eaux-fortes, impraticable dans les lieux des mines, par l'impoſſibilité d'y avoir des fabriquans, des uſtenciles, des couperoſes, & ſurtout des ſalpêtres, (4) qu'il faudroit tirer des pays étrangers, ſi l'Arſenal de Paris n'étoit pas en état de les fournir.

Il réſulteroit encore un avantage conſidérable de cet établiſſement dans Paris, ou aux environs, parce

---

(4) Le Sieur Cuillain auoit propoſé la maniere de faire tant de ſalpeſtre que l'on voudroit par le moyen de l'vrine, & des autres excremens des cheuaux, & de la cendre qui a deſia ſerui à la leſſiue ; d'où l'on peut tirer pluſieurs vtilitez, tant pour la poudre à canon, que pour faire de l'eau ſalpeſtrée, qui ne gele iamais, encore qu'elle rafraichiſſe dauantage que la glace, & pour tirer pluſieurs medecines qui ſe peuuent faire de ſa fleur, qui ne vaut plus rien, quand le ſel en eſt oſté. Or cette fleur ſert à faire vegeter la terre, & à l'engraiſſer, &

Villars.

que pour y faire venir par mer les matières minérales, il faudroit employer un grand nombre de barques Bretonnes & autres qui entretiendroient beaucoup de matelots, qui, faute d'occupation, passent au service de nos voisins.

Pour l'établissement de ces travaux, il seroit nécessaire que Sa Majesté donnât à Messieurs les Intendans de Bordeaux & de Pau des ordres pour tenir la main aux embarquemens des matieres minérales, & de les exempter de tous droits, ainsi que les charbons de Décise, que l'on feroit venir à Paris par la Loire & la Seine, afin de ne point altérer la consommation des bois & charbons de bois destinés à l'usage de cette Ville. Sans quoi il seroit difficile d'entreprendre cet établissement, qui mérite cependant, comme on l'a déja observé, une sérieuse attention, puisque l'on trouveroit en France, ce qu'on est obligé d'aller chercher au nouveau Monde.

---

convertit le ciment en vne semblable fleur. A quoy il adjouste que la rosée de May, & de Septembre engendre du poisson dans l'eau morte, si l'on prend des gazons couuerts d'herbe, & remplis de rosée, & que l'on les mette sur des bastons, ou des clayes, l'herbe en bas car la rosée qui tombera dans l'eau engendrera des poissons, dont l'experience est si aysée à faire aux lieux où l'on a de l'eau morte, qu'il vaut mieux la faire, que d'en rechercher la raison auant que d'en sçauoir la verité.

Le P. Mersene, l'an 1634.

FIN.

DESCRIPTION

D'UNE MINE DE FER,

DU PAYS DE FOIX.

Avec quelques reflexions sur la manière dont elle a été formée.

1718.

JE lus en 1716, un assez long Mémoire sur les mines de fer, où j'ai tâché de décrire les principales variétés de figures, de structures intérieures & de couleurs qui se trouvent dans ces sortes de mines. Après les avoir distribuées en genres & en espèces par rapport à ces variétés, je me trouvai dans la nécessité de dire quelque chose de leur formation ; & je crus que ce que j'avois observé en examinant leur structure soit extérieure, soit intérieure, prouvoit clairement :

1º. Que la production des mines de fer, comme celles des pierres, se continue tous les jours. (1)

2º. Que les mines nouvellement produites devoient leur formation à un fer dissous dans quelque liquide, dans l'eau seule si l'on veut, ou dans l'eau chargée de quelque dissolvant ; que ce fer étoit arrêté

---

(1) L'opinion de M. de Réaumur est conforme à l'observation rapportée par le célèbre Jean Rey p. 172. nouvelle édition, ouvrage qui contient une saine Phisique.

par des pierres, des terres, ou d'autres matieres qui alors devenoient mine de fer (2).

J'ajoûtai de plus, que pour rendre raison de la formation des grains de mines qui ont des figures arrondies, & qui, comme les bézoards ou les oignons, sont composés de couches : il falloit supposer que les goutes de liqueur chargée de fer, avoient coulé de la voûte des cavernes, qu'elles étoient tombées sur leur fond, & qu'elles avoient formé les grains de mine de fer comme les goutes d'eau chargées de matiere pierreuse forment dans des grottes souterraines de petites pierres semblables à ces dragées rondes qu'on nomme *anis*. On trouve beaucoup de ces sortes de pierres dans des cavernes situées proche de Tours & connues sous le nom de *caves goutieres*. (3)

En un mot, je supposai qu'au lieu que dans les cavernes ordinaires, il dégoute une eau chargée d'une

---

(2) Cette Doctrine est de Bernard Palissy ; elle est le résultat des observations de cet homme extraordinaire. Voyez la nouvelle édition.

(3) Palissy fait mention de ces caves, qu'il examina avec Thomas de Gadaigne, Abbé de Turpenay, il dit à ce sujet que les pierres transparentes sont de matiere aveufle *aquosa*, car l'eau se nomme en patois *aive*. Ces grottes sont à Savonieres, Bourg sur le bord méridional du Cher qui va tomber dans la Loire. *Palissy. Nouv. édit. pag.* 546 & 547 : voyez le *Spect. de la Nature*, Tome III. p. 110 & *Oryctologie*, édit. de 1755 p. 242 ; on y a copié Palissy sans le nommer. Ces cavernes sont aussi appellées les *eaux gouttieres*. Strobelberger parle de celle de Colombiers, à deux lieues de Tours : il faut examiner celles qui sont depuis Roche-Courbon à Luynes : celles de Loches & de Chinon.

simple matiere pierreuse ou d'une matière cristaline, il y avoit d'autres cavernes où l'eau qui dégoute, étoit chargée de matière ferrugineuse ; & qu'au lieu que les concrétions des premières cavernes étoient des pierres ou des stalactites, ou des cristaux de diverses espèces, les concrétions des secondes étoient de la mine de fer.

Ce raisonnement fondé sur beaucoup d'analogie pouvoit au plus passer pour très-vraisemblable ; nous pouvons, nous devons même en Physique, avancer des conjectures, pourvû que nous ne les regardions comme telles jusqu'à ce que nous trouvions des preuves qui leur méritent un autre nom.

Quelques morceaux de mine de fer qui ont été envoyés du pays de Foix à S. A. R. (le Duc d'Orléans, Régent.) par M. d'Andrezel, semblent démontrer la vérité de ce que je n'avois donné que pour vraisemblable sur la formation des mines de fer. Il a des morceaux de mine de Gudannes si singuliers, qu'au premier coup-d'œil je les pris pour des Ouvrages de l'Art ; & tous ceux à qui je les ai montrés, les ont d'abord pris pour tels. Il semble qu'on leur ait donné un enduit noir avec de l'émail le plus noir : la croûte qui les enveloppe, ne diffère de l'émail qu'en ce qu'elle a plus de poli & de dureté, & qu'en ce que l'émail noir n'est pas à beaucoup près si beau ni si noir. Cet enduit a une dureté qui égale celle du cristal, jointe à une couleur pareille à celle du plus beau jayet.

Il est cependant aisé de voir que cet émail est l'ouvrage de la Nature, car outre que l'Art n'en sait point faire d'une pareille dureté, on y reconnoit cette Ouvrière, lorsqu'on considère l'endroit où un morceau a été cassé. Le centre & tout l'intérieur en est occupé par une matière qui ne diffère ni par sa couleur, ni par sa structure, des mines de fer les

Réaumur.

plus communes. On apperçoit les radiations de la couche de couleur d'émail, qui ont toutes leur direction vers ce gros noyau de matiere commune. Ce qui est de plus singulier sur l'extérieur de ces morceaux de mine, au moins pour qui cherche à épier la Nature, ce sont des inégalités, qui, à des yeux peu connoisseurs, sembleroient les défigurer: ces inégalités sont relevées en bosse, plus larges & plus épaisses à un bout qu'à l'autre, elles ont une figure pareille à celle sous laquelle on nous peint les larmes; ou pour parler plus physiquement, elles sont pareilles à tout ce qu'on appelle des stalactites, ou à des congelations faites par une liqueur qui a dégouté. Leur figure en est une preuve, & cette preuve est rendue complette par leur direction: elles ont toutes la même direction comme l'ont tous les corps pesants qui descendent librement.

Si ces morceaux nous fournissent des exemples de mines de fer, faites comme les congélations qui sont attachées aux voûtes des cavernes, la même miniere nous fournit d'autres morceaux, qui visiblement ont été faits comme les congélations du fond des cavernes: on voit & dans ces congélations & dans nos mines de fer, le même arrangement: les couches sont ondées en quelque sorte, & composées par des goutes tombées les unes sur les autres.

Mais il est à remarquer que ces seconds morceaux de mine n'ont pas tous le brillant des premiers: leur couleur a été altérée par le mélange d'une matiere moins transparente & moins dure.

Si nous cherchons à présent la matiere qui donne à la couche extérieure de notre premiere mine un si bel émail, elle ne sera pas difficile à trouver. L'endroit où elle a été faite, qui est celui où se travaillent les cristaux, nous conduit à croire qu'au lieu que le commun des mines de fer a pour base une matiere terreuse, celle-ci en a une cristaline; & ce cristal pénétré de fer, compose un émail noir naturel : l'Art employe aussi le fer pour l'émail de cette couleur.

M. Lemery nous a bien prouvé qu'il n'est point de matiere plus propre que le fer a donner une couleur noire, puisque c'est de lui que l'encre tient la sienne. Si l'on avoit besoin d'avoir une preuve de plus pour se convaincre que la matiere cristaline fait la base de notre croûte noire, des morceaux de mine de la même minière la fourniroient. J'ai trouvé dans quelques uns de ces morceaux, des cristallisations blanches & transparentes : la matiere ferrugineuse ne s'y étoit pas mêlée, elle ne les avoit pas teint. Qu'on ne croye pas au reste que cette croûte en soit moins riche, parce que le cristal en fait la base; qu'on ne la regarde pas comme un simple cristal noir.

J'ai parlé ailleurs des mines d'un noir pareil. Par exemple, de celle qui se trouve mêlée avec nos pierres du Puy en Velay, laquelle est d'un noir approchant de celle-ci : les grains qu'elle forme sont cependant attirés par le couteau aimanté comme le fer pur; notre mine n'est pourtant pas si riche que cette derniere.

Hellot.

SUR L'EXPLOITATION
DES MINES DE BAIGORRI,
EN BASSE NAVARRE.
1756.

LES François trouveroient dans l'exploitation des mines du Royaume, autant de moyens légitimes de s'enrichir qu'en ont eu les Romains lorsqu'ils étoient Maîtres de la Gaule, sans le discrédit où elles sont tombées vers le commencement du XVIe. siècle. Je me propose dans ce Mémoire de faire connoître les différentes causes de ce discrédit, & de détruire, s'il est possible, les préjugés qui détournent de cette exploitation, quoique l'exemple du succès connu de ces sortes d'entreprises chez les étrangers dût seul déterminer à les imiter.

On a cru pendant longtems qu'il n'y avoit en France que des mines de fer; qu'elles étoient les seules qu'on pût travailler avec bénéfice; qu'à la reserve de quelques mines de plomb, utiles seulement aux Potiers de terre, les autres n'étoient que des chimères.

Les Seigneurs de Fiefs, pour augmenter leurs revenus par un débit facile de leurs bois, autrefois très-abondans, ont multiplié indiscrettement les établissemens des usines : dans les premiers tems on n'en prévoyoit pas les conséquences ; mais les forêts ayant été dévastées dans plusieurs provinces, le Ministère s'est trouvé obligé d'y mettre ordre & d'empêcher la construction des nouvelles forges. Ces forges, sans doute en trop grand nombre dans le Comté de Foix, y consomment tant de bois, qu'il n'en reste pas pour entreprendre le travail des mines de cuivre & des mines de plomb & argent qu'on y connoit. Il est vrai que le fer est d'un usage indispensable, mais le plomb ne l'est guère moins ; & il est démontré que la mine de ce métal donne beaucoup plus de bénéfice que celle de fer, & qu'elle dépense pour rendre tout son aloi, un tiers de moins en bois. D'ailleurs on peut fondre la mine de plomb sans perte au feu du charbon de terre, & l'on commence à savoir qu'il y a en France des mines de plomb très-riches, & des mines de charbon encore en plus grand nombre. Il est donc plus avantageux d'exploiter des mines de plomb que des mines de fer.

Quant aux mines de cuivre, on n'ignore pas non plus depuis trente ans, qu'il y en a de considérables dans le Royaume ; qu'à l'exemple des Anglois on peut les rôtir avec le charbon de terre, en raffiner le cuivre avec le même charbon, & qu'on n'a besoin de charbon de bois que pour fondre avec moins de perte la mine rôtie ou dessoufrée.

A l'égard des mines d'or, le sable des rivieres auriferes du Royaume, prouve qu'il doit y en avoir ; mais on ne sait que par conjectures les lieux où elles peuvent être.

Strabon qui vivoit sous les Empereurs Auguste & Tibère, dit ce que les Romains avoient des quan-
» tités considérables de ce métal ; que l'or devint
» dans Rome plus commun qu'il ne l'avoit été avant
» la conquête des Gaules ; que les Tectavages, peu-
» ples qui s'étendoient depuis les Alpes jusqu'aux
» Pyrenées, habitoient une terre fertile en or ;
» que les mines d'argent du Gévaudan & du Rouer-

Hellot.

» gue qui contribuoient à enrichir ces Provinces,
» augmenterent la cupidité des Gouverneurs » (1).

Diodore de Sicile rapporte, » que les Pâtres des
» Pyrenées mirent le feu aux forêts de ces monta-
» gnes d'où elles prirent leur nom, que ces mon-
» tagnes s'échaufferent tellement que l'argent qui étoit
» dans leurs entrailles se fondit en si grande abon-
» dance, qu'il en sortit un ruisseau métallique, com-
» me d'une fournaise. » Ce fait quoique rapporté
aussi par Athénée (2) est nécessairement une faus-
seté ; mais il est vraisemblable, suivant ces Auteurs,
que les gens du pays connoissoient peu la valeur d'une
matière singulière qu'ils trouvoient dans leurs montagnes, l'échangeoient avec des navigateurs Phéniciens contre des marchandises de peu de valeur ; que
ceux-ci s'en servoient pour leurs vaisseaux ; que de
retour chez eux, ils tiroient l'aloi de cette matiere,
& y faisoient un bénéfice énorme.

Lorsque les Romains eurent conquis les Provinces méridionales de la Gaule, ils firent creuser dans
les Pyrenées par leurs esclaves, & l'on y trouve
encore de très-beaux restes de leurs travaux, & des
Monnoyes du tems de Jules-César & d'Auguste. M.
le Monnier, Médecin, & Académicien, a décrit
un des plus considerables de ces souterrains dans lequel il est entré. Il y en a plusieurs autres dans la
basse Navarre, dans le Diocèse d'Uzès, dans le
Rouergue, & ailleurs.

César, dans ses commentaires, nous fait con-

---

(1) Tarbelli *dans le Golfe de Lyon*, apud quos optima sunt auri metalla. In fossis enim non altè actis inveniuntur auri laminæ manum implentes, aliquando exigua indigentes repurgatione : reliquum ramenta & glebæ sunt ipse quoque non multum operis desiderantes. Argenti metalla Ruteni habent & Gabales.
Strabon. lib. 4. P. 190 & 191.

noître que les mines avoient été travaillées avant sa conquête ; car en décrivant le siége d'une Ville que faisoit son Lieutenant dans l'Aquitaine, il rapporte que les assiégés ruinoient ses travaux par des sorties, & encore plus par des conduits souterrains auxquels les mines du pays les rendoient fort experts.

Suétone reproche à cet Empereur d'avoir saccagé les Villes de la Gaule pour avoir leurs richesses tellement qu'ayant pris de l'or en abondance, il le vendit en Italie & dans les Etats voisins à trois mille petits sesterces la livre ; ce qui, selon Budée, ne ne fait monter le marc qu'à 62 livres 10 sols de notre monnoie.

Tacite Liv. 11. donne une idée de l'abondance de l'or & de l'argent dans les Gaules, par ce qu'il fait dire à l'Empereur Claude, séant dans le Sénat : *ne vaut-il pas mieux*, dit ce Prince, *que les Gaulois nous apportent leurs richesses, que de les en laisser jouir, séparés de nous* ? Or ces richesses ne pouvoient venir que de leurs mines, car le commerce étoit fort peu de chose dans les Gaules.

Bertrand Hélie, dans son histoire des Comtes de Foix traitant des mines qui se trouvent dans ce Comté s'exprime ainsi : *sunt innumeræ plumbi, argenti, electri que fodinæ, nostrâ etiam memoriâ recenter adinventæ*. En effet, c'est encore à présent le canton du Royaume le plus riche en mines.

---

(2) Præter hæc summa bona montis Pyrenei sunt etiam inibi abstrusorum metallorum felices divitiæ, ferrum etiam optimum inest presertim in ora Fuxensium in visceribus terræ abditum.

Sunt item innumeræ plumbi, argenti, æris, auri, electrique fodinæ, nostrâ etiam memoria recenter ad inventæ.

Hellot.

Enfin on peut lire dans l'histoire du Languedoc, par Dom Vaissette, Bénédictin, le preuves de l'utilité dont étoient dans le XIIe. siècle les mines d'argent de cette Province pour tous les Seigneurs du pays. Il cite les transactions qu'ils firent entre eux au sujet de la propriété de ces mines (3)

Qui enim his montibus metalla scrutantur, variis sub terram multorum stadiorum cuniculis actis, telluræque altæ, latæque effossa, plus quæstus majoremque utilitatem percipiunt, &c. *Bertrand Helie de Pamiers.*

Philippes le Bel, maintint par provision en 1293, le Comte de Foix dans l'usage de faire travailler à son profit, aux mines dans son Comté & en particulier à une mine d'alun, c'est l'acte le plus ancien découvert jusqu'à présent. *Voyez la Préface avant les recherches de Jean de Malus.*

Montes de Foix pleni sunt mineris, aquis & sulphuris; marmor, jaspis aliique lapides ibi colliguntur.
Strobelberger.

(3) Il y avoit autrefois plusieurs mines dans la Province de Languedoc d'où on tiroit de la matière pour la fabrication des espèces : en 1345, on découvrit une mine d'argent proche le Mas-Dieu dans le Diocèse d'Usez & la Viguerie d'Alais. En 1348, il y avoit une autre mine d'argent à la montagne de Molis ou Lial, dans la Chatellenie de Saint-Beat, Comté de Comminges & la Sénéchaussée de Toulouse. Nous lisons dans le compte du Domaine de celle de Beaucaire de l'an 1394, qu'on avoit trouvé de nouvelles mines d'argent & de plomb dans le Gévaudan & la Juridiction d'Espagnac dans une montagne située auprès des Châteaux de Montmirat & de Vaissiere; & que depuis le 22 de Septembre de l'an 1390, qu'on avoit commencé à y travailler, jusqu'au 15 de Juillet de l'an 1394, on en avoit tiré cinq à six cens quintaux d'argent non affiné & neuf marcs & une once d'argent pur ou affiné. Il y avoit encore des mines d'argent auxquelles on travailloit au milieu du quinzieme siècle en Gévaudan, sçavoir à Saint-Sixte,

L'autre préjugé de ceux qui admettent l'ancienne exiſtance des mines, eſt qu'elles n'ont été abandonnées que parce qu'elles ſont épuiſées ; mais les Anciens ne pouvoient pas les épuiſer, parce qu'ils n'avoient pas l'uſage de la poudre. Ils étoient obligés de calciner les rochers à force de bois qu'ils arrangeoient dans leurs ſouterrains, & auquel ils mettoient le feu ; & lorſque le rocher trop dur, ne ſe briſoit pas aiſément après cette calcination, ils abandonnoient le filon. On en trouve des preuves dans quelques mines actuellement exploitées.

Il paroît auſſi démontré par les annales de l'Abbaye de Villemagne (4) & par d'anciens titres des

Hellot.

à Vallong & à la Combe entre Saint-Etienne & Eſpagnac dans la Paroiſſe de Cocures (cette derniere avoit été nouvellement découverte) & enfin dans la Juridiction de Toyras. Il y avoit auſſi des mines de plomb & d'argent dans la Paroiſſe de Quintiniac en Gévaudan. Les Gens du Grand Conſeil du Roi étant en Languedoc, permirent vers le même tems, au Prieur d'Omeſſas près de Sommieres, de faire travailler à une mine d'argent trouvée dans ce lieu, & dont on avoit fait l'épreuve. Le Général Maître de la Monnoye, permit par des lettres données à Montpellier, le 26 de Novembre de l'an 1470, de travailler aux mines d'or, d'argent & autres métaux qui avoient été trouvés depuis peu dans la Sénéchauſſée de Beaucaire, ès-Juridictions du Comté d'Alais, dans tout le mandement de la Seigneurie de Toyras, dans la Juridiction de l'Evêque de Maguelonne, du Seigneur de Miron, aux environs d'Anduſe, &c. Enfin on voit dans le compte du Domaine de la Sénéchauſſée de Beaucaire, de l'an 1489, qu'on avoit trouvé alors depuis peu auprès de Ganges, des mines d'or, d'argent, de plomb & d'autres métaux.

(4) Raymond Trencavel Vicomte de Beziers, Ermengarde Vicomteſſe de Narbonne, & l'Abbaye de Villema-

Hellot.

Seigneurs de Beaucaire, qu'à la fin du XIVe. siècle les mines de France étoient encore aussi riches qu'aucunes de celles de l'Europe, de l'Asie & de l'Afrique.

Cependant vers l'an 1500, le taux de la monnoye étant augmenté de plus du double, le salaire des ouvriers & le prix des vivres augmenterent en proportion : alors ceux qui s'étoient proposé d'entreprendre de nouvelles exploitations, craignirent que

gne dans le Diocèse de Beziers, possedoient chacun un tiers sur les mines *argentariæ vel minariæ quæ fuerunt inventæ* à Faugueria *usque ad castrum de* Mercoyrol *& à castro* Mercoyrol *usque ad castrum de* Pozols *usque ad* Montmaires, *& à colo de* Montmaires *usque ad* Maurianum *& à* Mauriano *usque ad castrum de* Bociagas *& à castro de* Bociagas *usque ad* Bedeirias *& de* Bedeiriis *usque ad villam de* Samarde *& à villa de* Samarde *usque ad* Faugueriam : telles sont les bornes décrites dans une transaction de l'an 1164. On reconnoit les lieux de Faugeres, Mercairol, le Pujol, Boussagues, Bedarieux & Soumartre, dans l'enclave desquels est Villemagne & le tout partagé par la rivière d'Orb.

Raimond-Roger Vicomte de Beziers, de Rases, de Carcassonne & d'Albi, donna en gage au mois d'Avril 1201 les mines de Villemagne & de Boussagues à un certain Salomon fils d'un Guillaume de Faugeres. Par un autre acte, on apprend qu'Aymeri de Clermont, avoit cédé à Roger II, Vicomte de Beziers, la moitié du droit qu'il avoit sur les mines de la Chatellenie de Cabrieres dans le même canton ci-dessus. On découvrit en 1746 & 1747 des anciens travaux qu'on attribua aux Romains. Les héritiers de M. le Marquis de Rocozel possedent les terres de Ceilhes, Avenes, Die, Lunas, & Boussagues où il y a des mines de plomb & de cuivre tenant argent. A Roquebrune il y a des marbres : à Graississac, Diocèse de Beziers, des mines de fer. *Note de l'Edit.*

le profit ne devint trop modique. Dans ces circonstances la découverte de l'Amérique & le nouveau commerce qu'elle offroit, parurent aux Négocians plus avantageux & le bénéfice moins tardif.

Le XVIIe. siècle ne fut pas plus favorable ; l'établissement des Manufactures de toutes sortes d'étoffes dans le Royaume, n'a pu manquer d'influer & de détourner des fonds qu'on auroit peut-être destinés au travail des mines ; & si dans ce tems-là des compagnies ont entrepris d'en exploiter quelques unes, l'art n'existoit plus. Le peu d'intelligence & d'économie n'a fait que décréditer ces sortes d'entreprises, qu'on étoit obligé de confier à des étrangers mercénaires. (5)

Au commencement de notre siècle, la guerre força le Ministere à des opérations de finance qui furent la source des fortunes les plus brillantes. L'exemple fut trop séduisant pour ne pas attirer un grand nombre de particuliers, dont les fonds auroient pu être employés à des entreprises utiles à l'Etat. Si la sagesse du Ministere n'a pu réduire encore ces moyens

---

(5) Le Sieur de Rhodes obtint du Roi un Privilége pour faire ouvrir des mines d'or, d'argent & de mercure, découvertes en Gascogne à trois lieues de la Ville de Dax sur l'Adour ; il fit registrer sa patente au Parlement de Bourdeaux. La mine trouvée au mois de Janvier 1707, étoit plus riche qu'on ne l'avoit cru d'abord.

M. de la Bourdonnaye, Intendant de Guyenne alla à Dax, le 17 Mars 1707, pour être présent à la fonte des minéraux. On fit faire une grande porte de pierre de taille à l'entrée de la mine.

On assure que du quintal de Minerai, on retiroit trente deux marcs d'argent fin. *Journ. de Verd. Mars, Mai & Juillet* 1707.

singuliers de s'enrichir, du moins elle a diminué le nombre de ces hommes si facilement heureux; elle leur rend la liberté estimable de devenir amis de la patrie par l'agriculture, par le commerce.

Un homme déjà fort riche peut faire une infinité d'expériences que le cultivateur ordinaire craindroit de hazarder ; il peut risquer en mer, ou dans d'autres entreprises des sommes que l'homme d'une fortune bornée reserve pour sa famille. Du nombre de ces entreprises, sont celles de l'exploitation des mines. On ose avancer qu'elles ne sont dangereuses que pour les inconsidérés, & qu'elles récompensent toujours le travail refléchi de l'Entrepreneur économe.

L'un des Honoraires (*) de l'Académie Royale des Sciences de Paris, connu par son zèle pour le bien de l'Etat, a pensé qu'il falloit former des Directeurs pour la fouille des souterrains, laquelle exige des connoissances particulieres pour la fonte des minéraux qu'on en tire, pour l'affinage du plomb qui tient de l'argent, pour le raffinage des cuivres. Il a choisi des jeunes gens, les a fait instruire dans son Ecole de Mathématiques, leur a fait suivre quelques cours de Chimie, puis il les a envoyés acquérir la pratique du travail des mines dans celles de Basse-Bretagne, qui sont de plomb ; dans celles de la Basse-Navarre, qui ne rendent que du cuivre ; dans celles de Sainte-Marie aux mines qui donnent plomb cuivre & argent. Deux de ces élèves sont actuellement en état de diriger ces sortes de travaux, & d'économiser les fonds qu'on destineroit à ces sortes d'entreprises. On a d'eux, quinze Mémoires très-détaillés des pratiques qui sont en usage dans la Misnie

_____
(*) M. Bertin, Ministre d'Etat.

MINÉRALOGISTES.

Hellot.

la haute-Saxe, la Bohême, la Stirie, la Carinthie, le Tirol, le Frioul, &c. Pour déterminer à faire ces entreprises, il faut des exemples de succès. En voici quelques uns qui ne sont pas incertains : la mine de plomb de Pontpéan près Rennes (peut-être la plus riche des mines de plomb connues en Europe) avoit ruiné deux Compagnies, qui faute d'intelligence & de fonds suffisans pour en vuider les eaux, ont été obligés de l'abandonner. Un citoyen connu par les services qu'il a rendus à l'Etat dans différentes circonstances, a cru qu'il convenoit encore à son zèle d'employer ses revenus à de nouveaux services : il a entrepris l'exploitation de cette mine. Il falloit détourner une rivière qui la submergeoit, la rendre navigable jusqu'à la Loire pour le transport des plombs, y prendre une chute d'eau assez élevée pour faire mouvoir la roue motrice des pompes, former des étangs & des retenues d'eau pour n'en pas manquer dans les tems de sécheresse ; tout a été exécuté dans l'espace de deux années. A présent il tient cette mine toujours à sec à deux cens pieds de profondeur ; & quoiqu'il ait dépensé près de sept cens mille livres à ces travaux, l'abondance du minéral qu'on tire journellement lui en promet un remboursement prochain, & pour la suite, la récompense de ce patriotisme qui devroit être imité.

Je pourrois citer encore les travaux utiles de la Compagnie qui a entrepris de remettre en valeur les mines des Anciens Ducs de Bretagne, à quelques lieues de Morlaix ; mais cet établissement ayant coûté des sommes encore plus considérables avant que de donner le bénéfice dont la Compagnie jouit depuis quelques années, ne seroit pas un exemple assez déterminant. J'en vais citer un autre différent, où la persévérance & l'économie forcée sont richement récompensées.

Hellot.

En 1729, feu M. le Duc de Bourbon, Grand-Maître des mines, donna à un Gentilhomme Heſſois qui avoit la réputation d'être habile, la conceſſion des mines de la baſſe-Navarre & des pays de Soule (6) & de Labour. Cet étranger fit une ſociété avec M. Beugniere de la Tour & deux autres particuliers, Suiſſes de Nation, ſans fournir de ſa part d'autres fonds que ſes pretendus talents, leſquels ſe réduiſirent à diſſiper en moins de vingt mois, dans des entrepriſes ridicules, les fonds des trois aſſociés. Le Heſſois devint furieux de ce que M. de la Tour avoit des preuves de ſon incapacité; il ſe poſta pour l'aſſaſſiner, & le bleſſa d'un coup de feu. Les pourſuites & une juſte condamnation à mort, ont empêché cet étranger de reparoître. Les deux Aſſociés de M. de la Tour, ne pouvant plus fournir de fonds, ſe retirèrent chez eux; il fut obligé de s'aſſocier avec un Négociant de Bayonne. On leur accorda en 1733, une nouvelle conceſſion qui révoquoit la précédente; mais leurs entrepriſes furent ſans ſuccès pendant neuf années; ils attaquerent vingt-cinq ou trente mines ſans aucun fruit. La nature de toutes ces mines étoit telle, qu'elles donnoient du cuivre & du fer, que les filons ſe ſuccedoient toujours avec le même mélange, & qu'elles étoient ſi pauvres en cuivre qu'on fut obligé de les abandonner l'une après l'autre. Les fonds de la nouvelle ſociété furent diſſipés dans ces recherches malheureuſes; le Négociant de Bayonne ſe retira. M. de la Tour reſta ſeul ſans fonds, & obligé de recevoir l'aſſiſtance de ſon domeſtique & d'un Maître Mineur

---

(6) Il y a une mine de cuivre pur ſans argent dans la Paroiſſe de Haux, près Sainte-Angrace, pays de Soule.

qui avoit épargné six cent livres à son service, & qui lui conseilla de se fixer aux anciens travaux des Romains qu'il avoit trouvés dans la montagne d'*Astoëscoria* à une lieue & demie de *Baigorri*.

Ces travaux immenses ont plus de cinquante galeries & autant de puits, mais confus, délabrés & remplis de décombres. Persuadé que les Romains ne les avoient pas suivis sans un filon réel, il s'arrêta à cette idée. Il falloit selon son plan, percer cette montagne en différens endroits au niveau de la riviere des *Aldudes*, (7) afin d'aller à la rencontre des filons, & se conduire par de nouvelles routes au lieu où le rocher trop dur avoit forcé les Romains d'abandonner.

La probité & la constance de M. de la Tour étoient connues : il eut recours à quelques amis & à sa famille du canton de Saint-Gal ; il en fut aidé, & en cinq années, il joignit les ouvrages des Anciens. Il les étaya de nouveau, & se trouva sur leur filon à soixante-six pieds de profondeur au dessus du niveau de la rivière.

En 1746, il avoit cinq cens trente-trois pieds de filon découverts, suivis par trois galeries & par trois puits, sur un, deux & trois pieds de largeur. Le minéral tant pur que celui qu'il faut piler & laver, y est enveloppé dans une gangue blanche du genre des quartz vitrifiables ; & il est à marquer que c'est la seule mine qu'on ait découverte dans la basse-Navarre, qui soit presque toujours de cuivre pur & sans fer.

Ce minéral est jaune quand on le tire d'un endroit sec du filon. S'il fait la paroi de quelque fente humectée par un filet d'eau, alors il n'est plus jaune :

---

(7) Voyez la Restitution de Pluton ci-après.

on le tire orné des plus belles couleurs de la queue du Paon. De plus si on le tient submergé pendant six mois ou un an dans un petit bassin formé exprès pour recevoir l'eau qui coule de quelque fissure du filon, il en sort teint de même de ces belles couleurs ; ce que j'ai fait vérifier en 1754 & 1755. Mais ces couleurs sont superficielles & volatiles, car pour peu qu'on chauffe sur les charbons allumés ces morceaux si beaux à la vue, les couleurs disparoissent ; elles s'effacent même exposées à l'air au bout de 18 mois ou deux ans. C'est donc à tort que quelques prétendus connoisseurs en mines, annoncent ces couleurs comme des indices certains d'or & d'argent dans le minéral. J'ai rapporté cette observation pour détromper ceux à qui ils en imposent.

Au commencement de 1747, M. de la Tour fit construire une fonderie complette au bord de la riviere des Aldudes, & au mois de Juillet suivant il avoit 12 fourneaux à griller la mine, trois fourneaux à fondre & un fourneau de rafinage pour le cuivre, servi par deux trompes qui fournissent un vent rapide chassé par une chute d'eau dans une futaille préparée à cet effet.

Les trompes ne fournissent pas toujours un vent bien sec ; mais le peu de profondeur de sa fonderie resserrée d'un côté par le bas de la montagne, & de l'autre par la riviere, ne lui a pas permis d'y substituer des soufflets, qui pour faire le même effet auroient dû avoir dix sept ou dix-huit pieds de longueur.

Il consommoit alors cinq mille charges de charbon du poids de 120 livres pour la fonte du minéral, & 20 mille buches pour le grillage de la matte ; il employoit 145 ouvriers.

En 1746, il fondit 587 Quintaux de minéral.
En 1747 . . . 632.
En 1748 . . . 793.
En 1749 . . . 860.
En 1750 . . . 1010.

La vente du cuivre commençoit à payer les frais annuels (8) de l'exploitation, mais il n'y avoit point encore de bénéfice. Le compte avantageux que les Intendans du Béarn qui se sont succédés, ont rendu depuis du progrès de cette entreprise, a déterminé le Ministère, a accorder à M. de la Tour une gratification annuelle & quelques prérogatives qui pouvoient le flatter.

Au mois d'Octobre 1752, le vent ayant porté quelques étincelles des fourneaux dans un grand bâtiment qui contenoit sa provision de charbon pour 5 ou 6 mois de la mauvaise saison, il en sauva très-peu de l'incendie; mais il fut assez heureux pour en garantir la fonderie. Cet accident interrompit les fontes pendant quelques tems; l'intervalle fut employé à faire de nouvelles recherches dans la montagne. Il y trouva un filon de minéral gris, presque massif, tenant cuivre & argent. Il en envoya au Conseil un morceau qui pesoit 27 livres sans aucune gangue; l'essai que j'en fis me donna 17 livres de cuivre & trois marcs deux onces 3 gros d'argent par quintal.

Jusqu'à présent cette découverte lui a été infructueuse, parce qu'il a cherché inutilement dans les environs une mine de plomb, pour séparer l'argent de cette riche mine. Celle qu'on connoît dans les

_____

(8) On a longtems porté le cuivre de Baigorri à Saint-Bel ou il étoit passé au plomb par M. Pernon; aujourd'hui on le conduit aux mines de Bretagne.

Pyrenées, est à plus de 25 lieues de Baigorri; & les frais de transport par des chemins presqu'impraticables dans ces montagnes, absorberoient le bénéfice. D'ailleurs depuis deux ans, le filon de cette mine d'argent continuant d'être presque horisontal, devient pauvre. C'est, comme on le sait, un défaut commun à tous les filons qui s'éloignent trop de la perpendiculaire. Il a pris le parti d'abandonner pendant quelques années sa nouvelle découverte; il s'en tient à son minéral jaune dont il fond actuellement (1756) 430 quintaux ou 43 milliers par quinzaine.

Ces 430 quintaux rendent 322 quintaux de matte; ceux-ci fournissent 90 quintaux de cuivre noir, dont le quintal diminuant de 8 livres au rafinage, il a tous les quinze jours 8280 livres de cuivre rosette ou cuivre purifié : ce qui fera, si toutes les années sont aussi favorables que les années 1754 & 1755, deux cent quinze mille deux cent livres par an. A 22 sols la livre, c'est un produit annuel de . . . . . . 225960 livres.

La consommation en bois, tant pour les grillages que pour le chauffage de M. de la Tour & les ouvriers, est de 40 mille bûches, qui coûtent 6 liv. le cent, rendues par flottage à la fonderie.

Pour cet article. . . . . . 2400 livres.

Celle du charbon est de 15 mille charges, lesquelles à 32 sols la charge, tant pour la façon que pour le transport, monte à . . . . 24000 livres.

Il y a d'Employés à ces travaux, tant en Commis principaux qu'en Mineurs, Boiseurs, Machinistes, Fondeurs, Rafineurs, Forgerons,

Charpentiers, & autres ouvriers, 389 personnes, qui toutes ensemble coûtent chaque année. . . . . 112465 livres.

Ce qui avec les 26400 livres dépensées en bois & en charbon, monte à . . . . . 138865 livres.

Lesquels soustraits de 225960 liv. du profit annuel, il reste de bénéfice par année. . . . . . 87095 livres.

La présente année sera encore plus considérable. Suivant l'état des fontes déjà faites & du minéral hors de terre, M. de la Tour aura fondu au mois de Décembre prochain 300 milliers de cuivre. Mais comme il n'y a pas de rivière navigable dans la vallée de Baigorri, il est obligé de faire transporter ses cuivres à dos de mulet jusqu'à Pau & jusqu'à Toulouse : ce qui emporte un quart au moins du bénéfice. Le surplus est employé à rembourser ce qu'il a emprunté, & il sera totalement acquitté à la fin de 1757.

Laissant à part l'intérêt personnel, M. de la Tour met par an dans le commerce, environ 250 milliers de cuivre, qui sans sa persévérance seroit resté en terre, & qu'il auroit fallu tirer de l'étranger. Il fournit la subsistance à près de 400 personnes, qui sans lui vivroient misérablement dans leurs rochers : aussi tous les habitans de ce canton aride, l'appellent-ils leur pere.

Je ne décris pas les opérations de M. de la Tour, ce seroit allonger inutilement ce Mémoire. On peut les lire dans le second volume de *Schulter* aux chapitres qui traitent de la fonte crue, du grillage des mattes, de leur fonte en cuivre noir, & du rafinage de ce cuivre en rosettes, parce qu'il les suit presque sans changement.

Hellot.

Si M. de la Tour, obligé pendant les trois premieres années qui ont suivi son infortune, d'attendre des produits médiocres & de foibles secours pour faire de nouvelles avances, a pu porter son exploitation où elle est à présent, que ne pourroient pas faire dans de semblables entreprises des gens riches qui ne seroient pas dans la même contrainte ! (9)

---

(9) Dans le tems que M. Hellot lisoit ce Mémoire on répandoit la brochure suivante.

» Mémoire instructif, pour connoître les bonnes mon-
» tages, les bien ouvrir, & pour aller directement aux
» troncs ou arbres d'or ou d'argent, avec leurs filons,
» où il y aura dessous le corps de la mine, & pour faire
» finir de mûrir à son dernier degré de cuisson, si elle ne
» l'étoit pas, la partie mercuriale-minérale qu'il y aura
» dans toutes les mines, & pour purifier avec de grands
» profits la susdite minérale soit en or ou argent, &c.
» Conseil très-utile pour ceux qui voudront se conser-
» ver longtems en parfaite santé, comme les trois mixtes
» le prouvent ; par Messire François Perraud la Branche
» C. de S. M. T. C. & même de l'Université de Paris,
» Entrepreneur des mines en Savoye ». Sans autre in-
dication, *Journ. de Verdun*, Nov. 1756. Malgré les découvertes continuelles, malgré la facilité qu'on a de s'instruire, se peut-il rien donner de plus barbare que le titre de cet ouvrage que nous n'avons pas voulu omettre.

FIN.

MÉMOIRE

Sur les Mines de la vallée de Baigorri, & sur leur exploitation, par M. Meuron de Châteauneuf.
1756.

L'ORIGINE primitive de l'exploitation de ces mines est très ancienne, & remonte peut-être au temps des Romains. Quoiqu'on ne puisse assurer que ces peuples les ayent exploitées, on a des doutes qu'ils peuvent les avoir connues, par les médailles ou pièces de monnoye de cuivre & d'argent qu'on trouva en creusant les fondemens de diverses bâtisses qui font partie du corps de l'établissement qui existe. Quelques-unes de ces médailles étoient bien conservées; on lisoit entre autres sur l'une, *Octave, Lépide & Antoine*, époque du Triumvirat: elles furent envoyées au Ministere.

Sans s'arrêter à découvrir si ce sont les Romains qui commencerent à fouiller ces montagnes, ou d'autres peuples postérieurs à eux, il est toujours vrai qu'on a été occupé très longtemps à la recherche des mines dans cette contrée, & qu'on en a extrait beaucoup de minéral: les ouvrages qu'on a successivement découverts pendant l'exploitation actuelle, leur étendue indépendamment d'une assez grande quantité de matières minérales qu'on trouva, & qui étoient comme enfouies dans la terre par le laps du temps, attestent la vérité de ce qu'on avance.

En 1728 mes Auteurs obtinrent du Ministere une concession pour travailler à la recherche des mines dans la basse-Navarre, les pays de Soule &

Châteauneuf.

& de Labour. Les premiers essais se firent dans la vallée (1) de Baigorri ; ils ne furent pas heureux. Les filons qu'on entamoit ne répondant point aux espérances, on les abandonnoit pour s'attacher à d'autres qui éprouvoient aussi-tôt après le même sort.

Le bruit de cette entreprise s'étant répandu dans les cantons voisins, on vit aborder de divers endroits des échantillons de mine bonne & mauvaise. On envoyoit aussi-tôt des ouvriers sur les lieux pour examiner & reconnoître les objets qu'on croyoit bons, on y faisoit ensuite travailler. Ce fut de cette maniere qu'on exploita pendant quelques années une mine de cuivre à Ainhoa dans le pays de Labour, distante de sept lieues de Baigorri. Elle fournit pendant un temps de bon minéral & en assez grande quantité : mais ayant diminué, & les frais du transport, qui se faisoit à dos de mulet, étant trop considérables, on l'abandonna.

Cette maniere ambulante de travailler, dura jusqu'en 1745. Le peu de succès qu'on avoit eu jusqu'alors, & la situation critique où l'on étoit pour continuer, détermina à faire un dernier effort & à tâcher de pénétrer dans les anciens travaux dont on avoit quelques notions. On se figuroit (quoique sans aucun fondement) qu'on devoit trouver du minéral en abondance dans ces vieux travaux. Cette idée soutint au moins un peu le courage abattu des Entrepreneurs : le hasard s'en mêla aussi, en faisant dé-

---

(1) Il y a une forge dans la vallée de Baigorri, qui a été jusqu'à 1736 à moitié entre la Communauté & le Vicomte Deschaux. Depuis elle a appartenu à ce dernier : on y a fait du fer forgé, des boulets & même des canons.

couvrir une galerie. Elle étoit entierement comblée; on travailla à la déblayer, & à mesure que l'on avançoit, il se présentoit d'autres ouvrages. Dans quelques uns on trouva de la mine encore attachée au rocher ; cela fit redoubler de vigueur. Enfin au bout de dix-huit mois de travail suivi, on parvint à nettoyer cette galerie, & à joindre l'endroit où les anciens avoient cessé.

Cette galerie avoit cent vingt toises de long, percée en travers du rocher ; elle communiquoit à d'autres travaux plus élevés : à son extrémité il y avoit un puits profond de sept toises, où l'on trouva de belle mine, quelques vieux outils, & des pièces de bois en partie consumées par le feu.

Ce fut à la suite de ces différentes découvertes, que l'on refléchit sur les entreprises des anciens, & que l'on chercha à connoître à fond tous les travaux qu'ils pouvoient avoir faits. On remarqua facilement que la galerie dont il est fait mention, n'avoit été entreprise que pour faire écouler les eaux qui se ramassoient dans leurs ouvrages ; qu'ils avoient eu une autre entrée pour leurs souterrains ; & qu'enfin il devoit y avoir d'autres ouvertures par où l'air étoit introduit. Après d'exactes recherches, toutes ces conjectures se réaliserent : on trouva que la montagne, dans laquelle ces vieux ouvrages étoient renfermés, avoit une issue à son sommet. On la nétoya avec beaucoup de peine & de risque ; & ce fut en y travaillant que la véritable entrée des anciens fut trouvée.

Cette miniere fut nommée *les trois Rois* (2) à

Châteauneuf.

---

(2) Cette mine est, comme il a déja été dit, dans la montagne *d'Astoescoa* ou *Astoescoria* ; on a nommé *Saint-Michel*, *les trois Rois*, & *le nouveau bonheur*, les trois endroits qui ont été ouverts.

Château-neuf.

cause du jour de sa découverte. Elle est la plus considérable de toutes celles qu'on exploite, tant par son étendue horizontale, que par sa profondeur perpendiculaire qui est de quatre-vingts toises.

Pour me rendre plus intelligible, j'ai joint à ce Mémoire une idée du local que j'habite : mon établissement est assis au pied des montagnes, dans un vallon fort étroit, traversé par une rivière assez considérable qui coule à Bayonne, se joint à l'Adour, & va se perdre ensuite dans l'Océan. Cette rivière me resserre beaucoup ; de manière qu'une partie de mes bâtisses & minieres se trouvent d'un côté, le reste de l'ensemble est de l'autre & se communique par un pont. Il résulte de cette position gênante, que l'exploitation de ces mines ne peut point être faite avec autant de facilité & d'économie qu'on le feroit dans un autre local.

Tous les ouvrages des anciens qui ont été découverts jusqu'à présent paroissent avoir été commencés à moitié hauteur de montagne : leur étendue horizontale étoit fort considérable ; mais à l'égard de la profondeur, on n'en a pas trouvé qui fussent au-delà de cinq toises plus que le niveau de la rivière dont il est fait mention ; d'où l'on peut conclure que, n'ayant point alors ni l'usage de la poudre ni des pompes, comme on l'a de nos jours, ils se trouvoient dans l'impossibilité d'extraire les eaux souterraines lorsqu'elles devenoient abondantes : l'on peut présumer que c'est une des principales raisons qui a fait cesser leurs travaux, ou bien qu'ils furent chassés de ces contrées par d'autres peuples qui méprisèrent ces entreprises. La premiere conjecture semble être la plus juste, les difficultés & les peines qu'ils devoient essuyer dans leur manière de travailler paroissent le confirmer. Ne connoissant point la poudre, ils étoient obligés d'allumer du bois pour écailler

& attendrir la mine & le rocher. On abattoit ensuite, à coups de pics & de marteaux, ce que la violence du feu avoit comme détaché ou attendri : mais les eaux étant trop abondantes, ce travail devenoit inutile.

Après que l'on eut remis en ordre les vieux travaux, on reconnut que les anciens avoient travaillé sur deux filons à la fois : on s'attacha à suivre celui qui étoit le plus étendu, & on avoit trouvé la bonne mine de cuivre ; on établit des pompes à bras pour extraire les eaux. Les essais que l'on fit dans la profondeur réussirent en partie ; on trouva en divers endroits de la bonne mine ; ce qui soutint le courage des Entrepreneurs. A mesure que les ouvrages se faisoient en bas, on continua de pousser horizontalement la galerie supérieure que l'on avoit trouvée faite : & après quelque temps de travail, on joignit le second filon ; ce qui donna plus de clarté & de lumiere. Ce filon était d'une nature & d'un produit différents de l'autre : il contenoit de la mine grise de cuivre tenant argent (3) quelques parties de fer, & de la mine de cuivre jaune (4). Il y eut une abondance de minéral à l'endroit où se fit cette jonction. On crut que ces deux filons se sépareroient, ayant l'un & l'autre une direction & une inclinaison différentes ; cependant il n'en fut rien. Après s'être étendus l'espace de neuf à dix toises, ils se perdirent, coupés par une veine sauvage : c'est ici la premiere variation considérable qu'on éprouva.

Cet évènement détermina à presser les ouvrages en profondeur. Comme les eaux augmentoient, on quitta l'usage des pompes à bras, pour établir une

_____

(3) C'est la mine d'argent grise, ou *Fahlerz* des Allemands.
(4) La mine jaune qui se trouve dans ce filon est plus pâle, & d'un grain beaucoup plus menu que l'autre.

Châteauneuf.

machine hydraulique, mise en jeu par le moyen d'une roue. Le filon se soutint assez également par tout, mais ne fournit de la mine que par intervalle : on étoit parvenu à trente-cinq toises dessous le niveau de la rivière lorsqu'il disparut. Cette révolution détruisit presque entièrement toutes les flatteuses espérances qu'on avoit formées. Cependant on continua, n'ayant d'autre guide que la trace. Après quelques toises d'ouvrage on le retrouva, mais tout-à-fait couché : on ne douta point qu'il ne se remît. Enfin il reprit son inclinaison naturelle, qui étoit de 80 degrés, & il l'a conservée jusqu'à présent. Sa direction est du levant au couchant, entre 7 heures 7 minutes de la boussole.

Les ouvrages que l'on a faits depuis la découverte de cette miniere, sont très-considérables, sur-tout contre le couchant, parce que le minéral y a été plus abondant & le rocher beaucoup meilleur : on l'a eu constamment égal, d'une espèce d'ardoise facile à travailler & solide ; au lieu que contre le levant, il s'est rencontré toujours plus dur, & par intervalle d'une force étonnante. Le filon s'en ressentit aussi ; il perdit de ce côté son inclinaison ordinaire, tomba perpendiculairement & fournit beaucoup d'eau : il contenoit peu de minéral mêlé abondamment de pyrite. Nonobstant ces changements, on continua à le suivre jusqu'à la distance de cinquante toises : pendant cet intervalle il se perdit plusieurs fois & reparut de même ; mais les eaux devinrent assez abondantes pour faire craindre que la machine hydraulique ne pût suffire à les extraire. D'ailleurs cet ouvrage étant dirigé contre la rivière, on appréhendoit d'autant plus ce côté, que le filon la traversoit, il avoit son issue jusqu'au jour. Ces raisons firent cesser toute opération de ce côté-là pendant un assez long-temps. On continua du côté du couchant : les

ouvrages

ouvrages y ont toujours réussi ; mais lorsqu'on joignoit le second filon qui donne le minéral mélangé, la même veine de rocher sauvage le coupoit toujours : la seule différence qu'il y avoit, c'est que plus l'on approfondissoit, plus il y avoit de distance à faire cette jonction.

Châteauneuf.

En 1760, on détermina de faire une tentative du côté du levant, afin de mieux connoître le filon. Pour y parvenir, on entreprit une galerie au dehors & prise au bord de la rivière. Dès le principe on trouva de la mine bocarde (5), & la nature du rocher assez bonne : on avança la longueur de 120 toises, mais enfin le filon se perdit, après avoir essuyé dans cette distance une infinité de variations, & n'avoir obtenu que très-peu de mine. On cessa l'ouvrage horizontal, pour essayer dans la profondeur ; on y travailla, & bientôt on reconnut qu'il falloit établir une machine hydraulique ; elle fut en effet exécutée. On approfondit trente toises avec beaucoup de difficultés, causées par la dureté du rocher & l'abondance des eaux : on n'a pas continué plus bas à cause du peu de matière qu'on trouvoit ; mais on s'est fort étendu horizontalement. Indépendamment de la premiere galerie, il y en a encore trois plus basses, dont l'une a cent trente-cinq toises. Dans plusieurs endroits on a trouvé de belle mine, ce qui engageoit à continuer ; mais comme elle ne suivoit pas en profondeur, on cessa tout travail de ce côté de la rivière.

---

(5) Maniere de s'exprimer parmi les Mineurs François, pour désigner un minérai qui n'est propre qu'à être *bocardé*. Un Saxon nommé Sigismond de Maltiz, fut, en 1505, inventeur du *bocard* pour piler la mine à l'eau. Du tems de Garrault cette invention n'étoit pas encore d'usage en France.

Châteauneuf.

Quoique ce fût le même filon que celui de la minière *les trois Rois*, il a été constamment d'une nature bien différente contre le levant. D'abord, la pierre ou gangue qui le compose est en général un quartz gris, tirant assez sur la pierre cornée (6), très-dur ; le minéral ne s'y trouvoit que par rognons, toujours fortement mêlé de pyrite. Le rocher qui envelopoit ce filon étoit sauvage, & gissoit par couches obliques de quatre, cinq & six pouces d'épaisseur, d'où sortoient sans cesse de petites sources d'eau, qui formoient une immense quantité de stalactites ou stalagmites d'un jaune rougeâtre. Le filon avoit de plus l'inclinaison plus forte & toute opposée à l'autre côté contre le couchant : il inclinoit vers le nord, & là c'étoit vers le midi. Cependant si l'on devoit partir d'après les règles qu'on observe à Freyberg sur l'inclinaison des filons de mine bien réglés (7), il en résulteroit que celui de la minière les trois Rois est encore du côté du levant, & contraire à celui qui va contre le couchant, parce qu'en Saxe un filon spath (8), comme est véritablement celui-ci, doit, lorsqu'il est bien réglé, avoir son inclinaison contre le midi.

Ces règles ne peuvent guère être justes dans ce pays ; sa distance & sa position s'y opposent.

On ne peut au reste douter que la différente nature des deux montagnes par où le filon a sa direc-

───────────

(6) *Hornstein* des Allemands.

(7) Parmi les pays de mines il n'en est point où les filons se soient montrés si constants à cet égard qu'à Freyberg.

(8) On entend par filon spath, celui qui a sa direction de l'est à l'ouest, ou qui court, selon la boussole minéralogique, depuis six heures jusqu'à neuf.

tion n'ait beaucoup contribué aux variations qu'il a essuyées du côté du levant. On ne peut non plus douter que les anciens n'ayent promptement reconnu les difficultés qu'ils auroient rencontrées de ce côté là : ils n'y ont fait que très peu d'ouvrages, & on peut dire qu'ils ne sont que superficiels ; au lieu que contre le couchant ils en ont fait de très-étendus.

Châteauneuf.

On a observé dans toutes les minieres qui sont exploitées, & qui l'ont été, que la mine de cuivre n'est nette & abondante, que lorsque le filon est tout composé de quartz blanc. Lorsque le spath prend sa place, c'est un signe certain de changement qui annonce moins de matiere : ce spath est d'un blanc éclatant, il est ferrugineux. Lorsqu'il est exposé à l'air, il perd sa couleur blanche & devient d'un brun rougeâtre.

Le filon qui fournit la mine d'argent grise, a continuellement été mélangé avec de la mine de fer blanche ; il semble qu'elle lui soit inhérente. Dans plusieurs endroits de ces contrées où on a trouvé de cette mine grise, on a toujours observé que celle de fer l'accompagnoit, & qu'elle est souvent cryftallisée. Malgré tous les ouvrages qui ont été faits, on n'a jamais pu prendre une direction juste de ce filon ; il ne s'est pas étendu un certain espace, il n'a pas même eu d'inclinaison réguliere, il s'est toujours partagé en plusieurs branches. Lorsqu'il a été le plus abondant, il étoit sans pierre quelconque, & le rocher qui enveloppoit la mine n'avoit aucune consistance ; ce n'étoit qu'une ardoise noire gluante, & qui tomboit sans le secours de la poudre.

Tous les filons des minieres connus, & qu'on ne travaille pas, ont tous leur issue jusqu'au jour : on trouve même assez communément de la mine bocarde du moment qu'on les entame. Il s'est rencontré à diverses reprises quatre, six & dix pouces de miné-

P 2

ral massif au jour dans des filons qu'on n'avoit point encore touchés.

Châteauneuf.

La pierre ou roche qui constitue ordinairement tous les filons, est toujours du quartz, mais de différente qualité. Il s'en rencontre d'une espèce blanche & fort luisante, qui ne vaut absolument rien : cette qualité ne contiendra qu'une mauvaise pyrite, & jamais d'aucune sorte de bon minéral.

A l'égard des différentes espèces de mines que l'on trouve dans ces contrées, on peut les réduire aux trois suivantes ; de cuivre jaune ordinaire, de cuivre grise tenant argent, ou mine d'argent grise, & de la mine de fer blanche & noire. La premiere de ces deux espèces de mine de fer est très abondante dans ce pays : il y a une suite de montagnes au couchant du côté de la frontière d'Espagne, où on en trouve abondamment ; elle est assez ordinairement mélangée de mine de cuivre jaune, mais sans aucun quartz ni spath quelconque.

La mine de fer noire que l'on trouve est aussi communément mélangée avec du cuivre. Cette qualité de mine ne fait pas corps avec le rocher ; elle est dans la terre en rognons ou par morceaux de différente grosseur. Il s'en est trouvé des blocs qui pesoient jusqu'à vingt-cinq quintaux.

On a fait dans un temps plusieurs recherches pour avoir des mines de plomb, mais elles ont toujours été infructueuses. Quoiqu'on ait trouvé quelques échantillons de ce minéral, il ne s'en est pas rencontré de filons suivis : le peu de mine de plomb qu'on a eu dans ces contrées étoit ordinairement renfermé ou isolé dans des masses de pierre à chaux mais sans aucune suite.

Comme je crois que vous serez bien aise de savoir de quelle manière on traite les deux espèces de mine de cuivre qui se trouvent dans cette exploitation, je vais vous en faire le détail en abrégé.

Traitement de la mine de Cuivre jaune ordinaire.

ON réduit à trois sortes le minéral nettoyé & propre à être fondu, & on le différencie par les dénominations suivantes :

Mine grosse.
Mine criblée.
Mine de bocard.

La quantité que l'on a de chacune de ces espèces décide des arrangements intérieurs de la fonderie.

Les deux premieres qualités sont portées dans le fourneau de fonte sans aucune préparation préalable ; il n'y a que la mine de bocard qui est pétrie avec un quart de chaux avant que d'entrer au feu. Lorsqu'on a fait l'arrangement de ces diverses espèces de mine, on y ajoûte aussi en proportion quelques quintaux de mine noire de fer, & des scories ordinaires. Cette mine de fer sert à s'emparer du soufre, & à en dégager le métal ; elle rend aussi le cuivre qui en doit provenir, plus doux (9). Et comme elle tient toujours quelque peu de minéral, il se trouve une petite augmentation dans la totalité.

La fonte des mines brutes se fait dans un fourneau à manche. Le produit qui en sort est de la matte. On en met ordinairement deux cents quintaux dans un fourneau de grillage, où le feu se donne avec du bois de hêtre : cette opération est répétée quatorze fois en deux mois de temps ; ensuite on rapporte de nouveau toute la partie dans la fonderie pour être refondue dans un fourneau à lunettes ; il en sort alors du cuivre brut ou noir, & environ 6

_____
(9) C'est parce qu'il s'empare de l'arsenic.

quintaux de matte fine (10). Ce cuivre est ensuite raffiné sur un fourneau ouvert ordinaire (11).

La maniere de traiter la mine grise ne différe guere de la précédente. On la réduit aussi à trois espèces : les deux premieres sont calcinées ou grillées avec quelque peu de chaux vive bien séchée dans un feu modéré, avant que d'être jettées sur le fourneau de fonte (12). Après que la calcination est faite, on la traduit dans la fonderie. Quant à la mine de bocard, elle est fondue brute, mais on la pétrit avec un tiers de chaux, aulieu qu'à l'autre un quart est suffisant. Ces matieres fondues ensemble donnent aussi de la matte, qui est traitée au grillage comme la précédente, & refondue ensuite en cuivre brut dans un fourneau à manche ; après quoi ce cuivre est mis en lingots, & vendu pour l'argent qu'il contient.

La teneur de cette mine grise en cuivre a été toujours à-peu près égale, trente pour cent : elle n'a varié dans la quantité de fin, que lorsque la mine jaune dominoit sur la grise. Le cuivre qui en provient tient depuis deux jusqu'à cinq marcs. Cette matiere renferme de l'arsenic & quelques parties antimoniales : elle exhale dans la fonte une fumée épaisse, blanche & bleuâtre ; cependant on la traite

---

(10) On entend par matte fine celle qui provient, comme ici, de la seconde fonte.

(11) Il est prouvé aujourd'hui qu'il vaut mieux se servir du fourneau de réverbere pour cette opération.

(12) C'est une erreur de croire que la chaux puisse être de quelque utilité dans pareilles circonstances, elle ne peut tout au plus que faciliter la fusion de la terre réfractaire dans la fonte de la mine.

avec beaucoup de facilité. Au reste, cette qualité de mine devroit dès le principe être travaillée avec des mines de plomb; mais comme on n'en a jamais pu découvrir, on s'en défait de la maniere qu'on vient de le dire.

Châteauneuf.

La mine de cuivre jaune ordinaire, a varié dans sa teneur chaque fois qu'il y a eu des révolutions considérables dans le filon. Quand la matière étoit abondante, le quintal de mine rendoit le tiers en cuivre; & lorsqu'il y en avoit peu, malgré qu'elle fût pure, le produit se réduisoit au quart. Cette qualité de mine ne contient que du soufre ordinaire. Cependant lorsqu'elle est mélangée avec quelque peu de kis, elle tient alors des parties arsenicales, qu'on ne peut détruire par le traitement commun; aussi s'en apperçoit-on au cuivre raffiné qui en provient: il n'est pas d'un rouge aussi éclatant, & il est moins malléable.

FIN.

MÉMOIRE

Sur les différentes espèces de mines qui ont été & sont encore exploitées en Gascogne.

LES parties de la Gascogne dont il s'agit dans ce Mémoire, sont le Bigorre, le Béarn, le pays de Soule & de Labour, la basse-Navarre, le Comté de Foix & la Gascogne particuliere.

BIGORRE, cette Province où il y a des mines, se partage en cinq parties. La premiere est à deux lieux de Lourde, a une montagne nommée *Garrost*. Il y a là un filon de mine de plomb, sur lequel on voit d'anciens travaux. Cette mine tient assez d'argent, pour en mériter la séparation ; on trouve même dans les décombres, des morceaux de mine ; mais on ne peut pénétrer dans les travaux, les ouvrages étant croulés, & les puits qui y ont été faits, comblés d'eau.

La seconde partie est à deux lieues audessus d'Argelés ; il y a une belle mine de plomb à la montagne de Castillon, Paroisse de Sirech, vallée d'Azun ; on peut en tirer de la mine du moment qu'on y met des ouvriers ; reste à savoir ce qu'elle est intérieurement. Il y a à une demi-lieue de cet endroit un beau filon de mine de cuivre qui n'a point été travaillé. De l'autre côté de la vallée de Lavedan audessus de Villelongue, il y a aussi un filon de mine de cuivre qui n'a point été attaqué.

La troisieme partie de la Bigorre, est le Val-Cauterés ; mais jusqu'au-dessus des bains, on n'a encore rien trouvé qui méritât attention.

La quatrieme partie ; il y a en montant de Ville-longue jufqu'à Luz, un filon de mine de plomb proche du village de Vicoz, on le voit régner fur la montagne, & n'a jamais été entamé.

La cinquieme partie eft la plus confidérable ; elle eft audeffus de Luz, depuis Gèdre à Notre-Dame de Heas, & de Gèdre à Gabernie, port d'Efpagne ; ce font deux vallons, où il y a une grande abondance de mine de plomb ; on y connoît neuf minières ouvertes ; & plufieurs qui n'ont pas encore été attaquées.

La conceffion de toutes ces mines avoit été faite en 1728, au Baron de Lowen Suédois ; mais il périt lorfqu'il alloit en entreprendre l'exploitation. Enfuite les Sieurs Croifet en demanderent & obtinrent la conceffion ; mais jufqu'à préfent ils n'y ont rien fait qui mérite la peine d'en parler.

BEARN, Il y a eu dans la vallée d'Offau, une mine de plomb, & une de cuivre, exploitées par un Anglois nommé M. *Marignan*, lequel fit attaquer une mine de cuivre tenant argent, à la montagne de Larruns, & une autre de plomb dans les environs. Il exifte encore près de la Paroiffe de Larruns, une petite fonderie : on ne fait pas au jufte ce qui a fait ceffer cette entreprife ; tout ce qui m'eft revenu eft que cet entrepreneur s'y étoit pris d'une maniere à ne jamais réuffir.

Il y a auffi dans cette vallée deux forges de fer, appartenantes à M. le Marquis de Loubie, qui fourniffent beaucoup de fer ; ce Seigneur a dans fa Paroiffe une mine de cuivre, mais il n'en fait pas ufage.

Indépendamment de ces objets, il y a plufieurs autres filons, tant en mines de plomb, qu'en mine de cuivre dans cette vallée ; entre autres la mine de plomb au haut de la montagne de Habat à Affofanis, où on a fait quelques ouvrages fuperficiels ;

elle paroit être abondante, mais deux choses principales s'opposent à son exploitation. 1º. La grande quantité de neiges dont la montagne est couverte pendant huit mois de l'année ; 2º. Le manque de bois pour étayer.

Il y a dans la vallée d'Aspe, des mines de cuivre & de plomb, qui furent exploitées par les Sieurs Galabin, Condon, Rémuzat & Lamarque, avec grand nombre d'ouvriers & beaucoup de dépenses sans succès par la mauvaise administration des entrepreneurs.

Après ceux là, se forma une seconde compagnie composée des Sieurs Terrier & de Laage, qui échoua comme la premiere.

Le Sieur Poncet devint le troisieme concessionnaire de cette vallée, mais il n'y réussit pas mieux ; il a abandonné cette concession depuis seize ans. Le Sieur Meuron de Châteauneuf, qui exploita les mines de Baigorri en basse-Navarre, a obtenu depuis peu la permission de faire travailler dans cette vallée ; il fait suivre un filon de mine de cuivre à la montagne d'Iriré, près la Paroisse de Borce ; comme il n'y a que deux mois qu'il a commencé, on ne peut encore rien dire de cette exploitation.

Près la fontaine d'Escot, il y a un filon de mine de cuivre qui n'a point été entamé.

Il y a un autre filon de mine de plomb entre la fontaine d'Escot & la Paroisse de Sarance à la montagne de Caperan, où on a tiré de la mine ; mais on l'a cessé, parce qu'elle ne se trouvoit qu'en rognons.

Un peu en delà du pont d'Esquit, il y a un filon de mine de cuivre, que l'on apperçoit du bord du Gave, on y a travaillé anciennement ainsi qu'en beaucoup d'autres endroits. Mais tous ont été abandonnés sans qu'on en sache les vraies raisons.

Il y a encore une mine de plomb à la montagne de Bellonze, que l'on a abandonnée.

Une autre de cuivre à la montagne de Bourin, qu'on a aussi laissée après y avoir fait quelques ouvrages.

SOULE. On n'a jamais fait de grandes recherches dans cette province, il y a pourtant des filons de mine de cuivre, de plomb & de fer.

Le Sieur de la Tour, qui étoit de son vivant concessionnaire des mines de Navarre, a fait travailler à un filon de mine de cuivre, près la Paroisse de Larrau en 1758 & 1759 ; mais cette exploitation ne réussit pas, le filon s'étant entièrement coupé dans la profondeur.

On voit une veine de mine de plomb, près de la Paroisse de Mouskildy, qui n'a jamais été entamée.

Il y a aussi des mines de fer. M. le Comte de Trois-Villes a une forge près de la Paroisse de Larro où l'on feroit beaucoup de ce métal : cet endroit abonde en bois de hêtre.

LABOUR. Il n'y a actuellement aucune mine en exploitation, mais il y en a eu en cuivre & en fer.

Le Sieur (1) de la Tour, qui avoit antérieurement cette Province dans sa concession, y a exploité une mine de cuivre près d'Ainhoa ; il en tiroit de bonne matière & assez abondamment, qu'il faisoit transporter à son établissement de Baigorri : mais le filon s'étant perdu, la mine fut abandonnée.

Il y a eu aussi en Labour, deux ou trois forges de fer, qui ont été abandonnées faute de bois : c'est cette derniere raison qui empêchera toutes les exploitations de mines quelconques dans cette province.

---

(1) Voyez ci-devant p. 202 ; 219.

NAVARRE. Il n'y a dans toute cette province que deux établissemens existans depuis environ trente-quatre années d'exploitation suivie ; savoir, une forge de fer & des mines de cuivre.

La forge de fer dans la vallée de Baigorri, est moitié à cette vallée, & moitié à la maison d'Eschaus ; on y faisoit autrefois du fer battu de très-bonne qualité, mais depuis quelques années, on ne fait que des canons pour le service du Roi.

Cette vallée a beaucoup de mines de fer, mais les bois y deviennent fort rares, c'est cette rareté qui a occasionné la destruction d'une forge à Arneguy dans le pays de Cize sur la frontière d'Espagne.

Dans la vallée d'Ossés, près de Bidarray, il y avoit pareillement une forge, qui a été détruite faute de bois.

Dans le pays de Mixe, près de Bidache une autre forge qui n'existe plus par les mêmes raisons.

L'établissement des mines de cuivre à (2) Baigorri, a souffert beaucoup de variations ; le Sieur de la Tour qui l'a formé, n'y a réussi que par la protection du Conseil, & celle des Intendans, & par une persévérance non interrompue pendant 29 ans. Ses successeurs, les Sieurs Meuron de Château-neuf & Hess, son petit fils & gendre, ne se soutiennent depuis cinq ans, que par les mêmes voies. Ils ont des mines de cuivre tenant argent & des mines de cuivre ordinaire.

Ces entrepreneurs ont fait à diverses reprises de longues, mais inutiles recherches, pour trouver des mines de plomb dans cette vallée. Il paroit que la nature des rochers de ces montagnes, n'est pas propre pour ce minéral, puisqu'en plus de vingt endroits différens, où ils ont fouillé sur des indices qui,

---

(2) Voyez ci-devant, p. 219.

dans le principe, donnoient de bonne mine de plomb, les veines ne se sont jamais soutenues dans l'intérieur des montagnes ; on n'a même découvert aucun indice qui puisse faire juger qu'on ait trouvé de ce minéral abondamment.

Il y a eu diverses mines de cuivre exploitées, comme à la montagne de Jara, vis-à-vis la Paroisse d'Irouleguy ; une autre à celle de Latchara ; une autre à celle de Gatuly ; une autre à celle de d'Ilharagorry ; une autre à celle de Jatralepos ; une autre à celle d'Ispéguy. Les principales actuellement sont, l'une à la montagne d'Astoescoria, & l'autre à celle de Histragua.

COMTÉ DE FOIX. On voit dans ce pays de belles & riches mines de cuivre tenant argent, des mines de cuivre sans mélange, & de belles mines de plomb tenant argent ; ces mines étoient du district de la concession des Sieurs Croiset, sous le nom de la rivière de *Lauriégue* ou *Larriége* ; mais ils n'y ont jamais fait travailler.

GASCOGNE. Il y a des mines de cuivre, de plomb & Cobolt près de Seix & de Saint-Lizier d'Ustou. Le Sieur d'Elgart avoit fait travailler aux deux premieres. Il y a eu une mine de cuivre à la montagne de Saucet, une autre à celle de Forde, une mine de plomb à la montagne Mimort, & une autre pareille à la montagne de Cavarroane. Le Sieur d'Elgart fit construire en 1756 & 1757, une fonderie près de Seix : mais son exploitation finit presqu'aussi-tôt qu'elle commença, faute de connoissances dans cette partie, comme le prouvent visiblement les ouvrages qu'il y a fait faire.

Les différentes compagnies qui ont obtenu la permission d'exploiter, ont mal réussi par trois raisons.

1º. La principale est, qu'ils ignoroient cet art qui est fort étendu & demande des connoissances : la seconde, leur mauvaise administration, sans union ni économie. La troisième raison des mauvais succès des entreprises, peut être attribuée hardiment à l'inconstance ; tous les Mémoires des anciennes exploitations que j'ai lus, le certifient, & cette circonstance ne peut provenir que de l'ignorance des Entrepreneurs dans cet Art, qui fait partie du premier point.

Toutes les compagnies qui se formeront de plusieurs personnes & où chacune pourra commander à sa volonté, ne réussira pas, quelqu'avantageuse que pourroit-être l'exploitation. Il n'y a point d'entreprises où il faille moins de voix pour diriger, que dans celles des mines : ce sont des ouvrages où il faut faire des dépenses hazardées, qui ne paroissent dans le moment d'aucune nécessité ni avantage, & deviennent cependant d'une grande utilité dans la suite. Or, rien n'est plus capable de rebuter des gens entendus, qu'une opposition de sentimens qui vient par d'autres qui ne savent rien.

Pour cet effet, on croit pouvoir assurer que pour qu'une société exploitât avec succès des mines, elle devroit avoir pour chefs des ouvrages intérieurs & extérieurs, deux personnes entendues dans cet Art, qui exposassent aux intéressés ce qu'il seroit nécessaire de faire avec les raisons de cette nécessité, & l'exécutassent, après en avoir reçu le consentement des sociétaires par écrit ; mais ces deux personnes ne doivent absolument point avoir d'intérêt dans l'entreprise, sans quoi le remède augmente le mal.

Par les détails que l'on a des différentes exploitations qui ont été faites anciennement dans le Royaume, il paroît que les entrepreneurs se figuroient que du moment qu'ils travailloient sur un filon duquel ils avoient de beaux échantillons, l'abondance de la mine devoit augmenter à mesure qu'ils y faisoient travailler ; mais après une vingtaine ou trentaine de toises, le filon ne donnant pas autant de mine que du commencement quoiqu'il subsistât toujours, ils le jugeoient mauvais, & l'abandonnoient sans pouvoir se figurer que la nature fût capable d'une pareille variation si contraire à leurs idées. Rien n'est pourtant plus vrai ; on peut prouver dix variations de cette nature, très-considérables dans l'établissement des mines de Baigorri arrivées en moins de quatre ans.

Il y a peu de pays où il y ait tant de mines qu'en France, cependant c'est celui où il y en a le moins d'exploitées ; on ne peut trop en faciliter l'entreprise, pour ôter au public le mauvais préjugé, qui est général dans le Royaume sur cette partie. S'il y avoit six à huit bonnes exploitations répandues, ce préjugé tomberoit, & les entreprises augmenteroient ; la France se pourvoiroit elle-même des métaux qu'on y porte de l'étranger, & se trouveroit peut-être en état d'y en fournir.

Pour faciliter l'exploitation générale des mines du Royaume, deux choses pourroient être fort nécessaires ; la premiere, la plantation & repeuplement des forêts, chose indispensable pour la fonte des minéraux, mais surtout pour l'étançonnage de l'intérieur des mines, ainsi que pour les ouvrages méchaniques qui servent, tant à pomper les eaux, qu'à tirer le minéral du fond des mines à peu de frais ; & que les Entrepreneurs devroient avoir gratis comme dans les mines du Harts en Hannovre, où cela est ainsi. La vente & le transport des matieres effectives provenantes des mines du Royaume, sans droits ni péage quelconque, devroit être accordée.

Une seconde raison, qui pourroit être fort nécessaire pour augmenter la découverte des mines & en faciliter l'exploitation, sans beaucoup de dépenses aux personnes, qui aimant cet Art, ne pourroient pas aisément former un établissement, ou n'auroient pas à portée de leur minière les commodités nécessaires ; ce seroit la création de fonderies banales (3), dans certains districts de huit à dix lieues de distance des mines. Ces fonderies peuvent être établies par des compagnies ; elles pourroient l'être par l'État : l'un & l'autre seroit aussi avantageux aux Entrepreneurs des mines, puisqu'ils seroient dispensés du pénible soin de mettre à profit la matière qu'ils trouveroient, en s'attachant uniquement à en trouver beaucoup, à la bien purifier & nétoyer : ce qui est un point essentiel, pour qu'elle ne leur restât pas. D'ailleurs il peut arriver (& cela est fort ordinaire) qu'une minière trouvée & exploitée avec succès, pour laquelle l'Entrepreneur a bâti toutes choses nécessaires, change son produit, & donne un minéral différent de celui pour lequel il a construit ses ouvrages de fonderie ; c'est un embarras pour lui des plus considérables & auquel il ne peut remédier qu'en faisant de nouvelles dépenses, ce qui ne lui est pas toujours aisé. Des fonderies banales leveroient cet inconvénient. On en travailleroit peut-être beaucoup mieux pour une raison ; c'est qu'il résulteroit qu'un pareil établissement banal, recevant de vingt, trente ou quarante sortes de mines, qui n'étant pourtant pas différentes en produit, le sont beaucoup en nature par les parties hétérogenes avec lesquelles elles sont liées, & il est toujours plus facile de tirer tout le métal qu'une mine peut tenir, quand on en a de plusieurs qualités, que quand on n'en a que d'une seule : mais c'est une connoissance qui ne s'acquiert

---

(3) Ce projet doit être refléchi ; il me paroit mériter quelque attention.

que par les essais & avec la pratique en grand. Les bâtimens sont un objet dispendieux pour des Entrepreneurs, il est rare qu'on puisse toujours les avoir sur les lieux où on tire la mine. S'il y avoit de pareilles fonderies, où en payant, on pût fondre son minéral, ou bien le vendre pour la teneur selon une taxe, comme cela est en usage dans divers endroits de l'Allemagne ; cette commodité faciliteroit aux habitants des Provinces où il y a des mines, à en entreprendre l'exploitation, & par ce moyen, cet Art se généraliseroit. On a l'exemple de la Saxe, où de simples mineurs exploitent des mines à leurs dépens. Quelqu'espèce de minéral qu'ils tirent de leurs travaux, ils trouvent à s'en défaire en le vendant aux fonderies banales.

Peut-être pourroit-on aussi avoir des bocards ou moulins dans ce goût, pour bonifier & laver la mine même mêlée de pierre, cela seroit nécessaire, d'autant plus que l'on trouve toujours plus de celle-là que de la pure, qui n'exige que d'être concassée. Cet ouvrage donneroit du bénéfice aux propriétaires & occuperoit les enfans en les accoutumant de bonne heure à cette partie & au travail.

Le pays le plus abondant en mines, est le pays de Bigorre ; on peut assurer, sans exagération, que si ce district étoit bien entrepris, il pourroit donner de l'occupation à plusieurs centaines de mineurs.

Un Edit du mois de Février 1722, donné à Paris à la requisition de M. le Duc de Bourbon, forma une Compagnie pour toutes les mines du Royaume, sous le nom de Jean Galabin, Sieur du Jonquier, à l'exception des mines de fer. On fit don & remise du droit Régalien des mines pendant trente années ; on permit de convertir les matières en sols de cuivre & de billon ; on fabriqua les flaons des espèces qui devoient être livrées aux monnoyes de Bayonne & de Pau, prêtes à monnoyer. Le Roi fournissoit dix milliers de poudre au prix du Roi.

Cet Édit fut regiftré au Parlement de Navarre le 21 Mai fuivant, par Arrêt du 12 Juillet 1723. Le Roi évoqua à son conseil les contestations pour raison de l'exploitation des mines de la Compagnie. Par autre Arrêt du 26 Avril 1727, le Sieur François Morel fut nommé Inspecteur des mines des Pyrénées. Le 22 Juillet 1728, le Roi nomma les Commissaires, sçavoir le Premier Président & l'Intendant de Navarre, quatre Conseillers & un Avocat Général, un Procureur du Roi & un Greffier ; cette Compagnie si glorieuse de tant de faveurs & de tant de graces, se réduisit à l'anéantissement le plus décidé.

En Béarn, le Sieur Galabin fit ouvrir les mines de Bellons, d'Iriré, de Bourreins & les Machicots, près du Bourg de Bodens dans la vallée d'Aspe ; toutes ces mines sont de cuivre pur sans argent à l'exception de celle du Col de la Trape qu'on nomme aussi Sar-pacoig & de celle de Houart, qui en tiennent un peu. Celles-ci sont près du Bourg de Laruns dans la vallée d'Ossau, elles ont été exploitées après le dérangement des affaires de Galabin, par le Sieur Coudot & Compagnie.

Le Sieur Galabin fit construire à Bedons des bâtimens, qu'il augmenta en 1724 & 1725. Il y avoit une fonderie, un laminoir à flaons, des Magasins à mine purifiée & à charbon, &c.

Les Sieurs Coudot, la Marque, Remusat, Concessionnaires de partie du privilège de Galabin, firent rétablir ces bâtimens. Un Sieur Ferrier, Sindic des créanciers de Galabin, vint en 1728 continuer l'exploitation, muni de la cession de Galabin, & d'une concession de M. le Duc, Grand-Maître des mines datée du 14 Juin 1728. Il y dépensa inconsidérement quarante mil livres en dix-huit mois qu'il passa en fêtes & en plaisirs & très-peu de travaux. Ferrier abandonna ces mines & passa en Roussillon, où il ne réussit pas mieux, laissant sur les travaux beaucoup de mine tirée qui fut volée depuis ; les outils furent dispersés & perdus, & partie des bâtimens a été brûlée.

Les mêmes particuliers avoient ouvert une mine de plomb, qui rend cinquante pour cent, sur la montagne du Habat ou d'Albates, appellée autrement Souris ou Soris, Paroisse de Soute & Aas à cinq lieues de Laruns. Il y avoit une fonderie dans le village de Saint-Rée, qui fut brûlée par des Bergers en 1739 & 1750. Le filon est de 150 toises, la mine pure a dans quelques endroits un pied de large.

Dans la même montagne, au quartier appellé le Plan de Soris, divers filons de Cobalt ; dans celle de la Peyrenere plusieurs filons de mine de cuivre fort estimés & non encore entamés.

La mine de cuivre de Bielle à cinq lieues de Laruns, vallée d'Ossau, tient un peu d'argent, elle a été ouverte en 1739 par le Sieur Marignan, Anglois intelligent, établi à Tarbes ; il n'avoit pas de concession, mais une simple cession du nommé Nissole qui croyoit être en droit de la donner, parce qu'en qualité de cessionaire de Galabin, il avoit obtenu à la Chambre des mines de Pau, un jugement par défaut, qui lui permettoit d'exploiter toutes les mines concedées à Galabin. Le Sieur Marignan n'avoit fait aucun bâtiment, il comptoit se servir de la fonderie du Sieur de Vie, à Saint-Rée. Le même Marignan découvrit une autre mine de cuivre au Mont de la Grave près de Laruns dans la vallée d'Ossau.

Le Sieur Bertrand de Marcin de Saint-Germain

& de Saint-Julien, Capitaine dans le Régiment du Roi & Enseigne des Garde-du-Corps du Duc d'Orléans Régent, avoit obtenu l'exploitation des mines des vallées d'Aspe, d'Ossau & de Barretons, le 6 Mai 1718 & le 6 Août 1719. Ces mines étoient rentrées dans la concession de Galabin ; il avoit découvert des mines de plomb dans des rochers de marbre, mêlées avec des filons de mines de fer.

Dans la même Province de Béarn, il ne faut pas oublier le bitume de la Juridiction de Gougeac ou Goyac, à deux lieues des Paroisses de Caupenes & de Bastenes d'où on tire du goudron & où l'on fait de l'asphalte comme dans la vallée de Saint-Lambert en Alsace. Il y a une forge de fer à Saint-Paul, Election de Lannes ; deux forges à Asson & Soubiron en Béarn, appartenant au Marquis de Louvié. Dans ces endroits les paysans fouillent secretement des mines de plomb qu'ils vendent aux Potiers de terre ; conformité que cette mine a avec celles de Saint-Marcin.

Dans la montagne de Monheins, on trouve une mine de plomb, une mine de cuivre & une mine de fer. Les Gaves ou ruisseaux du Béarn, roulent des paillettes d'or.

Par des Mémoires faits en 1746, on apprend que dans la vallée d'Aspe il y a sept mines de cuivre à cinq quarts de lieue d'élévation dans la montagne d'Irriré. Le filon est suivi dans le vallon au terroir de Sault, près du Mont Saint-Bernard & en perspective dans la montagne d'Ostane.

Dans la montagne de Belonca, une mine de plomb attaquée & depuis abandonnée par Galabin & sa compagnie.

Dans la montagne de Machicot mine de cuivre tenant un peu d'argent, le filon paroît couper la montagne. Dans la montagne de Malpeſtre, pluſieurs filons de mine de cuivre tenant argent.

Dans la montagne de Bourreins, mine de cuivre travaillée ſans ſuccès par la même compagnie ; au bas de cette montagne une mine de fer & une de cuivre.

Dans la montagne de Saint-Jean des Cots, mine de cuivre attaquée par Galabin & par lui abandonnée.

Dans la montagne d'Iboſque, mine de cuivre ; autre près de ce quartier à la Gravette, qu'on eſtime très-bonne mais fort mal dirigée.

Mine de Cobalt au Plan de Soris montagne d'Albat ci-deſſus. A une lieue de Lourdes une mine d'argent.

Dans la montagne de Saint-Julien, près la vallée d'Arbouſt, mine de cuivre ; dans celle de la Platere près le Puy-Gordon, mine de fer très-riche, on en fond le fer & on le forge d'un ſeul feu.

Mines d'or ſoupçonnées dans les montagnes où l'Arriège prend ſa ſource & dont on croit qu'il détache les paillettes d'or qu'il roule.

Les minieres de l'Aſpic ſont de plomb tenant argent.

Dans les environs d'Aſque ou Dax, confins du Nebouzan, mine de plomb en feuillets fort ſerrés & très peſans, concédée au Chevalier Lambert & Compagnie en 1731, il y envoya des Directeurs & Officiers avec grands frais.

Le Directeur s'établit à Sarancolin ; il y tenoit grand état ainſi que ſon Commettant, tout fut abandonné par une nouvelle conceſſion. En 1738, les Sieurs Crozet, l'un Médecin à Lourdes & l'autre, Juge Royal à Saint-Gaudens, ont été ſubrogés au Chevalier Lambert, ils obtinrent en outre les mines des Diocèſes de Tarbes, Comminges & Couſerans.

Cette concession fut annullée en 1749. La montagne de Riviere-nord est riche en mines de cuivre tenant argent. A la Bastide de Seron, mines d'argent & cuivre de Meras & Montegale, découvertes en 1749.

Mine de plomb & de cuivre de Gaverni, elle est située en triangle dont la base aboutit au Gave; on pourroit porter le cuivre à Pau.

A Courrette audessus de Baréges, en Gaverni, une mine de plomb dont le filon a six pans de large près un bois de sapin; on ne peut y travailler que quatre mois de l'année ainsi que dans la montagne de Castillan en Bigorre proche Peyresite, où se trouve une ancienne mine de plomb, pure à petites mailles, dont le filon a deux pans & demi de large.

Mine de plomb, près de Jenos, dans la vallée de Loron, découverte par le tonnerre.

Mine de Streix, vallée Dauzun, découverte en 1739 par les Sieurs d'Inval & de Vic, elle donne 33 à 34 pour cent de plomb, elle fut revendiquée par les Sieurs Crozet, qui firent travailler les paysans à moitié bénéfice; mais depuis, M. le Duc protégea les inventeurs qui faisoient porter leur mine à la fonderie de Saint-Pée.

La mine de Trescrouts concédée aux Sieurs d'Inval & de Vic en 1733, près Saint-Pée; c'étoit des roignons qui s'épuiserent.

Mines de plomb de Perchytte, vallée de Lavedan, mine de cuivre ardoisée & pauvre à Arbisson, dans la vallée d'Aure, au Sieur Crozet de 1738 à 1749.

Mines de Nestalas & de Gazost près de Juncaratz dans le Lavedan. Des paysans envoyés par Madame de Rothelin, rapporterent qu'en avançant à certaine distance, ils avoient trouvé un torrent, qui rouloit ses eaux sous la montagne, un pont sur ce torrent & des routes percées dans le roc; ils apporterent un morceau de mine pesant neuf livres.

Mines de cuivre aux environs de Campan, en Bigorre : selon le langage des mineurs les unes paroissent n'être point mures & les autres sont éventées ; elles sont de la concession des Sieurs Thorin & Poli.

Au Pic du midi en Bigorre, mine de cuivre éventée, peu riche dont le filon a deux pans de large dans un lieu scabreux : de la même concession sur le penchant de la montagne, est un petit ruisseau & un bois de sapin.

Le Trou des Maures, ancien ouvrage rempli de souterrains, mine de plomb dont le filon de trois pouces se divise en deux branches.

A Toujere en Bigorre, mine de plomb a lamines quarrées fort compactes, & autre mine à petits grains dans les bois.

Montagne de Villelongue, dans la vallée de Barréges couverte de neige huit mois par an, mines de plomb, pures & à petites mailles fort serrées, toutes de la même concession.

Dans la vallée d'Auré en Comminges, montagne du Transport, une mine de Mispickel qui a donné en Octobre 1746, un verre brun ; en creusant plus bas, cette mine deviendroit du Cobalt à couleur bleue.

Forges d'Uston, d'Ercé & d'Oust appartenantes à M. de Pointis, elles tirent leur minéral du Comté de Foix.

Dans la montagne de Maupas près du village d'Encause dans la Baronie d'Aspect, une fosse remplie d'ossemens pétrifiés qui se sont convertis en Turquoises & plusieurs filons de mine de plomb très-riche. V. ci-devant p. 121.

Le Sieur Lassus découvrit en 1711, les carrieres de marbres de Sarancolin, Veyrede, Campan & Saint-Béat ; depuis, on trouva celle de Bise. On en fait descendre les blocs équarris, jusqu'à la rivière de Neste sur des traineaux, le marbre de Veyrede est nommé aussi marbre d'Antin.

Au commencement du siècle un paysan Espagnol trouva dans la vallée de Gistau sur le sommet des Pirenées, près l'endroit où les eaux d'Espagne & de France se partagent, dans l'Hospitalet de la mongne de Saint-Juan, Nord-est du village de Plan, des pierres fort pesantes qu'il porta à Sarragosse. Un particulier en fit l'essai pour y découvrir de l'argent, mais il reconnut que c'étoit une mine de Cobalt.

Il en envoya quelques morceaux à la fabrique de bleu d'Allemagne ; on en fit l'épreuve ; étant trouvé parfait un Commissaire Allemand vint traiter avec le paysan Espagnol qui obtint la concession du Roi, en rendant une certaine quantité de plomb à bon prix, & on accorda la demande.

L'Espagnol fit un Traité secret avec les Allemands ; il livroit la mine brute & on lui payoit trente-cinq livres du quintal. Des mineurs Allemands furent amenés pour diriger le travail, on tiroit cinq à six cent quintaux par an qu'on envoyoit par le Port de Plan à Arrau dans la vallée d'Aure, au Sieur Dequin qui faisoit passer ce Cobalt en baril, par le canal du Languedoc au Sieur Bonnefons à Toulouse. Celui-ci l'envoyoit à Lyon & de-là à Strasbourg d'où il étoit conduit dans le Wirtemberg. Cette mine fut abandonnée en 1753 après avoir été écrémée.

Je rapporte ce fait pour engager à faire cette recherche dans nos Pirenées & pour faire voir combien il y avoit d'ignorance dans la frontière du Royaume, puisqu'on ne pensa point à enlever aux Allemands la main-d'œuvre de la préparation de l'azur.

DES MINES DU ROUSSILLON.

Par M. LE MONNIER, D. M. P. de l'Académie Royale des Sciences.

1739.

LES montagnes dont la plaine du Rouffillon eft environnée, furtout celles qui tiennent à la chaîne des Pyrenées, font garnies, pour la plûpart dans leur intérieur de mines de différentes efpèces : il y a quelques mines de fer dont je parlerai dans la fuite, mais les plus communes font celles de cuivre; une compagnie Royale d'intéreffés les fait exploiter à fes dépens, & j'ai vu beaucoup de monnoye que l'on a battu à Perpignan, du cuivre (1) fabriqué du produit de ces mines ; les travaux ont été cependant interrompus depuis quelques années, par ordre de la compagnie, quoiqu'il paroiffe que cette exploitation s'eft faite avec affez de fuccès. Quoiqu'il en foit, cette compagnie a fait différentes entreprifes en plufieurs endroits du Rouffillon, & la derniere furtout, m'a paru la plus heureufe ; elle fut faite quelques mois avant la ceffation des travaux, au pied de la montagne d'Albert, tout proche du village de Sorrede ; le puits & les galeries n'ont pas

---

(1) Il y a chez M. de Romé de l'Ifle un jeton de cuivre de la grandeur d'un écu de fix livres, fur un côté on lit, *Compagnie Royale des mines de France*, fur le revers, *cuivre tiré des mines ouvertes dans le Pyrenées du Rouffillon*, 1732. La compagnie de Galabin fit frapper ces jetons

encore beaucoup de profondeur, mais dès ces commencemens on a trouvé une veine de cuivre fort riche, dont on a frappé une médaille qui m'a paru de très-beau cuivre & du mieux raffiné que j'aie jamais vu. Cette veine si abondante étoit accompagnée de feuillets de cuivre rouge très-ductile & formé tel par la Nature: on les trouvoit répandus parmi le gravier ou plaqué contre des pierres: j'en ai apporté quelques échantillons sur des pierres, où le cuivre naturel & facile à plier, paroît ramifié à la maniere des Dendrites. J'ai vu dans le magasin de cet établissement des pyrites plates fort dures, qu'on avoit retirées en ouvrant la mine, la plûpart s'étoient fleuries à l'air & étoient chargées d'un très-beau vitriol.

La compagnie a encore d'autres établissemens à la *Preste*, village situé un peu au-delà de *Prat de Mollion*, & au *Corall* autre village qui n'est pas fort éloigné; mais c'est à la Preste qu'elle a établi le grand magasin, la fonderie, les pilons, le bocard & tout ce qui est nécessaire pour préparer, laver & fondre la mine. Je n'ai pu descendre dans les puits de cet établissement dont la plûpart étoient pleins d'eau, ou dont les échelles étoient pourries; mais j'ai vu dans le magasin des échantillons des mines, qu'on a tirés lorsqu'on y travailloit. La mine du *Trou-Sainte-Barbe*, à en juger par sa pesanteur spécifique, paroît assez riche; mais elle est mêlée avec une pyrite d'un jaune pâle qui paroît sulphureuse & arsénicale, & propre à emporter une grande partie du métal dans la scorification. Celle du *Trou-Saint-Louis* qui est voisin du premier, quoiqu'un peu moins pesante m'a paru meilleure & moins embarrassée de cette pyrite arsénicale: d'ailleurs elle est engagée dans une espèce de *quartz* qui la rend très-aisée à fondre: enfin celle du Corall m'a paru la meilleure de toutes;

elle est de même intimement unie à un quartz fort dur avec lequel elle forme un tout fort pesant ; on y apperçoit aussi quelques filets de cuivre naturel déja formé dans la mine, comme dans celle de Sorrede.

le Monnier.

Les mines de la Compagnie, quoiqu'elles n'aient pas laissé que de produire, ne sont cependant pas si estimées qu'une mine de Catalogne, qui n'est éloignée de celle du Corall, que d'environ une heure de chemin : cette mine est dans la coline de Bernadelle, précisément sous la montagne qui sépare la France d'avec l'Espagne, entre la petite Ville d'*Aulot* & celle de *Campredon*, à peu-près à deux portées de fusil, tout au plus des terres de France.

S'il en faut croire la tradition, elle a été autrefois travaillée par les Romains, qui y occupoient un grand nombre d'esclaves & qui avoient établi au Fort de Roquebrune une bonne garnison pour les contenir. On voit effectivement à l'extrémité de ce vallon, les ruines d'un vieux Château d'où l'on pouvoit très-bien découvrir tout ce qui se passoit à l'ouverture de cette mine. Cette ouverture est tournée, à peu-près vers le levant ; on entre par une galerie assez étroite & longue de dix ou douze toises, dans une chambre irrégulière assez vaste, où aboutissent plusieurs autres galleries plus commodes que la précédente : on voit dans cette premiere chambre beaucoup de spath, dont les fragmens d'un blanc presque transparent affectent une figure rhomboïdale réguliere : ces morceaux de spath ont quelquefois des taches de deux pouces de diamètre, de la plus belle couleur d'azur ; ils sont aussi traversés de quelques filets argentins, surtout dans les endroits où ce spath s'unit avec ce qu'ils appellent *la Gangue sauvage*, qui est une espèce de rocher assez tendre & jaunâtre ; au reste les décombremens & les autres frag-

le Monnier. mens qu'on rencontre tant dans cette chambre, que le long des galleries, font tachés de verd-de-gris affez foncé, mêlé en quelques endroits de ce bleu azuré dont je viens de parler. Au bout des galleries qui aboutiffent à la chambre dont je viens de parler on trouve d'autres chambres quarrées affez régulieres fur les murailles defquelles on reconnoît les coups de pic avec quoi elles ont été taillées : ces murailles font toutes parfemées de filets de cuivre qui forment un réfeau de différentes couleurs rouges, violettes, argentées, &c. & ce réfeau métallique s'obferve dans toute l'étendue de la mine & des galleries. Je m'attendois à voir quelque filon cuivreux ; mais il paroît qu'il n'en a jamais exifté d'autre dans cette mine, que ce réfeau que j'ai vu prefque partout. Il y a bien quelques endroits où les filets font plus gros, & où les mailles du réfeau font moins écartées ; mais c'eft toujours la même configuration, & je crois à en juger par la difpofition des chambres & des galleries, qu'on coupoit indifrinctement la maffe de cette mine pour en tirer le métal.

Les chambres auxquelles aboutiffent les galleries font percées d'autres rues qui vont fe rendre à d'autres chambres toujours en fe plongeant, de façon que par toutes ces fubdivifions, qui forment une efpèce de Labyrinthe, il n'eft pas facile de déterminer l'étendue de cette mine ; mais du moins de cette multitude de chambres & de rues, toutes taillées au pic, il eft aifé de conclure que cette mine a été exploitée pendant fort longtems, & le produit en devoit être confidérable. Mais ce qui prouve encore mieux que cette matiere étoit bonne de tous côtés, c'eft que dans quelques unes des chambres dont je viens de parler, on voit un fecond étage de gallerie audeffus des premieres, d'où l'on tiroit la même matière : ces fecondes galleries ne font ordinairement que des culs-de-fac.

J'ai fait fauter quelques quartiers de cette mine par le moyen de la poudre, mais les échantillons que j'ai eus ne m'ont pas paru extrêmement riches ; ils avoient cependant deux fingularités qui méritent d'être rapportées. Dans les éclats les mieux choifis, il y avoit quelques creux garnis chacun de plufieurs de ces végétations cuivreufes, d'un très-beau verd, foyeux, femblables pour la difpofition des filets & la vivacité de la couleur, à cette mine de verd-de-gris naturel dont M. de Réaumur a donné la defcription dans les Mémoires de l'Académie : à la vérité ces végétations étoient fort petites & avoient tout au plus trois lignes de hauteur. D'autres creux étoient remplis d'une poudre grumelée d'un très-beau bleu d'Outre-mer, mais qui n'avoit rien de régulier dans fa difpofition ; c'étoit au refte tout ce que ces morceaux avoient de fingulier, car ils ne paroiffoient pas extraordinairement chargés de cuivre : on m'en a fait voir au magafin de la Prefte, qui venoient de la même mine & qui paroiffoient beaucoup plus riches. Avant la ceffation des travaux de la compagnie, les payfans qui habitent les montagnes, alloient travailler la nuit aux mines de Bernadelle, & venoient vendre au Magain la mine qu'ils avoient tirée & qu'on leur payoit environ un écu le quintal (2).

Comme je revenois des mines de la Compagnie, mon guide m'avertit que nous allions paffer à un quart de lieue d'une mine de fer & d'une forge qui

le Monnier.

―――――――――
(2) On y voit auffi du plus beau quartz tacheté de bleu célefte, connu fous le nom d'outre-mer & un ruiffeau roulant des paillettes d'or.

le Monnier.

n'en est pas fort éloignée ; je me détournai donc à *Pui-Gordon* pour aller à la montagne de *la Patere* où se trouve cette mine, qu'on appelle *la Pinose*. On la tire à ciel ouvert comme on fait le plâtre à Monmartre, & c'est la montagne même dont on coupe de gros quartiers à coups de maillets & de coins, & que l'on débite ensuite par petits morceaux pour porter à la forge. Dans le milieu des gros quartiers on trouve souvent en les cassant des cavités, dont la surface intérieure est polie & comme vernissée. Au-dessous de cette surface est une croute cristalline de trois à quatre lignes d'épaisseur, composée de rayons noirs & brillans, qui tendent vers un centre. M. de Réaumur a donné dans les Mémoires de l'Académie, année 1718, la description d'une mine du pays de Foix, qui paroît ressembler beaucoup à la nôtre : le bon marché du fer que produit cette mine, qui ne vaut que quatre sols la livre dans un pays où le bois est si rare, me fit naître l'envie de voir fondre & forger cette mine. Je fus fort étonné de la simplicité du procédé, & je ne crois pas qu'on puisse en employer un plus simple : sous un même toit sont la fonderie, la forge & le marteau ; un gros mur de brique assez épais élevé de 10 à 12 pieds, fait un angle droit avec un des murs du bâtiment ; c'est cet angle qui est le fourneau ; on y jette alternativement de la mine & du charbon, & par le moyen d'un soufflet à chute d'eau on allume le feu, qu'on a soin d'éteindre à la superficie en le mouillant fréquemment : cette mine qui est très fusible fait une croute à la superficie, & celle qui est immédiatement au-dessous, exposée à ce feu de réverbere, fond, & fait une *Loupe* qu'on va porter sous le marteau pour en faire des barres ; ainsi on ne sçait ici ce que c'est que de couler une gueuse, & quoiqu'on fasse tous les jours une quantité de fer assés considérable, on ne voit presque pas de *Laitier* ou scories de fer. La couche extérieure du tas, c'est-à-dire, celle qui a fait la croûte, s'affaisse dès qu'on a tiré la loupe, on la recouvre de plusieurs autres couches de charbon & de mine, & elle fond à son tour. Par ce procédé, ils ménagent beaucoup de charbon qui est fort rare & fort cher. Car il n'est fait que des racines des broussailles qu'ils arrachent à grande peine dans ces montagnes toutes couvertes de rochers. Au reste le fer qu'on tire de ces forges est extrêmement doux & liant, & quand on le travaille il prend un très-beau poli : on le consomme dans la Province, & c'est celui qu'on employe à Vincas, village où l'on fabrique d'excellens canons de fusil.

le Monnier.

Je me suis transporté aussi à deux mines de plomb qu'on avoit exploitées dans le Roussillon; l'une qui n'est pas fort éloignée de la mine de Sorrede, venoit d'écrouler quelque tems avant mon arrivée : j'ai appris qu'on n'en n'avoit tiré que de l'*Alquifou*, pour vernir les pots de terre; je n'ai pas été plus heureux à l'autre, qui est au pied de la montagne de *Tauch*, dans les Corbieres ; les ouvriers ne tiroient alors que des quartiers de pierres, & cherchoient un filon qu'ils disoient avoir perdu : cette mine donnoit aussi beaucoup d'argent.

✳

Le Sieur Coste découvrit des mines depuis 1709 jusqu'à 1731 en Roussillon, mais la Compagnie Royale de Galabin, qui existoit alors, avoit pour Directeur le Sieur Ferrier qui prétendit que toutes ces mines dévoient lui appartenir.

Au territoire de Pratz de Mouilhou, mine de cuivre nommée les Billots ou de Sainte-Marie.

A deux cent pas de la précédente un filon dit le minier de Saint-Louis, celui appellé Saint-Salvador à une lieue & demie des autres, tous les trois de cuivre tenant argent.

Au Col de la Regine, un filon de deux pieds & demi de large, au Col de la Cadere (aussi de Pratz de Mouilhou) filon de mine de cuivre de deux pieds, eau & bois dans le voisinage. Près de Coustouges, plusieurs mines de cuivre dont les filons sont larges de trois pieds. Auprès de Sorrede, mine de cuivre: au lieu appellé Peirable, près de Lavaill, mine de cuivre tenant argent en deux filons voisins. Au terroir de Pallol, à une lieue de Ceret une miniere de pyrites cubiques.

Dans la Viguerie de Conflans, terroir de Ballestein, Col de la Galline, mine d'argent & de cuivre, filon de quatre pieds; au Puech des Mores, filon de cuivre tenant argent; à la Coma mine de cuivre & argent, filon de trois pieds; au terroir d'Ellec mine de cuivre; au terroir d'Estouere, derrière le Col de la Galline, mine de cuivre & argent.

Une mine de plomb entre le terroir de Pratz & ceux de Manere & Serra-longa, mais il y a peu de bois aux environs; mine près la Ville d'Arles à la droite d'une forge de fer dite le minier de Saint-Antoine de Padoue qui est employé par les Potiers.

Au terroir de Torigna, mine de plomb en roignons dans les vignes & la campagne, on les découvre après les pluyes d'orage. Autres mines en roignons moins riches au terroir de Sirac dans une terre argilleuse blanche: elles se vendent aux Potiers.

Au terroir de Vernet près de Villa-Franca semblable mine, que l'on trouve en fouillant la mine de fer. Au terroir de Fillots, mine de plomb. Au terroir de Sahors, filon de même mine. Au terroir d'Escarro, village très pauvre dans le lieu nommé

Lozat

Lozat del Bouro, filon de mine de plomb; dans le même canton au lieu de Aavagnera entre deux monticules, mines à couche de plomb dans une terre argilleuse & plusieurs roignons d'Alquifou.

Au terroir de Saint-Colgat, mine d'argent, filon d'un demi travers de doigt dans une roche bleuâtre; dans le même terroir d'Escarro, plusieurs roignons de vernis à Potiers & une mine de cuivre tenant argent, au lieu nommé Lopla de Gaute.

Au terroir de Lavail de Pratz entre le précédent & celui de Fontpedure, mine de cuivre dont le filon a cinq pieds de large.

Mine de cuivre à Carensa, à deux lieues de Lavail de Pratz : on la nomme le Recou. Autres dans le fond de la montagne de Carensa au pied & sur la gauche des étangs des Estanhols. Au fond de la même montagne, vingt-cinq mines dont le plus petit filon est de demi-pied.

Dans la Viguerie de Capsir à trois lieues de Salvefines du côté de Mont-louis, au Canton de Galbes, une mine de plomb en roignons. Autre semblable, au terroir de Fourmignieres; depuis ce lieu au village de Ral, sept filons de mine de cuivre des plus gros.

Dans la vallée de Carol à Pedreforte, Cerdagne Françoise, une mine d'argent, quatre filons de cuivre & un filon de plomb.

La compagnie du Sieur Roussel exploitoit des mines qui furent visitées par le Sieur Blumenstein pere & par Lezer son Maître Mineur. Au village de Mezous près Perpignan, filons riches en argent, cuivre & plomb, dans la montagne entre l'E. & le S. des morceaux de ce minéral cuivreux ont donné à l'essai depuis quatre jusqu'à neuf onces d'argent.

Le filon de Puissegur vis-à-vis Mezous, traversant la Montagne S. E. & N. E. forges de fer travaillées par les Romains.

Montagne de Montgaillard & celle de Peyre couverte, filons de mine mêlée. A Lanet deux puits, deux galleries, le minéral à l'essai donne trente pour 100 de cuivre.

A Missegre, *le grand minier* rend à l'essai 25 pour 100 de plomb, le filon n'est pas réglé. A la rive de la Jaune, ou le moulin à vent, plusieurs galleries & deux puits. A deux lieues du bocard de ces mines quelques filons de cuivre au lieu des bains de Renes & aux montagnes de Blanchefort. Un filon maigre près de Valminiere; au revers de la montagne de Barille, près Salvesines filon de belle qualité mais foible.

A Carrus, ouvrage considerable, les filons sont trop minces le minéral rend 30 pour 100 de cuivre.

Soulas de Freche, au bas de la Roche la Pertilla, mine très-riche. A la montagne de Commeille, à droite de la rivière près de Puy-Laurent, un filon, foible, à l'apprest mine de Saint-Louis & de Sainte-Barbe.

Au village des Bains de l'Abbaye d'Arlès, eaux thermales & ouvrages anciens; mines d'alun auprès de Prades, ou veine de terre alumineuse à lessiver concédée en 1746, au Sieur Clara, Médecin.

FIN.

ŒUVRES

MINÉRALOGIQUES,

Du Baron et de la Baronne de Beausoleil et d'Auffembach.

PRÉFACE.

Jean du Châtelet, Baron de Beausoleil & d'Auffembach, étoit originaire du Brabant où il nâquit peut-être vers l'an 1578; ses armes sont un champ d'azur, à la bande d'argent, chargée de trois fleurs de lys aussi d'azur; le tout ayant pour supports deux griffons surmontés d'un heaume couronné, qui soutient une chouette aussi couronnée; pour entourage un cordon & une croix de l'Ordre de Saint-Pierre Martyr. Son épouse Martine de Bertereau connue sous le nom de Baronne de Beausoleil, née peut-être la même année dans la Province de Touraine, ou dans celle de Berry, portoit pour armes champ d'azur chargé de trois roses d'argent, deux en chef & une en pointe. Un de ses neveux Mathieu Bertereau après avoir fait d'excellentes études à Paris devint habile Chirurgien; il fut employé dans l'Armée que commanda le Cardinal de Richelieu, & dans celles qui allerent en Piémont; fixé depuis dans la Capitale il assistoit aux conférences de l'Abbé Bourdelot: il fut un des premiers promoteurs de la Philosophie de Descartes jusqu'à sa mort arrivée le 7 Février 1675.

Le Baron de Beausoleil & son Epouse paroissent avoir été toute leur vie employés aux travaux & à l'exploitation des mines; ils avoient visité celles d'Allemagne, de la Hongrie & de la Bohême, du Tirol, de la Silésie, de la Moravie, de la Pologne, de la Mazovie, de la Suéde, de l'Italie, de l'Espagne, de l'Ecosse, de l'Angleterre & de la France. Du Châtelet eut des Commissions importantes, car les Empereurs Rodolphe & Mathias l'avoient établi Conseiller & Commissaire général des trois Chambres des Mines de la Hongrie : l'Archiduc Léopold l'avoit créé Général des mines du Tirol & du Trentin : les Ducs de Bavière, de Neubourg & de Clèves lui avoient donné le même titre dans leurs Duchés ; enfin un Pape lui avoit accordé un semblable brévet dans tout l'Etat Apostolique.

Henri IV ayant aliéné les mines de la Guyenne, du pays de Labour, du haut & bas Languedoc, en faveur de Pierre de Beringhen son premier valet de chambre & Contrôleur général des mines de France, natif des Pays-bas, avant l'Edit donné à Fontainebleau, au mois de Juin 1601, ce dernier attira en France du Châtelet & son épouse pour y exercer un Art qui y étoit considérablement négligé. » Estant » paruenue, dit la Baronne, à la perfection de mon Art » & desirée par le feu Roy Henri-le-Grand, mandée » & sollicitée par le feu Sieur de Beringhen : nous » sommes arriuez en France mon mari & moi, ayans » au prealable pris licence, permission, passeport & » congé de Sa sacrée Majesté, de laquelle il estoit » Conseiller & Commissaire general des trois Cham- » bres des mines de Hongrie y laissant *Hercule du* » *Chaſtelet*, un de nos enfans en sa place & exer- » cice de sa charge. » A la chambre de la mine de Neusol en Hongrie, un nommé *Rozé* Lieutenant du Baron de Beausoleil fut par eux établi pour les substituer, ainsi que d'autres Lieutenans, à Cremitz, à Schemnitz, &c.

L'espoir d'être employés en France les obligea à de grands sacrifices; & il est certain que sauf l'étude de l'alchimie, de l'astrologie judiciaire & des autres Sciences mystérieuses qui étoient la maladie de ce siécle & de tous les Métallurgistes, le Baron & la Baronne de Beausoleil avoient des conoissances qui durent leur attirer des ennemis sans nombre. On ne regarde pas encore sans inquiétude ceux qui font des recherches sur l'Antiquité, l'Histoire naturelle & les Arts dans nos Provinces. La Cour & la Ville semblent s'accorder par la jalousie & l'envie qu'on porte à ceux qui ont les plus petits avantages. De deux choses l'une: ou l'on ne croit pas à la possibilité de découvrir des mines dans le Royaume, ou l'on espère de participer aux profits immenses dont l'imagination se flatte, en s'intéressant dans des exploitations. C'est dans la vue d'être utiles, que le Baron de Beausoleil & son épouse ont voyagé en France; quelques unes de leurs indications que j'ai vérifiées sont véritables; personne ne s'est encore donné la peine de le faire avec attention.

Ils demeurerent sous la direction de M. de Beringhen tout le tems que M. de Ruzé-Beaulieu fut Grand-Maître, en continuant de faire des recherches sur les mines de France. C'est ce qui engagea M. le Marquis d'Effiat, en sa qualité de Surintendant des mines & minieres de France, à accorder une nouvelle Commission à Jean du Châtelet pour se transporter dans les Provinces, afin d'ouvrir les mines, d'en faire des essais, d'en donner des avis fidèles, avant de ſtatuer ce qui ſeroit convenable pour les affaires de Sa Majeſté. Elle eſt datée du 31 Décembre 1626, le Parlement de Bourdeaux la regiſtra le 12 Juin 1627, celui de Toulouſe le 8 Juillet ſuivant. Pendant le voyage que le Baron fit dans le Languedoc, étant à Béziers, il publia l'ouvrage. » *Dioriſmus* (id eſt de-» finitio, explicatio) *veræ Philoſophiæ de materia* » *prima lapidis in* 8. *Biterris* (Jean-Martel) 1627, *contenant* 30 *pages.* »

Le dix de Décembre de la même année ſa Commiſſion fut regiſtrée au Parlement de Provence, & dans cette Province le *Dioriſmus* parut avec l'adreſſe : *Aquis Sextiis*, Aix. Il paroît même que le *Dioriſmus* a encore été imprimé ſous le titre cité par Borel *Bibl. Chimic.* p. 41. *de Sulfure Philoſophorum libellus in*-8°.

Dans la même année 1627, cette Commiſſion fut auſſi regiſtrée au Parlement de Rennes en Bretagne; c'eſt dans ce voyage qu'il arriva une avanture à la Baronne de Beauſoleil dont elle ſe plaint vivement dans ſes ouvrages. Les deux époux s'étoient établis à Morlaix : le mari étant allé faire l'examen d'une mine dans la Forêt du Buiſſon-Rochemares, elle fut ſolliciter à Rennes l'enregiſtrement de la Commiſſion. Pendant ſon abſence, un Prévôt Provincial du Duché de Bretagne, nommé la Touche-Grippé qu'elle appelle une fois par dériſion *Touche-grippe-minon*, les traverſa dans leur recherche, ſous le prétexte qu'il croyoit qu'on ne pouvoit trouver les mines ſans magie. De ſon propre mouvement & aſſiſté ſeulement d'un ſubſtitut du Procureur général, il leur enleva ce qui étoit dans leurs coffres : bagues, pierreries, échantillons de mines, inſtrumens pour les découvrir, pour les eſſayer, procès-verbaux, papiers, Mémoires des lieux où ils avoient trouvé des minéraux, épreuves qu'ils en avoient faites, &c. Ces pertes cauſerent un grand déſordre dans leurs affaires & prouve combien les préjugés abſurdes peuvent occaſionner de mal ſans qu'il en puiſſe jamais réſulter aucun avantage pour le bien public.

La Baronne ſe juſtifia facilement de l'accuſation de magie devant des Magiſtrats éclairés, mais la juſtice qu'elle demandoit contre ce Prévôt ne fut point ordonnée : elle la ſollicitoit encore en 1640, plus de douze ans après. Cette expédition minéralogique ayant dérangé leurs affaires, le Baron & ſon épouſe retournerent en Allemagne d'où ils furent rappellés de nouveau en France, pour y former des établiſſemens : l'Empereur Ferdinand II, lui avoit renouvellé le 29 Septembre 1629 la charge de Conſeiller & Commiſſaire des mines de la Hongrie ; il acquieſça cependant à ſon départ & lui fit expédier ſon paſſe-port pour aller & venir dans tout l'Empire *vnà cum ſuis ſatellitibus, uxore, liberis, equis, omnique ſuppellectile.* S'étant mis en chemin il obtint du Prince François-Henri d'Orange-Naſſau, un autre Paſſeport daté de la Haye le 14 Octobre 1630, en ces termes, ,, s'en allant le Sieur Iean du ,, Chaſtelet, Baron de Beauſoleil, Commiſſaire ge- ,, neral des mines de Hongrie & Conſeiller de ſa ,, Sacrée Majeſté Imperiale auec ſa femme, ſes ,, enfans, ſeruiteurs, ſeruantes, hardes & bagage ,, d'icy par le Brabant en France ... & après s'en ,, retourner en Allemagne. ,, Ce qui prouve combien on vouloit s'occuper folidement des mines, c'eſt qu'on les avoit chargés d'amener avec eux des Mineurs & Fondeurs Allemands qui les fuivoient dans la Hollande.

Ils obtinrent des lettres de furannation du Roi données à Paris le 11 d'Août 1632, figné LOUIS & plus bas *de Loménie*, pour faire regiſtrer la Commiſſion que M. le Marquis d'Effiat leur avoit accordée en 1626, aux Parlemens de Paris, de Rouen, de Dijon & de Pau; ainſi qu'elle l'avoit été à Bourdeaux, Touloufe, Provence & Rennes.

Cette même année, Martine de Bertereau fit imprimer une feuille de feize pages avec ce titre. » Ueritable declaration faicte au Roy & à nos Sei- » gneurs de fon Confeil des riches & ineſtimables threfors nouuellement defcouuerts dans le Royaume » de France, prefentée à Sa Majeſté par la B. de » B. S. 8°. fans nom de lieu, 1632.

Cette brochure étoit fans doute publiée afin d'obtenir du Confeil, les faveurs que la Baronne avoit droit d'en attendre: elle la fit encore réimprimer in-4°. dans l'année, fous ce titre:

» Ueritable declaration de la defcouuerte des » mines & minieres de France par le moyen defquelles Sa Majeſté & fes fujets, fe peuuent paſſer » de tous les pays eſtrangers.

» Enfemble des proprietés d'aucunes fources & » eaux minerales defcouuertes depuis peu de tems » à Chafteau-Thierry.

Par Dame Martine de Bertereau, Baronne de Beaufoleil, in-4°. Paris 1632, *cont.* 12 *pages*. Elle dédia ces feuilles à M. d'Effiat, Surintendant général des mines de France.

On apprend en général par fes ouvrages, qu'elle

vouloit écrire *de la science & cognoissance des mines, le moyen de les cognoistre, leurs différences, & les flux propres pour leur fonte avec l'ordre de poix, de fin, & d'essai, ensemble l'economie des mines, l'ordre de leurs officines, &c.* Ailleurs elle dit devoir écrire *sur les Reglemens faits sur l'ordre & politique des mines pour l'instruction des François.* Enfin dans le privilége du Roi, donné à Paris, le 20 Avril 1640, signé *Matharel*, on apprend que le Baron de Beausoleil & la Dame sa femme ont composé *un livre des descouvertes des mines & minieres qu'ils ont fait de l'authorité du Roy & par l'ordre du Grand-Maistre* & un livre intitulé *la Restitution de Pluton.*

Il s'ensuit que cet Ouvrage promis a été composé, puisqu'ils en obtinrent le Privilége; il est malheureux pour la France qu'il n'ait point été imprimé alors par le concours du Ministere & qu'il n'ait point paru à cette époque; il auroit certainement encouragé l'exploitation de nos mines.

Ces deux personnes que des gens mal instruits ont accusées de crimes, n'étoient ni charlatans ni coupables: c'est à leurs frais qu'ils ont cherché des mines en France & qu'ils les ont voulu exploiter. Ils y employerent plus de trois cent mille livres, somme considérable alors; ils ne sollicitoient point de gratifications, ni d'argent; mais on leur concéda des droits que tous les citoyens sont dans le cas d'obtenir. La Baronne demandoit la sureté des biens qu'elle avoit employés dans les mines en travaillant autrefois sous les pouvoirs de M. de Beringhen. Par le livre de Claude Galien que nous citerons en son lieu, on apprendra que les deux époux avoient une sorte d'état en France; ce qui est déja assez prouvé parce-

PRÉFACE.

que l'on vient de lire. Elle attaque la brochure de M. de Malus fils qui fans doute devint fon concurrent & fon émule.

Après M. d'Effiat, M. de la Porte de la Meilleraye, Surintendant Général des mines, donna un nouveau brévet au Baron de Beaufoleil, Confeiller d'Etat de l'Empire, Chevalier de l'Ordre de St.-Pierre Martyr; il eft daté de Paris le 18 Août 1634, & fut regiftré cette année & la fuivante dans plufieurs Parlemens, & de l'autorité des Gouverneurs des Provinces du Lyonnois, de Languedoc, de la Rochelle & du Pays d'Aunis, il y fut mis à exécution; il y eft fait mention d'un fcel de la juridiction des mines & des minieres des Archers ou Gardes des mines.

Enfin le Baron de Beaufoleil obtint certaines conceffions rédigées en plufieurs articles au Confeil du Roi, mais avant de rédiger l'Arrêt il falloit entendre le rapport de M. Cornuel; enfuite M. d'Emerifut nommé à fa place, à cet effet il produifit fes titres au Greffe: mais l'indécifion ayant continué jufqu'à 1640, la Baronne eut recours à la protection du Cardinal de Richelieu : elle fupplia ce grand Miniftre de lui faire accorder l'ouverture des mines, follicitée depuis tant d'années, à leurs dépens ainfi que la punition du Prévôt Breton qui leur avoit caufé tant de chagrin : c'eft le fujet du livre fuivant.

» La Reſtitvtion de Plvton, à Monfeigneur l'E-
» minentiffime Cardinal Duc de Richelieu. Par Mar-
» tine de Bettereau, Dame & Baronne de Beaufoleil, & d'Auffembach, in-8°. Paris (*Hervé du Mefnil*) 1640, conten. 176 p. *fans les titre, Epitre & Sonnet.*

DIORISMUS
VERÆ PHILOSOPHIÆ
DE MATERIA PRIMA LAPIDIS.

Auctore D. Joanne de Chastelet, Barone de Beausoleil, &c.

DE MATERIA PRIMA,
PROPOSITIO.

Artifex nequit introducere formam substantialem.

I.

Nonnulli interpretantur id, quasi diceretur, de formis animalium, & vegetabilium duntaxat : quod eæ scilicet, non stent subjectæ arbitrio nostro : eò quod præter materiam, requiratur viventis determinata figuratio.

Le Baron de Beausoleil.

II.

Alii putant, quod etsit in vegetabilibus & animalibus, artifex nequeat imitari naturam, ob præsuppositionem figuræ, organi, & animæ, in metallis tamen id possit omninò. Eò quod ibidem nullum putent inhabitare semen, nullumque rectorem assistere : sed esse solam materialem syndromem qualitatum, & nudam elementorum temperiem, vapore tenus commiſtorum. Quæ idcircò ex quibuſlibet ſimplicibus, in temperamentum elementorum conſimile perductis, haberi æſtimant indifferentem.

III.

Aliqui denique volunt ſubaudiri formam ipſam, id eſt, actum ſubſtantialem, & entelecheiam compoſiti. Et hi Chymiam ex pleno tollunt. Quod putent, nulli artificio ſubiectam eſſe formam.

IV.

Imprimis certum eſt, hominem, neque per artem, neque per naturam, aliquid creare (ſolius nempè Dei eſt, qui ſolus formas ſubſtantiales ex nihilo condit) ſed eſſe agens externum, ideoquè tantum occaſionaliter, applicando activa paſſivis quicquam extra ſe producere.

V.

Hoc modo fumendo artificis activitatem, certum eſto, quod artifex queat introducere, & inducere formam ſubſtantialem; ſubſtratam ſcilicet, & accommodatam materiam, debitè diſponendo, proportionando, adornando, fovendo, & in ſummâ, activa paſſivis copulando. Imò uſque adeò quit præſcire terminum generationis & adventuræ formæ quidditatem. Adeòque ſic fumendo erit, propoſitio falſa.

VI.

Scilicet ex vitulo, per artem apes generantur, ex melle, ex rore anguillæ, ex palea mures, &c. Præexiſtente ſcilicet materia diſpoſita artifex eamdem promovet, donec Creator formam ſubſtantialem influat. Similiter habito totali ſemine tam vegetabilium quàm animalium, conſtat homunculum, infecta

MINERALOGISTES. 271

aves, pisces arte tenus produci (1), item animalia, reciproco recursu, invicem transmutari ut gobio in apes : anas in ranas : ciconia in serpentes : anguilla in lampetras, &c. per artem transmutantur. Imò quæ alioqui solius naturæ ductu, nunquam contingerent. Ovum scilicet putreret citius, quàm quod sine fotu externo artificis, per se, in pullum fariscéret. Quibus primam interpretationem falsitatis convincimus.

Le Baron de Beuusoleil.

---

(1) Ce sont des observations absurdes rapportées sur parole : Beguin qui étoit observateur, dit d'après Palissy que le sel est cause de la génération. Prenez, dit-il, de la terre *vegetale*, séparez toutes les petites pierres, puis mettez dans un pot de terre qui soit percé au fond & l'exposez à l'air en tems de pluie, dans un mois vous trouverez des petits vers & des limaces, *voila l'animal*, des herbes *voila le végétal* & des petits cailloux *voila le minéral*. Ensuite prenez cette même terre, séparez-en les trois régnes, faites passer de l'eau chaude sur votre terre & remettez-là dans le même pot, dans le même lieu, tant de tems qu'il vous plaira & votre terre ne produira rien du tout. C'est ce sel qui cause la génération par le moyen duquel on peut faire des merveilles sur la terre, estant marry de n'avoir permission de celui qui me l'a communiqué de n'en dire d'avantage. » Voila un fait qui d'abord mériteroit d'être vérifié très-scrupuleusement & qui, lû par des Alchimistes, a servi à échaffauder les merveilles qu'ils nous récitent avec le ton de l'ignorance. Le même Beguin donne une méthode pour retirer le mercure de l'argent ; d'une once d'argent fin il assure qu'on en extrait une demi-once de vif argent. Si ce fait étoit véritable, certainement le mercure seroit un des principes constitutifs de l'argent ; ce sont des faits de cette nature dont on ne sçauroit trop douter, mais qui mériteroient d'être répétés avec la plus scrupuleuse exactitude, afin qu'on n'y pensât jamais, c'est ce que la saine Chymie doit faire pour anéantir les faux Chimistes.

VII.

Alteram similiter rejicimus in quantum statuit inter mineralia, ex quolibet fieri posse quid libet, & ex vegetabilibus, artificio quodam, fieri metalla, & (quod magis arduum est) electione nostra, determinata. Item, & in quantum rectorem internum, & semen metallicum negligit, adeòque secunda interpretatione, propositio nedum falsa erit : sed & impossibile includet. Videlicet cùm homo nil aliud queat, quam applicare activa passivis, separare scorias indè emergentes, juxtà & fovere, calore externo, activitatem inceptam : sequeretur, quod subdicta interpretatione. Homo per imaginationem, aut externo suo adjumento, possit introducere ad libitum suum, formam quamcunque. Adeòque non ex determinato, determinatum, sed quidlibet ad nutum nasceretur.

VIII.

Respexerunt, Sapientes in propositione, eos, qui ex primis quatuor elementis, aut indebita materia, lapidem fabricare annitebantur. Dicentes idcircò, vanum laborem artificis, quotiescumque non assumeret materiam à natura præparatam, & quidem taliter, quod ipsi inhabitaret verus opifex, seminalis Archeus, quem proinde formam substantialem, tanquam causam pro effectu denominarunt.

IX.

Respexerunt inquam Philosophi, Aristotelis ignorantiam, qui Archeum (2) non agnoscens, putavit fictitiæ materiæ hyle, inhabitare dispositionem ma-

_____

(2) L'Archée Ἀρχή c'est le principe des Chimistes, le cinquieme Elément de Palissy, *Archeus seminalis, principalis genitor, opifex rerum,* l'esprit générateur qui existe

terialem

teriálem (quam ejus potentiam nominat) ad omnes & quaslibet formas, adeoque formam essentialem, inde gradatim deduci ratus est. Causam nimirum efficientem omnem, externam putavit : atque ideo efficientem Archeum internum & seminalem illum spiritum, pænitus in generationibus rerum, causisque naturalibus neglexit, omisit. Usque adeo erroris ansam asseclis præbens, qui artificio suo, fotus, & sua intentione putarunt rem unamquamque determinare : & in hyle sua eorum producere dispositiones materiales, ad nutum suum, unde tandem intenta forma, necessario affluat.

Le Baron de Beausoleil

X.

Philosophi igitur in propositione, sub nomine formæ substantialis, non aliud voluerunt, quam Archeum

dans toute la Nature. En travaillant dans les mines les Chimistes ont découvert les phénomènes surprenans qui sont répandus dans leurs ouvrages. Lorsqu'on aura réuni la Docimasie à la Physique, on parviendra facilement à découvrir les paralogismes des Alchimistes qui ont abusé de leur sçavoir, en composant les discours entortillés de leurs ouvrages. C'est ce que dit le Baron de Beausoleil : *huic jubemur ire ad Fodinas non quidem ut naturæ operationem observemus & imitemur : sed duntaxat ut materiam propinquam & idoneam inde desumamus.* V. XVIII. Leurs axiomes obscurs pourront se réduire à des résultats clairs : lorsque nous aurons observé les mêmes faits, nous aurons sur ces ouvriers, les avantages d'une raison simple, d'une Physique éclairée & enfin la charlatanerie de moins, qui étoit alors inséparable de leurs principes.

Les Chymistes ont des choses qu'ils ont profondément examinées : ce sont les Minéralisateurs, la doctrine de la fermentation, le traitement des métaux, les effets du feu, de l'air, de l'eau, &c.

S

Le Baron de Beausoleil.

seminalem. Quia scientia habet non errantem, qua fines, modos, figuras, proportiones, & omnes proprietates specificas, novit, ac juste architectatur.

XI.

Hunc nempè Archeum, artifex nequit ullatenus introducere, aut mutare ad libitum : destruere quidem potest. Hinc vetitum, ne qua admistio rei extraneæ, & quæ non sit de intentione naturæ, cum materia ex qua, lapidis, fiat. Imo ignis fervor nimius strictè interdicitur, ne germen, id est, Archeus, comburatur.

XII.

Ubi igitur deficit Archeus, ubi forma essentialis Archei comes, est diuersa in simplicibus. Ibi quoque omnes proprietates essentiam consequentes, sunt necessario diversæ : cum sint formarum effectus, indicia, pedissequæ & organa.

Igitur, cum forma, ultimate in generationem superveniens, presupponat dispositiones determinatas in materia ; sintque eæ, venturæ formæ satellites, necesse est, easdem habitare (si præexistant in subiecto, prout ipsum necesse est) in quodam formæ substantialis præexistente precone, Vicario. Id est Archeo, qui cum sit principalis generator, generationique totius opifex : necesse est, in specie differentibus subjectis existere quoque specie differentem Archeum. Eum idem manens idem, semper natum sit producere idem, & non alienum. Quod axioma tantum de Archeo subauditur. Siquidem forma generantis, nil generat, cum sit externa generato. Neque enim animæ, animas generant.

XIII.

Non enim malus, rosas fert, nisi insititias ac spurias. Herba enim virens, adferat semen, & fructum juxta naturam suam, & non alienam vel adulteram. Vetatque ideo Deus variorum animalium commistionem.

Le Baron de Beausoleil.

XIV.

Igitur, Deo horrida monstra generabunt, quotquot, diversa specie subjecta connectavit, utcunque fermentatione, unitatem mentiantur. Imo incassum laborant, qui materiam alibi venantur, quam e rebus in quibus est per naturam. Quippe formam substantialem sine Archeum, artifex nec condere nec introducere potest.

XV.

Denique etsi possibile foret, naturam extra germen, & naturam suam, proficere : attamen quia esset ad longinquius ire & præterire propinquum, actus agerent.

XVI.

Metallico itaque principio opus habemus, & non alio & quanquam in singulis, hoc principium insit, & hactenus in cunctis ars sit possibilis. Proxime tamen in mercurii metallici hospitio habitat. Non tamen ex mercurio solo operandum. Siquidem metalla non disponuntur per se & solo igne sufficienter, ut germen illud edant quod intus latet & sub quod Archeus clauditur.

XVII.

Nec sufficit mercurius metallicus, licet propinquissimum artis subjectum, nisi simul adsit compar suum. Idcirco sumenda est materia supra terram, ex qua infra, natura paululum operata est. Id est, materia quæ in se habeat sulfur & arg. vivum solaria. In quibus nimirum Archeus ad solem accinctus insit. Cum homo nequeat introducere Archeum, neque actu elicere ex re quod in ea non est potentia.

XVIII.

Le Baron de Beausoleil.

Huic jubemur ire ad fodinas, non quidem ut naturæ operationem (quæ nimis lenta & secreta est) observemus, & imitemur ; sed duntaxat ut materiam propinquam & idoneam inde desumamus. (2)

---

(2) La Nature est souvent troublée dans ses opérations, dit M. Lehmann, avant que d'avoir achevé son travail dans les mines. On trouve assez communément.le *Guhr*, qui est une substance blanche comme du lait, épaisse, qui se durcit à l'air, & qui souvent est de l'argent pur ; les Mineurs disent alors : *nous sommes venus de trop bonne heure.* Le grand Boerhaave a parlé de cette substance dans plusieurs lettres manuscrites à M. le Baron de Bassand, premier Médecin de François I , Empereur. Dans celle du 3 Octobre 1732, il dit.

» Excussi omnes ferè auctores Principes qui commen-
» tati sunt Historiam metallorum. Aiunt hi uno ore de-
» prehendi in matrice Saxea metallorum primo humorem
» pinguem, Spissum, adipis instar ; coloris verò, ut plu-
» rimum ex flavo viridiscente, quem Germani fossores
» proprio vocabulo *Gurh* appellant. Ex hac, coagulata
» per naturæ coctionem oriri metalla quæcumque ut ex
» materiæ suâ proximâ. Certè omnium Princeps *Georgius*
» *Agricola*, eximius quoque *Mathesius* in Sarepta, *Para-*
» *celsus*, *Helmontius* dissertissimè ita narrant. Id si verum
» constanter erit, tum falsum videretur dogma ex igne
» & argento vivo conflari naturaliter metalla ; vel ex sul-
» phure & mercurio, ut omnes ferè *patres chemici*....
» videretur sic potius vitriolo similem proximam metal-
» lorum materiem trahendam, quam argento vivo. Res
» memoratu digna & inquisita scitu utilis ex iisdem di-
» dici *bismuthum* pulcherrimum in fodinis maturescere in
» sincerum argentum. »

Le 8 Décembre 1733, ce grand homme disoit » Aiunt
» Orectographi in venis metallicis reperiri intra solidæ
» saxa materiem viridiscentem, mollem, instar butiri
» pinguem spissam, quæ coctione subterranea fit verum

XIX.

Aurum, finis naturæ metallicæ ultimus tempore, digestione & intentione non enim ex auro, deinceps quicquam efficere intendit. Ergo in auro, effoeta, & elaborata propemodum est vis Archei, jam velut senescentis. Sumenda est ideo minera cruda, & viridis adhuc. Id enim vinum appellant laurum ac merito est. Suadent que idcirco desumendum virgineum non unde nobilium vasa cuduntur, non denique quod ignem unquam aut artificis manum exploraverit.

Le Baron de Beausoleil.

» metallum absconditum intra eadem saxa. Hac in re
» omnes concordant cogitari an non talis materia pri-
» migena auri foret verum aurum potabile viribus adeo
» decantatis nobilitatum? »

Le 31 Août 1734, il écrivoit » Sunt ne in Fodinis
» Cæsarianis viri experti qui sincerè & verè possint ex-
» perti dicere quânam specie prima metallorum materies,
» nondum malleabilis, in venis reperiatur? Est liquamen
» quoddam quod *Guhr* vocant, instar pinguis quasi sebi.
» Id Agricola ait, coctione naturæ caloreque subterraneo
» perfici in metallum maturum perfectum que. Id non
» potui unquam videre, vel mihi comparare, forte exa-
» mine talius rei certius quid sciri posset de *metallorum*
» *transmutatione*, forte virtus medicata in ea quæ tam
» operose in metallis potalibus quæritur. Enfin dans celle
du 31 Décembre 1734, on lit : » Dum undique scriptores
» veros de re metallica excutio, deprehendo ubique eos
» tradere in durissimis saxis cerni spissum unctuosum sa-
» ponis instar liquefacti, humorem metallicum, coloris
» ex viridi flavescentis, qui durescens reddit verum qui
» adeo esset prima metalli materies in quo solubilis at-
» que fossoribus appellari *Guhr*. Res foret hæc scitu digna
» nùm scilicet virtute medicata esset præstans, si reperta
» sciretur facilè. »

On voit combien ce grand homme auroit desiré de connoître les mines.

Le Baron de Beausoleil.

XX.

Si itaque aurum resolvatur in pinguedinem in vitriolum, in butyrum tincturam imo in mercurium & sulphur. Necessario languidus & fere exoletus Archeus senilis inde deprometur. Unde non nisi debilem fœtum expectare convenit, nec projectionem peculiosam : sed talem duntaxat, quæ corporis destructi, compensationem, sine propagationis fœcundo fœnore, dederit. Quia nempe Archeus in auri generatione ad finem destinationis suæ, jam decurrit. Nec profecto ad ulteriorem perfectionis gradum fatiscente vita Archei, aurum laborum tædio unquam proficiet.

XXI.

Nec refert vegetabilium ramulos, subinde edere Archeum propagationis studio incumbentem, quoniam alia est vegetabilium generatio & multiplicatio, quam quod eam metalla ad amussim referant. In uno quoque regno scilicet, alius fuit generationis ut usus; ita processus vegetabilia namque sine satoris auxilio sola humectatione, sponte plerumque germinant. Et cæpæ tabulatis pendulæ, per se prosiliunt. At metallicæ procreationis, non eadem fuit necessitas, non eadem lex.

XXII.

Atque idcirco, sacra habent, non quod unaquæque herba proferret semen (sic nempe & metallum, protulisset semen, quia herba est sui regni) sed unaquæque herba virens. Unde liquet & metallum virescens, nondum repagulis coagulationis conclusum, nondumque ad stadium destinationis deventum, semen etiam proferre. Quod benignitate Creatoris, soli artifici, non autem naturæ substratum est. Ut ex inde videlicet, subductis fecibus, metallici inquinamenti occasionibus, semen illud sospes nanciscamur, unde tandem queamus seminare, non per longuam dispositionum alternantium seriem, tædiosamque patientiam, sed in ictu oculi plantam proferre ad similitudinem, Archei illius, unde dimanavit.

Le Baron de Beausoleil.

XXIII.

Vanum quoque intendunt plurimi, per fermentationem nimirum, res alienas, auri resoluti imperio subditas, in metallicæ, indolem transplantari posse. Utpote fermentum, nil substantiale generat, quod antea non fuit : sed solam introducit alterationem & dispositionem, accidentalem : eamque nondum in quævis subjecta, sed duntaxat in habentia symbolum. Sic quidem fermentum, farinam fermentat, & in fermentum mutat quod non est extra speciem suam, nec item fermentum, animalia, lapides, ac metalla fermentat.

XXIV.

At si ex vegetabilibus naturam animalem & ex utraque naturam mineralem, subinde sibi fabricet natura : non id sanè per fermentationem, tanquam transmutationis formalis effectricem, sed per veram generationem substantialem, efficit. In qua prorsus necesse est priorem Archeum, virtute, & idea formali prius exui, per Inferioris harmoniæ dissolutionem, vel prioris Archei expoliationem (duo namque rectores, in eodem subjecto, se minime compatiuntur) Archeus etenim exolescens, cum ad finem laborum, & destinationis pervenerit, ulteriore scientia regendi, duratione, & destinatione destituitur, & nudum fit, simul cum mole corporea, cui præsiduit, novi Archei substerniculum in nutritionis, generationisque novæ cujusvis lithurgia, necessarium.

XXV.

At quia nobis ignotæ ac invisibiles formarum substantialium essentiæ, idcirco per ipsarum proprietates. Archeicas similes, formarum identitatem, similitudinem, absentiam, præsentiam & nomina, conjicimus. Nec licet ullatenus ex malleabilitate & ductibilitate, demetiri formam & essentiam metallicam. Sunt namque nimis materiales determinationes, ad formæ vel definitionis essentialis constitutionem prorsus impropriæ. Adesse etenim & abesse possunt, citra subjecti corruptionem. Quinimo ipse lapis gloriosus (forma informans aureitatis) totus est immalleabilis, imo aurum, prius ad mallei ictum extensibile, frangibile, atque friabile facit, si in medicinam ipsum convertat. Itaque ab interioribus potestatibus vitalibus, id est, ab Archeo formæ, formam dimetimur.

XXVI.

Sapientes itaque semper fermentum specifice unitatis cum fermentabili voluerunt, & inepta diversarum specierum fermenta hoc pacto quoque; mercurio ad natum est compar sulfur. Unde lapis, vaporabili artificio, ut aere commixtus tandem se ipsum blando calore dissolvit, & postremo fermentat. Et quamvis subinde corpora solis aut lunæ, dicantur fermenta improprie id nempe dictum est, & ad hoc scilicet, ut prima projectio instituatur, supra aurum & argentum : quò scilicet, omnem omnimodam, metallicam ultimatamque proprietatem nanciscatur metallum quod per projectionem transmutandum est. Ut ut est, sive aurum, sive ens auri primum; sive mercurius Philosophicus, vel ejus sulfur, vel elixir, fermentum dixeris. Idem est, & ejusdem speciei subjectum ab eodem ad idem recursus & respectus uniformis, perpetuus & univocus.

XXVII.

Quinetiam custoditur fermentandi lex interrupta minime, quæ, ut neque ad genere diversa protenditur, ita neque permittit fermentum ullam generationem aut nutritionem veri nominis (tametsi appositionem novæ materiæ complectatur & incrementum) comprehendere prorsus. Cum non sit transsubstantiatio inter fermentandum, nec progressus à non ente, ad ens; sed ab ente, ad ens, non quidem formalis, sed accidentalis perfectionis, aut inferioris qualitatis alterativæ participatio duntaxat.

Le Baron de Beausoleil.

XXVIII.

Colligimus itaque si fermentum sit de natura auri: & fermentabile quoque debere esse.

XXIX.

Item si lapis, seipsum dissolvat, coagulet, fermentetque, ac variis colorum signaturis adornet, ipsum utique debere vivere, scientia quoque Archeica vitali dotatum, si jam dicta munia ordine quodam, & non præpostere explicet. Denique si justo acriore igne torreatur, rubedo ante nigredinem adverso ordine emergat, nobis in testimonium, Archeum tenerum, & viridem surculum esse, non autem auri completum caudicem.

XXX.

Decoctionem autem ejusmodi volumus, quæ naturam excitet, & promoveat. Qualiscumque vero fuerit ignis, modo sub custodia formæ substantialis, sive rectoris Archei conservatione incedamus, perinde censemus. Seminali namque ente per ignem, aut alienæ rei permixtionem semel violato, omnis spes laboris deinceps intercidit damno irreparabili.

XXXI.

Concludimus tandem, materiam à natura factam, artifici substratam unde incipiat, & taliter quoque ab eadem præparatam, ut omnia intra se contineat, quibus opus habet, frustraque exterius adminiculum excitatum iri, nisi intus vitalis moderator spiritus seminalis assistat fidus comes. Hanc itaque materiam, artifex elaborat, ex ea separando sordes in opere primæ præparationis, idque per divisionem materiæ in duas sphæras, & multiplicem contritionum reiterationem quæ lavet igne & successive per aquam comburat divisa ac depurata, postremo reconnectit inseparabili thoro, excluso peregrino quovis hospite, eidemque nil addendo aut detrahendo, fovet tepore justo in scenæ finem usque.

XXXII.

Nec posse esse nisi unicum naturæ creatum, in quo proximè sit requisitus Archeus viridis & fertilis. Quod ut variis nominibus contegunt, ita unitate & identitate Archei dicunt posse perveniri ad veram illius cognitionem.

FINIS.

Reflexions sur le Grand-Œuvre.

Les Anciens ont connu plusieurs méthodes pour la séparation des métaux. Ils purifioient l'argent par le nitre comme on l'apprend du verset VII du Pseaume XI de la Vulgate, qui est le XII de la version Hebraïque & le XIV. de la version des Capucins, où on lit, *dicta Jehovæ, dicta pura sunt; argentum purgatum in catino lectissimo terræ defæcatum septies.* Passage qui nous apprend l'usage du nitre chez les Juifs, car ce n'est que par le nitre que l'argent peut être purifié dans le creuset.

L'ignition ou la fusion de l'or & de l'argent, tenu très-longtems sur le feu, operation longue pour l'or, très-défectueuse pour l'argent, dommageable lors qu'on traitoit le métal appellé *electrum*, est décrite dans Geber; il en est question dans les Proverbes de Salomon, Ch.

XXVI, verſ. XXIII. *Ut argenti ſcoria obducta teſtæ*, ce qui eſt de la litharge.

La cementation, opération très-connue, n'étoit pas la même chez les Anciens qui ont parlé du traitement des métaux ; ils varioient beaucoup de Nation à Nation & de fonderie à fonderie, par les ingrédiens dont ils formoient le ciment. Conſéquemment elle étoit incertaine & moins utile, par la nature des ingrédiens inutiles qu'ils y faiſoient entrer ; par l'abus des ſubſtances combinées qui agiſſoient ſur l'or autant que ſur l'argent. Il auroit fallu employer le ſel marin pour l'argent & y joindre le nitre & le vitriol pour l'or. Comme Geber en parle, ainſi que Bernard le Comte natif de la Marche Tréviſanne, en 1390, tous les Alchimiſtes en ont fait mention dans leurs livres, c'eſt la ſeule pierre Philoſophale décrite dans leurs Traités. Toutes ces méthodes étoient coûteuſes & plus ſecretes encore, expliquées aux ſeuls élèves, dans des termes abſtraits & remplis d'énigmes auſſi variées que les différens Maîtres. D'ailleurs comme l'ignorance de la Chymie les rendoit ineptes à une infinité de choſes connues actuellement des moindre Elèves ; il arrivoit que tatonnant ſans ceſſe, ils faiſoient des découvertes importantes. Il a bien fallu que les premiers Légiſlateurs de la Chymie, ayent fait croire qu'on pouvoit faire de l'or afin que cette recherche pût engager à découvrir les moyens de rendre l'Art de la Métallurgie avantageux aux Etats.

Il n'y avoit que des gens riches qui pouvoient ſacrifier des ſommes prodigieuſes afin de parvenir à cette *myſtification* dont beaucoup de gens ſont encore capables.

Deux opérations plus ſures, & qui peut-être ne ſont point encore déclarées être les ſeules que l'Art pourra nous enſeigner, ont rendu preſque juſqu'à nos jours, beaucoup de perſonnes dupes de leur fauſſes théories. C'eſt la coupellation & le départ par l'eau forte & l'eau régale. *Noviter reperta fuit la copella* dit Pancirolle. L'affinage par la coupelle eſt déja ancien dans les Cours de Monnoyes ; c'eſt ce qu'on apprend de l'Ordonnance de 1343, donnée par Philippe de Valois, » le Général eſſayeur ou l'eſſayeur » particulier, doit avoir bon plomb & net, & qui ne

» tienne or, argent, cuivre ne foudure, ne nulle autre
» communication, & de celui doit faire essay, & sça-
» voir que tient de plomb, pour en faire contrepoids à
» porter son essay. » Avant cette découverte, on laissoit
l'or & l'argent dans le cuivre & dans le plomb en grande
quantité. Les couvertures en plomb d'anciennes Églises
ayant été mises au départ, il en est souvent résulté un
profit considérable. De nos jours le cuivre de Baigorry a
enrichi le Directeur de la mine de Saint-Bel qui lui donnoit un nouveau traitement. C'est à ces abus qu'on doit
la croyance populaire, que le plomb ou le cuivre devient or ou argent, lorsqu'il a vieilli sur les toits des anciens édifices. A l'égard de l'eau forte, il ne faut pas la
confondre avec des eaux plus ou moins acides que les
Alchimistes ont connues par hazard, sans utilité réelle
pour les Arts, puisqu'ils n'avoient point de formule certaine & d'application déterminée : elles ont causé toutes
les receptes métalliques qu'on lit dans leurs Ouvrages,
elles ont enrichi les Vénitiens qui faisoient l'eau forte
& l'eau regale pour toute l'Europe, ensuite les Hollandois ; mais elle n'a été connue à Paris que par le Cointe
vers 1518. Après sa mort, son fils vendit ce secret aux affineurs de la Monnoye, qui gardèrent le silence jusqu'à
la création de la Communauté des Distillateurs qui
dans le milieu du dernier siècle s'emparèrent des eaux
fortes & ensuite tous ceux qui ont pratiqué la Chymie.

La précipitation de l'or par l'antimoine, commence à
être connue dans Basile Valentin, Benedictin moderne,
puisqu'il guérissoit les maladies vénériennes. Il est le
premier qui en parle : je ne doute pas que parmi les anciens Chymistes, il ne s'en soit trouvé qui ont sçu de
véritables procedés, mais souvent il a fallu les découvrir
de nouveau, parce que malheureusement ils se sont perdus avec eux. Ils écrivoient avec des emblêmes méta-
phoriques, où ils sont morts avec leurs secrets.

Les Chymistes, multipliants leurs écrits, & par consé-
quent leurs connoissances mutuelles se sont éclairés insensiblement. Toujours persuadés qu'il y avoit un Art
de faire de l'or, ils en ont souvent retiré du lieu où la
Nature l'a placé, par les nouveaux départs que la communication leur faisoit connoître ; ce qu'il y a de plus sin-

gulier, c'est qu'ils croyoient le faire, ou que d'autres en avoit fait sous leurs yeux. L'on me pardonnera d'égayer le Lecteur par l'extrait de plusieurs faits de cette nature, que je vais abréger & qui sûrement feront plaisir aux personnes sensées : ils sont consignés dans le *Commentaire de Henri de Linthaut Sieur de Montlion, Docteur en Médecine, sur le trésor des trésors de Christophe de Gamon neveu & augmenté par l'auteur* 12°. Lyon 1610. 180 p. non compris la Dédicace au Roi d'Angleterre & une mauvaise Ode Françoise. La premiere édition avoit été dédiée à la Reine Elizabeth, par Linthaut, alors dans sa premiere jeunesse : ce Gamon Poëte François, a publié une *Semaine ou Création du monde contre du Bartas*, 12 Lyon, 1610.

Linthaut veut qu'on croye à l'Alchimie, mais il est furieux contre les imposteurs. Il est persuadé que ce Poëte, qui n'étoit peut-être pas plus riche qu'un Peintre, a écrit de l'Alchimie comme l'Adepte le plus instruit ; il y a apparence qu'il n'y pensa jamais, mais il en orna ses vers. On lit p. 16 qu'Albert au Livre des minéraux, dit que l'or se trouve par tout, parce qu'on ne voit aucune chose élémentée, dans laquelle on ne trouve naturellement l'or au dernier raffinement. Proposition vraie jusqu'à un certain point & que Becher a soutenue par des expériences, mais qui prouve beaucoup contre les Adeptes.

P. 65, il cite François Pic, Prince de la Mirandole, Liv. III. Ch. 2. depuis peu d'années est décédé Nicolas de la Mirandole frere mineur, lequel selon *le témoignage de plusieurs*, du cuivre a fait de l'argent & quelque peu d'or *en Jérusalem*.

Un Prêtre de l'Ordre des Frères Prêcheurs, n'a pas craint d'affirmer qu'il savoit vingt-quatre moyens infaillibles par lesquels il faisoit de l'or. Il étoit écrit en un Temple, à Rome, AURI EX PLUMBO COLLECTORI.

Un personnage de mes amis, en ma présence, a fait de l'or & de l'argent plus de soixante fois par les choses métalliques & n'y est parvenu par un moyen, mais par plusieurs.

J'ai vû une eau metallique, engendrant de soi-même de l'or & de l'argent, sans y ajoûter or ni argent, soufre ni mercure.

J'ai vû tirer l'argent du cuivre, par la force d'une certaine eau; il y en a un qui tire, quand il lui plaît de l'or de ses petits fourneaux & le vend publiquement pour fort bon or, & celui-ci est assez bien moyenné.

J'ai vû souvent transformer le mercure du plomb & du cuivre en bon or & argent.

J'ai manié de mes mains & vû de mes yeux l'or lequel en ma présence avoit été fait de l'argent, dans l'espace de trois heures, sans changer l'argent en eau ou en mercure.

Au témoignage de Pic, le Seigneur de Montlion ajoûte qu'il a vû tirer de l'or & de l'argent d'une certaine eau minérale : on comprend aisément que le Prince & le Médecin avoient vu faire le départ de l'or & de l'argent, & que tous deux étoient des ignorans.

Le Prince continue & assure qu'on a vû à Venise un homme qui avec de la poudre de la grosseur d'un grain de poivre, a transmué une grande quantité de vif argent en or.

Un des sujets du Prince, a converti une once d'argent vif en or par un grain de matiere, en présence de trois témoins.

Un autre transmuoit l'argent vif, en argent qui contenoit aussi de l'or. Le Prince a vû de l'huile de cinnabre produire de l'or & de l'argent en petite quantité. Linthaut a vû du cinnabre artificiel, transmué en argent. Et moi je vois qu'il n'ont point vû préparer les matieres, qu'ils n'ont point vû les charbons creux, les baguettes de fer creusées, les creusets à double fond, & que le Prince & le Médecin sont deux ignorans. Un Adepte a écrit cet axiome, *qui sait notre cuivre, sait tout, bien qu'on ne sache le reste*. Je le crois bien, cet Auteur étoit plus malin que ceux qui ont cherché la pierre Philosophale dans ses Ouvrages. Les Alchimistes ont souvent fait des opérations qu'ils ne sçavoient point faire en tatonnant leur pierre Philosophale.

Linthaut p. 85, parle de ceux des Alchimistes qui ont uni le vif argent commun avec le soufre commun. » J'en ai connu à Bordeaux lesquels ont tenu ce couple » nuptial & cristalin, ou au lieu d'un enfant légitime,

» ils n'ont engendré qu'une poudre bâtarde & un cinna-
» bre toutes-fois beau, mais qui n'étoit que pour payer
» le sel qu'avoit mangé en un mois l'un d'iceux... ils
» étoient trois en cette héroïque entreprise qui se par-
» tageoient entre eux le tems de leur sentinelle de trois
» en trois mois pendant trois ans, sans bouger d'auprès
» du fourneau.

» La même farce a été jouée un long tems, par un
» grand Seigneur Allemand à la Haye en Hollande.

» Une Dame illustre d'extraction, auprès du Marchais-
» noir en Beauce, fomentoit cet embryon, usant du feu
» de flame un an entier. Desorte qu'elle disma tellement
» le bois de son mari, qu'il sembloit que la grande ju-
» ment de Gargantua s'y fût promenée. Mais le pis fut
» encore qu'elle n'enfanta que du vent. »

P. 154. *De l'or dans les médicamens.* » La jaunisse, gué-
» rie par leur poudre d'or ! voire comme la fille d'une
» grande Dame auprès de Castres en Albigeois, laquelle
» prit des mains d'un Charlatan se disant Dogmatique
» de la poudre d'or & de la limaille de fer, elle devint
» encore plus jaune. La rusée gouvernante attendit l'a-
» malgame fecal, elle le lava puis me le bailla. Je le
» fis baigner dans la fontaine de l'ancien Roi de Créte,
» (l'eau régale) puis passer par les foudres de Vulcan
» (la coupelle), l'or étoit de même poids qu'auparavant.

Venons actuellement aux matieres ridicules que ces
Chymistes employent pour parvenir au Grand-Œuvre.

Linthaut dit, p. 167, » Le premier Alchimiste a joué
» une belle farce en un Village de Hollande nommé
» Egmont sur mer. Ayant résidé longtems à Rome &
» retenu quelques passages de l'Écriture sainte & de la
» Physique, se fonda sur les principes de la création du
» monde : l'eau étant la premiere matiere dont Dieu fit
» la terre, il falloit aussi faire une terre de l'eau, y se-
» mer l'or & dedans le *retrograder en miniere.* Vénus étant
» née de l'écume de la mer, il en falloit prendre en la
» pleine Lune. Le Comte d'Egmont le vit un jour qu'il
» s'étoit mis jusqu'aux genoux dans la mer où il recueilloit
» l'écume des vagues. Ce Seigneur lui demanda ce qu'il
» vouloit faire de cette matiere, il lui conta avec une
» gravité magistrale son grand mystère avec force cita-

» tions des faintes lettres & plufieurs raifons ariftoteli-
» ques : car l'un n'eut rien valu fans l'autre, le Comte
» ne pouvant croire la folie de fon Philofophe, en voulut
» voir la fin : il remplit un grand matras de cette eau
» falée, l'ayant figillé hermétiquement : puis le mit à
» congeler fous un feu de lampe, je crois qu'il y eft
» encore après, tant il s'opiniâtra au contenu de fa
» recette.

Le fecond de Worden en Hollande, aimoit mieux be-
fogne faite » ayant lû un traité de Henri Conrad *de
Chao-Phyfico-Chemice-Catholico & magno*, & que le menf-
» true de l'or étoit chofe commune, il prit de la terre graffe
» & en diftilloit un efprit fulphureux, inflammable comme
» l'eau de vie; le pauvre diable penfoit déja être en Col-
» chos, mais la terre qu'il prenoit pour fon fujet, étoit
» une forte de mottes que les Hollandois nomment tourbe
» & n'y ufe-t-on d'autre chofe pour le feu.

» Le troifieme à Utrecht amalgamant l'or avec le
» mercure dans un matras à long col figillé, le tint trois
» ans à la reverbération du Soleil, le vrai feu des Phi-
» lofophes : c'étoit un anabaptifte ou plutôt un ane bâté.

Le quatrieme à la Haye ayant lû dans Hermès *honnorés
les pierres*, prit des cailloux blancs, les calcina & en tira
le fel, lequel il diftila en un efprit pour attirer l'ame de
l'or & produire le diffolvant radical mais en vain, comme
l'expérience lui montra.

Le cinquieme eft un *Gentleman* Anglois qui s'étant pro-
mené dans la grande fale de Wefmunfter, ayant vû les
vitres peintes où font repréfentés les faits de Jafon en
Colchos, y trouva un grand myftère; il fe mit à travailler
fur le verre rouge ou efcarboucle des Philofophes & s'y
eft fi fort opiniâtré qu'il a fervi de fable à tout le monde.

La fixieme fut une Demoifelle à quatre lieues d'Ab-
beville, qui ayant mêlé du foufre & du mercure les
mit blanchir au Soleil, en les arrofant avec une eau
qu'elle avoit tirée du fer; elle affuroit que cette mixtion
tourneroit en poudre rouge, qui feroit merveille fur les
métaux : fi elle avoit été unie avec l'anabaptifte ci-deffus
ils auroient été bien d'accord.

La feptieme étoit auffi une Demoifelle d'Angers, qui
entendant les Chymiftes ordonner de prendre le fang
d'un

d'un homme colérique voulut encore subtiliser ces paroles en disant que le sang d'un homme étoit incertain à cause des excès que l'incontinence fait commettre & qu'il valoit le sang d'un enfant colérique encore puceau, car elle craignoit peut-être de faire une pierre Philosophale vérolée. Si bien qu'elle épia l'heure qu'un jeune garçon vint demander l'aumône à sa porte pour le faire injurier par sa chambriere ; lorsqu'il fut bien ému, la Maîtresse vint l'adoucir & le persuada qu'il faloit lui tirer du sang. Ce qui fut fait & en telle quantité que cet enfant perdit la vue ; pour ce qui en est avenu depuis je m'en rapporte à MM. d'Angers.

La huitieme : un Coureur persuada un Seigneur auprès de Rennes en Bretagne que la matiere de la pierre se tiroit de la cervelle des oiseaux, selon Rippley lequel dit en ses douze Portes, que les oiseaux apportent la pierre. Secondé par de bons Arquebusiers, il dépeupla toutes les forêts du pays, distilla les cervelles avec son Art, mais il amalgamoit dans sa boisson la meilleure eau mercurielle de Bacchus dont la cave dudit Seigneur étoit toujours bien fournie.

Ceux qui écriront l'histoire de l'Alchimie doivent avoir pour but de retirer des ouvrages de ce genre, le progrès successif des connoissances chimiques & de la métallurgie. On peut diviser les Ecrivains en quatre classes :

1°. Sophistication.
2°. Transmutation.
3°. Purification.
4°. Multiplication.

La premiere est l'art d'altérer les métaux ; il en est souvent question dans les auteurs, plusieurs s'en plaignent & on sent que cet Art est prohibé parmi toutes les Nations policées : faire du laiton, colorer les métaux par des teintures ou des chaux, ne change rien à leur essence.

La seconde est composée de ceux qui veulent faire de l'or avec un grain de poudre jettée sur une grande quantité de plomb. Cette science est écrite en style de Prophéties, d'emblêmes, de figures, d'énigmes, &c ; elle a produit le verre, les pierres précieuses factices, les couleurs &c. Mais on peut en croire ce qu'on dit de la quadrature du cercle, *si Alchimia seu transmutatio metallorum est scibilis, nondum tamen est scita.*

T

La troisieme est divisée en trois sections 1°. Retirer par les méthodes des métallurgistes, une plus grande quantité d'or des métaux ou des mines. 2°. Mieux raffiner l'or. 3°. Le faire surement & avec moins de dépenses sur cette partie: on trouvera des choses surprenantes dans ces Auteurs.

La quatrieme n'est autre chose que *minera arenaria perpetua* dont Becher a écrit d'après eux.

Les Alchimistes sont dans la persuasion que la terre a dans ses entrailles une matiere commune à tous les métaux, propre à recevoir les différentes formes qui lui peuvent convenir, & que cette matiere étant échauffée, par la chaleur souterraine, pendant une longue succession d'années, elle se purifie & se liquéfie : ensuite elle se durcit & se congele. C'est peu à peu disent-ils que la Nature lente en sa génération acquiert enfin cette perfection où sont insensiblement amenés tous les êtres. Ainsi les métaux s'engendrent, & d'imparfaits ils deviennent parfaits : l'or tient le premier rang, l'argent & tous les autres suivent cet ordre. Ils ne manquent pas d'observations très-curieuses pour démontrer cette théorie ; mais lorsqu'ils ont établi ces principes, ils imaginent, sans expérience & sans preuves péremptoires, qu'avec l'art il est facile & possible d'imiter la Nature. Une seule difficulté les arrête : c'est de trouver la matiere requise & nécessaire pour engendrer les métaux ; car ils sont convaincus qu'en peu de tems ils feroient avec la chaleur d'un fourneau ce que la terre fait en plusieurs siécles. Voila le résultat de la théorie de l'Alchimie puisée dans tous leurs ouvrages : qu'on juge d'après cette base combien la pratique de l'Art de faire de l'or est absurde.

FIN.

VERITABLE DECLARATION
DE LA DESCOUVERTE

DES MINES ET MINIERES DE FRANCE:

Par le moyen desquelles Sa Maiesté & ses subiects se peuuent passer de tous les Pays Estrangers:

Ensemble des proprietez d'aucunes sources & eaux minerales, descouuertes depuis peu de temps à Chasteau-Thierry.

PAR DAME MARTINE DE BERTEREAU,
BARONNE DE BEAUSOLEIL.
1632.

A
HAVLT ET PVISSANT SEIGNEUR,
MESSIRE ANTHOINE DE RVZÉ,

Pair & Mareschal de France, Marquis d'Effiat, de Cheilly, Longiumeau, Baron de Sainct Mars, Seigneur de Gannat, & du Mesnil-Moley, Cheualier des Ordres du Roi, Conseiller en ses Conseils d'Estat & Privé, Gouuerneur & Lieutenant General pour Sa Maiesté en Aniou, Sur-Intendant General de ses Finances, & des Mines & Minieres de France.

MONSEIGNEVR,

Plusieurs causes vous donnent droict sur ce petit traicté : deux principallement. L'vne la qualité & le pouuoir absolu que vous auez sur le suiet : & l'autre l'estroite obligation que le Baron de Beausoleil mon mari & moi vous auons du pouuoir particu-

---

(*) Effiat étoit sans doute érigé en Marquisat-Pairie comme Saint-Florentin est érigé en Comté-Pairie, sans être cependant ce qu'on entend par *Pairie de France*, qui sont les Ducs ou les trois Comtes Evêques de Noyon, Châlons & Beauvais ; mais ce titre de Pairie à certains Marquisats ou Comtés semble être une dignité supérieure aux autres érections *non Pairie*.

lier qu'il vous a pleu nous donner, & en vertu duquel nous avons recognu les mines & minieres de ce Royaume : & les metaux & mineraux qu'elles contiennent. Je vous l'adresse & le vous desdie donc (Monseigneur) auec vne très-humble supplication de l'auoir agreable. Vous cognoissant en ce fait, très-prudent & iudicieux, vous en sçaurez très-bien iuger : & par votre bonté excuser les deffaults d'vne femme, sur vne matiere si epineuse & peu cogneue; seulement vous asseureray-ie (Monseigneur) que si vous daignez vous seruir de nos cognoissances & des moyens certains que nous auons en main de faire valoir ce que nous n'auons que descouvert. Vous pourrez promettre de voir vostre administration plus glorieuse que de tous ceux qui vous ont precedé, auec le moyen de rendre le Roy le plus puissant Monarque de la terre : le Royaume riche & très-abondant : & les François les plus heureux de tous les peuples : dont nous serons à tousiours pressez de rendre les preuues lorsque vous nous ferez l'honneur de nous le commander, sans alterer les Finances du Roy, & sans que nous vous importunions d'autre chose que du pouuoir : & seulement à des conditions plus que ciuilles. J'attendray l'honneur de vos commandemens, estant,

MONSEIGNEVR,

Votre très-humble & très-obeissante seruante, MARTINE BERTEREAU, BARONNE DE BEAUSOLEIL.

VERITABLE
DECLARATION
DE LA DESCOUVERTE DES MINES
ET
MINIERES DE FRANCE.

PLUSIEURS voyant au Frontispice de ce discours le nom de femme, me jugeront à mesme tems pluftoft capable de l'economie d'vne maifon & deflicateffes accouftumées au fexe, que capable de faire percer & creufer des montagnes, & très-exactement iuger les grands threfors & benedictions enfermés & cachés dans icelles. Opinion vrayment pardonnable à ceux qui n'ont leu les Hiftoires Anciennes, où il fe void que les femmes ont efté non feulement très-belliqueufes, vaillantes & courageufes aux armes, mais encore très-doctes en la Philofophie, & qu'elles ont enfeigné aux efcholles publiques, parmy les Grecs & les Romains. Je confeffe ingenuement la cognoiffance des mines eftre très-occulte, l'experience très-difficile, & la practique très-perilleufe, & que pour paruenir à vne parfaicte cognoiffance de toutes les particularitez neceffaires en cet Art, vne longue fuite d'années eft requife, la demeurance de deffus les lieux, & vne continuelle defcente dedans les puits & canaux des mines, auec

La Baronne de Beaufoleil.

La Baronne de Beausoleil.

vn quotidien exercice aux Officines des fontes, separations & espreuves : ce qu'ayant faict depuis trente années auec les plus honnorables charges qui soient parmi les offices de cet Art, tant du Saint-Siege Apostolique, de Sa Sacrée Maiesté Imperiale, qu'autres grands Princes Chrestiens : enfin mon inclination & celle de mon mari, portée au seruice du Roi très-Chrestien, des Ministres de son Estat, & de tous ses subiects, nous fist resoudre à le venir seruir, estant asseurée par plusieurs voyages que i'y auois faict auec mon mary, que le Royaume de France estoit plein de très-bonnes mines, & de toutes sortes de metaux & mineraux, où estant arriuée, i'eus l'honneur d'auoir vne Commission de Monseigneur le Mareschal d'Effiat, Surintendant general des Finances & des Minieres de France, soubs laquelle i'ai voulu, à mes propres fraix & despens, m'asseurer des lieux où estoient les mines, les meilleures & les plus faciles à ouurir, & qui apporteroient plus de profit à Sa Maiesté : pour cet effect i'ai voyagé six années continuelles par toutes les montagnes du Royaume, & dans les lieux où i'ai iugé pouuoir rencontrer quelque chose ; i'ai trouué quantité de bonnes mines remplies de metaux, & de très-bons & excellens mineraux, capables estant bien trauaillées, de rendre Sa Maiesté le plus puissant Monarque de la terre, en or, & en argent, & en toutes sortes de metaux & mineraux : j'en ai tiré de toutes des matieres suffisamment, qui sont auec moi ; & de toutes ay fait les essays en bonne quantité, pour recognoistre le degré de leur bonté, & quelle utilité en pourroit retirer Sa Maiesté, lesquels ont esté portés & monstrés aux Ministres de l'Estat, & à son Conseil, si bien qu'il ne reste plus que de commencer les ouuertures & mettre l'ordre requis à telles entreprises, que je feray quand il plaira à Monseigneur le Mareschal : mais voyant que Sa Maiesté a esté iusques auiourd'huy trompée par plusieurs personnes qui ont prins des commissions pour descouurir lesdites mines, & s'en sont très-mal acquittées, au preiudice de ses subiects & au mespris du Royaume lequel en est fourny auec plus d'abondance qu'autres pays, ie veux faire voir en ce petit discours que l'ignorance de ces gens-là a apporté vne grande perte aux finances de Sa Maiesté, soit de la perte du tems qui ne se recouure iamais, soit de la mauuaise croyance qu'ils ont donnée aux estrangers, & aux subiects, que les mines de France estoient de peu de valeur, & qu'elles cousteroient beaucoup plus à les trauailler qu'elles ne rapporteroient de profit, ce qui est neantmoins très-faux & digne de punition : mais pour faire voir clairement & ouuertement à vn chacun le manquement de ces gens la, & moyen d'esuiter leur finesse & recognoistre leur capacité, i'en diray mes sentiments en ce petit discours, fondée sur mes experiences.

La Baronne de Beausoleil.

Plusieurs discourent des mines, des metaux & mineraux qui s'y peuuent trouuer dedans, mais comme les aueugles iugent des couleurs par le rapport d'autruy, qui n'en ont eu non plus qu'eux la cognoissance, ou par des (1) *Memoires delaissés de ceux qui n'ont pu paruenir à leur cognoissance*, ny ouuerture, & soubs ces imaginations se forment des idées platoniques, & proposent ce qu'ils ne sçauroient faire, & ce qu'ils n'ont iamais veu faire ; desquelles propositions quelques vnes estant tombées entre mes mains, examinées & recogneues, i'eusse iugé estre coupable de la punition diuine & des hommes capables en ce mestier, de les laisser

---

(2) Il est question ici de François du Noyer & de Malus.

La Baronne de Beausoleil.

courir plus auant, fans en monftrer les deffectuofitez, puifqu'elles importent au Roy & au Public.

Premierement leurs propofitions font clairement voir & paroiftre qu'ils ne parlent que par autruy & par des Memoires de perfonnes mortes, lefquelles n'ont iamais efté recogneues, n'y eu aucunes charges, ny offices dans nos diuines fodines, foubs quelque Prince de la terre que ce foit, fi bien que de les croire, ce feroit s'embarquer dans vn long voyage, laborieux, & de très-grande defpence fur vne fimple planche de fondement, & abufer de l'immenfe grandeur de Sa Maiefté, & prodiguer fes finances trop legerement.

Ils parlent des lieux où ils n'ont iamais efté, ils trauerfent les entrailles de la terre dans l'imagination de leur efprit, & s'ils ne furent iamais au fond d'vne mine, qui fait fremir fouuent les plus hardis efprits, fi vne longue pratique ne les a affeurez, au peril de leur vie à toute heure du iour.

En premier lieu, ils difent que dans les montagnes de France il y a d'innumerables threfors, mais qui le leur a dit : ce n'eft pas par fcience qu'ils ayent appris dans les mines, ny moins par leurs inftrumens neceffaires à telles recherches, car ils ne les ont point, & quand ils les auroient, ils ne les entendent pas, & par la feulle veue cela ne fuffit pas.

En fecond lieu, ils difent que les Romains dans la fplendeur de leur Empire, en ont tiré tous les ans quatre millions d'or, fans ce qu'ils tiroient de l'argent, & d'vn nombre infini des autres metaux & mineraux : comme du cuiure, de l'eftain, du plomb, du fer, & du fer propre à reduire en acier, du vif argent, foit en cinabre ou autrement, de l'afur, du vert d'afur, du vitriol, de l'alun, de l'ocre, du faffre, de l'emery, de l'orpimant rouge & iaune, de l'antimoine, du bol, de la calamine, du talc, du foulphre, & de toutes fortes de marcaffites, du marbre de toutes couleurs, du porphire, de l'albaftre, du criftal, des turquoifes, des amatiftes, des agates, des lapis, & autres mineraux : mais qui leur a dit, où font les procès-verbaux qu'ils en ont faict deffus les lieux, & les effais qu'ils en ont tiré, en prefence de qui, & où font tant de fortes de mines & mineraux, que ne les a-t-on apportées au Confeil de Sa Maiefté, ou à Monfeigneur le Marefchal. Ils difent le tenir des Hiftoires, & principalement de Pline, qui a efcript la plus grande partie de fon Hiftoire, fur des memoires, & par ouyr dire comme eux : eft-ce pas chofe digne de rifée de faire telles propofitions, il falloit auoir veu, obferué, recognu, & experimenté, & s'ils l'auoient fait, ils auroient dit plufieurs chofes fur ce fubiect defquelles ils ne parlent point.

La Baronne de Beaufoleil.

Ils difent en troifiefme lieu, que les memoires qu'ils en ont, leur ont appris, mais les particularitez qu'ils rapportent de cefte multitude de montagnes, (fi promptement courues) & l'adiouftement des enfeignemens qui leur en ont efté donnez, iuftifient clairement qu'ils n'en ont aucune praticque, puifqu'ils ne parlent pas dans les termes de l'Art.

Ie laiffe foubs filence, & comme chofe inutile, leurs difcours pour perfuader ce trauail & ces belles obiections qui fe font à deffein.

Comme auffy ces facilitez de parfaire leur entreprife, me contentant de dire là-deffus, qu'ils parlent trop generalement, trop legerement, trop hardiment, d'vn faict du tout important : mais ils ne difent pas le pouuoir faire, & n'en donnent aucunes preuues, qui feroient neantmoins très vtiles & neceffaires pour les faire croire capables d'vne fcience où la practique & la cognoiffance leur defaut. Je les

La Baronne de Beausoleil.

conseille charitablement d'aller seruir les Officiers des mines de Hongrie, à Schemnis, (2) & là faire leur apprentissage dans la mine du Bibertollen, qui a huit cens toises de profondeur.

Il est certain & aduoué de tous ceux qui ont la cognoissance des mines, qu'il n'y a aucun metail dans sa matrice sans meslange : l'heterogene estant tousiours meslée auec l'homogene : & qui le contredira, ie m'offre à le vaincre par demonstration. Je dis donc qu'il ne se trouue que très-rarement du plomb qu'il ne tienne d'argent & n'en est iamais trouué qu'en Pologne, à la mine de Kakaray, duquel les esproueurs aux officines de Chremis, Sche-

---

(2) Les mines de Schemnits en Hongrie, furent visitées en 1611, par notre Chimiste Jean Beguin qui alloit pour s'instruire en la connoissance des minéraux. Dans son discours, il est question de toutes les espèces de vitriol : « le Cyprien & le Romain à bon droit sont suspects, car » ils sont diuersement sophistiqués, & pour celui d'Hon- » grie les Marchands François & Allemands nous ven- » dent un certain vitriol bleu & par fois verdâtre, mais » diaphane, pour le vitriol de Pannonie & mentent im- » pudemment... Car l'illustre Seigneur de *Bloenstein*, » Général des minieres du Royaume de Hongrie, de sa » courtoisie m'assura qu'il se trouuoit là deux sortes de » vitriol, l'un blanc & fort alumineux, duquel ils font » des eaux fortes ; l'autre bleu plus excellent dont la » mine très-abondante n'est point exploitée. Le meil- » leur de tous les vitriols, est celui qui se tire du cuivre » par le moyen de l'eau commune, ajoute cet Auteur. »

Il y a, dit Palissy, à Montpellier, certaines eaux qui réduisent le cuivre en verd de gris ; & tout auprès d'icelles, il y a certaines eaux où l'on n'en sçauroit faire. Ce fait doit être vérifié par une personne instruite & il ne faut pas croire à la note de la page 339 de notre édition de Palissy, sans un nouvel examen.

MINÉRALOGISTES. 301

mnis, & Neufol en Hongrie, s'en feruent pour faire leurs effais : auffi il n'y a point de cuiure qui ne tienne d'argent, & bien fouuent d'or & d'argent : comme la mine de Neufol, qui depuis quinze cens ans eft trauaillée, & rend encore chaque année tous fraix faits deux milles Richedales à Sa Sacrée Maiefté Imperiale, comme je feray voir par les cedulles de la Chambre dudit Neufol, *figné Rozé* Lieutenant du Baron de Beaufoleil, pour Sa Maiefté Imperiale : fi bien que ceux qui ignorent le principe des metaux, leur flus & feparation dans le fourneau du grand teft, perdent vn grand bien, & vendent le fin or & argent auec leur plomb & cuiure, & auec, les autres metaux meflangés, & au lieu de trouuer du profit, ils trouuent de la perte : & au contraire, ceux qui par vne longue experience fçauent feparer l'heterogene de l'homogene, ils trouuent vn grand profit, & font rapporter de grandes commoditez dans les finances de leurs Princes.

De ces chofes il fe peut conclure que les vrais imitateurs de Nature, ont vn grand auantage à la tranfmutation des metaux, comme en tranfmuant le fer en acier, l'acier & le fer en cuiure, le cuiure en argent, & l'argent en or, le plomb en mercure & en eftain, & mefme en or & argent, & en tirent vne medecine vniuerfelle pour guerir toutes maladies, par la cognoiffance qu'ils ont de leur mercure vif, & de leur foulphre incombuftible, auffy ceuxla font la vraye tranfmutation, & ceux-cy la feule feparation.

Quant à la quantité & qualité des mines de France, elles font en grand nombre, & en diuerfes prouinces, comme dans la Prouence, & Dauphiné, dans l'Auuergne, Languedoc, Viuarès, Foreft, Vellay, au Maine, Normandie, Comté de Foix, Monts Pyrenées, en Bretagne haute & baffe (où j'ai trouué

La Baronne de Beaufoleil.

La Baronne de Beausoleil.

le *Procureur general* pluftoft porté à la ruine & à la deftruction *des mines du Roy & de fes Officiers qu'à l'augmentation de fes Finances*, & vtilité du bien public) dans le Lyonnois & Beauiolois, Comté de Bourgongne, en Champagne & Poictou, Giuaudan & Bigorre, comme d'or & d'argent, de cuiure, d'eftain, de plomb, de fer, de mercure, auffy bon que celui d'Efpagne, du vitriol mefme du blanc auffi bon que celuy de Hongrie, de trois efpèces d'antimoine auffy bonnes qu'en Allemagne ; du fouphre vif, iaune & rouge, du cinabre mineral, contenant quantité de mercure, quantité de bol auffy bon que la terre figelée, de cinq efpeces d'ocre, de fix efpeces de talc, du faffre, & du iayet en bonne quantité ; des marbres & de toutes couleurs, porphire & albaftre, du criftal de roche, des emeraudes, amatiftes, & agates, de la houlle auffy bonne à brufler que celle de Liege, des tourbes, (3) auffy bonnes

---

(3) Charles de Lamberville, Avocat au Parlement de Paris, & au Confeil privé, qui avoit été Commiffaire délégué en Danemarc & en Hollande & honoré par le Roi de plufieurs autres Commiffions, eft un des premiers qui introduifit en France l'ufage de la Tourbe. En 1621, il follicita l'Office d'Intendant & de Contrôleur général des Tourbieres du Royaume : on fit à fa requête des effais de la Tourbe à la Table de marbre de Paris, fuivant l'acte qui fut donné en fa faveur, le 29 Décembre 1621. Ayant formé une Compagnie avec un Sieur Hubert, ils firent travailler aux Tourbieres de la Meremorte, Molieres & Croulieres de Lay & Chevilly près la riviere de Bievre.

Lamberville nous apprend, qu'un nommé Rouvet, Marchand de Paris, eft le premier qui ait fait venir du bois flotté du Morvant, l'an 1449 dans cette Capitale en retenant par des eclufes les eaux des petits ruiffeaux pour jetter le bois *à bois perdu*, jufqu'à la Yonne. On en fit des trains & cette invention fut fi bien reçue qu'on fit des feux

au feu, que celles de Hollande & de toutes ces choses, j'en ay auec moy, auec les Arrêts des Parlemens de France, où j'ay esté, les attestations & procès-verbaux des Juges des lieux où je les ay tirez, & deuant qui les espreuues ont esté faictes; afin de faire voir aux Ministres de l'Estat, que j'ai

La Baronne de Beausoleil.

---

de joye sur les bords de la Seine & de la Yonne jusqu'à Paris. En 1490, on en fit venir de la Forêt de Lyons par la rivière d'Andelle descendant à la Seine au dessus du Prieuré *des deux Amans*. Enfin on avoit voulu de son tems faire venir du bois à brûler du Danemarc & de Norvège, comme il en venoit d'Espagne par la Garonne, ce qui le porta à écrire sur les Tourbieres. Cet Avocat a écrit aussi un Discours » sur l'inondation arrivée aux Fauxbourgs de Saint-Marcel par la riviere de Bievre le Lundi de la Pentecoste 1625; moyens de les empêcher à l'avenir, à cause de sa proprieté pour les Teinturiers. » Il y dit des choses infiniment importantes qui furent sollicitées par Etienne & Henri Gobelin. Dans un autre Traité sur les Tanneries de Paris, il propose des moyens qui doivent attirer l'attention du Ministere; il a d'autres vues pour la navigation de toutes les rivieres du Royaume, sur nos Forêts, sur les finances; on les trouve dans les »Discours politiques œconomiques, dédiés au Roi, in-12, Paris (S. Thiboust) 1626, Epreuves & Avis pour l'usage des terres à brusler, & nouvelle inuention du charbon de forge in-12 Paris 1627, » Depuis Lamberville, Charles Patin D. R. en la Fac. de Médec. de Paris, a écrit *Traité des Tourbes combustibles*, in-4. Paris 1663. en faveur du Sieur de Chambré, Trésorier des Gendarmes, qui obtint un brevet du Roi le 30 Nov. 1658, & un privilége le 18 Dec. 1658, registré au Parlement le 7 Août 1662: sur l'avis du Prévôt des Marchands, des Echevins & de la Faculté de Médecine, il lui étoit permis pendant trente ans de faire seul des Tourbes à brûler, vingt-cinq lieues autour de Paris le long

La Baronne de Beausoleil.

procedé en ma commiſſion, methodiquement, & religieuſement aux recherches de la France, comme l'ay faict dans la Hongrie, Boheme, Tirol, Saxe, Sileſie, Morauie, Moſcouie, & Italie, auec de trés-honnorables charges des Princes Souuerains, deſquels nous auons reçeu tous les honneurs qui ſe pouuoient eſperer, même que l'Empereur preſent a faict l'honneur à mon mary de le qualifier de ſon Conſeiller & Commiſſaire general des trois Chambres de Hongrie. Le Pape l'a faict General des mines de tout l'Eſtat Apoſtolique. L'Archiduc Leopold, de celles de Tirol & de Trente. Le Duc de Bauiere des ſiennes, & le Duc de Neubourg, de celles de Norgouia & Cleues, ce que je feray voir quand i'en feray requiſe. Neantmoins, i'entends tous les iours parler dans la France des hommes qui croyent eſtre trés-capables de la cognoiſſance de la Nature, & dans les lettres humaines, qui ne peuuent croire qu'il y ait des mines, ny que les hommes les puiſſent trouuer, ſi ce n'eſt par la conferance des Demons : mais s'ils auoient deſpenſé *deux cens mille liures* comme moy, aux recherches de celles de France, ils changeroient leur propoſition à vne ferme & ſaincte croyance : mais ce n'eſt pas d'auiourd'huy que l'ignorance eſt accompagnée de malice, & que le poltron hayt le vaillant.

---

des rivieres, ruiſſeaux & marécages, &c. Cette matiere eſt encore neuve à Paris, car on ne l'a point encore miſe en pratique, malgré les Traités ſçavans de MM. de Tilly, Venel, Morand, & la Theſe de ce dernier, ſoutenue par M. de Villiers, &c.

Pour la juriſprudence de cette matiere, on peut conſulter l'Arrêt du Conſeil d'Etat du 13 Mai 1698, & celui du 14 Janvier 1744, qui doit ſervir de réglement à l'avenir.

Pour

MINÉRALOGISTES. 305

Pour conclufion, je fupplie tous les Miniftres de l'Eftat & des finances, de fe garder de ces gens-là, qui demandent de l'argent pour aller chercher les mines qu'ils n'ont iamais cognues, & n'apportent aucuns tefmoignages des Princes & pays où ils ont faict leurs apprentiffages, des mines qu'ils ont defcouuertes, ny des ouuriers qui les ont feruis: car ie craindrois que l'argent defpencé, leur rapport fuft que les mines coufteroient plus à les ouurir qu'elles ne rapporteroient de profit, bien que ie fouftiendray toufiours, au peril de ma vie, que ce mal procederoit de leur propre ignorance, & offre de faire voir à mes frais & defpens que les mines de France font auffi bonnes que celles d'Efpagne & d'Hongrie, & plus faciles à trauailler, à moins de frais & de peril.

La Baronne de Beaufoleil.

Et quoyque la defpence y foit requife, ie m'y foubmets de rechef, encore qu'iniuftement, & en feruant fidellement Sa Maiefté i'aye efté defpouillée d'vne grande partie de mes biens, bagues, pierreries, inftruments propres à cet effet, papiers & Memoires, or & argent, mines, & efpreuues de tous les lieux cy-deffus nommez, par *Touche grippe minau*, fans iufques à prefent auoir peu auoir fatisfaction, bien que depuis fix mois ie fois à la pourfuite, auec vne grande defpence, & fans confideration du retardement de noftre trauail, & auec des incommodités fi grandes, que ie n'oferois les exprimer. J'efpere en peu de tems mettre fous la preffe vn *volume entier de la fcience & cognoiffance des mines, le moyen de les cognoiftre, leurs differences, & les flux propres pour leur fonte, auec l'ordre des poix de fin & d'effay, enfemble l'œconomie des mines, & l'ordre de leurs officines* (fi Dieu m'en faict la grace) & que la France me recognoiffe ce que je fuis, le bien & l'vtilité que je lui apporte. Pour la fontaine mine-

La Baronne de Beausoleil.

rale de laquelle i'ay promis de parler, continuant en l'affection du seruice du Roy, reuenant du voyage de Mets, me seruant partout, & tousiours de mes inuentions, pour descouurir & recognoistre ce qu'il y a eu en chacun lieu. Approchant de Chasteau-Thierry, (4) posant *le compas mineral dans la charniere Astronomique*, pour recognoistre s'il y auoit là quelques mines, ou mineraux, ie trouuay y auoir quel-

---

(4) En 1629, vers la fin de l'année la Baronne de Beausoleil étoit à Château-Thierry & sa découverte est prouvée par l'anecdote extraite du livre intitulé :

» La descouuerte des eaus minerales de Chasteau-
» Thierry & de leur proprietez, par Claude Galien D.
» M. in-8°. *Paris Cardin Besogne* 1630, 56 pages. »

Il est dédié à Monseigneur le Comte de Saint-Paul, Duc & Pair de France, Gouverneur général des Villes & Provinces de Tours & Touraine, Duc de Château-Thierry.

» L'Auteur dit que sur le bord de la Marne, sur le
» haut d'vne coline, Thierry fit esdifier vn magnifique
» Chasteau orné d'architraves, plinthes, balustres, astra-
» gales, metopes, rondeaux & autres accompagnemens :
» que dans le milieu de la Ville au pied du mont...
» depuis enuiron treize mois, poussés surtout par le
» diuin genie d'vne vertueuse Dame, qui se lassant quel-
» quefois dans l'embarras de la Cour, se va desennuyer
» en vn sien Chasteau assez proche des eaus de Pou-
» gues : or passant par nostre Ville en ce tems-là, elle
» y fut retenue quinze iours ou vn mois par la grandeur
» d'vne chaleur allumée dans les entrailles de son fils
» aisné; c'est pourquoy dans ces promenades ordinaires
» admirant dans le milieu de nos rues, par lesquelles

ques sources d'eaux minerales qui s'y rendoient; de faict, m'y estant transportée, cherchant là dedans le lieu de ce courant, & entrée casuellement en l'hostellerie, dite la fleur de lys, ie trouuay des sources : surquoy ayant appellé les Officiers de la Justice, les Medecins, & les Apoticquaires de la Ville, pour voir la preuue de mon experience, & recognoistre la qualité de ces eaux. Posant de rechef le compas mineral dans sa charniere sur les sources & en leur presence, ie leur fis voir occulairement (& par espreuue certaine) que ceste fontaine & vne eau qui est en la maison de *vesue Guiot*, estoient minerales & tiroient leurs qualitez medicinales, passant par quelque mine d'argent tenant d'or, & par quelque mine de fer, où le vitriol estoit assez abondant, & par consequent très-propres pour desopiller les obstructions du foye & de la rate, chasser la pierre & grauelle des reins, arrester la dissenterie & tous flux de sang, & appaiser les grandes alterations, &c.

La Baronne de Beausoleil.

» coule ce bel ornement de la nature, les pavez gran-
» dement rougeastres & teints ou peints naturellement
» par la vertu de nos eaus, elle s'aduisa de nous en
» parler, & de fait après plusieurs visites que nous fai-
» sions pour voir la disposition de celuy quy viuoit plus
» en elle qu'en luy-mesme, elle nous dit pour chose in-
» faillible que nostre moite element cachoit dans la
» froidure de sa substance les mesmes proprietez des
» eaus de Pougues. » Ce passage prouve que la Baronne
est veridique dans son récit, qu'elle avoit une terre en
Nivernois où peut-être elle faisoit exploiter des mines.
A l'égard du compas minéral, voyez ci-après la Restitution de Pluton.

V 2

La Baronne de Beausoleil.

Cefte defcouuerte (5) eft vne benediction de Dieu, dequoy ie luy en rend graces, & croy qu'il n'y a François qui ne foit obligé d'en faire autant à mon nom, & le remercier, tant de cette eau medicinalle, que des autres grandes commoditez par moy defcouuertes, pour le bien general de la France.

(5) L'opinion du fer & du vitriol, caufe des eaux minérales, eft difcutée par les Médecins du fiécle dernier. Avant de les lire, pour écrire cette Hiftoire, il faut connoître Pierre le Givre Médecin de Provins, qui a compofé un *Traité des eaux minérales de Provins*, in-8°. Paris 1659, dédié à M. Guenault Médecin de Paris: ce n'eft qu'une feconde édition de l'ouvrage intitulé, *anatomie des eaux minérales de Provins* in-8°. Paris 1654, cet auteur dit, (p. 89) qu'en l'année 1654, dans le mois de Mars, il fut chercher de la mine de fer; qu'il trouva du mâchefer proche le rû de Meance, un peu audeffous de Chalotre la petite, ce qui lui fit juger qu'il y a eu autrefois des forges fur ce ruiffeau... même audeffus du Preffoir-Dieu, il rencontra de la mine de fer, qui eft très-commune dans le terroir de Provins près de cette Ville vers Saint-Illier, Quincey, Savigni, la Margotiere & autres lieux où il en ramaffa; il la fit laver, puis fondre & en tira du fer qui a le grain fort délié, tellement qu'il feroit très-propre à faire de l'acier. Il defcendit dans une foffe profonde, pour contempler dans la diverfité des lits de terre, une terre graffe qui étoit la matiere à faire & former la mine de fer; elle jaunit premierement, puis avance jufqu'à une couleur jaune obfcure, enfuite elle rougit jufqu'à être rouge brune: enfin elle devient noire, qui eft fa coction parfaite,... alors cette terre graffe qui étoit unie, devient friable. Il remarqua divers degrés de coction de la mine de fer

dans divers gazons ; elle étoit jaune dans les uns, rouge dans les autres, dans plusieurs elle se trouvoit noire ; elle étoit étendue par lits entre deux terres, elle n'étoit pas formée en grains comme dans les terres séches. Entraînée par l'eau, elle se décuit & se délaye ; dans cet état, fondue elle ne laisse que du mâchefer. Près la riviere de Vousie, endeça du moulin de l'étang, il y a une fontaine qui jette du fer en grain. Comme M. de Sarte Médecin de Paris, lui écrivit des objections, le premier de Mars 1658, le Givre qui avoit dans son cabinet, des terres plus ou moins minéralisées en fer, amassées dans les montagnes & les vallées de Provins, lui démontra que la mine abreuvée d'eau ne donnoit par la fonte, que du mâchefer ; & que la mine en grains lui avoit donné du fer très-pur, p. 1. 6. 51, 123. Cet ouvrage est très-curieux & mérite d'être lû. Le même sentiment est réimprimé dans les trois éditions successivement augmentées sous le titre de *secret des eaux minérales acides*, in-12. Paris 1667, 1677, ou *Arcanum acidularum, Autore Petro Givrio*, in-12. Amsterdam 1682, qui contient des Lettres d'Antoine de Sarte, d'Isaac Cattier, Noel Falconet, Guérin, Duclos & Fouet.

MINES DE BRETAGNE.

LES mines de la Bretagne ont été exploitées autrefois sous les Princes particuliers de cette Province: les étrangers les ont mieux connues que les François, car Jean Etienne Strobelberger a écrit dans l'Allemagne *Bretania argenti, ferri, plumbique fodinas alit.* J. D. C. J. Auteur anonyme, qui publia à Rennes le Demosterion de Roch le Baillif, en 1578, s'exprime ainsi dans sa Préface. » Les riches
» minieres de Vulgoet, que iadis nos Princes firent
» mesnager & ouurir; les grands secrets du Mont-
» Menedalhech, que Ptolomée appelle *Gobeum, ou*
» *Gabeon Promontorium* : les minieres de plomb,
» qui sont entre Chasteau-Briand & Martigné; tou-
» tes sortes de marchasites & vne infinité de talch
» qui sont ès-enuirons de Dinan, les beautez de la
» forest de Bresselian, appartenante au Comte de
» Laual où se void encore le Perron-merlin, l'an-
» cien plaisir des Cheualiers, & la fontaine de Ba-
» lanton, les antiquités de la forest de la Hunaudaye
» ou forest-noire. Cette belle isle riche en toutes
» sortes de pierreries *de Succino*. Les beaux aqueducs
» de Dol, incogneuz aux habitans du lieu, les anti-
» ques voutes d'entre Rieux & Rhedon, l'admira-
» ble & impetueux sousterrain en la forest du Cor-
» mier, les rares singularités & bien cogneues, des
» riuieres d'Ardre & lac de Grand-lieu près Nantes
» & lac appellé le Maz de Guippéel au terroir de
» Rennes à l'entour duquel se trouue en la marne &
» sable, vne infinité de pierreries comme langues
» serpentines, crapaudines & autres, les superbes
» fondemens de Morbihan, Ville des Vennetois,
» sont des curiosités de la Bretagne.

Les Archives de cette Province nous apprennent que les mines de la Bretagne furent concédées par

Jean VI, Duc patrimonial, à un Allemand nommé Claus ou Nicolas Latreba, ouvrier & apurour des mines d'argent, avec ses compagnons ou serviteurs. Ils avoient la faculté de prendre, ouvrer, & faire apurement des mines d'argent & autres métaux dans le Duché de Bretagne, de les ouvrir dans les terres & d'user de tous les bois de la Province. Mais par des Lettres-patentes données à Dinan le 20 Mars 1432, le Prince dérogea particulierement aux clauses générales de la concession des Allemands ; c'est ce qu'on apprend des lettres accordées à son amé & féal Chevalier & Chambellan Jehan Sire de Penhoet, son Amiral. Il lui permit de jouir des mines d'argent & autres métaux de ses terres, de n'accorder ses bois que librement, & en tout de se conformer aux loix usitées par les autres Seigneurs du Fief du Royaume de France. Ce même Jean de Penhoet obtint en son particulier des lettres de Jean VI. données à Lesneven : portant la permission de faire chercher une mine d'argent dans ses terres, *pourvu*, se reserve le Prince, *qu'il soit payé de ses deniers en tels cas accoutumés.*

On apprend qu'en 1519, lorsque la Bretagne fut irrévocablement unie à la France, il y eut une commission adressée aux Juges de Cornouaille, Corhaix, Morlaix & Lantreguier, pour informer à l'occasion de certains larcins faits ès-mines d'étain, plomb, cuivre, vif-argent, & autres métau. , fors l'or, dans le pays de Bretagne. Dans les Etats du revenu du Roi en Bretagne pour les années 1533, 1534 on lit, *les mines d'argent & de plomb, néant*, à cause qu'à la baillée des Fermes ne s'est trouvé personne qui ait voulu y faire besogner.

Roch le Baillif, dans son *petit Traité de l'Antiquité & singularités de Bretagne Armorique*, in-8. 1577, dit qu'il se trouve des macles dans la terre des Salles, appartenante à Henri, Vicomte de Rohan, Prince de Leon, & qu'on les voyoit peintes en couleur d'or sur un fond rouge aux vieilles ruines du Château de Castel-finan, ou autrement Castel-geant dans la forêt de Quenecan, près le lieu des Salles; Jean-Cecile Frey, natif du canton de Fribourg, Médecin de Paris, nous dit ce fait *in Britania Gallica non longè à civitate quæ jam dicitur* Quimpercorentin, *lapis crucifer reperitur frequens*.

Roch le Baillif ajoute dans le livre cité ici, qu'un Seigneur de Rohan, avoit trouvé une miniere d'argent dans sa terre des Salles, des marcassites, cachimies, antimoine, soufre, &c; qu'au terroir, dit la miniere de Jean le Masson, il se rencontroit de la mine d'argent avec odeur de soufre... du plomb, &c. que près de Rennes, on y trouvoit des pierres de langue de serpent, la crapaudine, l'amiante, le talc, l'astroite, ou *istricus*, le jaspe, la dent armorique ou herculeane, la pierre de ponce & plusieurs autres dans un Domaine du Sieur de la Monneraye-Riant, à une lieue de Rennes.

A tous ces témoignages, nous croyons devoir ajouter la copie d'un ancien Mémoire que M. de la Rue, Médecin Breton avoit envoyé avant sa mort à M. de Romé de l'Isle qui a bien voulu nous le communiquer. Ce ne peut être que l'ouvrage du Baron & de la Baronne de Beausoleil ; car on vient de voir que les mines ont été exploitées dans la Bretagne sous les Ducs, négligées ensuite jusqu'à Louis XIII, tems où le manuscrit original semble avoir été copié & que la Baronne disoit avoir perdu. Nous desirons avec M. de la Rue que les Etats prennent cet objet en considération ; on trouveroit des mines en Bretagne, des marbres, de la marne & d'autres substances, mais il faudroit confier une ou deux tarieres dans chaque Evêché entre les mains de gens amateurs & intelligents.

ÉVÊCHÉ DE RENNES.

La Baronne de Beausoleil.

Sous l'Abbaye de Saint-Melaine de Rennes, une mine de cristaux & d'argent, passant sous le Couvent des Catherinettes, aujourd'hui du petit Seminaire, situé rue Huë & descendante à la riviere, jusques vers le Bourg de Saint-Helier.

Dans la Paroisse de Cesson, à une lieue de Rennes sur le chemin de Vitré, une mine de plomb.

Proche le Pont-Péan, deux lieues de Rennes, une bonne mine de plomb, contenant beaucoup d'argent, du vitriol, du souffre, du zinc, du mercure, de l'arsenic. (1)

---

(1) La mine de plomb de Pontpéan obtint un Arrêt le 22 Mai & des Lettres-Patentes, le 3 Juillet 1731, sous le titre de Compagnie des mines de Bretagne; & le 23 Août 1735, le Roi ordonna que les droits d'entrée sur le plomb & la litharge des mines de Pontpéan, ne payeroient que deux sols du cent pesant & qu'ils seroient exempts des droits de sortie du Royaume. Cette mine rendoit en 1733, & 1734, jusqu'à soixante dix-sept liv. pour cent en plomb qui tenoit trois onces d'argent & plus par quintal.

Cette exploitation a resté long-temps comme suspendue, ayant perdu le filon; mais actuellement, étant retrouvé, elle a repris vigueur. Ce filon est presque perpendiculaire, ou a très-peu d'inclinaison, & a un diamettre assez considérable. La roche qui accompagne ce filon dans le toit qui est chyteuse, s'effleurit & donne de l'alun & du vitriol. On y apperçoit même des efflorescences crystallines, ce qui est très-pernicieux au cuir des pompes.

Ce qui se trouve ici ne consiste qu'en mine de plomb, parmi laquelle on rencontre quelquefois de la pyrite. On y a trouvé autrefois de très-belle galène crystallisée. Cette mine est pauvre en argent, son produit ne va guere au-delà de deux lots au quintal.

La Baronne de Beausoleil.

Près Beaullon, quatre lieues de Rennes, une bonne mine d'argent.

A Saint-Aubin du Cormier, six lieues de Rennes chemin de Fougeres, une mine d'or.

Forge de fer à Martigné, même Diocèse.

Evêché de Saint-Brieux.

Près la Paroisse de Lanloup, une miniere de camayeux.

Près la Baye de Saint-Cast, une mine de sable noir, magnetique, nommée ette.

A Chastel-Audren, une riche mine de plomb, contenant de l'argent. (2)

___

(2) Les mines de plomb de Châtel-Audren ont pour gangue du jaspe de différentes couleurs, & du feu Spathique. On trouve dans les environs de Châtel-Audren de très-beau schorl noir fibreux, dans du feld-spath. *Note d'un savant Minéralogiste.*
Cette exploitation ne date que depuis peu de temps. La mine de plomb qu'on trouve ici est totalement différente de celles dont nous venons de parler. Elle est entierement crystallisée cubiquement; ces cubes ne sont pas fort grands. On apperçoit bien distinctement qu'ils sont composés de lames appliquées les unes sur les autres. Cette mine est riche en argent, & fait une exception à la regle connue en Minéralogie, que les mines de plomb crystallisées sont toujours les plus pauvres de toutes. Communément elle donne un marc au quintal, mais il s'en voit des morceaux qui en donnent jusqu'à un marc & demi.
Les parties de cette mine qui sont répandues dans la roche, affectent également la figure cubique; ce sont ordinairement celles qui donnent le plus d'argent. La roche qui accompagne cette mine dans les filons, est souvent unie à une espèce de feld-spath ou pétunsé, que les Anglois nomment *cauk*. On remarque d'ailleurs que la substance du filon y est en général assez ferme & solide.

Evêché de Saint-Malo.

Près de Dinan, à la montagne de l'Hopital, une mine d'or contenant quantité de cristaux.

Près Dinard, côte de Saint-Malo, une mine de plomb.

Dans la Paroisse de Paramé, une mine de plomb & argent.

Evêché de Vannes.

Entre Hennebond & l'Orient, dans une montagne appartenante à M. le Procureur du Roi (de ce temps-là) une mine de pierres fines de différentes couleurs contenant de l'argent.

A Beaugat près Malestroit, une mine soupçonnée de cuivre.

Au passage de Saint-Armel, une mine de plomb.

Evêché de Quimper.

Près Quintin, une mine d'argent.
Paroisse de Duve, une mine de cuivre.
Paroisse de Rostrener, une mine d'argent.
Paroisse du Mur près Pontivy, dans une grande montagne, une mine d'argent.
Près Pontpal, dans une montagne appartenante à M. le Marquis de Resnon une très-riche mine de plomb & d'argent.
Paroisse de Ker-Maria, à la montagne de Sougni, une mine d'argent.
Au Ry proche Douarnenèz sur le bord de la mer, une riche mine qui contient plusieurs rameaux d'or, d'argent, de cuivre.
Paroisse de Saint-Germain, une mine d'argent.
Près la Paroisse de Laz, à la montagne de Rufec, une mine d'argent.

La Baronne de Beausoleil.

La Baronne de Beausoleil.

Près Corroy, une mine de cuivre.

Près la ville du Faou, une mine d'Archifou contenant or & argent.

Au paſſage de Plougaſtel, une mine d'Archifou contenant or & argent.

Paroiſſe de Croſon proche le bord de la mer, en face de la rade de Breſt, une mine de cuivre.

Près la Paroiſſe de Loccenan chez Monſieur le Marquis de Mené, une riche mine d'argent contenant beaucoup d'or.

Aux Tourelles dans la montagne d'Arès, une bonne mine de plomb.

Paroiſſe de Pleiben, derriere le Château de M. de Coetairie, dans ſon bois, une mine d'argent contenant des criſtaux.

Sur le chemin de Quimper à Roſporden proche le Cluyon, une mine d'argent.

Dans l'enclos du Valven, près Quimper, une bonne mine d'argent.

A Fratunecgin, près Quimper, appartenant à M. de Champrepau, une mine de plomb mêlé d'argent qui paſſe par le Couvent du Calvaire & ſe rend à la mer.

Au moulin de Ver près Quimper, une bonne mine d'argent qui a quelques rameaux de cuivre.

Chez M. Dulo, ditte Paroiſſe près Quimper, une mine d'étain.

Paroiſſe de Cuzon, chez M. de Coetpily, une mine de plomb.

Même Paroiſſe, chez feu M. le Chevalier de Penandre, une mine d'argent dans la montagne du bois taillis, qui prend ſon origine dans les montagnes & terres du Procureur du Roi de Quimper.

Paroiſſe de Querfuntum, une mine de plomb mêlé d'argent dont la fontaine minérale débouche dans les Douves de Quimper.

Même Paroisse à la maison blanche, une mine de fer qui contient quantité d'argent.

A Poulavouen, une riche mine de plomb & d'argent. (3)

La Baronne de Beausoleil.

---

(3) Les mines Poullaoen en basse-Bretagne, sont des cristaux de plomb blanc, opaques : ils représentent des prismes à cinq pans, terminés par des pyramides qui ont autant de pans. Il y en a qui représentent des lames quarrées, coupées en biseaux par leurs extrémités ; on y rencontre aussi des morceaux de plomb blanc ramifiés, qui paroissent s'être formés de même que les Stalagmites.

Cette exploitation qui est devenue très-célèbre en France par les grands travaux qu'on y a faits, par le bon ordre & l'économie qui y règnent, l'est encore devenue parmi les Minéralogistes, à cause de la grande quantité de mine de plomb blanche qu'elle a fournie.

On distingue sous cette exploitation plusieurs filons, tous assez puissants, avec leurs noms particuliers ; en 1769, il n'y en avoit que deux en vigueur ; celui de Poullaouen proprement dit, & celui de Vulgouet, éloigné de-là d'une grande lieue. Cependant il en résultoit assez de mine pour entretenir les fonderies qui sont au nombre de trois.

Les mines que fournissent ces filons, sont en général, comme toutes celles qui se montrent dans les filons de Bretagne, des mines de plomb, sous lesquelles on distingue : 1°. De la mine de plomb ordinaire ou galène massive, ou crystallisée figurément, en grains ou en petites parties répandues dans de la roche blanchâtre ou grise. 2°. De la mine de plomb blanche qui n'est point parfaitement blanche comme celle de la Croix en Lorraine, mais toujours avec un œil jaunâtre. Elle se montre aussi toujours sous la forme de stalactites ou en pyramides, avec des rainures en longueur. Non seulement c'est la seule exploitation de mine connue, qui fournisse une si grande quantité de cette mine, mais encore qui en donne de si grands morceaux. J'ai déja cité, à l'exposition des mines de plomb, un grand morceau

La Baronne de Beausoleil.

qu'on a envoyé à Paris il y a quelques années ; nous pouvons encore ajouter que c'est peut-être la mine de plomb la plus riche de ce métal, car elle ne paroît presque pas souffrir de déchet. Lorsqu'on la fond seule, fermée dans un creuset, une partie se réduit sur le champ en plomb. 3°. Une mine de plomb rouge, mais fort différente de celle de Sibérie, que M. Lehmann a décrite : elle est d'un rouge ombré ou tirant sur le gris : il y en a de deux qualités, une qui est cryftallisée en colonnes tronquées à cinq ou six faces, & une autre qui est en aiguilles ou rayons ; c'est le filon de Vulgouet qui fournit cette espèce de mine. Le peu de cette dernière qualité de mine qui s'est répandu parmi les Minéralogistes & dans les cabinets, a fait soupçonner qu'elle contenoit de l'antimoine ; sa forme aiguillée a donné occasion à ce soupçon. C'est ce que je ne déciderai point, n'ayant pas encore eu le temps ni l'occasion d'examiner cette mine. 4°. Il y a quelques années qu'il se trouva aussi, dans ce même filon, une assez grande quantité d'une mine de plomb noire, en stalactites ; mais celle-ci est minéralisée & ne doit pas être confondue parmi les mines en chaux. 5°. On trouve encore beaucoup de pyrite dans les filons de Poullaouen, qui est d'un beau jaune, & fort susceptible de tomber en efflorescence. La roche qui accompagne ces filons est semblable à celle des autres mines ; c'est-à-dire qu'elle est un composé de grains quartzeux gris ou rougeâtres, ou espèce de granit ; cependant on trouve dans les roches des filons de Poullaouen une espèce de pierre chyteuse ou ardoise, assez semblable à celle qui accompagne les mines de charbon, ce qui est digne de remarque.

La mine de plomb ordinaire de Poullaouen, se distingue des autres mines, par une matière toute particulière qu'elle contient, tout à fait inconnue jusqu'aujourd'hui. Cette matière tient le milieu entre l'état minéral & l'état métallique. Elle a beaucoup de ressemblance avec le plomb, tant par sa pesanteur que par sa couleur : elle se dissout dans les mêmes acides que le plomb, mais elle se scorifie bien plus promptement. J'en ai mis en essai quelque quantité, tant sur la coupelle que dans le creuset, & au premier coup de feu elle est

Au Vulgouet, plomb & argent. (4)
Les montagnes d'Aarès contiennent des mines de bien des espèces.

La Baronne de Peausoleil.

entrée en fusion, & très-peu de temps après, tout s'est trouvé scorifié ou évaporé, ne laissant en arrière que quelques minces scories de couleur grise. Cette matiere ne s'unit pas avec le plomb dans l'état métallique ; de-là vient que lorsque la mine de plomb a été grillée suffisamment pour perdre son soufre, elle s'en sépare & coule à côté. Mais elle n'est pas la premiere à s'en séparer, elle reste en arriere & ne coule que sur la fin ; elle est si fusible, qu'il suffit de la tenir quelque temps à la flamme d'une chandelle pour la faire couler ; elle se fige en rayons ou en aiguilles, en sorte qu'on la prendroit pour de la mine d'antimoine : il est vrai qu'elle acquiert un tissu plus compact & plus serré. Cette matiere se brise facilement & saute en éclats lorsqu'on frappe dessus.

Comme on y traite la mine au fourneau de reverbere Anglois, cette matiere reste dans les scories ; on ne l'obtient ensuite que par la fonte de ces scories, & dans le grillage des mattes qui en proviennent.

Par Lettres-Patentes données à Chantilli le 17 Août 1729, le Sieur de la Baziniere, obtint la concession des mines de plomb dans les Paroisses de Berien, Poullawan, Ploué, Loquefré, le Prieuré, la Feuillée, Ploué, Norminais, Carnot, Plusquels, Trebiran, Paul & Melcarhais.

(4) Les mines de plomb de Vulgoet, sont remarquables par la grande quantité de plomb blanc cryftallisé, qu'on y a trouvé, & par le passage de cette même mine de plomb blanche, à l'état de galène, sans que la forme prismatique hexahedre du plomb blanc soit altérée ; cette nouvelle minéralisation s'est formée par le moyen du foie de soufre produit par la décomposition de la galène. M. Sage a fait connoître que dans la galène, le soufre étoit combiné avec le plomb par l'intermede de la terre absorbante, qu'il s'y trouvoit sous forme de foie de soufre terreux. *Note d'un savant Minéralogiste.*

La Baronne de Beausoleil.

Près Quimper & aux environs du Château de Cremars, il y a une abondante mine de charbon de terre.

Evêché de Saint-Pol de Leon.

Dans la terre de Penhoet, Paroisse de Thegonec, une mine d'or.

Proche les Récolets de Morlaix, dans le bois de M. Penite, une bonne mine de plomb contenant quantité d'argent.

Paroisse de Guisseny, une mine de plomb & argent.

Entre la Paroisse de Saint-Martin de Morlaix & de Taulé, allant à Pencez, une mine de plomb qui a sa fontaine minérale près la Chapelle de la Magdeleine, au bout du grand chemin.

Dans la treve de Saint-Jalme, près Saint-Pol, une mine de plomb.

Evêché de Tréguier.

Dans la Paroisse de Treberden sur le bord de la mer, à deux lieues de Lannion, une mine d'argent.

En trois montagnes différentes, aux environs de Lannion, on trouve des poudres & paillettes d'or. Une mine d'ametistes, proche la Ville de Lannion, comme aussi une mine d'argent.

Près de Lannion Paroisse de Berlenevez, une mine d'argent qui traverse l'enclos des Capucins & se rend à la mer.

Même Paroisse de Berlenevez, audessus de Lannion, une mine contenant fer, argent, dont la fontaine minérale est au milieu de Lannion.

Dans plusieurs montagnes aux environs de Lannion, il y a quantité de cristaux de différentes couleurs.

Paroisse de Lanvelec près Rosambau, une mine de cuivre qui contient de l'or, dont la fontaine minéale est dans une lande, près Tanascole.

Dans

Dans la Paroisse de Plougonver, dans la forêt de Coetnec, une bonne mine de plomb contenant de l'or.

La Baronnie de Beaujoleil.

Même Paroisse, dans le milieu du jardin Landebihan appartenant à M. le Marquis du Gage, il y a une mine d'or avec sa fontaine minérale au pied du Château dont les rameaux courent a la forêt de Coetnec, appartenante à M. de Goëbriand à travers laquelle ils passent.

Même Paroisse, à la montagne de Totlesdu, une mine d'argent, contenant quantité de beaux cristaux taillés en pointe de diamans. (5)

Notice tirée d'un Mémoire de M. Grevin.

(5) La mine de Coedanos avoit été entreprise, il y a 70 ans à peu-près, par M. de Goëbriand, mais son peu de produit l'avait fait abandonner. Elle a été reprise depuis dix-huit ans, & a été poursuivie jusqu'à environ trois cents pieds, tant en profondeur qu'en largeur, sans qu'on ait pu concevoir de grandes espérances, attendu que dans cet espace on n'a eu que seize à dix-sept milliers de minerai. Le filon qui s'est montré ici a paru n'être qu'une réunion de trois veines qui courant dans un roc friable, n'a point observé de direction constante : c'est de là mine de plomb qu'il fournit, fort riche. Mais ce qui mérite attention est que la mine de plomb la plus riche est précisément celle qui se trouve crystallisée cubiquement, dont le produit va jusqu'à quatorze onces d'argent au quintal, pendant que celle qui est granulée ne tient tout au plus que quatre onces d'argent ; ce qui est, comme on voit, le contraire des autres mines de plomb, où l'on voit que celle qui est cristallisée est toujours celle qui est la plus pauvre en argent.

Il s'est montré des veines dans un vallon tout près du filon en question, contenant de la mine de cuivre ; mais elles sont trop pauvres pour être exploitées avec avantage : cependant si on suivoit ces veines, peut être trouveroit-on un filon à leur point de réunion.

X

La Baronne de Beausoleil.

Paroisse de Louargat à la montagne Menebrée, une mine de plomb contenant de l'or.

Paroisse de Plestin, une riche mine de plomb contenant de l'argent.

Paroisse de Ploumilliau, une mine de plomb.

Paroisse de Treduder, joignant celle de Saint-Michel en Greve sur le bord de la mer, une très-bonne & riche mine de cuivre, plomb & argent dont les rameaux sont très-considérables.

Paroisse de Plestin, une fontaine minérale, venant d'une mine d'argent près la Chapelle Saint-Jacques au Château de Coetmen & une carriere de marbre blanc près la mer.

Paroisse de Guimaec, une mine de plomb.

Paroisse de Lanmur, au Château de Boiseon, une mine d'or.

Près de Morlaix, une montagne appartenante à M. Duval le Rouge, une mine d'argent contenant quantité de cristaux.

Paroisse de Maelpestivien, une mine de plomb.

Paroisse de Bourgbriac, dans le bois de M. le Marquis de la Riviere, une mine de cuivre.

Paroisse de Pommeris le Vicomte, sur les terres de M. du Menhous, une mine de plomb.

A la montagne de Malabry près Pontrieux, une mine de plomb très-bonne & une d'argent contenant des cristaux de différente nature.

Paroisse de Plouëzoc, proche le Château appartenant à M. de Goëbriand, vis-à-vis le Château du Temreau, une mine de plomb.

Proche le Ponthou dans un bois taillis, une mine de marcassites en paillettes d'or.

Extrait d'une Lettre écrite de Brest par M. DESLANDES, Commissaire de la Marine & de l'Ac. R. des Sc. 1725.

SUR la fin de 1723, il se répandit un bruit en Basse-Bretagne qu'on avoit découvert une mine d'argent auprès de Brest, entre Crozon & Roscanvel. Comme cette mine n'étoit point gardée, chacun y courut avec empressement : & l'envie redoublée de s'enrichir, fit croire qu'on s'enrichissoit en effet. Bientôt les plus forts ou les plus adroits, écarterent tous les autres, & tirerent de cette mine dequoi charger plusieurs chevaux de bas & plusieurs charretes. Ils revendirent ensuite ces prétendues pierres d'argent, jusqu'à cent dix sols & six francs la liv.

Au premier bruit, & poussé par ma curiosité naturelle, je m'en fis apporter un grand nombre. Je n'eus pas de peine à reconnoître que c'étoient des Pirites. (On appelle ainsi certaines pierres d'une dureté considérable, mais légeres en comparaison.) Les unes, étoient luisantes & jaunes, & ressembloient de loin à une masse d'or : les autres, jaunes & blanches, & ressembloient aussi de loin à une masse d'argent ; ce qui trompa les premiers qui y coururent. Toutes ces pierres étoient taillées en facettes irrégulieres, sur lesquelles elles s'arrêtoient comme des dez à jouer.

La dureté de ces pierres connues depuis longtems des Naturalistes, est si grande, qu'en les frappant l'une contre l'autre, ou contre un morceau d'acier, elles jettent des étincelles de feu. On s'en servoit autrefois pour les Arquebuses à rouet. Ce

Deslandes.

qui leur a fait donner apparemment le nom de Pirites.

J'en ai voulu fondre quelques-unes dans un creuset ; mais après avoir été long-tems au feu, elles se réduisoient en une masse noire, ou plutôt de couleur de plomb, qui n'est d'aucun usage. Au lieu qu'en les jettant sur les charbons ardens, elles flamboîent comme du soufre en canon, & jettoient une odeur insupportable. Ces Pirites ne sont qu'un assemblage de sels & de soufres, mêlez d'un peu de terre. A proprement parler, elles ne sont, ni métal, ni pierre, quoiqu'elles ayent la couleur de l'un & la dureté de l'autre.

De tous les *Metallographes*, Vanoccio (1) est celui qui en a le mieux parlé. Il les appelle Marcassites & il assure qu'il en a trouvé une mine dans le Frioul qui avoit plus de 600 pieds de long & trois de large.

---

(1) Vanoccio Biringuccio, Gentilhomme Siennois, se nommoit en Italien *Vannuccio Biringuccio Senese*, il a dédié son ouvrage à Bernardin *Moncellese da Salo*, il a eu quatre éditions en Italien 1540, 1550, 1558, in-4o. & 1559, in-8o. Elles sont rares, les figures des in-4o. sont assez bien : il y a aussi une traduction Latine à Cologne, in-4o. 1658. Comme ce livre contient la premiere Docimasie qu'on ait traduite en François, nous en donnons la notice. » La Pyrotechnie ou art du Feu, con-
» tenant dix livres auxquels est amplement traité de tou-
» tes sortes & diversité de minieres, fusion & séparation
» des métaux : des formes & moules pour jetter artil-
» lerie, cloches & toutes autres figures : des distillations,
» des mines, contremines, pots, boulets, fusées, lan-
» ces, & autres feux artificiels, concernant l'art mili-
» taire & autres choses dépendantes du feu.
» Composée par le Seigneur Vanoccio Biringuccio
» Siennois & traduite d'Italien en François par feu Maître

Après avoir détrompé ceux qui prenoient ces Pirites pour des pierres de mine d'or & d'argent, je voulus aller moi-même sur les lieux ; ce qui me confirma encore plus dans la pensée où j'étois. Je parcourus ensuite les deux parties des Côtes de Léon & de Cornouaille, que sépare le Goulet, ou l'entrée de la rade de Brest. J'y fus témoin du plus beau spectacle qu'on puisse imaginer. Toute cette Côte est parsemée, de distance en distance, d'un sable brillant & de pierres de toutes sortes de gran-

Deslandes.

» Jacques Vincent, in-4º. Paris (*Claude Fremy*) 1556, contenant 230 feuillets avec des figures en bois proprement gravées.

Cette édition, la plus rare & la plus belle en François, fut traduite par Vincent, avant 1552, année où il obtint un Privilege du Roi pour dix ans donné à Villiers-Cofteretz le 6 de Septembre : il transporta son privilege pardevant les Notaires au Châtelet de Paris, le 22 Sep. 1552, à Vivant Gautherot. *Claude Fremy* étant devenu Propriétaire, la dédia à Jean de la Marche, Chevalier de l'Ordre du Roi, Seigneur de Jamet, &c. de l'avis de Jean de Barade, *Argonnois*, Gentilhomme fort instruit en ces matieres, neveu de René de Guelphes, Chevalier Seigneur de Wassincourt, l'Epitre est datée de Paris le 25 Octobre 1555.

On apprend Liv. X. Chap. IV. que l'inventeur des mines pour l'attaque & la défence des places est François *Georgio*, Architecte natif de Sienne. On attribue mal-à-propos cette découverte au Capitaine Pierre de Navarre qui employoit cet habile homme dans le Royaume de Naples pour la prise du Château *Dell' Ovo* lorsque les François perdirent cet Etat par la conquête des Espagnols. En général la traduction est mauvaise ; il faut y joindre un exemplaire en Italien, pour vérifier les faits.

La Seconde édition est aussi imprimée chez *Claude*

L'eslandes.

deurs, qui ont un enduit luisant, & que la vue ne peut soutenir au Soleil. Cela se remarque surtout depuis la pointe de Saint-Mathieu jusqu'au Conquet sur la Côte de Léon. Le rivage est rempli de ce sable qui brille, & tous les rochers en sont chargés.

Au mois de Juin, de Juillet & d'Août, il s'élève au-dessus de toute cette Côte une flâme légere & violette, sans qu'on remarque aucune ouverture par où elle s'échappe. La même chose s'observe en plusieurs endroits du Royaume de Naples, & auprès de Florence : ce qui paroîtra moins extraordinaire, si l'on songe que toute l'Italie est pleine de mines de soufre, d'alun & de vitriol.

L'Auteur du Livre intitulé *Scotia illustrata, sive Prodromus Historiæ naturalis, in quo regionis natura, morbi, accurate explicantur* ; imprimé à Edimbourg en 1664, remarque que plusieurs parties de la côte d'Ecosse, répandent une flâme pareille, qui le jour se convertit en une fumée épaisse.

Sur ce que je viens de dire, on peut croire sans difficulté que la Côte de Léon & de Cornoüaille est empreinte de matieres sulfureuses, qui venant à se

---

Frémy, in-4°. Paris 1572 avec les planches en bois, contenant 168 feuillets.

La troisieme édition, in-4°. Rouen (*Jacques Cailloué*) 1627, a été contrefaite, page pour page, sur celle de 1556 : le Libraire a même fait graver les figures en bois, mais ces exemplaires sont infiniment moins beaux, moins exacts, & de nulle valeur, en comparaison des précédentes éditions. Cet impudent ayant supprimé les anciennes Dédicaces, a le front de se vanter qu'il pouvoit y ajoûter des choses curieuses, ayant plusieurs Traictés : mais qu'il ne veut point défigurer cet excellent Ouvrage par additions, changemens, &c.

Cette troisieme se trouve avec le titre de Francfort, chez Wuillaume Wechels, in-4°, 1627, aussi 230 feuillets.

MINÉRALOGISTES. 327

joindre aux parties de sel marin qui s'évaporent & se volatilisent continuellement, forment ces différentes espèces de Pirites & ces enduits luisans. A Brest même, on voit les murailles des maisons qui sont les plus voisines de la Mer, couverte d'un pareil enduit & briller dans les beaux jours.

Deslandes.

Entre le Conquet & l'Abbaye de Saint-Mathieu nommée dans les anciens titres Saint-Matié *in finibus terræ*, il y a une rade foraine qu'on appelle *Porz Liocan*. On ne peut douter que cette rade n'ait été autrefois un Port considérable. Il n'y a pas soixante ans qu'on y voyoit des restes de Quais minés par la Mer & quelques anneaux de fer, propres à attacher les Navires : & il falloit qu'ils fussent considérables, puisque ces anneaux étoient élevez de plus de deux toises au-dessus des plus hautes Marées. On m'a montré à Saint-Mathieu des pierres qu'on avoit conservées de ces anciens Quais : & c'étoient de véritables Pirites, qui brûloient & se consumoient au feu. Le nom de *Porz-Liocan* est sans doute venu de là : car dans la Langue Celtique *Porz* signifie en général une entrée, & en particulier un Port de Mer : *Liocan* est composé (2) de *Liou*, couleur, & de *Can*, Blanc, brillant, &c. Aussi la Lune dans son plein est-elle ici nommée *Loar-Can*.

Pour passer de ces remarques à quelqu'autres plus sçavantes, je dirai que le *Porz-Liocan* est sans contredit le Port de Mer que Ptolomée, le Géographe, a nommé *Saliocanus* ou *Staliocanus*. Aucun de ses interpretes n'a bien entendu ce passage, ni donné la véritable leçon. Peut-être sont-elles toutes défectueuses. Quoiqu'il en soit, Ptolomée en parcourant

---

(2) *Le Pere Lobineau a parlé du Porz-Liocan d'une maniere vague & peu exacte.*

Deflandes.

la Côte de Bretagne depuis la Loire jusqu'à l'entrée du grand Canal, autrement la Manche ou Océan Britannique, parle de cette maniere : *pour ce qui regarde la Côte qui va au Septentrion & tourne vers la Mer Britannique, je la décrirai telle qu'elle est. Après le Promontoire Gobée, on trouve le Port Staliocanus*, &c.

Le Promontoire Gobée, est la pointe ou l'extrémité Occidentale de la Bretagne, après quoi on trouve le *Porz-Liocan* dont je viens de parler. Et si ma conjecture est bonne, il faut que les deux pointes, celle de Saint-Mathieu & celle de Cornouaille, n'ayent été autrefois qu'un seul & même Promontoire. C'est aussi de cette maniere que paroit s'expliquer Ptolomée. J'appuye ma conjecture sur ce qu'il est plus que vrai-semblable que par un tremblement de Terre ou par quelqu'autre accident imprévû, ce Promontoire s'est partagé en deux, & a laissé un libre passage à la Mer qui s'est répandue abondamment sur des terres plus basses que son niveau ordinaire. La même chose est arrivée ailleurs. Il y a encore tant de grosses roches entre la pointe de Saint-Mathieu & celle de Cornouaille, sans compter plusieurs Islets & plusieurs bas-fonds, qu'on est persuadé que tout cela a été autrefois terre ferme.

L'ancienne tradition du pays porte, que l'Isle de Sain & même celle d'Ouessant, aujourd'hui éloignées de la Côte de plusieurs lieues, y touchoient autrefois.

On me demandera peut-être en quel tems le Promontoire Gobée s'est ainsi partagé en deux. C'est ce que personne au monde ne peut sçavoir, n'y ayant ici aucun monument historique, ni aucun Regiftre autorisé en Justice, qui passe 250 ans. Je crois seulement qu'après la séparation du Promontoire (3) Gobée, la sûreté qu'on a trouvée à se retirer dans la Rade de Brest, a fait négliger le *Porz Liocan* qui n'est qu'une Rade foraine. On y voit cependant encore des 80. & 100 Bâtimens à la fois, destinez pour la Manche, lorsqu'un vent d'Est ou de Nord-Est les oblige à chercher de l'abri.

Je ne puis dire aussi en quel tems Brest a commencé d'être établi. Quelques Sçavans modernes pensent que c'est le *Brivates Portus* de Ptolomée ; mais j'en doute, fondé sur ce qu'il donne aussi le même nom à un Port voisin de l'embouchure de la Loire, qu'on croit être le Croisic. D'ailleurs le nom de Brest approche si fort de celui de *Breis* ou *Breith*, qu'on pourroit croire que c'est le même nom un peu altéré. Or on sçait que l'Angleterre se nommoit anciennement *Breith Iris*, Isle (4) peinte, d'où est venu le nom de *Bretaigne* & plus communément *Bretagne* : & quand les Bretons Insulaires vinrent s'établir dans l'Armorique vers l'an de Jesus-Christ 452, ils changerent son ancien nom en celui de petite-Bretagne. Il conjecture que ce fût alors que Brest ou plûtôt sa Rade commença d'être connu, soit qu'une partie de ces Bretons Insulaires y eût

---

(3) *Gobit est un vieux mot Celtique, aujourd'hui peu usité. Gobit lonqua, saisir, avaler, &c : ce qui se dit plus particulierement des animaux gourmands & féroces. Je crois que le Promontoire Gobée a été ainsi nommé, parce que la pointe Occidentale de la Côte de Bretagne ressemble à une gueule ouverte. La Côte de Cornouaille compose la partie inférieure de la machoire, & la Côte de Léon la supérieure. Ce qui imite assez bien la posture d'un animal qui veut saisir ce qu'on lui jette. Il y a apparence que le mot François Gobet vient de là : ce que les Etimologistes n'ont pas sçû.*

(4) *Les fleurs & les fruits en Angleterre ont des couleurs plus vives, qu'en tout autre Pays ; le gazon surtout des environs de Londres & de Cantorbéri est renommé pour le beau verd.*

Deslandes.

fait la premiere descente, soit que la Côte ayant paru chargée de ces pierres de différentes couleurs dont j'ai parlé : on l'eût nommée la Côte Peinte. Ce qui est vrai, c'est que l'Histoire de Bretagne ne fait aucune mention du Port de Brest avant le 13e. siécle. A mesure que la mer mangeoit les terres voisines, ce Port s'aggrandissoit & devenoit plus commode. Des gens mediocrement âgez se ressouviennent encore d'avoir vû la mer à plus de 5 & 6 toises des endroits qu'elle occupe aujourd'hui. Au commencement du dernier siécle, Brest étoit encore très-peu de chose : le Roi n'y avoit aucun établissement. Ce fut en 1631, que le Cardinal de Richelieu, Grand-Maître, Chef & Surintendant général de la Navigation & Commerce de France, y fit construire (5) un magasin. Jean la Chaussée Entrepreneur s'en chargea par ses ordres pour la somme de 10000 livres tournois. J'ai le contract qui en fut passé à la requête d'André Ceberet stipulant pour Monseigneur le Cardinal, pardevant Roussel & Marion Notaires Royaux établis à Saint-Renan. Il n'y en avoit point sur les lieux.

Vers la fin de 1633, le Roi rassembla à Brest, 23 Vaisseaux, dont les deux plus considérables étoient l'Amiral de 1000, & le Vice-Amiral de 700, tonneaux. Tous les autres étoient au-dessous de 500. Il est marqué dans un vieux Regître de la même année que tous ces Vaisseaux avoient été achetés ailleurs & amenés à Brest, parce qu'il n'y avoit aucun établissement pour les constructions.

Un de mes amis m'a fait l'honneur de m'adresser un petit écrit, dans lequel il tâche de prouver que

---

(5) *Toutes les Commissions & tous les Brevets des Officiers de la Marine de ce tems là, ne sont signés que du Cardinal de Richelieu.*

c'est dans la Rade de Brest que fut donné le combat naval que César rendit contre ceux de Vannes. Il venoit les armes à la main, pour les punir des violences qu'ils avoient commises contre ses Envoyez & ses Intendans des vivres. C'est-là une pure conjecture, entierement dépouillée de preuves. Il faut convenir cependant que si le combat naval dont parle César fût rendu effectivement auprès de Vannes, toute cette Côte a bien changé depuis. Elle est si hérissée de rochers & de petites Isles, entre lesquelles la Mer est resserrée, que des Vaisseaux de guerre, quelque petits qu'on les suppose, ne peuvent en approcher, encore moins y combattre.

C'est dommage que nous n'ayons aucune histoire naturelle des changemens, qui sont arrivez sur nos Côtes. Peut-être aussi que ces changemens sont arrivez d'une maniere imperceptible, & de loin à loin : on n'a pû s'en appercevoir distinctement ; & après plusieurs générations, il n'en est resté qu'une mémoire confuse.

ANALYSE

De l'eau d'une source trouvée dans les mines de Vulgoet audessus du filon quartzeux où se dépose la mine de fer terreuse brune, tenant argent & or.

Par M. S.

J'AI trouvé au fond de la bouteille de pinte qui contenoit cette eau, des flocons d'ocre cuivreuse verte ; comme il y en avoit une partie qui se trouvoit suspendue dans l'eau, je la filtrai au papier gris, elle passa très limpide.

L'ocre verte qui resta sur le papier, ayant été séchée, se trouva peser quarante grains. Cette terre cuivreuse ne contient point d'argent; je m'en suis assuré en la réduisant & en la coupellant ensuite avec seize parties de plomb.

L'eau qui a été séparée de la terre cuivreuse par la filtration, a une légére couleur bleuâtre, due au vitriol cuivreux qu'elle tient en dissolution comme les expériences suivantes le feront connoître.

Si l'on verse de l'huile de tartre par défaillance dans de l'eau de la source de Vulgoet, il se fait un précipité d'un blanc bleuâtre; en versant dans ce même verre de l'alkali volatil, le précipité se dissout presqu'aussitôt, & l'eau prend une couleur bleuâtre.

On reconnoît facilement que le cuivre est à l'état de vitriol dans l'eau du filon de Vulgoet, en versant quelques gouttes de dissolution de nitre mercuriel dans cette même eau, elle devient laiteuse, & l'on trouve du turbith minéral à sa surface, & sur les parois du verre.

La dissolution du nitre lunaire versée dans l'eau de la source de Vulgoet, elle ne tarda pas à prendre une couleur lilas.

Une lame de fer polie & nouvellement limée étant mise dans cette même eau s'est trouvée douze heures après enduite d'une lame de cuivre très-mince.

Pour déterminer la quantité de vitriol cuivreux que cette eau tenoit en dissolution, j'en ai fait évaporer une livre, & j'ai trouvé dans la capsule quatre grains de vitriol cuivreux, lequel prend une couleur brune, si on le prive de l'eau de sa cristallisation.

Essai de la mine de fer aurifere, terreuse, brune, de Vulgoet en Bretagne.

Par M. S.

CETTE mine de fer terreuse brune & mêlée de fragmens de quartz, contient de la chaux de zinc & de cuivre, des portions de pirites non décomposées.

Lorsqu'on torréfie cette mine, il s'en dégage des vapeurs d'acide sulfureux, par cette opération elle diminue de huit livres par quintal, ce qui reste dans le test est rougeâtre & en partie attirable (1).

J'ai mêlé un quintal de la mine de fer brune torréfiée, avec deux quintaux de minium, neuf quintaux de flux noir, & environ vingt-cinq livres de poudre de charbon ; j'ai fondu ce mélange & j'ai obtenu un culot de plomb, qui après avoir été coupellé m'a fait connoître que cette mine de fer terreuse contenoit par quintal, neuf onces d'argent tenant or.

J'ai dissous cet argent dans de l'acide nitreux, l'or qu'il contenoit s'est trouvé au fond du matras sous la forme d'une poudre noirâtre ; je l'ai lavé, séché, fondu & pesé, & j'ai reconnu qu'il se trouvoit dans cette mine de fer dans la proportion de deux onces par quintal de ce minéral.

La vitriolisation de la mine de fer terreuse brune m'a fait connoître qu'elle contenoit du zinc, du cuivre, & du fer.

––––––

(1) L'alkali volatil étant mis en digestion sur cette mine de fer terreuse calcinée, prend une belle couleur bleue.

M. S.

Extrait d'un Mémoire de M. Duhamel, Correspondant de l'Académie, sur les forges des Salles & de la Noué en Bretagne, avec des observations sur la méthode ordinaire de couler les Canons & celle qu'on y pourroit substituer.

Par M. S.

L'AUTEUR de ce Mémoire dit que la forge des Salles consiste en un grand fourneau à fondre le minerai, deux affineries & une chaufferie.

2. Le grand fourneau a vingt-deux pieds, on a employé pour le construire un schiste grossier, les parois intérieurs sont en moellons de grès : quoique ce fourneau ait servi depuis deux ans, à plusieurs fondages (1) on n'y trouve aucune lézarde, & l'intérieur n'est que tres-peu endommagé.

3. M. Duhamel regrette qu'on ne fasse pas usage dans les forges des Salles de trombes aulieu de soufflets, d'autant qu'on a une chute d'eau de dix huit pieds.

4. M. Duhamel blâme l'habitude où l'on est en Bretagne, d'exploiter superficiellement les mines de fer & de les abandonner aussitôt qu'on trouve l'eau & il ajoûte qu'il seroit plus avantageux de suivre le minéral & d'épuiser l'eau, que d'aller chercher de la mine à deux lieues à la ronde.

5. Les mines de fer qu'on exploite dans la forge des Salles, sont des mines terreuses, l'une est limoneuse, l'autre plus solide est une espèce d'hématite

---

(1) Chaque fondage est de six à huit mois.

brune; on fond ensemble ces deux espèces de mines, elles produisent par quintal trente à trente-cinq livres de gueuse, laquelle perd un tiers à l'affinerie.

6. La pierre calcaire étant rare dans cet endroit de la Bretagne, on emploie pour castine des coquilles d'huitre: le fourneau des Salles rend cent dix à cent trente milliers de fonte par mois; mais cette fonte n'est pas égale, il s'en trouve de blanche mêlée avec la grise.

7. Pour réduire la gueuse en fer marchand, on suit à la forge des Salles, la méthode du Berri, c'est-à-dire qu'on convertit en loupe, la gueuse qui a passé une fois aux affineries, ensuite on la porte à la chaufferie & dela sous le gros marteau qui se casse souvent parce qu'il est de fonte.

8. M. Duhamel en parlant de la fonderie, dit qu'il y a des fautes de construction dans les machines; qu'ayant une chute d'eau de dix-huit pieds, les roues devroient être à auget aulieu d'être à aubes ou palettes, ce qui fait qu'on dépense le double d'eau.

9. Le fer qu'on fabrique dans la forge des Salles est cassant à froid, on le réduit en verges dans la fonderie, il est employé pour faire des clous. M. Duhamel dit que le fourneau qui sert à chauffer le fer de la fonderie est assez bien fait, que le déchec que ce métal y éprouve est de six livres par quintal.

10. La forge de la Noué en Bretagne est l'objet de la seconde partie du Mémoire de M. Duhamel; il y a dans cette forge des batimens immenses qui ont été construits pour servir d'atteliers à mouler, forer & tourner les canons qu'on comptoit y faire.

11. Le canal qui amène l'eau sur les roues à 1800 toises de long & 30 pieds de largeur; on a fait une chaussée qui force une partie de l'eau de la riviere de Lié à se porter dans ce canal.

12. Le minerai qu'on employe dans la forge de

la Noué se tire de deux ou trois lieues à la ronde: M. Duhamel dit que le fer qu'on retire de ces mines seroit bien meilleur si l'on employoit plus de charbon pour les fondre & si l'on tenoit le métal plus longtems en fusion (2) ce qui ne sera pas suivi par les fermiers, parce qu'alors on retireroit moins de fer & qu'il coûteroit plus à préparer.

13. Les deux fourneaux de la Noué sont alternativement en feu & produisent chaque année quinze cent milliers de fonte desquels il s'en moule trois cent milliers en bombes & boulets, pour *Brest*.

14. Les douze cent milliers restans sont convertis en fer & rendent environ huit cent milliers de ce métal fabriqué, & quoique ce fer soit d'une médiocre qualité, il se vend dix-sept à dix-huit livres le quintal.

15. En parlant des boulets qu'on coule à la forge de la Noué, M. Duhamel dit qu'il y en a beaucoup de manqués par le jet où il se trouve un trou à l'endroit de la coulée; il conseille pour éviter cet inconvénient, qui les fait rebuter, de renverser les coquilles aussitôt que le jet est coagulé; il dit qu'alors le vuide se trouveroit rempli par le métal en fusion contenu dans la coquille & que s'il reste, il doit se trouver vers le centre du boulet, ce qui ne peut être préjudiciable.

16. M. Duhamel en parlant de la fonte des canons qu'on avoit voulu faire à la Noué, dit qu'elle ne pouvoit pas réussir à cause de la fonte blanche que ces mines produisent en trop grande quantité, & il remarque que lorsqu'il s'en trouve dans la fonte grise, le forêt ne pénétre qu'avec peine & que la langue de carpe aulieu de couper, égraine & laisse

_____

(2) C'est une observation généralement faite: le feu adoucit le métal.

des

des chambres que les forêts s'émoussent & se gâtent; si la fonte blanche se trouve à l'extérieur, il n'est presque pas possible de polir les pièces, mais en supposant qu'on soit parvenu à forer & à polir ces canons ils ne manquent pas d'éclater à la première ou à la seconde décharge.

M. Duhamel termine ce Mémoire intéressant par un projet qu'il propose, le croyant propre à améliorer la fonte; pour cet effet ce Métallurgiste recommande de faire de la fonte de gueuse aussi pure qu'il est possible de l'obtenir par le procédé ordinaire, de la couler en petits lingots ou plaques qu'on casseroit en morceaux: ensuite de les fondre dans un fourneau de reverbere en quantité suffisante pour le canon qu'on voudroit mouler; les Anglois coulent de cette maniere les cylindres des machines à feu.

18. Cette seconde fonte, continue M. Duhamel, seroit plus dure que la fonte grise & en cas qu'on ne pût pas la forer, il faudroit faire des moules à noyau assez parfaits pour qu'on pût se passer de les forer. M. Duhamel ainsi que M. de Buffon pensent qu'alors les canons feroient meilleurs, puisque la couche du fer la plus tenace resteroit à la surface & dans l'intérieur de la piece.

On ne sçauroit apporter trop d'attention à améliorer & adoucir la fonte destinée au moulage des canons: car lorsqu'ils viennent à crever, leurs éclats font périr des hommes destinés au service de l'artillerie.

M. Duhamel termine son Mémoire intéressant en disant que dans la fonte des mines de fer, en général, on doit avoir égard à la nature du charbon qu'on employe, à la maniere dont il a été cuit & au tems qu'il a été conservé. C'est de toutes ces choses réunies que dépend l'amélioration de la fonte.

On a reconnu que le charbon de chêne étoit celui qui avoit le plus d'activité, qu'il étoit plus propre que les autres, à la fonte du fer, & que le charbon de bois blanc n'étoit pas moins propre à l'usage des forges. Nous terminerons ce rapport, en disant qu'il faut conserver le charbon dans des lieux secs, parce que l'humidité lui fait perdre de ses qualités (4)

M. S.

(4) Mines de fer & forges de la Provotiere & de la vallée dans l'Evêché de Nantes.

Trois autres forges de fer dans le même Diocèse à Milleray, Péan, la Poitevinière: mines & forge de fer à Pampont Diocèse de Saint-Malo semblable à celui d'Espagne: à une demie-lieue de Saint-Nazaire auprès du moulin de la Noé & du village appellé Ville Saint-Martin, un champ où il y a une mine d'aimant.

Les concessions suivantes se sont opposées à l'exploitation des mines du charbon de terre en Bretagne pendant un certain tems comme dans le reste du Royaume.

Concession faite au Sieur de la Vrilliere, Secrétaire d'Etat, du dixieme appartenant au Roi en toutes les mines & minieres de charbon de terre ou de pierres qui sont ouvertes : le 22 Novembre 1657. Registrées le 15 Décembre suivant.

Le Duc de Montausier obtint en 1689, pour lui & ses successeurs la permission de faire exploiter les mines de charbon de tout le Royaume pendant quarante ans. Après ce Seigneur, la Duchesse d'Uzès a joui du même droit. Ces priviléges généraux ont été révoqués par l'Arrêt du 13 Mai 1698; plus particulierement par celui du 14 Janvier 1744 & même par la déclaration du Roi du 22 Déc. 1762.

FIN.

LA RESTITVTION

DE PLVTON.

PAR MARTINE DE BERTEREAU, DAME
ET BARONNE DE BEAUSOLEIL
ET D'AUFFEMBACH.
1640.

LA RESTITUTION DE PEZRON.

PAR MARTINE DE BERTEREAU, DAME DE BEAUSOLEIL.

À Auxerre.

1640.

EPISTRE LIMINAIRE,
A MONSEIGNEVR
L'EMINENTISSIME
CARDINAL DVC
DE
RICHELIEV.

Monseignevr,

On a de couſtume de nous figurer l'Europe, auec la Couronne ſur la teſte, comme eſtant la Royne des autres parties du monde, parce qu'à la verité, elle contient dans ſes bornes vn grand nombre de Royaumes & de Monarchies puiſſantes en grandeur, en loix, sciences, armes, biens, richesses, & hommes, bons ouuriers en toutes sortes d'arts, & dont les Monarques excellent autant en Religion & pieté, qu'en puissance, ceux des autres contrées.

Mais si l'on vouloit figurer dignement la France, il la faudroit couronner comme la Royne des autres parties de l'Europe : Car il faut aduoüer, qu'entre les faueurs particulieres qu'elle a receues du Ciel, en ce qu'elle est fertile en bleds, vins, fruicts, & autres choses necessaires pour l'entretien de la vie humaine : C'est qu'elle est encores douée de nobles qualitez en ses hommes, qui surpassent les Alemans en conduites de Caualerie, les Suedois, & Danois en commerce, les Hollandois & Flamens en police, les Anglois en politesse & ciuilité, les Espagnols en douceur & debonnaireté, bref tous les Europeans en bonnes mœurs, franchise d'humeur & naifueté : Ce qui les rend non seulement estimables entre les autres Nations : Mais aussi la Nature parlant en eux, semble tacitement dire par ces marques, qu'ils sont nez pour commander à tout le monde, & regenter l'Vniuers.

En vn seul point (MONSEIGNEVR) on a deu croire que le Royaume estoit deuancé par les autres, c'est à sçauoir en celuy-cy, que manquant de moyens pour faire valoir les vertus dont ses subjects sont douez, ils se sont veus contraints de faire la Cour, tant à leurs voisins, qu'aux plus estoignez, pour tirer d'eux le nerf de la guerre, & l'ame du commerce, sçauoir l'or & l'argent qui luy deffailloient, pour se faire redouter à ceux qui deuoient estre ses tributaires. Mais aujourd'huy, Dieu vous ouure les yeux, & apprend à vostre Eminence tres-augufte, par moy qui ne fuis qu'vne femme, de laquelle il a, peut-eftre, pleu à la diuine Bonté fe feruir, aux fins de donner aduis des threfors & richeffes enfermées dans les mines & minieres de France, comme il voulut autrefois fe feruir de Ieanne d'Arc pour repouffer les Anglois hors l'heritage, que fes Ayeuls auoient laiffé à fa Maiefté.

Or ie fupplie tres-humblement voftre Eminence (MONSEIGNEVR) ne point douter de l'aduis que ie luy donne; fur ce qu'aucuns la pourroient detourner, difans : que jufques à prefent les mines n'ayant efté defcouuertes, il n'eft pas croyable qu'il y en ait en ce Royaume, ou que s'il s'en trouue en ce Royaume quelques-unes, elles ne peuuent apporter grand profit à la Couronne : Car outre ce que ie peux refpondre, que comme on iuge du lyon par l'ongle, qu'ainfi à l'ouurage on cognoiftra l'ouurier. Car fi on faict l'honneur au fieur du Chaftelet mon mary, & à moy de nous employer, trauaillans à nos propres frais, afin que perfonne ne foit trompé : C'eft que le Ciel augmentant de iour à autre les trophées de Sa Majefté par la fage conduite de voftre Eminence : I'eftime auffi qu'il veut augmenter fes finances, pour le rendre le plus redouté Monarque de la terre : Ie tire cefte confequence d'vn folide fondement, fçauoir de la pieté Religieufe, qui efclate en Sa Maiefté, & au trauers du pourpre de voftre Eminente Grandeur, cultiuée par les vertus, & fur tout par la crainte de Dieu, premier motif de la gloire, & des richeffes dans la maifon de l'homme de bien. La gloire accompagne defia en tout Sa Majefté, & voftre Eminence. Et tout le monde aduoue qu'elle doit eftre enuironnée de lauriers & de palmes, puis qu'elle a genereusement triomphé par vos diuins conseils, & de ses ennemis, & des rebelles tant dehors que dedans le Royaume.

 Il ne me reste donc plus que les richesses qui se presentent, pour rendre la France heureuse de tout point : La iouyssance desquelles ne depend que d'vn simple commandement de Sa Majesté & de vostre Eminence pour y trauailler, & d'vne authorité & pouuoir du Conseil pour l'execution de ce que dessus, dont on verra sortir l'effect de mes promesses, au bien de l'Estat, & du soulagement du peuple.

 Que s'il luy plaist, & à vous (MONSEIGNEVR) agréer cest offre, & me prester la main, on cognoistra que les hommes apprennent tous les iours, & que les secrets de Nature se manifestent lentement & en leur saison. Et les François auront occasion de remercier le Tout Puissant, de leur auoir donné vn Prince plus heureux qu'Auguste, & meilleur que Trajan, & assisté de la sage & esmerueillable prouidence de vostre Eminence, comme le seul Nestor de nostre siecle, durant le regne duquel le Ciel plus fauorable aura faict renaistre le siecle d'or. Ce sera alors qu'à plus iuste tiltre i'auray merité d'estre qualifiée,

MONSEIGNEVR,

Vostre très-humble &
obeïssante seruante,
Martine de Bertereau.

A MONSEIGNEVR
L'EMINENTISSIME
CARDINAL DVC DE
RICHELIEV.

SONNET.

Esprit prodigieux, Chef-d'œuvre de Nature,
Elixir espuré de tous les grands Esprits,
Puisque vous conduisez nostre bonne auenture,
Arrestez vn peu l'œil sur ces diuins Escrits.

Ces Escrits sont desseins, pour vne Architecture,
Dont la saincte Beauté vous rendra tout espris ;
Le Soleil & les Cieux conduisent la structure,
Et vous, vous conduirez cet ouurage entrepris.

La France & les François vous demandent les mines,
L'or, l'argent, & l'azur, l'aymant, les calamines,
Sont des Thresors cachez de par l'esprit de Dieu.

Si vous authorisez ce que l'on vous propose,
Vous verrez (MONSEIGNEVR) que sans metamor-
phose,
La France deuiendra bien-tost vn Riche-Lieu.

MARTINE DE BERTEREAU.

LA RESTITVTION DE PLVTON.

I.

Des Mines, & Minieres de France, cachées, & detenuës iufqu'à prefent au ventre de la Terre, par le moyen defquelles les Finances de Sa Majefté feront beaucoup plus grandes, que celles de tous les Princes Chreftiens, & fes fujets plus heureux de tous les Peuples.

IL n'importe pas de qui l'on foit confeillé, pourueu que le confeil foit bon. On en doit premierement faire l'efpreuue, puis après l'eftimer, felon ce qu'il eft trouué fructueux & profitable. Les Romains jadis rendirent de grands honneurs à des Oyes, comme s'il y euft eu quelque chofe de diuin en ces Animaux ; d'autant que par leur cry, elles donnerent aduis de la prife du Capitole, par les ennemis. Comme auffi les Anciens Payens mettoient au nombre des Dieux ceux qui par art & induftrie auoient defcouuert quelque chofe, auparauant incogneuë aux Eftats & Republiques ; quoy qu'ils fuffent fimplement hommes mortels comme les autres ; l'Apothéofe eftoit leur recompenfe, & les acclamations

MINÉRALOGISTES. 347

populaires, le falaire de leurs inftructions. L'Harpocrate placé en profpectiue fur les portes des Temples, qui leur eftoient confacrez, ayant le doigt fur fa bouche, n'eftoit-là en cefte pofture, que pour deffendre de reueler le fecret aux fiecles aduenir, quoyque ceux (comme i'ay defia dict) aufquels on deferoit ces honneurs diuins, n'euffent efté que des hommes mortels.

La Baronne de Beaufoleil.

Ie n'attens autre chofe que de la mocquerie de plufieurs de ceux qui liront cet efcrit, & peut-eftre du blâme, quand ils verront qu'vne femme entreprend de donner des aduis à vn grand Roy, le miracle des Roys, & à fon Confeil, le premier, & le plus iudicieux du monde. Mais fi des rieurs, & critiques Cenfeurs veulent prendre la peine de feuilter l'Hiftoire Sacrée, ils y liront, qu'vne ieune fille eftrangere confeilla le Prince de Syrie Naaman de s'en aller vers le Prophete de la Paleftine, lequel l'inftruiroit des moyens qui feroient propres à guerir fa Lepre. Il la creut, & s'en trouua bien. Auffi fi ie fuis creuë a mon rapport, la repentance ne fuiura point la créance, ains on verra par les effects, que mon deffein eft femblable à celuy de la feruante du Prince de Syrie, à fçauoir de guerir de la pauureté, dis-je, que l'on a accouftumé de nommer par raillerie, vne efpece de ladrerie.

Mais quoy dira quelque autre, qu'vne femme entreprenne de creufer & percer les montagnes: Cela eft trop hardy, & furpaffe les forces, & l'induftrie de ce fexe, & peuteftre, qu'il y a plus de iactance, & de vanité en telles promeffes (vices dont les perfonnes volages font ordinairement remarquées) que d'apparence de verité. Ie renuoye cet incredule, & tous ceux qui fe muniront de tels & femblables arguments, aux hiftoires prophanes, où ils trouueront qu'il y euft autrefois des femmes

La Baronne de Beausoleil.

non seulement belliqueuses & habiles aux armes : mais encore doctes aux arts, & sciences speculatiues, professées tant par les Grecques, que par les Romaines. Penthasilée auec ses Amazones seront pour exemple. Nicostrata, & Aspasie premierement maistresse, puis espouse de ce valeureux Capitaine Pericles, Themistoclea sœur du Philosophe Pytagore, des opinions de laquelle il se sert en plusieurs lieux de ses escrits, *Fabiola, Marcilla, Eustochium*, auec lesquelles Sainct Hierosme a eu conference, & vn nombre infiny d'autres authoriseront ce que ie soustiens.

Et bien que la cognoissance des mines, comme chose occulte, soit d'autant plus difficile à acquerir que moins elle est apparente ; si est-ce toutesfois qu'apres auoir vacqué trente ans, auec vn laborieux exercice à la parfaicte recherche de cest Art, estant moy mesme descenduë dans les puits & cauernes des mines, (quoy qu'effroyables en profondeur) comme celles d'or & d'argent du Potozi, au Royaume du Peru, dont les carrieres sont appellées par les Espagnols, *La Esperança de la muerte, Despanto & de la fe &c.* Dans celles de Neusoln, Cremitz, & Schemnitz, au Royaume de Hongrie appellées par les Hongrois, & Alemans, Biberstolen, Falkenstain, Duln, Kinnerfrbstohn, Katstaben, Lindenstoln, Lingonstobi, Obertagstolen, Windischlenten, Vnder, Erbstoln, Kottingstolmcanderstolus, Hastang, &c. qui ont quatre & cinq cents toises de profondeur & audedans, c'est-à-dire dans le fonds, & sous la terre, deux & trois lieuës de canaux, routes, ou chemins, auec mille ou douze cents carrieres, chambres, ou cauernes, où les ouuriers trauaillent depuis vn siecle d'années, où bien

MINÉRALOGISTES. 349

souuent se rencontrent de petits Nains, (1) de la hauteur de trois ou quatre paulmes, vieux, & vestus comme ceux qui trauaillent aux mines, à sauoir d'vn vieil robon, & d'vn tablier de cuir, qui leur pend au fort du corps, d'vn habit blanc auec vn capuchon, vne lampe, & vn baston à la main, Spectres espouuentables à ceux que l'experience dans la descente des mines n'a pas encores asseurez. M'estant aussi trouuée aux officines des fontes, aux separations du grossier d'auec le pur, & en ayant veu faire les espreuues, & les ayant faictes moy-

La Baronne de Beausoleil.

---

(1) George Agricola raconte dans le Bermann, » que dans une mine d'Anneberg nommée la Couronne Rozée, un démon tua tout-à-coup douze Miniers : de sorte que ladite mine a été délaissée quoiqu'elle regorge en argent ; ils disent, rapporte-t'il, qu'une espèce de ces démons ne font aucun dommage au Métallistes, mais vont vagabondans par ces cavernes creuser, & ne faisant rien, semblent creuser une veine, amonceller la mine, tourner la roue & jouer avec les Mineurs, comme l'écrit Linthaut.

A ce que nous avons dit dans Palissy, & ce que dit Garrault ci-devant, p. 34, 39, on peut ajouter que les méchans diables des mines, sont des moffettes, & qu'il faut les exorciser par la circulation de l'air. On a trouvé, dit Agricola, dans les minieres, des instrumens d'argent, marteau, serpe, &c. hommages rendus aux Divinités des mines, par les Anciens, qui nous ont laissé la tradition de leur foiblesse & qui n'ont rien écrit sur les Arts utiles. On trouva, dit Zeiller, dans les mines d'argent de Saint-André, une statue de mineur, longue d'un doigt, ayant sous les aisselles un sac de cuivre. *Jean Walt*, assure qu'un Mineur découvrit dans les mines de Sainte Marie, dans Leberthal, une statue d'argent representant un homme debout & cuirassé, pesant mille marcs. Elle étoit dans une voûte ; voilà une idole bien précieuse.

mesme par longues années. Il faudroit estre vne souche, pour n'auoir vne expérience certaine, en ce que i'ay si long-temps practiqué, & tourné en habitude.

La Baronne de Beausoleil.

Ie ne suis pas venuë en France pour y faire mon apprentissage, ou contrainte par la necessité ; Mais estant paruenuë à la perfection de mon art, & desirée par le feu Roy HENRY LE GRAND, d'heureuse memoire, mandée, & sollicitée de sa part, par le feu sieur de Beringhen : nous y sommes arriuez mon mary & moy, pour y faire voir ce que iamais on n'y a veu ; ayans au préalable pris licence, permission, passeport & congé, de la Sacrée Maiesté, de laquelle il estoit Conseiller, & Commissaire General des trois Chambres des mines d'Hongrie, y laissant *Hercules du Chastelet* vn de nos enfans en sa place & exercice de sa charge, & auons bien voulu obliger les François en cela, & monstrer aux estrangers, que la France n'est pas despourueuë de mines & minieres, non plus que les Indes Orientales, & Occidentales, desquelles le Roy d'Espagne tire vn grand profit.

Les descouuertes en sont faictes, & à ce dessein auons employé, & voyagé neuf années entieres, auec vn nombre d'ouuriers, & mineurs Hongrois, & Alemans, par toutes les montagnes de ce Royaume, & ce à nos propres frais & despens. Et après auoir veu & consideré les lieux où sont les meilleures mines, de plus grand rapport, & plus faciles à ouurir nous en auons apporté les espreuue à Sa Maiesté, & à nos Seigneurs de son Conseil ; de sorte qu'il ne reste plus que de commencer les ouuertures & mettre l'ordre requis à telles entreprises. Ce qui se fera si tost qu'il plaira au Roy, & à vostre Eminence, Monseigneur, nous donner la iouïssance, des articles qui ont esté accordez au Conseil, dès l'année mil six cents trente-quatre, & qui font encores entre les mains de Monſieur de (2) *Bretonvilliers* Secretaire du Conſeil (au rapport de Monſieur d'*Emery*) (3) & de commencer l'eſtabliſſement de cet ordre des mines très-vtile en toutes leurs parties tant au Roy, & à voſtre Eminence qu'à toute la France.

La Baronne de Beauſoleil.

On pourra voir dans la *Declaration* que i'ay miſe au jour auant celui-ci, dez *l'an mil ſix cent trente-deux*, les veritables cauſes, pour leſquelles iuſques à preſent les grandes richeſſes qui ſont en France, ont eſté incognues, & dirons ſeulement que les officiers des Mines de France, & qui en tirent les gages & les emolumens, ont trop d'offices, ce qui faict que leur eſprit eſt diuerti en trop de lieux & ne

(2) Suivant Pierre Borel, qui écrivoit en 1649, Claude le Ragois de Bretonvilliers, Secrétaire du Conſeil du Roi, avoit un cabinet curieux de raretés d'Hiſtoire naturelle; il étoit fils de Benigne le Ragois, Secrétaire du Roi & de Marie Saulcier, petit fils de Blaiſe le Ragois, Avocat célèbre au Parlement de Dijon, & de Odette Chouin. Claude avoit pour frere Benigne le Ragois de Bourgneuf qui eut des enfans de deux lits, les premiers furent ruinés par ſon ſecond mariage avec Catherine Gobelin & ils allerent habiter la Ville de Salmaiſe-le-Duc, en Bourgogne. Catherine Gobelin épouſa depuis, Jacques Pynnier Seigneur d'Angerville. Seraphin le Ragois, autre frere de Claude étoit grand pere maternel de MM. le Nain de Tillemont; Alexandre le Ragois, fils de Claude, fonda le Séminaire de Saint-Sulpice, de Paris.

(3) Michel Particelly Seigneur d'Hemery, d'Ervi, de Saint-Florentin, de Tanlay, de Châteauneuf ſur Loire, devint Surintendant des Finances, mort le 25 Mai 1654. Il maria ſa fille héritiere au Marquis de la Vrilliere en Virgounois, Diocèſe de Blois; Châteauneuf a depuis été érigé en Duché de la Vrilliere.

se tiennent point subjects à ce deuoir, ny dans les lieux où sont les mines, pour y trauailler continuellement, auec tous les autres Officiers, Mineurs, Fondeurs, Chaffues, Essayeurs, & autres : car si cet ordre estoit en France, on recognoistroit promptement les graces & benedictions que le Createur a donné à ce Royaume. Et sans estendre ce discours plus auant, ie diray qu'il y a cinq regles methodiques, qu'il faut sçauoir pour cognoistre les lieux où croissent les metaux.

La premiere par l'ouuerture de la terre, qui est la moindre.

La seconde par les herbes & plantes qui croissent dessus.

La troisiesme par le goust des eaux qui en sortent ou que l'on trouue dans les Euripes de la terre.

La quatriesme par les vapeurs qui s'esleuent autour des montagnes, & valées à l'heure du Soleil leuant.

La cinquiesme & derniere, par le moyen de seize instrumens metalliques, & hydrauliques, qui s'appliquent dessus : Or outre ces cinq regles, & seize instruments, il y a encores sept verges metalliques dont la cognoissance & pratique est très-necessaire, desquelles nos Anciens se sont seruis pour descouurir de la superficie de la terre les metaux, qui sont dedans & en leur profondeur, & si les mines sont paures ou riches en metail. Comme aussi pour descouurir la source des eaux auant que d'ouurir la terre, si elles sont abondantes, & si le lieu de leur penchant est propre pour faire tourner les moulins & les rouës, jouer les soufflets, lauer les mines, & autres manufactures necessaires aux Officiers des Mines ; afin qu'à moindres frais, moins de labeur & de temps, on puisse mener à bonne fin son entreprise.

Ces

MINÉRALOGISTES. 353

Ces verges sont appellées & nommées dans les mines de Trente, & de Tyrol, où la langue Italienne est vulgaire & en usage. *Verga lucente*, *Verga cadente*, *ô focosa*, *Verga salente*. *ô saltente*, *Verga batente*, *ô forcilla*, *Verga trepidante*, *ô tremente*, *Verga cadente*, *ô inferiore*, *Verga obuia*, *ô superiore*.

On remarque aussi, que les lieux principaux où se trouuent les mines de ce Royaume, ne sont pas beaucoup fertils, d'autant que la terre qui s'occupe à nourrir les metaux, & les mineraux a moins de suc delicat à nourrir les bonnes plantes, & semble que Iob, grand Philosophe, a voulu asseurer que tels endroits estoient naturellement steriles, disant que les oyseaux ne s'y arrestent pas, comme recognoissans par vn instinct naturel, qu'il n'y croist point de grain pour leur nourriture. *Semitam ignorauit auis, nec intuitus est eam oculus eius.* Job. C. 28.

Aussi ces mineraux croissent ordinairement dans le ventre des plus hautes montagnes, comme les Pyrenées, celles du Dauphiné, d'Auuergne, Viuarets, Prouence & autres semblables. Souuentes fois aussi il s'en trouue dans les plaines campagnes: & peut-estre que le Poëte ne pensoit pas si bien rencontrer quand il dict :

Parturient montes.

Les montagnes enfanteront.

Les Hebreux en leur langue aussi saincte que pleine de mysteres les nomment הרים *harain*, c'est-a-dire enceintes, ou propres à enfanter.

Au surplus, il n'y a Prouince dans le Royaume où il n'y ait des mines de metaux, & semimineraux. Les Montagnes des Pyrenées, de la Comté de Foix, du Dauphiné, d'Auuergne, de Bearn, du Languedoc, de Gascongne, du Lyonnois, Beaujolois & Forests, de Poitou, de Lymosin, de Bor-

La Baronne de Beausoleil.

bonnois, de la Prouence, du Niuernois, de Velay en sont pleines, & la Bretagne aussi, (où i'ay esté trauersée en l'execution de ma commission, par la *Touche-Grippé*, vn des plus meschans hommes & le plus grand ennemy du bien public que la Terre porte, cecy soit dict en passant, affin que tout le monde le recognoisse pour tel.) Dans toutes lesquelles Prouinces nous auons trouué tous les metaux & mineraux que le Roy pourroit souhaiter pour le bien de ses subjects, & en outre nous auons trouué des eaux minerales, pour la guerison des plus rebelles maladies.

La Baronne de Beausoleil.

Assauoir, aux Monts Pyrenées.

Proche de Saint-Beat, vne bonne mine qui a quantité d'or.

Malus Pere, Ch. XXIV, p. 118, & le fils p. 155.

A Aussonne, vne mine de Jayet.

Ossonne, Génér. d'Auch. Comté de Bigorre.

Proche le village d'O, à la montagne d'Esquierre, vne mine d'argent.

Malus Pere, Ch. XVI, p. 114, Malus fils, p. 154.

Au lieu de Samatan, trois mines de turquoises.

Voyez Malus Pere, C. XXVII, p. 120, & le fils, p. 156; c'est proche la Ville de Simore en bas Languedoc, à Baillabatz, à Laymont & du côté d'Auch, à Gimont, à Castres, & à Venés, qu'on trouve des Turquoises. Guy de la Brosse les appelle *licorne minérale*, ou mere des Turquoises.

Au lieu de Dizau, quatre mines de fer.

Comté de Comminges.

Proche la Ville de Bigorre, (vallée de Baigorry) vne bonne bonne mine de plomb.

Voyez les p. 202-231. Ces exemples prouveront assez que le Marquis de Rhodes qui proposa d'ouvrir les mines des Pyrénées pendant la guerre de la succession d'Espagne, étoit ignorant dans le métier qu'il vouloit faire, puisqu'il n'y trouva rien.

La Baronne de Beausoleil.

A la montagne de Sault, encore vne mine d'or.

A vne lieüe de Lourde, vne bonne mine d'argent.

A vne demi-lieüe de Sainct Bertrand, vne grande mine de cryſtal & deux de cuivre, qui tiennent quantité d'argent.

Dans la Comté de Foix, au lieu de Riuiere, vne mine d'or.

A la montagne de Montrouſtaud, vne mine d'argent, & dans la meſme montagne, vne mine de cuivre qui tient d'argent.

A la montagne de Cardazet, vne mine d'argent.

Au lieu appellé les minieres de l'Aſpic, vne mine de plomb contenant quelque portion d'argent.

Proche le village appellé Pech (Puy) & Château-Verdun, trois mines, vne de plomb, vne de cuivre & l'autre de fer.

Au lieu appellé d'Alſen, vne mine d'argent.

On a remarqué dans les Voges, & le mont Jura, dans les Pyrénées ou dans les Cévènes, que les Romains plaçoient leurs fonderies au ſommet ou à mi-côte des montagnes : à juger par des culots de leurs mauvaiſes fontes, que M. de Genſſane a vus à la vieille-Hulle en Franche-Comté, & au ſommet du mont Bourdaillat dans les Pyrénées, leurs fourneaux reſſembloient à ceux qu'on appelle *fourneaux Catalans* ou *Portugais* dont on ſe ſert pour le fer dans le Rouſſillon, le pays de Foix & la Corſe, & décrits dans *les Mémoires de M. Tronſon du Coudray*. Il falloit ſupprimer *la trombe*, lorſqu'ils fondoient ſur les montagnes & il étoit néceſſaire de la ſuppléer par un autre moyen de ſe procurer le vent.

On voit par des restes de leurs lavains, qu'ils faisoient rougir le minerai ; ils le concassoient ensuite sous des marteaux applatis, ils le faisoient passer par des moulins à bras, semblables à nos moulins à moutarde ou à ceux où l'on sépare l'argent par le moyen du mercure. Les meules qu'on trouve souvent dans les Pyrenées étoient d'un granit qui s'y rencontre communément & qui est fort dur. Les galleries étoient taillées au ciseau, à la pointe & avec parement. Ils faisoient usage des lampes de terre vernissées avec la manganese très-artistement faite ; ils avoient pour outils le marteau, la pointerolle, & un fer d'environ cinq pouces de longueur & d'un pouce quarré dont les vives arêtes sont abattues ; percé en canon par une de ses extrémités d'un trou quarré d'environ huit lignes, finissant en pointe à quatre pouces de profondeur. Cette cavité étoit remplie par un autre fer qui avoit une tête sur laquelle on frappoit. M. de Genssane croit que cet instrument servoit à marquer le travail des mineurs dans les galleries. Ceux qui trouveront des monumens d'antiquité dans les mines doivent les conserver & les faire connoître.

Au lieu de Signier, (ou Seguer) vingt & deux mines de fer.

La Baronne de Beausoleil.

La multiplicité des Forges dans une contrée est un grand abus : par exemple, les montagnes du Val de Spir & du Canigou, sont dépouillées de leurs bois, par une vingtaine de forges établies sur le Tech en Roussillon qui n'a que dix lieues de cours, depuis son embouchure à sa source. Ces forges sont banalles, il est permis à un paysan, de couper du bois quand bon lui semble, & lorsqu'il en trouve dans ces montagnes, d'en faire du charbon, qu'il apporte à la forge la plus voisine. Le Fermier fournit la mine & partage le fer avec le paysan qui, après avoir causé ces désordres affreux, va vendre ce fer à très-vil prix en Espagne ; ensorte que dans ce canton, tous les manans sont charbonniers, forgerons & marchands de fer. L'Etat doit s'occuper dans ce pays-là : 1°. Du bois qui est à la merci des habitans. 2°. Des arbres fruitiers qu'ils détruisent. 3°. Des terres qu'ils dégradent 4°. De réduire & de régler les forges banalles 5º. D'empêcher le tranſport de ce fer en Eſpagne, en procurant des débouchés en France à ce petit commerce. La Ville Pratz de Moilhou étoit il n'y a pas longtems au milieu des bois: maintenant on ne pourroit y bâtir, le bois de conſtruction y manque abſolument.

La Baronne de Beauſoleil.

Au lieu de Cabanes, trois mines d'argent, trois de fer & vne de chriſtal, bon pour faire toutes ſortes d'ouurages & de vaſes.

Au lieu de Lourdat, vne mine d'or, & vne mine d'argent à vne demi-lieuë dudit Lourdat.

Au lieu appellé Deſaſtie, vne mine d'argent.

Au lieu de Couſou, vne mine d'argent qui tient d'or.

En Condomois.

Vne mine d'or dans la terre de Meſzin (c'eſt vne petite Ville).

En Agenois.

Vne mine de cuiure fort bon proche la Villeneufue en Agenois.

N'y a pas cent ans, dit Jean d'Arnalt, Procureur du Roi à Agen (en 1606), que le revenu de la riviere de Lot du lieu & place d'Aiguillon, s'affermoit par an trois ou quatre cent livres pour le ſablon d'or qui s'amaſſoit & qu'on recueilloit ſur le bord & gravier de cette riviere qui en charie depuis le Gévaudan.

Au ſurplus il faut conſulter Bernard Paliſſy.

En Languedoc.

Cinq mines de Jayet, au lieu appellé la Baſtide del Peyrat, auſquelles mines, trois, voire quatre cents hommes trauaillent tous les iours.

Au meſme terroir, vne mine de vitriol. (c'eſt dans le Dioceſe de Mirepoix.)

Z 3

La Baronne de Beauso.eil.

Proche de Tournon, (haut Vivarais) six mines d'arquifou, ou vernix qui tient plomb & argent.

Dans la Comté d'Ales, six mines de fer, & quatre de charbon.

Dans le Marquisat de Portes (Diocèse d'Usez) trois mines de fer & deux de charbon.

Au lieu de Malbois (peut-être Malbosc, Dioc. de Viviers) vne mine d'antimoine, & vne de zinc.

Au lieu du Bousque, proche du Rosne, vne carriere de pierre à feu, d'vne très-belle couleur d'or.

Proche la Vaouste (peut-être la Voulte en Vivarais), vne mine de vernix, autrement arquifou, qui tient de plomb & d'argent.

A Saint Laurent des bains, en Vivarais, au pied des Cévènes à trois lieues & demie de Bayard, quartz crystallin verdâtre, qui annonce une mine de cuivre.

A Bayard, à une lieue & demie de Villefort Dioc. d'Usez, mine de plomb riche, exploitée il y a trente ans par des Lyonnois.

A Ranchine, territoire de Bayard, mine de plomb à p'tits grains, mêlée de beaucoup de quartz.

A Saint-Loup, territoire de Bayard, mine de plomb ayant beaucoup de gangue.

On trouve des perles dans les rivieres de Fressinet & du Plantat en Vivarais.

A la Roquette aux Cévènes à cinq lieues de Florac, dans la Paroisse de N. D. de Ville-Francesque, mine de beau cuivre malléable, qui a rendu aux essais jusqu'à vingt-quatre & demi pour cent. Au vallon de *Porcharessas*, Paroisse de Villefort à deux lieues de Joyeuse en Vivarais, roche sauvage avec pyrite cuivreuse.

A Lodeue, vne mine de cuiure qui tient d'argent, vne de christal & de souffre.

Le vrai lieu a été mal désigné, ce sont des pyrites cuivreuses dont les essais rendent du soufre en abondance. Louis le jeune donna en 1157, à Pierre Evêque de Lodève, les droits Regaliens sur tout son Diocèse, c'est à-dire le droit de frapper la monnoye, avec les mines d'argent qui s'y trouvoient.

La Baronne de Beausoleil.

Dans la Baronnie de Regues, près de Narbonne, vne mine d'or.

Au village de Saint-Jean, proche la ville des Vents, vne mine de cuiure.

A vne lieue du Vigan, vne mine de pierre d'azur & vne mine de vert (de montagne) de terre & cinq mines de charbon.

En Vellay & Geuaudan.

Vne mine de faphirs blancs & bleus, très-bons.

Au terroir de Saint-Germain, proche du Puy, à Espailly, dans vn ruisseau appellé au langage du pays *lou riou Pegouliou*, se trouue quantité de grenats, rubis, hyacintes, opalles très-bonnes & très-fines.

Autour du Puy, quantité de plastrieres de gips & de talc & quantité de pierres de meules de moulin.

On en trouve encore au terroir de Blauaugy.

Berquen, & P. de Rosnel font mention des faphirs œil de chat & de celui qu'on apportoit du Puy, qui est de grosse couleur fur le vert. Laurent Catelan écrivoit en 1626 : on trouve au pied des montagnes près le Puy en Velay, entre l'Auvergne & Lyon des jacyntes, qu'on appelle jargons du Puy, qui ont la lucidité de celles du levant, mais la solidité leur manque. Il parle aussy du faphir du Puy qui a la beauté & la solidité de celui de l'Isle de Ceylan.

Le Château de Janes en Albigeois appartenoit à Raymond Trencavel, Vicomte d'Albi & de Beziers, de la succession du Vicomte de Monclar : dans son testament de l'an 1180, on lit ces mots patois : « *Els meners d'el argent fon toit nostre de Janes.* »

Il faut remarquer près de Castres en Albigeois, le *rocher de la Roquette* à une demi-lieue de cette ville ; durant un quart de lieue, on le fait trembler avec un doigt, comme celui qui est dans le Gévaudan : il faut voir aussi le pont naturel de pierre, couvert à double voûte, de très-grosses pierres rondes qui servent à faire des meules de moulin ; des

La Baronne e Beaufoleil.

anges, &c. & les rochers de Sydobre, près du même endroit ; les priapolithes du Puytalos ainſi que les melons, écorce de citron, coquilles, os, amandes, & rognons pétrifiés qu'on y rencontre ; le Roc de Lunel, où l'on voit des olives pétrifiées.

Près la ville de Caſtres, des pierres d'aigles ; près du pont de Fraiſſe, des carrieres de marbre ; celles de jaſpe à Burlats ; des mines de fer à Saint Jean &c. des marcaſſites ou pierres de Rouet, à Gouriade & à la Brugniere ; des mines de plomb meſlées d'argent & de l'argent de paillette dans l'Agouſte ; de la craye blanche à Caucalieres ; de la noire à Roque-Courbe ; du criſtal à Roqueſiriere, de bon bol à Lunel ; du talc à Saint-Amant ; de l'orpiment à Dorgne ; de la marne, de l'ardoiſe, de L'ARGILLE BLANCHE en pluſieurs endroits, dont on pourroit faire de la vaiſſelle très-belle & très-ſolide ; de la pierre de touche, de l'argent vif, du cuivre & même de l'argent, près de Caſtres.

A *Soreze*, ſur le ruiſſeau de Soré (*Soricinus*) la grotte appellée : *lou trouc del Catel* où l'on trouve du marbre. A *Réalmont*, lieu où mourut en 1566 Guillaume Rondelet (pour avoir mangé de mauvaiſes figues,) une mine d'argent & une de vitriol blanc. (Laurent Joubert, mourut à Lombers en 1582) Près de Roque-Courbe, à une lieue de Caſtres, ſe trouve de l'ocre & de la pierre noire. Les habitans de cette ville ſont ſujets à une maladie endémique, nommée *lou malvat*, qui eſt un charbon dont on ne guérit que par une interruption de ſommeil qu'on fait durer neuf jours. On l'attribue à l'infection des laines des moutons morts par la contagion, ce qui eſt fréquent.

A la *Brugniere*, des marcaſſites & du charbon de pierre ; le long de l'eau à Saint-Amant du talc : *Extrait des Antiquités, raretés, plantes, minéraux de la Ville & Comté de Caſtres*, par Me. Pierre Borel, in-8°. Caſtres 1649.

Bernard Aton, Vicomte d'Agde, ſe donna pour Chanoine d'Agde, à l'Evêque & au Chapitre de cette Ville & donna la Vicomté & la Ville d'Agde, Marſeillan, Loupian, les mines d'argent, &c. tenus en Fief du Comte

MINÉRALOGISTES. 361

de Touloufe, par acte du 17 Juillet 1187. C'eſt d'après cet acte informe, que les Evêques ſe ſont emparés du titre de Comtes d'Agde.

Près des bains de Regnes vers le pays de Razés, au Dioceſe d'Alet, il y a des mines d'or & d'argent, & on voit encore aujourd'hui de grandes cavernes & carrieres, d'où les anciens en ont tiré.

Nos ancêtres avoient coutume d'aller chercher des colonies d'Allemands, comme étant expérimentés à la recherche des minéraux. La judicature Royale des Allemands (Election d'Agen) près de la Comté de Foix paroît avoir retenu ce nom, de ce que les Rois avoient voulu, par privilége ſpécial, donner un Juge à ces Colonies pour décider leur différens. Ce que je ne voudrois pas aſſurer.

Nous avons dans le Dioceſe de Carcaſſonne, une mine d'argent, qu'on appelle *la Caumete*, qui appartient au Sieur de Bardichou (1633), où l'on tire tous les jours de l'argent bon & loyal.

Villemagne a été appellée autrefois *l'Argentiere*; à Melgueil & autres lieux du Languedoc, on a tiré jadis de l'or & de l'argent, comme on peut remarquer aux cavernes & carrieres qu'on y voit encore. *Catel, Mém. de l'Hiſt. du Languedoc, liv. I.* On admire encore l'ancien Hôtel des Monnoyes à Villemagne.

Le Château de Seguelieres en Vivarais, a pris le nom de l'Argentiere, à cauſe des mines d'argent qu'on y découvrit. En 1193, le Comte de Toulouſe voulut bien renoncer aux droits qu'il prétendoit ſur ces mines; mais en 1198, il y eut un accord entre ce Pair de France d'une part, & Nicolas, Évêque de Viviers, Aymar de Peyteu ou de Poitiers, Comte de Valentinois, & Bernard VII d'Anduſe, d'autre part. L'Evêque de l'avis des deux autres & du conſentement de ſon Chapitre, donna en fief à Raymond, Comte de Toulouſe & à ſes ſucceſſeurs, la moitié de la Chatellenie de l'Argentiere & des droits *juſtes* ou *injuſtes* qu'on percevoit ſur les mines découvertes ou à découvrir depuis la riviere de Lande juſqu'à Taurians, & depuis le ruiſſeau de Brez juſqu'à Chaſſiez, excepté la dixme des dixmes de ces mines, qu'il ſe réſerva & à ſon Egliſe. *Scilicet medietatem totius*

La Baronne de Beauſoleil.

La Baronne de Beausoleil.

Argentariæ de Segalariis, & de Chaſſiers & de Taurias & medietatem in omnibus argentariis quæ modo apparent, vel in futurum apparebunt à flumine Lende uſque ad Iauriαs, & à rivo Brevi uſque ad Chaſſiers... Exceptis decimis decimarum, &c. L'Evêque donna auſſi en fief un tiers de l'autre moitié à Bernard VII d'Anduſe & autant au Comte de Valentinois, & ſe reſerva l'autre tiers. Il fut convenu que le Comte de Toulouſe continueroit de percevoir *les deniers* qu'il levoit ſur chaque marc d'argent qu'on tiroit des mines. Ce droit conſiſtoit en ſix deniers par marc d'argent; ce Prince fit bàtir le Château de Fanjau dans ce pays de l'Argentiere & obtint le 17 Aout 210, une nouvelle confirmation de Bernon Evêque de Viviers & faculté d'acquérir les droits des autres Seigneurs laics.

Le Gévaudan avoit autrefois *à Barré*, à *Altier* & en d'autres lieux, des mines d'argent qui produiſoient quarante marcs annuellement au Comte de Gévaudan pour le droit de Régale; mais elles ont été épuiſées. Il y en a ſeulement à préſent de vernis d'ocre, de bol, de charbon de terre & de Talc. *Archives de l'Evêché*, Extrait des *Mémoires Hiſtoriques ſur le pays de Gévaudan, par le P. Louvreleul de la Doct. Chret. in 8°. Mende, ſans date.*
A une lieue de Mende, mine de plomb tenant argent, Paroiſſe de Javouls, de la conceſſion ancienne des Sieurs Marguerit: le filon du puits de Saint-Louis, rend à l'eſſay 32 & demi de plomb & 9 onces d'argent, ceux de Saint-Pierre & de la fontaine du village rendent moins.

A Eſpagnac (V. ci-dev. p. 107.) mine qui donne 33 en plomb & 8 onces d'argent au quintal.

A Montmirat, mine de plomb qui donne 80 pour 100 & peu d'argent.

A Leſcombet à quatre lieues de Mende, mine de plomb qui donne trente trois pour 100, & deux onces d'argent.

A Vebron, mine de plomb riche.

Dans la Paroiſſe de Veuron, mine d'étain qu'on pourroit travailler avec ſuccès.

Mine de Jayet dans la Paroiſſe de Pompidou.

Mine de ſoufre à Saint-Germain de Calberte.

Au Village de Molines Paroiſſe d'Iſpagnac, un ruiſſeau qui entraîne des paillettes d'or, & au village de

Montmejan, un autre qui entraine en Eté des petits grains d'argent.

La Baronne de Beausoleil.

Mines d'Auvergne.

Au lieu de Pegu, (Paroisse de Vernet,) vne bonne mine d'ametistes.

On en trouve aussi au Cluzel & près de Chavagnac-les-Langeac, à Saint-Fluret, à Brassac, à Saint-Ilpise & près de Murat. Il n'y a pas longtems que des Espagnols venoient les enlever.

Sous le Chasteau d'Usson, dans la vigne d'*Anthoine du Vert*, vne mine d'azur.

Le Cobalt se trouve aussi dans les mines de Montfermi, ainsi qu'auprès d'Usson. Les colonnes de Basalte d'Usson, celles de Saint-Arcons, du Rocher & de la grotte de Chanteuge, le rocher du Blau-lès-Chambon de Langeac, les colonnes de Chillac, de Saint-Privat *del Drahos* & tout le volcan dont l'entonnoir est à Sauvaniergues, &c. peuvent servir à faire des pierres de touche. Les petits grains ronds ou crystallisés, blancs & verds du Blau & qu'on trouve dans les terres ainsi qu'au pied de la montagne d'Usson, paroissent avoir été du fer.

A l'Abbaye de Menat, des marquassites, des pierres à feu & vne mine de souffre.

On trouve aussi des marcassites mêlées de cuivre & de soufre à Saint-Alvard ; de l'amiante auprès de Murat & de Besse sur la côte rouge ; aux environs de Royat de la pierre spéculaire.

Au village de Rouripces (Roure) près de Pontgibaut & de la montagne du Puy, vne bonne mine d'argent.

Lettres-patentes de Henri II, du 17 Août 1554, registrées au Parlement le 7 Septembre 1556, par lesquelles le Roi octroya à Louis, Seigneur de la Fayette, la permission de faire découvrir, ouvrir & profonder, suivre & tirer les mines & minieres d'or & d'argent & autres

La Baronne de Beaufoleil.

métaux en fa terre de Pongibaut en Auvergne & à quatre lieues à l'entour en dédommageant les propriétaires de la furface des terres.

Louis de la Fayette fit un réglement pour l'ouverture de fes mines. Article I. il y aura un Juge Prévôt, pour avoir le gouvernement de la juftice & adminiftration des mines, & ce qui en dépend choifi par le Seigneur, du confentement de fes *perfoniers* & affociés qui prêteront ferment entre fes mains ; ainfi qu'un Lieutenant choifi par le Prévot. Art. fuiv. Il y aura neuf Jurés, *adjurati*, Juges du fait defdites mines, un Greffier & un Sergent des *Hauptmaënner*, Hoctomans ou Maîtres des ouvriers qui prêteront ferment entre les mains du Prevot. Les affociés, Officiers, Artifans & Ouvriers, feront exempts de toutes impofitions & fubfides quelconques. Les jours de fêtes ils pourront chaffer aux loups, renards, blaireaux, écureuils, fouines, loutres, martres & autres bêtes fauvages, aux liévres, à chiens fans cor & cry, ni avec filets & cordages, ni aux fangliers, chevreaux, biches, cerfs & ni autres bêtes rouffes, fauves, ou noires. Ce réglement ne fut regiftré au Parlement que le 27 Août 1560. On trouve d'autres Lettres patentes de Henri II, du 17 Juin 1559 ; de François II, du 2 Février fuivant 1559, où il eft dit que les entremetteurs, Officiers, Ouvriers & Artifans étrangers, feront réputés régnicoles, avec permiffion au Seigneur, de prendre les bois néceffaires dans les forêts de la terre de Pongibaut. Depuis ce tems-là le Duc du Lude avoit tenté de reprendre cette mine qui eft négligée.

A Sinfandon, proche Saint-Amant, vne mine decuiure.

Il y a auffi des mines de plomb dans les villages de Chades, de Barbacot & dans celui de Combres, Paroiffe de Montfermi ; à Girou, Paroiffe de Meymont. M. de Simiane vouloit en exploiter une autre dans fes terres auprès de Mauriac. A Combres, le minéral donne 5 livres de plomb au quintal, mais cent livres de ce plomb donnent 2 marcs & une once d'argent.

Proche la Ville de Brioude, vne carriere de marbre.

Proche de Brioude, mine d'antimoine.

Il y a dans les villages de Chaffignoles Paroisse de la Fage, de Lubillac, de Pradeau, du Montel Paroisse d'Aly & de Mercure des mines d'antimoine.

La Baronne de Beausoleil.

Proche de Langeac une mine d'antimoine.

Cette mine est entre Fromenti & Chadernac; il y en a aussi dépendantes de la terre de Flageac appartenante à M. le Normant M. d'Hotel ordinaire de MONSEIGNEUR, Comte d'Artois : elles sont situées Paroisse de Taillac, mais de la Seigneurie de Pebrac.

A Chadernac & dans la propriété de M. le Normant il y a aussi des mines de charbon de terre, que M. Desmarets, M. Jars & moi avons examinées sur les lieux ; ainsi qu'à la Chalede Paroisse de Langeac ; il s'en trouve à Charentic & dans ces endroits il est de très-bonne qualité.

Déclaration de Louis XIV, du 30 Juillet 1677, registrée au Parlement le 22 Janvier 1678 ; autre du 2 Janvier 1703, registrée le 15 Mai suivant, & autre le 8 Mars 1704, registrée le 5 Mai audit an, pour la recherche des mines d'or, d'argent... de cuivre, de plomb & autres métaux, dans les Provinces d'Auvergne, de Bourbonnois, Marche, Vivarais, Forez : & pour les mines d'étain aux lieux de la Feuillade & de Cervieres en Limosin & encore en Auvergne, Marche & Forez.

Le long de la riviere (d'Allier) de Langeac (à Cros-mezire, autrement Baconier) quantité de pierres à meules, pour aiguiser les lancettes, rasoirs, ciseaux & autres instrumens.

Ce banc se prolonge depuis le moulin de la Font en descendant la riviere sous le coteau, le moulin, la Paroisse de Saint-Gal & le Château jusqu'au delà du pont. Il faut considérer avec attention, la montagne singuliere de *Rocos* (qu'on a depuis nommée Rocoux ou de St. Roch à cause de la Chapelle de ce Saint) les pierres de mauvaise construction qu'on y tire & la carriere de Jahon village situé dans la Paroisse de la Ville & audessus de

La Baronne de Beausoleil.

Chiliaguet *la tioule de las Fadas*, ou des Fées, qui est un tombeau entier, encore intact, semblable à celui qui se voit à la porte de Poictiers ; le Gouvernement devroit le faire ouvrir.

Au lieu appellé Prunet, quatre mines d'ardoises grossieres, appellées ardoises de matte, bonnes pour couvrir les maisons au lieu de tuiles.

Au lieu de Murat, plusieurs carrieres de semblables ardoises.

C'est de même qu'à Rocos près Langeac. On trouve sur les rivages de l'Allier & du ruisseau du Cluzel-les-Langeac, des cailloux transparens, des paillettes d'or ; auprès de Brassac, des crystallisations ; auprès de Cornon & du Mezel, des incrustations.

A Roched'agou, un rocher qui renferme des pierres transparentes qui sont superbes. Nous renvoyons à ce qui en a été dit dans Palissy, page 131, & aux notes en général ; ces faibles indications surprendront les Naturalistes parce qu'il feront à chaque pas des découvertes dans cette Province encore inconnue.

Audessous de Saint Ours, village auprès de Pontgibaut dans un précipice, il y a une cavité d'où sort une source : le sablon qui est au fond du bassin est de diverses couleurs comme marcassites de minéraux couleur d'argent, d'or ou de cuivre. Un Receveur de Made. la Comtesse du Lude, ayant bu des eaux de la fontaine eut des douleurs de jambes & une grande pesanteur : Jean Banc fit cette observation en 1605.

La grotte *del Cane*, à Montjoli près Chamailleres, à Clermont, les caves de Saint-Geniez dans la Ville, le bitume de Montpensier, celui de Couelle ou du Puy, de la poix.

Mines de fer à Laizier & à Compans.

Mine de Bourbonnois.

En Bourbonnois, vne mine de plomb au Village d'Vris.

Les Chartreux de Moulins ont découvert en 1740, un filon de mine de plomb dans leur enclos qui est très-riche, mais ils ne veulent pas qu'elle soit exploitée & ils la cachent.

La Baronne de Beausoleil.

Mines de Rouergue & Quercy.

Vne bonne mine de cuivre au lieu de Saint-Felix de Sorgues : audit Saint-Felix, Diocese de Vabres, vne autre mine de cuivre.

Vne mine d'argent proche la Ville du Mur de Barrés, dans la vallée de Combellon.

Vne mine de cuivre au lieu de Torssac.

Au lieu de Najeac, vne mine de cuivre, & au-dessus vne mine d'azur ; soubz l'Eglise Parrochialle dudit Najeac. Au lieu de Cremeaux, huict mines de charbons.

A Rodez vne mine de cuivre, proche le Chasteau de Corbieres.

L'an 1223, le 26 Juin, hommage de Deodat d'Estaing à Raymond Comte de Toulouse, pour le Château d'Albin en Rouergue : le Vassal déclare que si on venoit à découvrir des mines dans le territoire de la Châtellenie, son Prince en auroit la moitié de profit.

En 1262, il y eut un procès entre Alphonse de France, Comte de Toulouse, à cause de Jeanne son épouse & Hugues Comte de Rodez & quelques Seigneurs de cette Province à l'occasion d'une mine d'argent trouvée à Orzals en Rouergue : il fut jugé en 1264. C'est vers ce tems que Berenger Evêque de Maguelonne, fit frapper dans son Diocèse *des Milarets : Miliarensis moneta :* elle étoit au coin de Mahomet & elle avoit cours parmi les Sarrazins.

Lettres par lesquelles Hugues de Saint-Romain, Chevalier, donne entre-vifs à Alphonse Comte de Poitiers & de Toulouse tout le Droit qui lui pouvoit appartenir en la mine d'Orzals ; le même Hugues reconnoît avoir reçu en récompense dudit Comte, la terre de Saint-Romain & les revenus que ledit Comte avoit dans ladite

La Baronne de Beausoleil.

Seigneurie & ses appartenances & encore à Auriac & à Gozon & leurs appartenances, à tenir le tout à foi & hommage lige dudit Comte. *Mss. de Bethune vol. cotté* 9421, *p.* 110.

Les Consuls de Villefranche en Rouergue avoient obtenu un Hôtel des Monnoyes; le 1 Juillet 1536, ladite Monnoye étoit en chomage parce qu'il n'y avoit aucun Maître; au moyen de quoi l'argent des cendrées & le billon qu'ils cueilloient & amassoient tant audit lieu de Villefranche, qu'aux environs, n'étoit employé. Ils avoient eu congé du Roi, de faire forger Monnoye à cause des mines qui y sont & aux pays circonvoisins. Ce jour là fut nommé Pierre Colom le jeune en l'exercice de la Maîtrise de ladite Monnoye.

François I, par Lettres-patentes données à Châtelleraut le 29 Déc. 1519, permit à Jacques Galiot de Genoilhac, Seigneur de Capdenac, Grand Maître de l'Artillerie & Grand Ecuyer de France, de faire besogner & ouvrir mines, par tous les lieux de sa Seigneurie de Capdenac; comme elles etoient adressées à la chambre des Monnoyes, elles furent présentées par ledit Seigneur de Genoilhac & regîstrées le 27 Février 1519, à condition qu'il y seroit commis un Contrôleur, pour faire porter l'or & l'argent à la plus prochaine Monnoye pour la conservation du droit du Roi & y faire établir un Juge des Ouvriers desdites mines, dont les appellations ressortiroient en la Chambre des Monnoyes, lesquelles lettres sont au regîstre *cotté H. fol. verso* 177.

Déclaration du Roi Henri II, donnée à Paris le 11 Nov. 1554, regîstrée en la Cour des Monnoyes, le 29 Janvier suivant même année, en faveur du Comte Jean Philippe, Rhingrave, Comte Palatin du Rhin & de Jeanne de Genoilhac son épouse, portant continuation de la permission de faire ouvrir les mines ci-devant accordées en Déc. 1519, à Jacques de Genoilhac son beaupere.

Capdenac en Quercy situé sur une roche escarpée & rougeâtre à l'aspect du midi & des autres points, entouré par la riviere de Lot, est une terre de M. le Duc d'Usez ou est le Prieuré de M. Gua de Malves

Mines de Provence.

Vne mine d'argent au terroir du Luc, Diocese de Frejus, & vne de plomb à demie lieuë dudit Luc.

S A S. Monseigneur le Duc de Bourbon, Grand-Maître des mines Royales de France, donna une Commission au Sieur Masson de Hazards, pour exploiter les mines d'or, d'argent, de cuivre, d'étain & de plomb, le 27 Mai 1720 : il commença à travailler avec deux Capitaines, quatre Fondeurs & huit Mineurs Allemands : on fit construire des logemens, des magasins, des forges, un canal de 560 toises de longueur ; la premiere fonte commença le 23 Septembre & produisit 237 livres de plomb. *Journ. de Verd. Déc.* 1720.

C'est ici l'occasion de dire que le Baron & la Baronne de Beausoleil sont très estimés dans la Provence, & que la tradition a conservé dans ce pays la mémoire de leurs recherches.

Vne mine d'arquifou & vernix à la montagne de Mondrieu.

Vne mine de cuiure au terroir de Sisteron.

Vne autre mine de cuiure au terroir de Verdaches, près la Ville de Digne, tenant d'or & d'argent.

Vne mine de fer, au lieu de Barles.

Mines de fer à la Vallouyse, mais ce lieu est en Dauphiné : il y en a aussi à Brigaudon, à Barles, près de Trans.

Du lapis, des Agates, de l'ambre & du Jayet à la Sainte-Baume, des pierres en figures de lozange, (des macles) diaphanes & transparentes comme des crystaux & des diamans.

Le long de la côte de la mer, près la Ville d'Hieres & du village de la Garde-freyner, on trouve de l'or. *Hist. de Provence.*

Vne mine de Plomb, au lieu de Beaujeu.

Vne mine d'argent, au lieu de Pierre-fent.

Vne mine de plomb, au terroir de Saint-Treper.

Vne autre mine de Plomb sous la montagne de Callas.

La Baronne de Beausoleil.

La Baronne de Beausoleil.

Vne mine de cuiure au terroir d'Yeres, contenant or & argent.

Vne mine de souffre rouge; & vne d'orpiment au terroir de la Molle (ou la Nolle).

Vne mine d'alun audit terroir de la Molle.

Vne mine de plomb proche la Chartreuse, meslée d'autres metaux.

Vne mine de jayet au terroir de la Roque, comme aussi vne de fer & vne de cuiure.

En Provence, il y a un exemple d'une mine de Jayet dont le Seigneur Haut-Justicier perçoit le dixieme. *Decormis* T. 1. col. 775. & par Arrêt du Conseil du 28 Septembre 1762, il a été jugé contre le Sieur Peistonel, Seigneur de Fuveau qu'il n'avoit aucun droit de dixieme à prétendre sur les mines de charbon de pierre ou de terre.

En 1747, le Roi a concédé au Sieur Baron & Compagnie, les mines de Jayet & de vitriol dans les territoires de Peynier, Mazangues, Forcalquier, & les dépendances de la Sainte-Baume (caverne).

Vne mine de vernix au terroir de Ramaticelle (ou Ramatuelle).

Vne mine de cuiure au terroir d'Aix.

Vne mine de vernix au terroir de Colombieres.

Vne mine d'or & vne d'argent au terroir de Barjous.

Suivant Chambon, il y a des filons d'une matiere grasse & limoneuse, une sorte de savon marbré naturel, à Marseille près Notre-Dame de la Garde: cette matiere dissoute dans l'eau, la rend blanche; elle blanchit les étoffes & le linge comme le savon artificiel. Cette matiere seroit infiniment précieuse.

Pline dit *omni auro inest argentum vario pondere ... in uno tantum Galliæ metallo, quod vocant albicratense tricesima sexta portio invenitur: ideo cæteris præest.* Le P. Hardouin prétend que l'Auteur parle des mines de Riez en Provence, j'ose conjecturer que c'est une expression de la langue des Gaulois qui désignoit une sorte de mines qu'on pourra retrouver dans nos patois.

On trouve du corail dans la mer de Provence; c'est

ici le cas de parler d'une obſervation rapportée par Jean Beguin » Jean-Baptiſte de Nicole Eſcuyer de Marſeille, Chef & conducteur de la peſche du corail, m'a aſſuré que l'année 1584, au mois de Juillet, lui étant ſur la mer de Bizerti, au Royaume de Thunis, fit plonger dans la mer profonde de 100 toiſes, un jeune homme attaché à une corde de longueur ſuffiſante avec contrepoids de vingt-cinq livres en chaque main pour aller à fonds, lui commandant d'arracher le corail au fonds & de prendre garde s'il étoit dur ou mol; remonté, il rapporta deux branches & aſſura qu'il étoit dur au fonds de la mer comme il eſt audeſſus, & qu'étant à ſept ou huit toiſes près du fond de la mer, il avoit ſenti une grande froideur. » Le Sieur Nicole vérifia ce fait en prenant du corail pêché au filet en y mettant la main avant qu'il fût ſorti de l'eau. Ce fait fut confirmé à Beguin par le Sieur de la Piotier Gentilhomme Lyonnois qui revenoit de la même pêche en Barbarie. Nicole ajoûte qu'il ſort au Printems une liqueur du Corail laquelle tombant ſur des corps y produit le corail, & qu'il avoit vu à Piſe dans le cabinet du grand Duc, un crâne d'homme ſur lequel étoit cru une branche de corail & une ancre qui en étoit chargée. Ce fait eſt remarquable parce qu'il a été écrit avant Boccone, Peyſſonel, &c.

La Baronne de Beauſoleil.

Henri de Rochas, Sieur d'Ayglun & Lieutenant des mines des Etats du Duc de Savoye, étoit fils d'un Officier qui ayant ſervi le Roi Henri IV en obtint la charge de Général des mines de Provence; ce Rochas pere, n'ayant point trouvé de François capables de travailler aux mines, fit venir des Maîtres Allemands & il s'occupa de l'ouverture des mines toute ſa vie. Son fils aſſure qu'il fut inſtruit dans cette école & qu'il y avoit des mines dans les vallées de Luzerne, Engroigne, Saint-Martin, & autres proche le Piémont.

Il dit dans ſon *Traité des eaux minérales* dédié au Cardinal de Richelieu en 1624, que proche de Toulon il y avoit au pied de la montagne d'Azur appellée Carquairené, un Potier de terre avec ſon petit atelier; qu'un jour allant chercher du bois en cette montagne, il y découvrit un petit trou répondant à des grottes où un chevreau étoit

La Baronne de Beausoleil.

tombé; qu'il y avoit dans la principale, des pierres jaunes comme du léthon en forme de stalactites; qu'il en rompit une pièce d'environ cinq livres qu'il vendit trente écus à un Orfêvre de Toulon, lequel en tira quatre livres d'un or très-bon & très-pur; qu'il s'adressa au Sieur de Scaravaque Gouverneur de Toulon à qui il fit part de cette découverte; que le Potier étant retourné dans cette caverne, enleva un second morceau de cette mine & en boucha les avenues, mais qu'ayant été interrogé par ce Gouverneur il ne voulut point déclarer l'endroit précis, & qu'ayant été mis en prison où il fut maltraité, il mourut, ce qui devint préjudiciable au bien public sans que personne, ni même sa femme ayent pu la retrouver. Rochas ajoûte que son pere vint comme Général des mines en Provence & que tout ce qu'on put tirer de cette femme, c'est que de l'intérieur de la grotte, elle entendoit les flots de la mer ou un bruit semblable; ensorte que cette découverte devint inutile & infructueuse.

Dans les mélanges d'Histoire naturelle par M. Alléon Dulac Tome V. page 197, on lit qu'en 1757, on trouva sur une montagne près de Toulon, une grotte extrêmement vaste, où l'on vit des fruits pétrifiés, des plantes marines & des pierres brillantes de toutes couleurs.

Mines du Dauphiné.

Une mine d'or à la montagne d'Auriau.

Des pierres & diamans semblables à ceux d'Alençon, proche la Ville de Die.

(Voyez Palissy, nouv. Edit. p. 682.)

Mine du Forest.

Une mine de vernis à la montagne de Saint-Julien.

François Kair ou du Caire naquit à Strasbourg le 13 Avril 1678; attaché au Maréchal de Villeroy pendant sa détention à Inspruk, il étudia la Docimasie: un de ses frères avoit obtenu, le 18 Mai 1667, un Diplome de l'Empereur Leopold, qui lui donnoit le nom de Blu-

MINÉRALOGISTES. 373

menstein. C'est sous ce nom que François revint en France : il obtint par Arrêt du Conseil d'État du Roi du 9 Janvier 1717, la concession pendant vingt ans, des mines de plomb de Saint-Julien & de toutes celles qu'il découvriroit dix lieues à la ronde. Cet Arrêt fut contredit par les propriétaires qui soutenoient que les mines ne produisoient qu'un vernix propre à la poterie ; deux Intendans se transporterent sur les lieux pendant deux ans pour constater juridiquement qu'une mine de vernix est la même chose qu'une mine de plomb : il obtint un nouvel Arrêt en 1719 & il exploita la mine avec des ouvriers Allemans. En 1727 on renouvella son privilége, qui comprenoit de plus celle de la Goutte sous Servieres en Forez & celle de Vienne en Dauphiné : il eut des lettres de Noblesse en 1728, un de ses fils lui a succedé & promet un ouvrage sur *la nature des mines*, un autre est Chanoine régulier de Sainte-Genevieve, & Curé de Saint-Ilpise en Auvergne, terre de Monseigneur, Comte d'Artois.

La Baronne de Beausoleil.

Mines de Bretagne.

Vne mine d'ametistes proche la Ville de Lanion, comme aussi vne mine d'argent.

(V. ci devant, p. 264 & 320.)

Mines de Picardie.

Vne mine d'ambre iaune proche de Laon & quantité de Tourbes.

C'est une terre inflammable, posée par lits & semblable à celle de l'Isle-Adam, dans laquelle on trouve des morceaux d'ambre jaune.

Mines de Normandie.

A Ponteaudemer vne mine d'azur (de Cobalt). En 1711, il y avoit encore une maison où il restoit quelques vestiges du travail fait sur ce minéral ; on dit à

374 LES ANCIENS

La Baronne de Beausoleil.

M. Hellot, dans le pays, que les Hollandois y avoient travaillé autrefois.

A Pierreville près Falaise, une mine de plomb dont le filon fort au jour fur le monticule ou falaife.

A Briquebec, au Cotentin, une mine de cuivre; à Carroles, Diocéfe d'Avranches, une mine de cuivre.

Mine confidérable de très-bon charbon de terre à Litry au Cotentin dont le Marquis de Balleroi a obtenu la conceffion dans une étendue de dix lieues, par Arrêt du Confeil du 15 Avril 1744. C'eft à l'occafion des mines de charbon de Litry près de Cerify, Bayeux, &c. que Monf. de l'Aveine a lû des Mémoires à l'Académie de Caen le 8 Mai 1760 & le 7 Mai 1761.

»Au village de Tracy entre Saint-Lo & Villiers diftant de quatre lieues de Caen, eft une montagne d'or clair & luifant... ne refte que l'induftrie de le pouvoir fondre & affiner pour le rendre malléable.

J'ai mémoire que environ l'an 1537, aucuns Allemans-minéraux après avoir bien vû & contemplé cette belle & luifante miniere, s'y arrêterent & y fouirent par un longtems... ils fe retirerent fans qu'on eut connoiffance s'ils affinerent aucune quantité dudit or & peut-être que ces Allemans furent faits retirer par quelque Prince ennemi, de crainte que l'on connut ce fecret... il fe fit au jour gras de cet an là, une mafcarade de laquelle les mafques étoient dorés & fe titroient les *mines d'or*. En faifant les fondemens d'une maifon à Caen près le carrefour Saint-Pierre... l'on apperçut couler une bonne quantité de vif argent dont il en fut recueilli prefque plein un pot d'étain, ces Allemans difoient que c'étoit une veine de vif argent. »

Il y a auffi à Thury, à quatre lieues de Caen, une ardoifiere auffi polie & luifante que dans l'Anjou.

Recherches & antiquités de la Neuftrie, par Ch. de Bourgueville 4°. Caen 1588.

A la Chapelle en Jugers, Election de Saint-Lo en Normandie, mine de Cinabre qu'il feroit important d'exploiter comme celle d'Almaden, dans les montagnes de la Sierra Morenna Province de la Manche en Efpagne. La mine de la Chapelle eft devenue difpendieufe, parce qu'il y avoit beaucoup d'ignorance dans la personne des Entrepreneurs & elle a cessé. *Voyez Mem. de l'Academ. des Sciences 15 Nov. 1719*, par M. de Jussieu.

Il y a de fort beaux cryſtaux de différentes couleurs parmi les cailloux appellez *Gallets* que la mer roule ſur les côtes de Normandie. Un Bourgeois de Harfleur, qui s'y connoiſſoit & qui ſavoit les caſſer proprement, en avoit fait une garniture de cabinet que les curieux eſtimoient cinq ou ſix cens écus. Me. la Ducheſſe d'Aiguillon Gouvernante du Havre de Grace voulut favoriſer cette découverte qui cependant fut négligée. Il y a auſſi dans les *bizets* de pluſieurs carrieres de cette Province des petits cryſtaux qu'on nomme diamans d'Alençon.

Suivant M. du Bocage on y trouve des Silex dont quelqu'uns approchent des cailloux d'Egypte; ils reçoivent très-bien le poli & ce n'eſt qu'en les caſſant qu'on s'apperçoit du mérite de ce qu'ils renferment. Il eſt commun de trouver parmi tout ce galet des fluors & des congellations de différentes couleurs, quelques morceaux d'une ſorte de Cornaline, des cailloux tranſparens blancs, d'un jaune pâle, d'autres tirant ſur le rouge & le violet; ils paroiſſent tous être des agates occidentales qu'on pourroit tailler, polir & travailler & auſſi des pierres taillées naturellement en lozange, depuis deux pouces juſqu'à quatre pouces de diametre; des cailloux, ſurtout vers Fecamp, ſemblables aux cailloux d'Angleterre Pudding-Stone, taillés en forme d'hémiſphere & percés de part en part dans l'axe, par un trou rond fait en entonnoir, ſur la circonférence une échancrure d'où naît un autre trou tranſverſal auſſi en entonnoir, qui va communiquer avec celui de l'axe: dans le même pays, il faut voir la Fontaine incruſtante du Château d'Orcher ſur la Seine, entre le Havre & Harfleur, vis-à-vis d'Honfleur.

Les mines de fer ſont abondantes à Conches, Bretheuil, Rugles & pluſieurs autres lieux: le bois propre à fondre ce dur minéral y eſt plutôt requis que la pierre minérale.

» La mine d'argent, plomb & cuivre, ſe trouve en Normandie. Les grandes carrieres deſquelles on tire la dure pierre de taille y ſont très-fréquentes. Vous y voyez

376 LES ANCIENS

La Baronne de Beaufoleil.

les perrieres d'ardoife & de pierre noire. Les clairs & fplendides diamans s'y tirent près d'Alençon ; le foffile cordial du bol auffi bon que celui jadis apporté d'Armenie, s'y trouve, près le Ponteaudemer, que m'a fait connoître M. Duval Médecin audit lieu, (parent de l'Auteur), les mines d'or & d'argent ont été trouvées depuis fort peu de tems, près de Saint-Lo, dont on promet tirer de grandes commodités. M. Hellot dit que c'eft une terre friable, où l'on trouve quelques grains d'or.).

Extrait de l'Hudrotherapeutique de Noble homme Jacques Duval natif d'Evreux, in 12. Rouen 1603, dédié à Meffire Guillaume de Hautemer, Sieur de Fervaques, Comte de Grancey, Maréchal de France, Chevalier des Ordres du Roi.

C'eft à Rugles, fur la Rille, que naquit Robert Duval Chanoine de Chartres, Auteur d'un abrégé de Pline, dédié à René Evêque de Chartres, imprimé in-4°. par Durand Gerlier en 1510 : cet ouvrage fut écrit *ad corrupti fermonis latini emendationem*, il fut Editeur du livre de Morien Romain, Hermite de Jérufalem *de transfiguratione metallorum*, in-4° Paris 1559, fon nom eft à la derniere page. il compofa un ouvrage devenu célèbre, que nous avons cité à la page 19 ; ce font les titres des Alchimiftes qu'il faudroit difcuter avant de les recevoir, il avoit auffi écrit un Traité des difpofitions néceffaires pour mourir faintement. Il faut croire que ce bon Prêtre avoit été frappé des forges de Rugles & des environs dans fa jeuneffe. La plupart des Chimiftes doivent leurs goûts à des travaux métallurgiques qu'ils ont vus dans leur enfance.

„ Forges au pays de Bray frontiere de Picardie, a été ainfi nommé à caufe des grandes forges qui y étoient, à l'aide defquelles on tiroit le fer duquel la mine eft de préfent fort copieufe. La face de la terre eft lacerée & debrifée aux lieux circonvoifins, pour l'eduction de la mine qu'on portoit au Village de Forges afin d'en combler les fourneaux & en tirer le métail. Vous voyez encore dedans fes rues, la chiaffe & excrement dudit fer dont elles paroiffent toutes pavées.

A deux ftades de Forges, fur le grand chemin d'Amiens en Picardie, à Rouen, eft la fontaine de Jouvence dite de Saint-Eloi, M. Bucquet, ancien Confeiller au Parlement de Rouen, dit à Jacques Duval que l'an 1578, il fit vuider le baſſin de ladite fontaine comblé durant les guerres, les foſſoyeurs trouverent des paillettes d'argent: auſſi parmi le gravois rougeâtre qui ſe tire du trou dont ſurgit l'eau, il ſe trouve deſdites pailletes. Extrait de l'*Hudrotherapeutique de Jacques Duval*, p. 95-99.

La Baronne de Beauſoleil.

» Auprès du Havre de Grace, il y a un banc de coquillages pétrifiés vers la côte de la Heve autrement le Cap de Caux, long d'environ 800 *toiſes*. Beaucoup de mines de fer & des morceaux ſolides de minerai ſemblables à la pierre d'aigle. *M. du Bocage.*

Bernay: les Hollandois alloient autrefois en Normandie y acheter la terre de Bernay, ſous prétexte de leſter leurs bâtimens, ils faiſoient la même choſe à Raven (ou Ravensberg) près de Dunkerque, ils en faiſoient des pipes blanches qu'ils nous revendoient très-cher; mais Louis XIV ayant défendu aux habitans de Bernay & autres lieux, de vendre cette terre aux étrangers, on établit des Manufactures de pipes blanches à Rouen & à Dunkerque.

Le Comte d'Évreux a ſes mines de fer de la Ferriere de Saint-Nicolas, dans la forêt de Conches, ce Diſtrict a dix-ſept fenderies, notamment à la Poultiere, la Bonneville, l'Allier, Courcelles, Berou, Condé, rétablies par Lettres-patentes du mois d'Octobre 1623, regiſtrées en 1624, Bretheuil, Vaugoins, Trizé, Aube, Gaillon, Moulin-Chapel, celles des Marquis de Prie & du Sieur de Chevigné, Aulives, Angles, Carrouges, Broglie, autrement la Ferriere, confirmées par Lettres-patentes du 13 Décembre 1736: à Rugles ſur la riviere de Rille, cours d'eau intariſſable entre les forêts de Conches & de Bretheuil, des mines de fer, la forge, fourneau & fonderie exiſtans en 1651, confirmés par Arrêt du Conſeil d'Etat du 8 Février 1768.

Dans le Lieuvin, à Notre-Dame des Bois, à Orville on trouve des mines de fer, ſans faire de fouille; à Saint-Ceneri près Alençon, à la Roche & dans les environs de Séez, Argentan, Falaiſe & Domfront, dans les terres du Marquis de Balleroy une mine de fer trouvée fort aigre, au rapport de Maréchaux de Caen; dans l'Election de Vire, deux forges conſidérables, celles de Dannou où l'on apporte la mine de la butte de Montboſc & celle d'Halouſe, dont la mine vient de l'Archault, Election de Domfront, des forges dans la Paroiſſe d'Eſcublay au Vicomté de l'Aigle,

Il y a pluſieurs Verreries dans la Province, notamment à Baubré dans la forêt de Conches, établies par Arrêt du 28 Juillet 1767. M. le Duc de Bouillon a fait un canal de flottage, par lequel il exporte des bois du Comté d'Evreux pour la conſommation de Paris, Rouen, &c.

La Baronne de Beauſoleil.

Mines du Maine & du Perche.

Au Maine, vne mine de cuivre en la forêt du Talla dependant de la Ferté Bernard, auec grande quantité d'ardoiſes.

Le nom de *Ferté* ſignifie un Châteaufort. Il faut remarquer dans cette Ville, une Egliſe du genre Gothique d'une belle pierre & qui eſt d'un fini extraordinaire en dehors, & en dedans des vitraux ſuperbes & des monumens très-curieux: les antiquaires y obſerveront au portail du côté de l'entrée principale un Roi de France & douze Pairs de France, ſix Eccléſiaſtiques de ſuite, avec leurs armes; l'Archevêque de Reims ſe connoit à ſa croix & les autres ont des croſſes, tous ſont avec des armes, les ſix laïcs ſont armés. On pourroit les reconnoitre, car on y voit les douze blaſons de leurs armoiries parmi leſquelles on voit les léopards des Rois d'Angleterre: il y a un autre monument ſemblable à Saint-Sauveur de Bruges & un autre ſur les vîtres de l'Hôtel de Ville de Bourges.

Il y a des mines de fer dans les Paroiſſes d'Andouillé, de Chalonne, de Sillé, de Bourgon, & à Vibrais; environ douze forges à Montreuil, Conce, Saint-James, Champeon, Saint-Léonard, Chemiré, Saint-Denis, d'Orgues & autres lieux.

Deux carrières de marbre, l'une à Saint-Berthevin, à une lieue de Laval, il eſt jaſpé de rouge & de blanc; l'autre à Argentré Paroiſſe à deux lieues de Laval, il eſt jaſpé de noir, de blanc, & quelquefois de bleu.

MINÉRALOGISTES. 379

Forges considérables à Longni, à la Frette Moulin, à Gaillon, à Randonnet & Bresolette dans le Perche.

Mines de fer à Nogent le Rotrou, nom composé de *Novio* Noues & de *Gent* Gand, cette Ville étant située comme la Ville de ce nom dans les eaux & un pré au milieu : il faut voir une belle statue du grand Sully & de sa seconde femme, à l'Hôpital du Collège, elle est en marbre blanc & plus frappante que celle qu'on a vue au salon du Louvre, l'année derniere.

La Baronne de Beausoleil.

J'ai trouué quantité d'autres mines très-bonnes, desquelles i'ai des eschantillons, & des procès-verbaux que mon mary en a fait, à la presence des Juges des lieux, & des Officiers de Sa Maiesté.

II.

Pourquoy les Mines & Minieres ont esté iusqu'à present presque inutiles & sans proffit à la Souueraineté & Maiesté Royale.

Voila, MONSEIGNEVR, des preuues certaines & irreuocables, pour monstrer l'ignorance de ceux qui disent qu'il n'y a point de mines en France : Et pour faire clairement voir, & toucher au doigt à toute la France, à vostre Eminence, & à Nosseigneurs du Conseil de Sa Maiesté, la diligence que nous auons faicte pour la descouuerte des mines, les peines & labeurs que nous auons soufferts, auec plusieurs voleries, & pertes de nos biens, & attentats sur nos vies & personnes, que nous ferons voir à toute heure que nous en serons requis, par bonnes & valables informations, procès verbaux, & procedures faictes pardeuant les Iuges Royaux des Prouinces, où lesdites voleries & attentats ont esté commis contre nous.

Mais pour retourner à nostre discours, nul ne doit douter, qu'il n'y ait vn premier moteur &

La Baronne de Beausoleil.

Createur de toutes choses vniuerselles, lequel par sa puissance incomprehensible a creé vn Esprit vniuersel à toutes les choses elementaires, afin que chacun produise son semblable, & c'est ce que plusieurs ont appellé ame vegetale, animale, & minerale : Ce qui se peut prouuer iournellement dedans les mines, où tous les metaux ont vn principe d'accroissement, par vne liqueur vaporeuse, qui sort des matrices metalliques, puis se forme comme huile gras, ou comme beurre, au bout duquel nous trouuons bien souuent l'or & l'argent fin : Et (chose plus esmerueillable à ceux qui n'ont la cognoissance de cet Esprit en chaque espece & indiuidu) c'est que ramassant ceste humeur, ou liqueur huileuse (1) qui est en petite quantité, & en faisant proiection sur le metal plus proche de sa nature, à force de feu le penetrera, tellement qu'il le conuertira entierement & parfaitement en l'espece du metal, de la nature & matrice, d'où est sorty cette humeur huilleuse : Et si le second est coagulé & fixé, il se reduira en poudre, qui parfaictement fera le semblable ; A sçauoir s'il prouient de la matrice du plomb, il fera du plomb ; si c'est du cuiure, du cuiure ; de l'estain, de l'estain ; de fer, du fer ; de l'argent, de l'argent ; de l'or, de l'or.

Ce qui me fait croire que le Prophete Esdras en a eu quelque cognoissance : car il a dit en son 4. liure, chap. 8. que pour faire de l'or, il ne faut qu'vn petit grain de poudre. Et certainement nous recognoissons que tous les metaux sont homogenes,

---

(1) P. 28. Voyez la note cy-devant, p. 349 & lisez le Commentaire de Lehmann sur le *Traité des mouffettes* de Theobald, édition Françoise, p. 246 : ces deux passages se ressemblent singulierement.

quoi qu'ils soient cachez dans l'heterogeneité. (2)

Bien est-il vray, que ceste premiere matiere metallique est tres-rare, & cogneuë de peu de gens, & le plus souuent mesprisée des ouuriers des fodines, qui aiment mieux trouuer dans la largeur de la veine quantité de bonne pierre qu'ils coupent auec le cizeau & le marteau, que de ramasser ce qui leur seroit inutile, & dequoy ils n'ont pas la cognoissance. C'est neantmoins chose tres-asseurée que nos anciens Philosophes en ont artistement composé ce grand Elixir si admirable, qui guerit toutes les maladies les plus incurables, & purge les metaux de leur imperfection, & les porte au supreme degré où nature tendoit auec plus longues années.

Or la generation des metaux, & des mineraux, pour en parler en termes generaux, & selon que ie l'ay promis en ma *Veritable declaration de la descouuerte des mines de la France*, il est certain qu'elle se fait par l'action des corps celestes & de la matiere d'exhalaison chaude & seiche, enfermée dans

La Baronne de Beausoleil.

---

(2) *Terram quidem copiosam humum pro fingendis fictilibus, parvum autem pulverem producere, undè aurum fit.* Esdras, lib. 4. Cap. 8 vers. 2, ce passage est ainsi commenté par Becher *sivè ergo cum vocabulo parvum denotet quantitatem certum enim est, naturam plus ferri quam auri producere: sivè intelligat qualitatem, id est, quòd pulvis, undè aurum fit; parvus, tenuis, subactus, subtilis, fortiter commixtus, ut* Albertus *ait, esse debeat, in hoc tamen sensu clarus est quod terram pro principio auri ponat.* Les Alchimistes François ont quelquefois été persuadés qu'ils avoient créé de l'argent, parce qu'ils amalgamoient le mercure avec des mines d'argent, c'est comme si les arpailleurs qui depuis deux mille ans sont dans l'usage de faire leurs opérations sur les rivieres de France avec du mercure, assuroient qu'ils font de l'or. Nos Doreurs dans tous les tems de la Monarchie ont amalgamé le mercure pour

La Baronne de Beausoleil.

les entrailles de la terre : auec telle difference toutes-fois que la cause efficiente des pierres precieuses & des metaux est vne, mais la materielle est diuerse ; parce que quand l'exhalaison est fumeuse & terrestre, ne pouuant ouurir la terre pour se faire voye, elle s'épaissit & condense par la froideur d'icelle ; lors vne vapeur (dont il y a tousiours quantité dans les lieux sousterains, à cause des eaux qui fluent incessamment) se meslant à l'exalation par la contention & espessissement deuient boüe & fange, & se cuit ; Ainsi ceste masse par la chaleur de ceste exalaison chaude & seiche, s'espaissit, s'endurcit, & deuient pierre, & selon la diuersité des veines de la terre, des conjonctions des astres ou planettes, & des differens aspects du Soleil & des Estoiles, & encores des sujets dont les exalaisons & vapeurs sont composées, les pierres sont ou de prix, ou de nulle valeur, opaques ou transparentes, claires, ou diuersement colorées.

Les metaux au contraire se font, & composent d'vne vapeur chaude & humide, & d'vn esprit meslé aux parties terrestres ausquelles il s'vnit : car l'exalaison vaporeuse par la longueur de temps est enceinte, affermie, & consolidée par la froideur de la terre : Et ainsi s'engendrent les metaux fusibles, lesquels tenans plus de nature aqueuse que terrestre, se peuuent resoudre au feu, & non les pierres, qui

---

dorer les ouvrages conservés dans nos temples. C'est donc gratuitement que Joseph à Costa liv. IV, ch. 9. attribue cette invention aux Espagnols dans les Indes vers 1550, ainsi que Barba, liv. III, Ch. 1, qui assure positivement en être l'inventeur, l'an 1609. Cette découverte appartient aux Alchimistes, mais les Espagnols en ont senti mieux que nous l'importance & l'ont mise en pratique.

tiennent plus de nature terreftre, ce qui fait que facilement elles peuuent eftre brifées, rompuës, & reduites en poudre.

Il y a vne autre efpece troifiefme de mineraux, qui eft mitoyenne entre les metaux & les pierreries, & neantmoins participante des deux, comme font les fucculents, qui ont quelque gouft, odeur, ou faueur, & de cette forte font l'orpin, l'arfenic l'alun, le vitriol, le fouffre, la glu, le bitume, & autres qui n'ont ny gouft, ny odeur, ny faueur, comme le criftal & le verre.

J'ay dit que la caufe efficiente des mineraux eftoit vnique, fçauoir le concours des influences celeftes, auec les quatre premieres qualitez. Auffi les aftres mefmes, qui influent pour la generation des metaux, dans les entrailles de la terre, comme dans leur matrice, influent auffi pour la production des terres dans les minieres. C'eft pourquoy après en auoir parlé generalement, il faut venir à l'efpece pour en difcourir en termes plus particuliers.

Enfuite donc de la matiere premiere des metaux qui eft la terre auec l'eau, d'où fortent les exhalaifons & vapeurs : il fe forme premierement le mineral imparfait, crud, & difposé à la cuiffon, fluide encores toutesfois, & non fixe, & duquel tous les metaux font immediatement compofez, & ce mineral eft le mercure & le fouffre.

Le mercure eft vne fubftance aqueufe meflangée eftroitement de terre fort fubtile.

Le fouffre eft vne fubftance d'air gras, terreftre, fubtil, & deffeiché par la chaleur, & felon les diuerfes vnions de ces deux materiaux deffeichez dans les mines, dont fe forment les diuerfes efpeces de metaux.

Le plomb eft geniture de vif-argent impur, groffier & puant auec du fouffre impur.

L'eftain eft de vif-argent pur, & de fouffre non encores efpuré.

La Baronne de Beaufoleil.

La Baronne de Beausoleil.

Le fer, de souffre impur, bruslant & de vif-argent sale & ord.

L'or de vif-argent pur, & de souffre rouge très-pur, qui ne brusle point.

Le cuiure est de vif-argent non tout à fait ord & sale, & de souffre rouge & grossier.

L'argent est de vif-argent net & clair, & de souffre qui ne brusle point net & blanc.

L'acier est mine de fer, qui se purge, & s'espure à force de cuisson, & d'vn meslange de poudres & sels, d'où vient qu'il est moins vnctueux que les autres metaux, & pour cela il est plus facile à rompre que le fer.

Que si l'on demande d'où procede la diuersité de leurs qualitez & couleurs aussi bien que les pierres. Je respons qu'il la faut rapporter à la cause efficiente des astres qui influent, & à la materielle des elemens, & aux actions de leur qualitez, lesquels estant diuers en nature & proprietez, le sont aussi en leurs actions & productions.

Et pour faire voir leurs sympathies auec les elemens, il faut sçauoir que la terre qui est froide & seiche conuient auec la Lune. L'eau qui est froide & humide auec Mercure & Saturne; l'air chaud & humide conuient auec Iupiter & Venus. Le feu qui est chaud & sec conuient auec le Soleil & Mars (3)

---

(3) Le passage le plus ancien où j'ai remarqué le nom des planettes appliqué aux métaux est dans Artemidore *de somniorum interpretatione*, lib. V. Cap. 87. *significabat enim Mars ferrum*, voyez ci-devant la note 6; page 104. Dans le livre 1, Chap. 79 *de coronis*; on voit encore une analogie chimique, *coronæ... ex sale autem aut sulphure ex aliquibus super eminentibus significant*, le sel & le soufre sont représentés par des cercles de couronnes dans les caracteres de quelques ouvrages chimiques.

Et

MINÉRALOGISTES.

Et d'autant que Saturne est vne planette pesante, qui domine aux humeurs noires & atrabiliaires, aussi le metal noir & pesant est sa geniture, comme le plomb & les pierres qui tirent à ceste couleur, comme l'Onix & l'Aymant.

La Baronne de Beausoleil.

Iupiter domine aux sanguins, & à tout ce qui est chaud & humide, aussi l'estain luy est approprié, comme les pierres de couleur blanche, & les verdes, comme les esmeraudes, & le cristal de roche. En outre celles qui tirent sur la couleur saffrane, selon l'aspect de quelque autre Astre. Mars est le Pere du feu, aussi les pierres violettes & purpurines, comme sont les ametistes & les jaspes de toutes couleurs reçoiuent & tiennent de la proprieté de leur pere & geniteur, qui est de rendre l'homme puissant & fort: mais estant regardées de Iupiter, elles chassent les fieures aiguës, causées de chaleur excessiues, & rappellent les temperamens. Le verre & l'airain jaunatre sont aussi attribuez à Mars. L'Or Roy des metaux, est enfant du Soleil, n'admettant non plus de roüille en soy, que son pere d'obscurité. Les pierres flamboyantes reçoiuent leur teinture de cet Astre, comme les escarboucles qui luisent de nuit comme les Chrisolytes & les Topases qui tiennent de la couleur d'or, les hyacinthes, les rubis balais & autres de couleur rouge: La Panthaure bîgarée & marquetée de tasches noires, rouges, palles & verdes, rosines, purpurines, & autres de mesme que la Panthere animal, dont elle porte le nom, ayant cette pierre autant de vertus, au tesmoignage d'Albert le grand, que de couleurs, rendant victorieux celuy qui la porte sur soy, ou qui la regarde au leuer du Soleil.

Venus qui se plaist aux choses humides, agreant l'eau autant ou plus que l'air, donne naissance au cuiure & au leton.

Bb

Le Berille, qui rend l'homme alaigre & amoureux (ce qui puluerife en l'eau, guerit les douleurs de foye à qui en boit) luy eſt attribué.

Mercure de foy n'a aucune proprieté, s'il n'eſt conjoinct auec vne autre planette : auſſi les diuerſes couleurs meſlées, comme celles de l'arc en Ciel, & des queuës de Paon luy appartiennent. Il n'eſt ny maſle ny femelle, ains Hermaphrodite, ou Androgine. Entre les mineraux il gouuerne l'argent vif (qui en tire le nom de Mercure) les pierres bigarées, comme les Agathes & Porphirites le recognoiſſent particulierement.

S'il a conjonction auec Venus & Iupiter, l'Eſmeraude luy appartient, ſi auec le Soleil la topaze luy conuient, rendant agreables aux Grands ceux qui la portent, à cauſe de la dependance qu'elle a du Soleil : mais elle reçoit de Mercure la vertu de guerir les phrenetiques.

La Lune ſe conjoinct auec tous les Aſtres aux ſignes du Zodiaque, ſelon ſes diuers aſpects & mouuements : C'eſt vne Eſpouſe commune, laquelle eſtant mitoyenne entre le monde celeſte ſuperieur, & le terreſtre inferieur communique auec tous. L'argent fixe reçoit d'elle l'influence & la generation : Et d'autant que les eaux de la mer, & des fleuues, ſuyuent ſes mouuemens, ainſi les ſuiuent auſſi les choſes froides & humides. Et ſi quelques pierres appartiennent à ceſt Aſtre, ce ſont particulierement les perles qui ſe forment dans les conches ou coquilles de mer, comme auſſi le corail ; (Mais lors que le Soleil eſt en conionction auec elle) auquel la couleur rouge appartient.

De ce que deſſus il eſt aiſé d'inferer pourquoy il n'y a point, ou peu de metaux qui ne ſoient meſlangez dans les mines ; d'autant que pluſieurs cauſes concurrentés enſemble à la production de leurs effets, chacune retient la vertu particuliere à produire l'effect qui luy est propre : Et parce qu'elles agissent en mesme temps & vniment, voila pourquoy les effects qui s'en enfuiuent se treuuent meslangez. Ce qui peut arriuer non seulement de la part de la cause efficiente, mais aussi de la materielle ; pour exemple :

La Baronne de Beausoleil.

Il y a vne mine de plomb tout pur en Pologne, à la montagne Kakaray, & c'est la seule que i'ay iamais veuë. Or philosophant là-dessus, d'où cela pouuoit proceder, i'argumentois ainsi : ou c'est l'Astre dominant qui cause cet effect, ou bien la matiere de ce metal : Or ce n'est pas l'Astre ; d'autant que Saturne gouuernant ce metal, il est à croire que le Soleil y contribuë de son costé ; veu que selon les Philosophes il est la cause vniuerselle de tous les effects sublunaires, d'où vient & procede ce dire commun, *Sol & homo generant hominem*, donc il faut de necessité qu'il ait esté vni à la generation du plomb à Saturne : par consequent le metal deuroit estre meslé, ce que n'estant point, il en faut rechercher vne autre cause qui ne peut estre que la materielle. Ce qui peut arriuer de ceste sorte, à sçauoir que la vapeur estant plus grossiere & terrestre, & la veine de la terre de la montagne contenant moins d'esprit chaud & humide, qui rarefie aucunement, ce qui est rendu pesant & solide par la froideur restringente, y contribuent aussi la qualité de la planette : cela fait que la masse du metal demeure sans autre mixtion que de terre.

Mais quant aux metaux, d'ordinaire ils sont mixtionnez comme le mercure auec tous, le plomb auec l'antimoine & l'argent, le cuiure auec l'or & l'argent, & bien souuent auec le fer, l'or auec l'argent, le cuiure & le plomb, l'estain auec le plomb & l'argent & le zain.

La Baronne de Beausoleil.

De-là vient, que ceux qui font maiſtres des mines, & qui font chefs &' conducteurs doiuent auſſi eſtre meſlez, & ſçauoir tant la theorie que la pratique d'vn bon nombre de Sciences, & Arts liberaux & mecaniques

I. Ils doiuent ſçauoir l'Aſtrologie, qui eſt fondée ſur la cognoiſſance de la Nature & proprieté du Ciel & des Eſtoiles, pour afin qu'ils puiſſent preuoir les peſtes, les guerres, les famines, les inondations des eaux, pour couper les bois, fonder, baſtir, & eſtayer les mines, compoſer & fabriquer les ſeize inſtrumens, & les ſept verges metalliques & hidrauliques ſous les aſcendans des planettes, qui gouuernent les metaux & mineraux, à quoy on les veut appliquer pour la deſcouuerte d'iceux. Car chaque planette, comme nous auons dit, a gouuernement particulier ſur vn metal ou mineral : Comme par exemple, ſi on vouloit compoſer la *verga lucente*, ou le grand compas ſolaire auec ſes eſquilles Geotriques, & Hydroïques, pour trouuer les mines d'or, & ſçauoir s'il y a de l'eau deſſous ou deſſus la mine, & ſi elle ne paſſera point au trauers de quelque autre montagne, ou deſſous quelque riuiere, il le faut compoſer, le Soleil & les autres planettes eſtant ſituées, comme vous verrez par la figure du grand compas à la fin de ce liure : Et ainſi des autres inſtrumens.

Comme auſſi pour cognoiſtre les temperamens & inclinations des hommes ; car, comme dit ſainct Thomas : Dieu tout-puiſſant, a accouſtumé de diſtribuer toutes les choſes qui ſeruent à l'vſage de de l'homme, ſoit interieurement, ſoit exterieurement, par le moyen des Anges & des corps celeſtes : & au chap. 82. il dit que les corps celeſtes ſont cauſe de tous les mouuemens & alterations qui ſe font dans ce bas monde. Et au chap. 54. 86. & 89. il enſeigne en paroles expreſſes que Dieu regit &

gouuerne les corps inferieurs, par le moyen des superieurs : c'eſt-à-dire, par les Cieux & par les Eſtoilles. Ce qui a obligé le docte Aleman (1) de dire, que le Medecin ignorant de l'Aſtrologie, eſt ſemblable au Nautonnier qui ſingle en mer ſans rames ny gouuernail. Voicy ces paroles, *ſine clauo & ramis nauigat, naufragium tandem facturus, qui abſque vlla temporum, & Aſtrorum obſeruatione, Me-*

La Baronne de Beauſoleil.

---

(1) Adrien Aleman, qui ſe diſoit *Sorceenſis* (Sorcy B. de Commerci) *Apud Pariſios Medicus*, fit imprimer à Paris chez Martin le jeune, un Commentaire ſur le Livre d'Hipocrate *de Flatibus* avec le texte Grec & Latin en 1557, in-8o. qu'il dédia à Pierre du Chaſtel, Abbé de Saint-Martin à Metz, Conſeiller du Duc de Lorraine, le même qui étoit en correſpondance avec Eraſme. Celui qui eſt cité par la Baronne, eſt imprimé chez Gilles Gorbin, in 8°. 1557 : le Privilége fut donné à Villiers-Cotte-Retz : il dédia cet ouvrage au Duc Charles de Lorraine, le 7 avant les Calendes de Mai la même année, ce qui me fait croire qu'il étoit Médecin de ce Prince, car il n'eſt pas dans le Catalogue des Médecins de Paris, par M. Baron. Ce Livre *de Aere, aquis & locis*, n'eſt qu'une traduction avec le texte original, & un Commentaire : les paſſages cités ici, ſe trouvent depuis la page 42 à la page 47. Ce même Auteur vouloit que les Barbiers & les Chirurgiens puſſent étudier les Élémens de *l'Art de penſer*, car il leur compoſa *Dialectique en François, pour les Barbiers & les Chirurgiens*; in-12, Paris 1553. Il fit auſſi imprimer chez Jean Ruelle à Paris format in-16, un *Traité de l'origine, cauſes, ſignes, préſervations & curation de la peſte*.

L'Aſtrologie judiciaire, telle qu'on l'enſeignoit alors, étoit une ſcience abſurde, mais l'influence des vents, de la mer, celle même des aſtres ſur la terre & ſes habitans eſt beaucoup trop négligée par nos Phyſiciens : on peut abandonner la *verga lucente* & les eſquilles Géotriques, mais il faut revenir à étudier la nature & faire une Aſtrologie ſenſée.

La Baronne de Beausoleil.

dicinam facilitat ; *Est enim Astrologia*, dit le mesme Autheur, *Medici oculus, cuius si fuerit expers, & inscius, merito cæcus appellabitur. Medicus* (dit aussi le docte François Valleriole (*)) *non potest disserere de morbi popularis natura, nisi prius considerauerit Astrorum ortum, & occasum, eorum præsertim qui in aere, & hominibus magnas mutationes efficere solent* (*vt Caniculæ, Arcturi, Virgiliarum, &c.*)

II. Ils doiuent aussi sçauoir l'Architecture (2) pour bastir bien, & regulierement les fonderies, estayer

_____

(*) Me. François Valleriole, Médecin d'Arles en Provence, persuada les Consuls de sa Ville de construire la tuerie au bout de la Ville lez le-Rosne, auparavant elle étoit au milieu de la Cité : c'étoit un homme très-raisonnable ; aussi écrit-il que les Astres n'étant pas capables d'infection ne la peuvent communiquer sur la terre : c'est une folle opinion de croire que les maladies viennent de l'influence des Astres. Il l'assure dans son *Traité de la peste*, p. 37 & dans ses *lieux communs*, Chap. 2 de l'*appendice*.

(2.) Il seroit fort essentiel que l'Académie d'Architecture s'occupât d'amasser toutes les machines destinées aux mines & tous les desseins de l'Architecture souterraine. Il en résulteroit des avantages & des épargnes considérables pour l'exploitation des mines, & enfin une intelligence très-utile, puisqu'elle auroit pour but la conservation des hommes & une augmentation de richesses, si les travaux des mines étoient simplifiés par les instrumens avec lesquels on doit les fouiller. Il faudroit même que les Architectes fussent instruits de la minéralogie-Docimastique des pierres & du ciment qu'ils employent, car ils sont comme les empiriques qui font des remédes sans les connoître. Je desirerois que cette reflexion pût intéresser M. le Directeur général des bâtimens & diriger ses vûes utiles de ce côté, qu'on érigeât au moins une place

MINÉRALOGISTES.

les rochers, creuser les puits, pour tirer les mineraux, faire tous engins hydrauliques & autres machines, comme traictoirs, tripastes, collossicoteres, ciclyces, acrouatiques chorobates, dioptres, porrectum, canaux, roües, moulins, soufflets, & bref toute sorte de massonnerie & charpenterie.

III. La Geometrie (3) aussi leur est necessaire pour appliquer par operation manuelle, chaque partie en sa necessité, & mesurer les latitudes, longitudes & profondeurs sur la superficie de la terre, & dans le fonds d'icelle.

IV. L'Arithmetique (4) pour justement allier au creusol toutes sortes de monnoyes, suiuant les Ordonnances des Princes souuerains, & exactement

La Baronne de Beausolel.

pour l'Architecture des mines parmi les habiles Architectes Grecs & Romains qui ornent la Capitale : celui-là devroit avoir séance au Collége des mines.

(3) M. de Genssane a publié en 1776 la *Géométrie souterraine*, ou la *Géométrie-pratique*, appliquée à l'usage des travaux des mines, vol. in-8°. Lorsqu'on voudra perfectionner cet ouvrage il faudra être très-instruit des sçavantes recherches qu'on peut lire dans l'Histoire naturelle de l'Espagne, de Guillaume Bowles, surtout dans son discours préliminaire : la Géométrie des mines n'est point terre à terre comme celle de l'arpenteur, elle est alliée avec des connoissances, qui nous font souhaiter que des personnes très-habiles ne nous fassent point perdre le fruit de leurs observations.

(4) L'ouvrage de Modestin Fachs, sur l'Art des Essays & sur les proportions, imprimé en Allemand en 1569, 1595 & 1669, avec une Préface de Louis Wolfgand Fachs son parent ; celui de George Engelhard Lohneyff sur la même matiere, devroient être traduits en notre langue : en attendant, on peut consulter Cramer, M. Hellot, M. Sage & les Officiers des Monnoyes.

La Baronne de Beausoleil.

cognoistre ce qu'elles tiennent de fin, comme aussi pour sçauoir au vray les espreuues de toutes les mines & minieres grandement differentes à celles des monnoyes.

Pour sçauoir aussi faire iustement, & dresser exactement les poids de fin, & cent, & composer les esquilles des espreuues, dresser les comptes de tous les frais, sçauoir en outre faire des instruments propres à discerner de la surface de la terre, les metaux qui sont au dedans d'icelle.

V. La perspectiue (5), pour auec bonne raison, donner le iour aux mines, aux officines, & au lieu des fontes.

―――

(5) On peut consulter un Mémoire de M. Jars dans ceux de l'Ac. des Sc. année 1768, qui est aussi imprimé dans ses *Voyages Metallurgiques* sur la circulation de l'air dans les mines, avec les moyens qu'il faut employer pour l'y maintenir. M. le Baron d'Holbach, décrit dans sa traduction de Lehmann, p. 50, un fourneau qui sert à cet usage dans une mine de plomb aux environs de Freiberg en Saxe. Jars a donné une planche qui est très-curieuse & qui est démontrée par son ouvrage. Les Traités de moffetes, de Caminologie, du Ventilateur, sont écrits sur le même sujet en différens cas. Je ne sçai pas pourquoi Martine Bertereau confondoit les moyens de faire circuler l'air dans les mines, avec la perspective *perspectivkunst* la représentation des objets sur une surface tandis que c'étoit la science d'ouvrir & de former les communications des galleries dans les mines, ou les vents des forges dont elle vouloit parler. Les Auteurs à extraire dans cette partie, sont Vitruve, Sébastien Serlio, Léon Alberti, Cardan, Philbert de Lorme, Jean Bernard Prêtre, Vallon, Louis Savot, Gauger, Dalesme, Fremin, Bullet, Genneté, Franklin, Lehmann, Agricola, M. Hales, M. F. P. H, Il faut bien classer toutes les différentes exhalaisons parce que les effets, les accidens & les moyens d'y remédier ne sont pas absolument

MINÉRALOGISTES.

VI. La Peinture, (6) afin de representer, & deſſeigner toute ſorte d'ouurages dedans & dehors les mines à leurs ouuriers, faire le plan deſdites mines, des fonderies, martinets & puits, auec la conduite des eaux, pour rapporter le tout fidelement au Prince que l'on ſert.

La Baronne de Beauſoleil.

VII. Encores leur eſt neceſſaire la ſcience des hydrauliques (7), pour enleuer du fond de la terre les

---

les mêmes. L'Ingénieur des mines de Whitchaven en Angleterre a trouvé le moyen d'employer les exhalaiſons mortelles du charbon de terre à la conſtruction d'un phare, en y mettant le feu au moment où elles ſortent, elles éclairent la nuit & ne ceſſent point pendant le jour. Ce moyen eſt une victoire contre un monſtre ſemblable à ceux qu'Hercule terraſſa; M. Lowthorp dans l'abrégé des Tranſactions Philoſophiques, vol. 2 p. 375, fait mention de quatre ſortes de vapeurs obſervées dans les mines de Derbyshire. Voyez ſurtout *Expériences propres à faire connoître que l'alkali volatil Fluor eſt le remède le plus efficace dans les aſphyxies, par M. Sage*, in-8°. Paris troiſieme édition.

(6) C'eſt du deſſin dont il s'agit: ne pourroit-on pas convenir de certaine hachure pour exprimer les couleurs des différentes ſubſtances: elle inſtruiroit au premier coup d'œil du véritable ſite d'un lieu deſſiné: le blazon exprime ainſi toutes ſes couleurs; cette exactitude formeroit des Eſtampes qui parleroient encore plus intimément aux Naturaliſtes qu'aux Amateurs; tout le monde y gagneroit, mais ſurtout les Sciences. Pourquoi le Collége des mines ne commenceroit-il point à recueillir tous les deſſins qui exiſtent dans les livres afin qu'étant rangés par claſſe, on puiſſe enfin avoir les premieres idées de ce qui eſt à faire pour perfectionner la ſcience minéralogique?

(7) Cette Science Hydraulique eſt très-néceſſaire dans les mines: le défaut de l'entendre les a preſque toujours fait abandonner.

La Baronne de Beausoleil.

eaux, sur la superficie d'icelle, & les conduire à profit aux lieux necessaires, pour faire joüer les soufflets, battre & lauer les mines.

VIII. La Iurisprudence leur fait particulierement besoin : car on doit sçauoir les regles, coustumes, & ordonnances, obseruées en toutes les chambres des mines de l'Europe : afin de rendre iustice equitable aux Ouuriers, Officiers & Associez selon les occurrences qui se presentent tous les jours. (8)

---

(8) Les Ordonnances des Rois de France sur le fait des mines, sont jusqu'à présent les plus anciennes de l'Europe & elles ont servi de fondement à celles des autres Etats. Il seroit bon de rassembler toutes les Ordonnances qui sont dans les Registres des Chartres, dans les Registres du Parlement, dans ceux des Cours des Monnoyes, Chambre des Comptes, avec les actes ou traités qui sont dans les mêmes recueils pour en former un Code Général des mines de France : il faudroit y joindre les ouvrages suivants.

1°. *De Mineralibus, Tractatus in genere Joannis Guidii senioris Patricii Volaterani J. C. ætate sua celeberrimi, libri quatuor*, 4°. *Venetiis.* 1625.

L'Auteur né en 1464, mort en 1530, étoit l'ami de Marcille Ficin, de François Guichardin, &c. Il a écrit dans le style des anciens Jurisconsultes avec des citations continuelles, mais ceux qui veulent étudier la Jurisprudence des mines doivent surmonter les dégoûts de ces sortes d'ouvrages & s'appliquer à profiter des questions curieuses qui y sont examinées. Jean *Guidii*, descendant de l'Auteur, frere du Chevalier Camille *Guidii*, a dédié ce Traité à Ferdinand II, Grand Duc de Toscane

2°. *Jacobi Borniti J. C. Tractatus politicus de rerum sufficientia 1. cultura agrorum, metallorum. 2 opificiis omnis generis*, &c. 4°. *Francofurti* 1625. L'Auteur l'a dédié à l'Empereur Ferdinand II. aux Princes, Villes & Etats de l'Empire.

3°. *Tractatus Politico-Juridicus de jure Fodinarum itidem*

MINÉRALOGISTES.

IX. La cognoissance des (9) langues leur est aussi fort necessaire, au moins de la Latine, Alemande, Angloise, Italienne, Espagnole, & Françoise, pour se faire entendre à tous les ouvriers, qui le plus souvent sont de diverses nations.

La Barônne de Beausoleil.

---

metallicarum gemmarum, &c. Auctore Philipp. Helfrico Krebs 4°. *Coloniæ Francofurti & Bonnæ*, 1756.

M. Krebs Conseiller intime du Landgrave de Hesse passa au service du Duc de Brunsvic-Lunebourg. Ce sçavant ouvrage est traduit actuellement en François, sçavoir depuis la partie 2, classe III. page 11 à la page 181 section I-XII, avec les Ordonnances de Charles-Philippe, Electeur Palatin & de Maximilien Henri Electeur de Cologne de l'an 1669. Il est difficile dans une matiere aussi abstraite d'être plus clair & plus méthodique que l'Auteur.

4°. G. Q. *Von Lohneys Bericht vom Bergwercken*, imprimé en Allemand en 1617, 1624, 1625, 1672, 1690, 1717, in-folio & in-4°. : il a été traduit en Anglois & le Ministere devroit le faire traduire aussi en François, afin de perfectionner la métallurgie : à la fin il y a un Chapitre *Vom Salpeter sieden*.

5°. Le Code des mines par Deucer.

6°. La police des mines, par Lehmann.

M. de Villiers à traduit ces deux Ouvrages par les ordres de Monsieur Bertin, Ministre d'Etat.

7°. On peut consulter les Voyages Métallurgiques de feu M. Jars, où il y a des Ordonnances que ce savant avoit traduites du Suédois, &c. cet Ouvrage se trouve chez Ruault.

(9) Il seroit à desirer que le Ministere s'occupât de faire composer un *Nomenclateur Metallurgique*, où tous les termes de l'Art seroient en François, Latin, Allemand Suédois, Anglois, Espagnol & Italien : les Ouvrages de Christian Berward, d'Agricola entreroient dans ce plan : il faudroit y faire inférer ceux des patois de nos provinces.

La Baronne de Beausoleil.

X. Ils ne doiuent non plus ignorer la Medecine (10) Galenique, Chimique, & Astrologique pour se conseruer des vapeurs arsenicales & autres veneneuses, lesquelles sans preseruatif & remede certain font mourir promptement tous ceux qui entrent aux lieux où elles sont.

XI. La Chirurgie (11) aussi leur est necessaire pour sçauoir promptement secourir, ceux qui se trouuent soubs quelques creuasses, qui ont les membres rompus ou blessez, & qui sont attaquez de maladies perilleuses.

XII. La Botomie (12) & cognoissance des herbes qui nous monstrent le lieu des Metaux, & mesmes des fontaines.

---

qui y ont rapport. Suivant Jean le Bon, *gangue* est un terme Celtique & usité dans les mines, pour signifier une veine metallique, soit d'or soit d'argent.

(10) Un livre très-précieux sur cette matiere & nécessaire dans toutes les mines, c'est le Traité des mauvais effets de la fumée de la litharge, par Stokhusen traduit par M. Gardane, avec des Commentaires, in-12 Paris, *chez Ruault*, 1776. C'est un des meilleurs ouvrages de Médecine écrits depuis deux siécles; il faut y joindre le Précis d'un Traité des maladies auxquelles les Ouvriers qui travaillent aux mines & aux fonderies, sont exposés, où se trouve *le Traité de la pthisie des mineurs* dans les Œuvres de M. Henckel chez le même Libraire.

(11) Par l'Arrêt donné au Conseil par Henri IV. à Fontainebleau le 14 Mai 1604, sur le trentieme du produit net, il sera fait fond de l'entretien d'un Chirurgien & achapt des médicamens, afin que les pauvres mineurs blessez, soient secourus gratuitement. *V. n°. XV.*

(12) C'est de la Botanique dont l'Auteur parle (βοτάνων *carens herba*) il seroit curieux d'indiquer les plantes qui caractérisent les mines, mais l'analise de ces plantes doit être un moyen plus assuré: leurs principes doivent

MINÉRALOGISTES. 397

XIII. Il leur faut encores auoir l'vsage de la Pyrotechnie ou science des feux, pour donner exactement la chaleur en iuste degré à la fonte des Metaux. (13)

XIV. De plus il leur faut cognoistre l'art de Lapidaire (14), pour parfaictement discerner les veines des Mines, les Fibres, les Roignons, & Speys, qui se trouuent dans icelles, & cognoistre les pierres fines d'auec les hapelourdes & faulses, afin de les separer.

XV. Et principalement il leur est necessaire d'auoir la science de la Theologie (15), pour en cas de necessité (n'ayant dans les Mines ny Prestres ny Ministres) conseruer dans icelles, & parmy les Ouuriers, la pureté de la parole de Dieu, telle qu'elle

La Baronne de Beausoleil.

---

avoir plus d'analogie avec les minéraux que celles de même espèce qui naissent dans une terre purement végétale. On a prétendu que les plantes rendoient malades les bêtes à cornes lorsqu'elles croissoient sur des terres chargées de pyrites vitrioleuses, voilà des pacages très-pernicieux, mais c'est un fait à constater par des expériences dignes de la Faculté de Paris ou même par la société Royale de Médecine.

(13) Il faut consulter les Ouvrages de MM. Hellot, de Genssane, de M. Cramer, traduit par M. de Villiers, de M. Macquer, de M. Baumé ; l'article fourneau dans l'Encyclopédie par M. de Villiers, &c.

(14) Les Elémens de Minéralogie Docimastique de M. Sage, sont ce qu'il y a de plus intéressant pour la France : y joindre les Ouvrages de M. de Romé de l'Isle & même *Valerius* édition Latine, &c. c'est tout ce qui sera nécessaire, car ces Auteurs sont plus précis & plus lumineux que les autres qu'on pourroit citer.

(15) Henri IV. dans son Arrêt du Conseil d'Etat du 14 Mai 1604, a ordonné qu'en chacune mine ouverte, un trentieme soit pris sur la masse entiere du produit

La Baronne de Beausoleil.

nous est proposée dans les sainctes Escritures, sans y rien changer, ne mesler, ny adiouster, ny diminuer ainsi comme luy-mesme le commande, comme aussi pour exhorter les malades priuez dans ces bas lieux de tout secours humain.

Car les Ouuriers estant de diuerses religions, (principalement en Hongrie, comme Philipistes, Anabaptistes, Caluinistes, Luteriens, Zuingliens, Hussites, Vigandistes, Maioristes, Osiandristes, Antitrinitaires, Schimidelistes, Antinomiens, Synergistes, Adiaphoristes, Stentifeldistes, Flaccians, Substanciaires, nouueaux Manicheans, Mahometiques) tous lesquels, quoy que moralement ils soient fort gens de bien, & fort zelez en leur Religion, & tres-obeïssans à leur Prince & à leur Superieur, ils ont neantmoins grand besoin que leurs Generaux, & principaux Conducteurs soient capables de les enseigner & instruire à la voye de salut & dans la cognoissance de la foy de nostre Seigneur.

XVI. Finalement il faut plenement & entierement sçauoir la Chymie pour separer l'Homogene d'auec l'Heterogene, le Semblable d'auec le Dissemblable, & le Pur d'auec l'Impur, autrement on se met en hazard de perdre sa peine & son temps, & auoir occasion de se plaindre auec Orphée dans Ouide.

Omnis ibi effusus labor.
En vain i'ay trauaillé, ma peine est inutile.

---

net, pour être mis ès-mains du Receveur général des mines pour l'entretenement d'un ou deux Prêtres tant pour dire la Messe tous les Dimanches & Fêtes que pour administrer les Sacremens.

(16) Les ouvrages les plus intéressans sur la Chymie Métallurgique, sont assez connus outre ceux que nous avons déja indiqués.

MINÉRALOGISTES. 399

Ce qui arriue souuent à ceux qui ignorans cest art, vendent l'or & l'argent meslez auec le cuiure & le plomb, & parmi les autres metaux, & il se trouue qu'au lieu d'enrichir, ils multiplient leur tout en rien ; chose à quoy les Roys & les Princes souuerains doiuent bien prendre garde, & n'employer toutes sortes de personnes qui se presentent à eux, pour trauailler & conduire leurs mines, s'ils ne sont au prealable, experts en tout ce que ie viens de specifier, & s'ils ne sçauent tirer l'or & l'argent de tous les metaux, sans aucune diminution desdits metaux, & s'ils ne sçauent retrouuer leur plomb : car la perte du plomb, aux essais ordinaires porte beaucoup de despence, comme aussi s'ils n'ont parfaite cognoissance de leurs *Schlakes*, *Schalakestain*, & *Rupferlach* : Car autrement ce seroit faire des frais pour n'en retirer aucun profit.

Or en toutes ces cognoissances, par la grace de Dieu, mon mary & moy sommes experimentez, dont il a rendu tant de preuues deuant vn bon nombre de grands Monarques de la Chrestienté, qu'il n'est plus loisible d'en douter ; Mais comme i'ay dit cy-deuant, *Ex vngue leonem cognoscent*, & que ie n'en sois pas creuë, si on le veut voir, cela est fort facile.

Au surplus, outre les cognoissances susnommées il est necessaire à ceux qui veulent entreprendre d'ouurir les mines, qui iamais ne le furent, d'auoir grande somme de deniers, de bonnes correspondances, & nombre d'associez pour trouuer de l'argent à toute heure & sans cesse pour payer les ouuriers, acheter les bois, les forests, & choses necessaires, ce que peut mon mary en ce subiect : Si bien que s'il plaist à Sa Maiesté & à vostre Eminence MONSEIGNEVR, de faire verifier nos articles, desquels Monsieur d'Emery a esté Rapporteur, après

La Baronne de Beausoleil.

La Baronne de Beaufoleil.

Monfieur Cornuel, (17) & qui font entre les mains de Monfieur de Bretonuilliers depuis le voyage de Nancy ; on cognoiftra euidemment qu'il eft impoffible d'augmenter fes finances fainctement, & rendre fon Royaume vn des plus puiffants en mines, de l'Vniuers. Car en France il fe trouue prefque de tout ce qu'on va chercher chez les eftrangers, fauf les efpiceries du Leuant, les Monftres d'Affrique, les Elephans, les Lions, & autres animaux de haute ftature de l'Afie, les Caftors de Canada, les plantes aromatiques des parties meridionales, chofes dont la France fe peut paffer aifement, & qui ne font aucunement neceffaires à la vie humaine, comme eft le bled, le vin, les fruicts, & les autres animaux propres & neceffaires à l'entretien & nouriture de l'homme, que nous auons icy en abondance. Et en outre les metaux font en ce païs auffi bien que chez les externes. Que fi l'Efpagne vante fon Acier, & l'Allemaigne fon Fer : il y a en ce Royaume de tres-bonnes mines de Fer, & des hommes trescapables pour en faire de tres-bon Acier & auffi bon que celuy de Piedmont ou d'Efpagne. Mefme nous auons des mines de Fer fort riches en argent, defquelles Sa Maiefté peut tirer grande fomme de deniers, outre le profit qui vient de fon dixiefme, en obligeant les Maiftres des Forges, de faire faire l'effay de leur mine auant que de la fondre & d'en donner l'efpreuue auec le billet du Maiftre effayeur au premier Iuge Royal qui fera obligé de l'envoyer au grand Maiftre des Mines, ou au premier de fes commis capable des efpreuues des Mines, ou par luy deputé pour la vifite d'icelles, & de la capacité duquel il demeurera refponfable à Sa Maiefté.

---

(17) Claude Cornuel Intendant des Finances, Préfident de la Chambre des Comptes, 1635-1640.

MINÉRALOGISTES. 401

En outre : il y a en France du souffre vif de plusieurs couleurs, blanc, gris, jaune, verd, & rouge, du cinabre mineral, qui contient quantité de Mercure : de cinq especes d'Ambre, du Cendré, du Iaulne, de couleur de Miel, de couleur de Vin, & de couleur d'Or ; de neuf especes d'Ocre ; six de Sil (espèce d'ocre) & quatre de terre Selenuise, de Paretoine, de Bols aussi bons que ceux d'Armenie, & trois bonnes mines de Melin ; de douze especes de Talc, deux mines d'Antorax. Il y a de la terre sigillée (18) aussi bonne que celle du Leuant, &

La Baronne de Beausoleil.

---

(18) Orchese, Village près de Blois ; on y voit une grotte d'où sort un ruisseau. Vis-à-vis Orchese, il y a un coteau planté de vignes, où on voit un filon de *Terre sigelée* autrement *terre de Blois*. Vers 1602, Richer de Belleval Chancelier de la Faculté de Médecine de Montpellier, natif du Blésois, en fit des épreuves avec Me. Guérin, Maîtres des Comptes à Blois ; ils ne la trouverent guere inférieure en vertus à celle de Lemnos & la nommerent *terre nouvellement découverte, & inconnue aux anciens*. Ce Médecin fit imprimer *Aduis vtile & profitable, d'vne Terre qui se trouue au terroir de Blois semblable en vertu à la terre de Lemnos par Richer de Belleual*. in-8. Voyez à ce sujet *Aldrovandi, de Terris medicat. Lib. 2. Cap. 12 Musei metallici*. Simeon Cuttaudus *Oratione habita Monspelii pro J. Bernier, Blesensi Doctorando*. in-4°. 1648, & Strobelberger. On doit consulter Palissy, p. 170 & la note page 671, nouvelle édition. Si on compare ensuite la relation curieuse que Pierre Belon en a donné dans le premier livre de ses observations : comment on tire la terre de Lemnos avec de grandes cérémonies le six du mois d'Août de chaque année, par l'autorité du Vaivode : comment on ne la peut recouvrer que par le Soubachi qui est dans l'Isle ; autrement, dit-il, la grande vertu qu'on lui attribue, seroit vilipendée, car les cérémonies annoblissent les choses viles : on sera suffisamment instruit des terres sigillées.

Cc

La Baronne de Beaufoleil.

d'autre auſſi propre contre les poiſons que la terre de Malthe; quantité de pierres ſanguines, d'autres vulgairement appellées, langues de ſerpens, propres à faire vaſes; enfin quantité d'Azur.

Que ſi l'Angleterre ſe vante de ſon Plomb, & de ſon Eſtain, il y en a en France de pareil & en plus grande quantité. Si la Hongrie, la Dalmatie, & la baſſe Saxe ſe vantent de leurs mines d'Or & d'Argent, la France en contient de tres-bonnes. Si l'Italie ſe vante de ſes Marbres, la France en a de toutes couleurs, & de beaux Porphires, Iaſpes & Albaſtres. Si Veniſe s'exalte de ſon criſtal, elle n'a en cela rien plus que la France. Si la haute Hongrie ſe glorifie de la diuerſité de ſes mines, la France en a de toutes ſortes & en abondance, comme auſſi de tous mineraux; comme Salpetre, Vitriol blanc, vert & bleu. Elle a de quatre ſortes d'orpiment, ſçauoir du blanc, dit Arſenic, du jaune comme Or, du blaffard, qu'on nomme Roſagallum & du rouge vulgairement appellé Sandarachi. Si la Pologne a ſes montagnes de ſel, la France a des Salines en grande quantité & en diuers endroits du Royaume, comme auſſi grand nombre de fontaines ſalées.

Pour les pierres, elle a grande quantité de carrieres de pierres de tailles, pierres à chaux, de meules de moulins, meules à aiguiſer lancettes, raſoirs, ciſeaux, & autres inſtrumens, & quantité de plaſtrieres & de gip, des pierres à feu, de l'Emery gris & rouge: elle a comme i'ay dit cy-deſſus des mines de toutes pierreries fines, comme Amethiſtes, Agathes, Emeraudes, Hyacinthes, Rubis, Grenats Saphirs, Turquoiſes, & meſme de Diamants, & en outre elle a des ruiſſeaux où il ſe trouue des Perles & de toutes ſortes de Pierreries.

La France a aussi de la Calamine, du Bitume, de la Poix, de l'Huile de Petrole, de la Houille (19) aussi bonne que celle du pays de Liege, & des Tourbes à brusler pareillement aussi bonnes que celles de la Hollande : qui me faict dire que si l'Europe est vn racourcy du Monde, la France est vn abregé de l'Europe.

La Baronne de Beausoleil.

III.

Du dixiesme dû au Roy & surquoy il se doit prendre selon les Ordonnances, Arrests & Reglemens des Chambres des Mines de tous les Princes Chrestiens.

Or Monseigneur, sur toutes ces choses-cy dessus desduites : Sa Maiesté a droict de dixiesme pour la souuerainneté de la Couronne, comme ont tous les autres Princes Chrestiens, à sçauoir sur l'Or, sur l'Argent, Cuiure, Fer, Estain, Plomb, Mercure, ou Argent vif, Alquifoux ou Vernix, Orpiment, Arsenic, Souffre, Salpestre, Sel Gemme, Sel Armoniac, Vitriol, Couperose, Alum de Roche, Alum de plume, Antimoine, Zinc, Spiautre, Bol, Terre sigillée, Ocre, Charbon de terre, Talc, Ambre, Iayet, Marbre, Iaspe, Porphire, Plâtre, Gisp, Meules de moulin à aiguiser, Ardoises fines grises & noires, Ardoises grossieres dittes de Matte, Goitran, Poix, Bitumes, Petrole, Gommes terrestres,

---

(19) Le 4 Juillet 1520, le Parlement & le Prévôt de Paris consulterent la Faculté de Médecine, pour sçavoir si le charbon de terre étoit nuisible à la santé. La Faculté répondit que ce charbon que l'on tiroit d'Angleterre n'étoit point nuisible, mais qu'il falloit ordonner aux Artisans qui s'en servoient, de recevoir la fumée dans des tuyaux faits exprés.

La Baronne de Beausoleil.

Emeri, Pierres à feu, Marchasites, Pierre Calaminaire, Pierre sanguine, Pierre-ponce, & toutes pierres fines & communes ; toutes terres minerales, salées & vitriolées, Houille, Tourbes, Azur, vert de terre, & toutes autres substances terrestres, dessus & dessous la terre, & dedans les eaux, lequel dixiesme est maintenant inutile à Sa Maiesté, & ne s'en peut faire payer equitablement, que par personnes capables de leur cognoissance, & qui sçachent distinguer les metaux, mineraux, & semimineraux les vns d'auec les autres, auec leur iuste valeur, pour euiter aux fraudes & abus qui s'y pourroient commettre, à faute de ladicte cognoissance.

Maintenant, MONSEIGNEVR, ie desduiray les raisons, qu'on pourroit, ce me semble, mettre en auant pour destourner Sa Maiesté d'ouurir les Mines de son Royaume, & priuer l'Estat d'vn si grand bien, & puis par après i'y respondray ponctuellement.

Premierement. Celuy qui regarde tout d'vn œil oblique & louche, dira en vn mot, que c'est vn abus de vouloir chercher des mines en France : de sorte qu'il y en a encor plusieurs en ceste erreur, qui croient, qu'il n'y en peut auoir.

L'autre voulant faire le prudent & preuoyant, dira que ce que i'en propose, n'est que pour attraper quelque argent de Sa Majesté, ainsi que plusieurs par cy-deuant, qui vrais charlatans, ont assez promis, mais iamais rien effectué.

Vn troisiesme plus equitable, regardant à l'interest des particuliers, objectera que peut-estre, en ouurant les mines, on prendroit les terres des lieux où se trouueroient lesdites mines & mineraux sans recompenser les proprietaires.

Vn autre, craignant de prendre l'incertain pour le certain alleguera le danger qu'il y a de faire cesser le commerce auec l'Estranger,

MINÉRALOGISTES. 405

Vn autre doublant le coup pourra argumenter que s'il y euft eu des mines en ce Royaume, les François n'euffent efté fi long-temps priuez de cefte cognoiffance.

Finalement, vn autre voulant trancher du Philofophe, alleguera (aux fins de conclure à la negative) qu'on ne peut auoir cognoiffance des chofes cachées fous la terre, fans Magie ou reuelation des demons.

Telles & autres objections m'ont efté faites en diuerfes rencontres, & par diuerfes perfonnes.

A quoi je refponds, *Premierement* qu'il faudroit que ie fuffe defpouruuë de jugement & de raifon, d'auoir employé *trois cents mille liures*, à la defcouverte des mines, fans ce que nous y employons encores tous les jours auec hazard de noftre vie en plufieurs endroits, fans certitude & affeurance d'en retirer les fruicts & emolumens.

Les fages font toufiours leur profit du malheur d'autruy.

——— *Fœlix, quicunque dolore*
Alterius, difces poffe carere tuo.

Secondement, de dire que c'eft pour attraper quelque argent, ce que je propofe encores moins. Car au contraire nous offrons d'auancer les deniers, & frayer à la defpence des ouuertures des Mines, comme nous auons fait pour la defcouuerte d'icelles depuis dix ans, fans auoir receu vn feul denier, ny fecours de perfonne du monde, pourueu que le Roy nous face jouyr de nos articles.

Pour ce qui eft objecté, touchant les particuliers, & proprietaires des lieux où font defcouuertes, & fe defcouuriront les Mines; Je refponds que le Roi a le principal intereft pour fes droits de fouuerai-

La Baronne de Beaufoleil.

Cc 3

La Baronne de Beaufoleil.

neté, neantmoins il y aura aſſez dequoy les rendre contens, *arbitrio boni viri*. Ioinct qu'ordinairement les mines ne ſe rencontrent gueres qu'aux montagnes inhabitées & deſertes en telle part où ſont leſdites mines, à cauſe de l'ingratitude de la terre, qui nourrit les metaux dans ſon ventre pour iamais ne les mettre dehors que par force & violence, & par l'induſtrie des hommes ingenieux, reſſemblant à la mere de Georgias l'Epyrote qu'il fallut ouurir morte pour tirer l'enfant de ſes entrailles.

Quant au commerce qui ſe fait auec l'Eſtranger en temps de paix; tant s'en faut que l'ouuerture des mines le face diminuer, que pluſtoſt il s'en augmentera, au contentement des François; d'autant que par ce moyen le Roi, avec vne ſi grande quantité de finances, qui prouiendront de la Benediction du ciel ſeulement, & non de la vente de nos marchandiſes, pourra facilement diminuer les Tailles & les ſubſides de ſes ſubjects, & ſoudoyer cent mille hommes de guerre, qui ſeront touſiours preſts pour ſon ſeruice : Comme auſſi enrichir les ports des Mers de la France, les muniſſant d'vn bon nombre de Nauires, ou marchands, ou de guerre, ceux-la bien équippez pour paſſer les deſtroits des Barbares ſans danger, leſquels cauſent de grandes pertes à ce Royaume, (la ſeule ville de Marſeille ayant perdu plus de quatre millions, par les priſes que ceux de Thunis & d'Alger ont faictes ſur eux), Ceux-cy pour courir ſur les pyrates & eſcumeurs de mer. Ie ne dis pas ſeulement en quelque petite eſtenduë de la mer Mediterranée, mais auſſi iuſques où les Portugais ſe ſont avancez dans l'Aſie : d'autant que la France eſtant plus nombreuſe d'hommes que l'Eſpagne, elle ſe peut rendre puiſſante en mer & en terre auec de l'argent de ſes Mines, qui ſeruira pour baſtir grand nombre de vaiſſeaux, & auec ſes hommes dont elle abonde, pour les remplir, quand mefmes il n'y auroit que les vagabonds, bateurs de paué, filous, coupeurs de bourfe, & autres inutiles à tout bien, lors qu'ils font en leur pleine liberté: Car par ce moyen on en pourroit purger la ville de Paris, & autres de ce Royaume, en les contraignant de feruir le Roi & l'Eftat par mer: Comme auffi par ce moyen les femmes, filles & enfans, qui fouuent vont mendier aux portes, autant par couftume que par neceffité, feroient inftruites aux arts mecaniques, & ainfi les villes où il n'y auroit point de faineants, feroient renduës beaucoup meilleures, les ouurages de la main feroient enuoyées fur mer, aux pays eftrangers, & ceux qui y vaqueroient en rapporteroient le profit.

La Baronne de Beaufoleil.

Les Cadets des pauures Nobleffes en temps de paix trouueroient vne occafion d'honnefte exercice, fans deroger à leur qualité, & pourroient acquerir de la reputation, & des biens de fortune qui leur appartiendroient iuftement, & au moins leur tourneroient à plus grand honneur que de courir tout le iour à la chaffe pour ne rien prendre, que de piller le pauure païfan, où fe faire enroller au nombre des coureurs de faux fel, pour viure aux defpens du partifan, qui eft proprement vn office d'Archer, non de Gentilhomme.

Qui voudroit obuier aux oififs, & en purger tout à faict la France, il faudroit (ie diray cecy auec voftre permiffion, Monfeigneur) y eftablir vne loy telle que celle qu'Amafis eftablit autrefois en Egypte, par laquelle chacun eftoit obligé de rendre compte aux Magiftrats des villes en quoy il auoit employé le temps toute l'année, & celui qui l'auoit paffée à fes plaifirs feulement eftoit condamné à vne certaine peine.

La Baronne de Beausoleil.

Quant à ce que les Mines n'ont esté descouuertes en ce Royaume iusques à present, ce n'est pas vne consequence necessaire, qu'il n'y en ait point, & ce seroit vne grande ignorance & stupidité, à celuy qui voudroit ainsi argumenter, ie ne fus iamais sur la Mer & ne l'ay iamais veuë, donques il n'y en a point : car il faut qu'il s'en rapporte, & qu'il en croye ceux qui l'ont veuë ; Aussi ceux qui doutent, ou qui ne croyent pas qu'il y ait des Mines en France, s'en doiuent rapporter à nous, & nous en croire, à nous dif-je qui en portons les espreuues & qui en auons faict les descouuertes, comme fut aussi faict de quelques vnes par le sieur de Roberual l'an de grace 1557.

Sainct Augustin a nié jadis qu'il y eust des Antipodes, par-ce que de son temps on ne croyoit que sept ou huict Climats habitables au monde, & ne pensoit-on pas alors qu'au de-la de la ligne, il y eust des hommes sous l'Equateur mesme, par-ce que la Zone Torride est trop bruslante : Mais l'experience a bien fait veoir le contraire.

Car Christofle Colomb (20) disoit jadis il y a vn

---

(20) On a écrit par tradition, que Christophe Colomb avoit proposé au Conseil de France, la découverte du nouveau monde ; le savant Leibnitz a fait imprimer deux actes concernant un certain Colomb, employé par Louis XI, dont Ferdinand Roi de Sicile se plaignit par une lettre du 9 Déc. 1474 & auquel le Roi de France, répondit le 31 Janvier suivant : ce Colomb commandoit des vaisseaux avec le pavillon François. Je desirerois beaucoup que ce fait important fût éclairci. On a prétendu qu'il étoit absolument impossible que Cristophe Colomb eût servi la France ; les Espagnols ne nous éclairciront jamais sur cette matiere, quand bien même leurs Archives contiendroient des Mémoires authentiques : il y a apparence que plusieurs Capitaines de ce nom furent attachés à la France.

MINÉRALOGISTES. 409

nouueau Monde, és Indes Occidentales; qu'on me donne, & fourniffe vn equipage fuffifant de vaiffeaux pour y arriuer, ie les decouuriray infailliblement: Alors on fe moquoit de luy, peut-eftre par-ce qu'il n'eftoit pas fomptueufement habillé, ni fon train affez fplendide, peut-eftre pour-ce qu'il n'auoit pas la mouftache affez bien releuée, ny affez d'argent pour en donner à ceux qui ne font rien que par intereft, tant la France eft aueuglée, qu'elle n'eftime pas qu'vne perfonne fimplement veftuë, puiffe fçauoir quelque chofe.

Diogenes roulant fon tonneau avec fes haillons, n'euft pas efté en ce temps-cy, bon Philofophe à l'opinion du vulgaire, qui croit que la fcience eft incompatible avec celuy qui ne fait grande parade d'habits & d'equipages. Vraye Bohemerie de ce temps, de laquelle les plus rufez fe feruent pour abufer ceux qui le veulent eftre : La cognoiffance que i'ay de ces legeres volages humeurs, me fait ainfi parler auec raifon & iugement.

Ie reuiens doncques à Chriftofle Colomb, pour dire qu'au repentir des François, & au bien & auantage des Efpagnols, (ennemis de la France) il a defcouuert les Indes & les Mines d'icelles : mais nous, nous ne les defcouurirons pas, car nous les auons defcouuertes en France; & de plus nous les ouurirons (MONSEIGNEVR) toutesfois & quantes il plaira à fa Majefté, & à voftre Eminence nous faire jouïr de nos articles, nous les baftirons, nous eftablirons l'ordre des Officiers qui font neceffaires : Et bref nous les rendrons en eftat de valoir, & de rendre à fa Majefté autant & plus, que celles des autres Princes Chreftiens : & ferons vn parfaict eftabliffement de tant de riches & precieufes Mines, dont la France eft enceinte, ne demandant qu'vn peu d'ayde pour nous enfanter l'abondance, le repos & les delices, la joye,

La Baronne de Beaufoleil.

La Baronne de Beausoleil.

& la victoire contre les ennemis des Lys, que le monde reuere, & que les Rois cherissent. Et alors tout le monde dira du Roy tres-Chrestien, auec estonnement & verité, ce qui a esté autrefois de Salomon, comme il est recité premier liure des Rois chap. 23 & 24. Ainsi le Roi Salomon fut plus grand que tous les Rois de la terre, tant en richesses qu'en Sapience, & au 24. est dit que tous les habitans de la terre cherchoient de voir la face de Salomon, pour ouyr la Sapience que Dieu auoit mise dans son cœur; & au 25. que chacun luy faisoit des dons, & luy apportoit des vaisseaux d'or & d'argent, des habillemens, des armes, des cheuaux & mules, des espiceries, & autres choses precieuses, & ce par chacun an. Or comme l'Escriture saincte est toute parfaicte en toutes ses parties, aussi elle s'explique elle-mesme par tout, nous apprenant & monstrant au doigt & à l'œil la cause seconde (apres l'admirable benediction de Dieu) de ce triomphe, de ceste pompe magnifique, & de ceste gloire incomparable de Salomon, comblé d'honneur, d'amis & de richesses : C'est que comme il appert au chap. 9. du mesme premier & troisiesme liure des Rois ch. 26. 27. & 28. Le Roy Salomon equippa aussi vne flotte en Hetrongeber prés d'Helots, sur le riuage de la mer rouge au pays de Dem ; & au 27. & Hiram enuoya de ses seruiteurs, gens de Marine, qui sçauoient ce que c'estoit de la mer, auec les seruiteurs de Salomon en flotte ; & au 28. & ils vindrent en Ophir, & prindrent dela quatre cent & vingt talents d'or & les apporterent au Roy Salomon.

Apres ces heureux voyages de Salomon (qui ont donné courage, & enseigné la route à cette toison d'or, qui est si orgueilleuse, & qui semble vouloir entrainer & mettre tout sous l'ombre des colliers de cest ordre, plein de fruit, de bruit, & d'Amour.) nous voyons au second des Chroniques chap. 9.

MINÉRALOGISTES. 411

verſ. 10. 11. & 12. 20. & 21. que les richeſſes & opulences royales de Salomon eſtoient ſi majeſtueuſes en toutes leurs ſingularitez, que toute ſa vaiſſelle eſtoit d'or, & les vaiſſeaux de la maiſon du parc de Liban eſtoient de fin or, & pas vn d'argent, d'autant que l'argent n'eſtoit rien eſtimé és iours de Salomon. Car les nauires du Roy alloient en Tharſis, & les ſeruiteurs de Hiram, & les nauires de Tharſis reuenoient de trois en trois ans vne fois, & apportoient de l'or, de l'ivoire, des ſinges, des paons, & des perroquets.

Or (MONSEIGNEVR) ſi les Anceſtres de noſtre grand Roy Louys le Iuſte, eſtant jadis occupés à vne infinité d'expeditions militaires & glorieuſes, n'ont point eu ce bonheur d'entendre ny de receuoir les ſalutaires & profitables conſeils de cet heureux Genois, ce deſcouureur de mondes nouueaux, ſi opulents & ſi riches, dont les ennemis de cette Couronne ont ſi bien ſceu ſe preualoir aux occaſions tant de la guerre, que de la paix : Si dis-je, le malheur des François a eſté ſi grand, que les Anceſtres de noſtre grand Roy n'ayent pas entrepris ces voyages du Perou & de l'Ophir, d'où l'Eſpagnol a puiſé tant, & tant de millions d'or & d'argent pour captiuer toute l'Europe ; Qu'aujourd'huy, MONSEIGNEVR, il plaiſe à ſa Majeſté, & à voſtre Eminence, eſcouter les veritables & palpables conſeils que mon mary & moy oſons donner à ſa Majeſté & à voſtre Eminence, pour l'accroiſſement de ſa gloire, le bien de ſes peuples, & l'honneur de la France : France qui eſt le ſeul & vnique joyau du monde, opulente en biens, en fruicts, & autres choſes neceſſaires à la vie de l'homme, & encores ſi remplie & feconde en treſors, qu'elle eſt ſuffiſante de le faire egaller à Salomon, tant en ſa gloire qu'en ſes richeſſes ; puis que Dieu le benit viſiblement en toute ſa vie, tant en guerre qu'en paix.

La Baronne de Beauſoleil.

La Baronne de Beaufoleil.

Ceſt aduis (MONSEIGNEVR) ne va point à la foule des ſubjects de ſa Majeſté, ains au contraire à leur enrichiſſement, ce ne ſont point des creations de nouueaux Officiers : *Nous demandons ſeulement la ſeureté des biens que nous auons employés, & des deniers que nous auons deſpenſez, & que nous employerons & deſpenſerons cy apres, pour remplir vos coffres de Threſors, & de finances, pour enrichir vos ſujects,* ouurant dans vos Provinces des fontaines, qui jetteront l'or & l'argent gros comme le bras, & le tout par des moyens auſſi iuſtés & innocens que l'innocence meſme.

Car (Monſeigneur) il ne faut point douter, que dés la creation du monde, Dieu ne les ait mis en cet Empire, en ce climat delicieux, en ce noble Royaume, comme en la terre d'Euilach, & auſſi bien qu'au Perou, affin que ſa Maieſté s'en ſerue à ſon beſoin, & à ſa neceſſité, pour vaincre ſes ennemis & ſoulager ſes peuples, & les arroſer de pluſieurs Phiſons c'eſt à dire de pluſieurs fleuues delicieux qui enuironnent ſes mines d'or & d'argent.

Quant à ſes ennemis (MONSEIGNEVR) il n'y en a plus au monde de deſcouuerts qui ne tremblent ; Dieu qui l'aymé, & le conſeille par voſtre prudente preuoyance, les a foudroyez, & foudroyera ceux qui reſtent par ſon bras, auſſi inuincible par les conſeils de voſtre Eminence, qu'infatigable par ſa nature. Toute l'Europe admire ſes Lauriers, & la France deſormais y pourra cueillir des Oliues de paix, & ſe refaire & reſtablir de tant de maux qu'elle a ſoufferts par les guerres paſſées.

He quoy (MONSEIGNEVR) feroit-il poſſible que ſa Majeſté, & ſon Conſeil, dont vous eſtes la Cynoſure, puiſſe refuſer qu'on ouure en France non vn puits, non vne fontaine, mais vn abiſme de richeſſes & de treſors infinis ? Qui ſont les prompts moyens pour restablir, selon vos augustes desseins, son Royaume en sa premiere splendeur, en sa premiere & ancienne gloire, & mettre ses subjects en vn si profond & solide repos, qu'ils beniront eternellement les iours de son regne, & de vostre sage conduite; pourueu que les Laboureurs & Vignerons, en escorchant la premiere peau, & la surface de la terre, l'aydent à produire des tresors infinis, vtiles non seulement aux François, mais aussi aux Estrangers, qui ne viuent quasi que des fruicts de la France.

La Baronne de Beausoleil.

Combien augmenterons-nous, par nos heureux trauaux ceste abondance? Les moissons, MONSEIGNEVR, & les vendanges ne viennent qu'vne fois l'an en France, mais nos cueillettes se feront tous les iours, d'autant qu'à tous momens nous puiserons des thresors infinis dedans le ventre de la terre, qui ne demande qu'à estre ouuerte, pour monstrer à Sa Majesté de combien de sainctes benedictions Dieu par sa toute puissance a couronné sa vie Royale à cause de la iustice qu'il luy a donnée en sa misericorde.

Que Sa Majesté doncques, MONSEIGNEVR, ouure les yeux à la lueur plaisante de tant de grands tresors qui sont encores cachez & à couuert dedans plusieurs mines de vos Prouinces.

Ceux qui s'estonnent de ce que les mines ont esté si long tems cachées aux François, doiuent sçauoir pour raison très-veritable, que c'est d'autant qu'il ne s'est trouué iusques ici aucun qui eust la science & cognoissance de les descouurir, ou bien que l'on a eu apprehension de la despense, lors qu'il eust fallu percer des montagnes, & du plus haut & superbe sommet d'icelles, en faire des abismes, ou bien que les Ministres de l'Estat aux siecles passez, ont tenu en longueur ceux qui vouloient entreprendre leurs ouuertures, & par cette longueur incon-

La Baronne de Beausoleil.

siderée, leur ont faict despendre leurs biens, & les ont contraincts de se retirer ailleurs ; sans que les Rois regnans alors, ayent esté deüment & plainement informez de la perte que ces mespris & negligences apportoient à leurs finances. Car souuentes fois (ô malheur du siecle où nous sommes) plusieurs regardent plustost leur interest particulier & present, que le soulagement du pauure peuple. Peuple que la guerre, la peste, & la famine, les trois fleaux, ains les foudres du Ciel, ont presque escrazé soubs le malheur de ces miseres pitoyables.

Peut-estre aussi, que ceux qui y auoient faict quelque commencement, ont esté troublez, vexez, & empeschez en leurs ouurages, pour auoir leur bien, comme la *Touche Grippé*, lequel iniustement & sans adueu m'a empesché & trauersé, en la Prouince de Bretagne : Car telles gens sont capables de destourner & faire cesser l'ouuerture des Mines, voire mesmes de ruiner tous ceux qui fidellement veulent seruir le Roy au soulagement de son peuple. Mais si telles gens, ennemis du bien public, estoient griefuement punis selon leurs crimes, les autres (aussi enuieux qu'eux) regarderoient deux fois à ce qu'ils veulent entreprendre. Car le retardement, de sept ou huict iours seulement, qu'ils peuuent faire, ou causer malicieusement au trauail d'vne mine, est capable de ruiner, & l'entrepreneur & ses associez. La raison de cela est, que la mine, pendant ce temps, se remplit d'eau & qu'il faut de nouueau apporter beaucoup de peine, de frais, de despence, & de temps pour l'attirer, & ce pendant par la force des eaux, les estayemens & supports se rompent, les roües se brisent & fracassent, les canaux se ferment, & bref il faut recommencer tout comme si elles n'auoient iamais esté ouuertes, & ainsi la despence & le temps qu'on y a employé est inutil

MINÉRALOGISTES. 415

& perdu. A quoy on pourroit facilement obuier, & empefcher vn tel defordre, en eftabliffant vne Chambre Souueraine des Mines (comme il a efté faict du regne du Roy Henry fecond, en l'an 1557) laquelle en attribua la iurifdiction fouueraine à la Cour des Monnoyes à Paris, & y conftituant pour Officiers ceux qui en feroient dignes & capables, & qui par effect entreroient dans les mines, & auroient la cognoiffance du dedans & du dehors d'icelles, & la practique des inftructions de tous ceux qui ont quelque Office dans lefdites mines, comme il fe fait dans toutes les mines de tous les Princes Chreftiens, y faifant exactement obferuer & executer les Ordonnances, Arrefts, & Reglemens faits fur l'ordre & police d'icelles. Bel ordre que i'efpere vn iour mettre en lumiere, pour l'inftruction des François, & pour le bien de la France.

La Baronne de Beaufoleil.

IV.

Refutation de ceux qui croient que les mines & chofes foufterraines, ne fe peuuent trouuer fans magie, & fans l'ayde des Demons.

Finalement, pour refpondre à ceux qui tranchent par leur impertinence, & qui fouftiennent (aueuglez qu'ils font d'ignorance & de ftupidité) qu'il faut eftre Magicien, pour trouuer les chofes cachées dedans les veines de la terre, ou bien qu'il n'y a que les Demons feuls qui en ont la cognoiffance: Je dis, qu'il y a donc beaucoup de Magiciens au monde, & veux prouuer par là, felon la fantaifie de ces fçauantereaux, que ces Magiciens, fi tels fe doiuent appeller, font les plus vtiles aux Principautez par l'or & l'argent qu'ils leur fourniffent, & qui font l'ame & les nerfs du commerce & de

La Baronne de Beausoleil.

la vie actiue, tant dedans que dehors le Royaume : Par eux les villes & citez sont conseruées florissantes : Par eux les peuples ont toute sorte d'abondance : Par eux les ennemis sont repoussez, les amis conseruez, les soldats bien entretenus & disciplinez, & bref plusieurs autres benefices prouiennent aux Republiques par ces Metaux, qui ne sont tirez d'ailleurs que des veines de la terre où ils sont cachez & lesquels sont si necessaires, qu'à peine s'en peut-on passer, pendant le cours de ceste vie humaine. Or est-il (ce disent nos Censeurs) qu'on ne les peut tirer, ny auoir des lieux sousterrains, & cachez, que par la reuelation des Demons, qui les descouurent aux Magiciens, par le moyen desquels nous en auons la cognoissance ; Doncques (se disent-ils) ces Magiciens sont tellement necessaires aux Republiques, qu'à peine s'en sçauroit-on passer. Mais de ce syllogisme faux, quant à sa matiere, s'ensuit vn nombre infini d'absurditez. Car premierement il ne faudroit point condamner les Magiciens aux supplices, comme pestes de societez, ains au contraire il les faudroit soigneusement rechercher, caresser & precieusement conseruer, comme personnes tres-vtiles & vrais truchemens (s'il faut ainsi dire) de tant de tresors & richesses cachées & occultes, sans lesquelles nous serions priuez d'vne infinité de commoditez, & de biens qu'il a pleu à la diuine Bonté de verser à pleines mains sur les hommes, lesquels auec artifice en peuuent tirer de l'vsage.

Ils disent aussi que les Mineurs & renuerseurs de terre ne pourroient faire leur salut en ce trauail, qui ne reüssiroit qu'apres auoir consulté les Demons des Mines, par les Magiciens : Mais si cela estoit, les Rois & Potentats seroient eux mesmes complices de ces impietez, voire mesmes autheurs d'vn crime

crime si detestable, en permettant ces maluersations & profanations. Mesmes l'Eglise tollerant telle sorte de gens sans les poursuiure par anathemes & autres comminations, seroit elle-mesme souillée de telles abominations : car, *qui non vetat peccare, cum possit, iubet.*

La Baronne de Beausoleil.

Mais ces Censeurs, ou plustost Resueurs, ont mal appris, & sont mal informez des loix & des regles de nos diuines fodines, qui esloignées de telles meschancetez & superstitions, ne reçoiuent dans leurs societez aucun homme vicieux, ny tasché d'aucun crime, ains tous sont contrains, auant qu'y estre receus d'apporter bonne attestation de leur Euesque ou Pasteur, auec bon certificat des Magistrats, Bourgmaistres, ou Echeuins du lieu de leur naissance, comme aussi bon passeport & licence du Prince qu'ils ont serui ; (comme nous auons fait venant en France, ce que le Lecteur pourra voir, & en contenter sa curiosité, à la fin de ce liure, & entre-autres, nous auons pris attestation du serenissime Prince Henry de Nassau, Prince d'Orange, quand nous auons amené nos ouuriers d'Alemagne, en France, par la Holande.) En somme les larrons, les parricides, & meurtriers ennemis du genre humain en sont chassez ; comme aussi les fornicateurs, adulteres, preuaricateurs, & ennemis des Commandemens de Dieu, & generalement tous crimes defendus par les Loix diuines & humaines n'y sont point tolerez en façon quelconque.

Tout le monde sçait que le Plomb, le Fer, le Cuiure, qui sont metaux fort communs, l'Or, l'Argent, plus rares, les pierres precieuses, & autres, le mineraux succulens, & presque tout ce qui nous sert, n'est tiré que du fond de la terre : He quoy seroit-il possible que ce fust que pure Magie ? Paures gens qui trauaillez aux carrieres & pierrieres,

Dd

La Baronne de Beausoleil.

vous estes donc tous Magiciens, selon la croyance de tels ignorans, comme *la Touche Grippé*, qui s'est ferui de ce pretexte, pour auec ses griffes de harpie me rauir iniustement mon bien, & voler les mines du Roy. Que diront ces indiscrets & temeraires Juges, qui attribuent tout ce qui est rare & secret à la Magie ? que diront-ils de ceux qui sçauent la transmutation des metaux, qui transforment le fer en cuiure, celuy-cy en argent, & l'argent en or ? sont-ce des Demons ou des hommes ? Les Demons peuuent naturellement (appliquant les actifs aux passifs) transmuer vne chose en vne autre. Vn Philosophe aussi qui sçaura la vertu de Nature, peut semblablement produire le mesme effet, lequel ne sera neantmoins ny Demon ny Magicien, non plus (21) qu'Albert le Grand, ny Raymond Lulle,

---

(21) Albert le Grand n'a pas écrit sur l'Alchimie, ni prêché publiquement à la place Maubert de Paris : ce nom ne vient pas de Me. Aubert, mais de *Mallus & de Berg*; *Malloberg* ou *Malberg* assemblée ou lieu où l'on tient les plaids du canton. C'étoit le Siége de la Juridiction de Paris sous nos premiers Rois. Voyez au surplus nos Loix Saliques dans les différentes collections d'Eckard, Baluze, Olivier de Vrée, &c.

Il est très absurde d'avoir affublé le nom d'Albert le grand, homme sensé & sçavant, de tous ces monceaux d'impertinences Alchimiques : cet Auteur avoit beaucoup vû, beaucoup observé; il a écrit cinq Livres *de Mineralibus*, qui sont très-estimés, relativement aux connoissances de son siècle. Le Chapitre 9 de la premiere partie du troisieme livre, prouve qu'il méprisoit les Alchimistes.

Le *Malus* étoit composé du Graf ou Comte de la Juque l'on tient pour Beat, ny qu'vn bon nombre d'autres excellents personnages. (22) C'est pourquoy ie cloray ce discours par ce mot de sainct Augustin, qui dit que l'homme grossier ne croid qu'à ses yeux ayant plus de chair que d'esprit, n'ajoustant foy qu'à ce qu'il void, & niant tout ce qu'il ne void

La Baronne de Beausoleil.

ridiction de trois Scach-Barons, ou Seigneurs de l'Eschiquier, de sept assesseurs & de deux autres ou Ecclésiastiques ou Laïcs : on y appelloit les Centeniers du District, les Evêques, Abbés, les Prêtres, Diacres, &c. les Parties, ou Romains ou Francs, les possesseurs des Aleux ou propres, ingénus, enfin les gens libres. La charte de Fondation de Saint-Bertin à Saint-Omer, est un acte passé dans un *Mallus* ; il peut servir de Commentaire aux loix Saliques. T. 1. Art. 1. T. LVI. Art. 4. Mael signifie assemblée des Juges en Flamand & dans le Breton : voyez ci-devant p. 322 ; le vieux Saxon employe aussi ce mot.

(22) Raymond Lulle, laïc & Marchand, natif de Majorque, étoit marié & avoit des enfans, lorsqu'il entra dans la Confrérie de ces Coureurs Beguins appellés autrement les Frerots ou Fraticelles, ou Freres de pauvre vie, secte étendue qui varioit à l'infini pour le régime & l'habillement : ceux qu'on a civilisés de cette vie sauvage, sont tous les Freres du tiers Ordre de Saint-François. Ce Raymond Lulle ne sçavoit pas le Latin, c'est pourquoi il écrivit quelques ouvrages en Catalan sa langue naturelle. Sa dialectique est une imitation de l'Arabe Abezebron ; sa transmutation métallique en Angleterre se réduit au projet d'un impôt sur les laines qu'on

La Baronne de Beausoleil.

pas : *In homine carnali tota regula intelligendi est consuetudo arguendi, quod solet videre credit, quod non solet, non credit.* Que dira-on qu'vne femme allegue comme moy & face la leçon aux incredules ? voftre Eminence, Monseigneur, me le pardonnera s'il luy plaift, & jugera, qu'*ayant quelque cognoissance de la langue Latine & Italienne*, la lecture ne m'en peut eftre deffendue, ains permife, i'entens la lecture des lettres & liures qui ne font prohibez à celles de mon fexe. Et enfuitte ie me feruiray de tout ce qui peut renuerfer les opinions contraires aux falutaires & precieux aduis que ie donne à Sa Majefté, & à voftre Eminence, la fuppliant très-humblement auoir agreable l'humble remonftrance que ie luy faits touchant l'entreprife de mon mary, pour faire ouurir toutes les mines de fon Royaume, defquelles il a trèsgrande cognoiffance, laquelle demeureroit inutile au cas qu'il fuft preuenu de la mort, chofe qui feroit de très-grande perte, d'autant qu'il feroit trèsdifficile de recouurer des hommes fi experts en cet Art, & qui en aient contracté vne plus grande, &

---

tranfportoit dans les Pays-bas, ce qui fut très-bien reçu du Roi Edouard. Si on juge de la Chimie de cet illuminé par des Ouvrages qu'on a fous fon nom, il paroit trèsinftruit pour fon tems, mais ils ont été fuppofés deux ou trois fiècles après fa mort. Sa logique eft l'art fubtil de ne rien fçavoir ; mais il paroit que fes projets étoient excellens, voyez ceux écrits à la fin du Livre *de natale pueri*. Le nombre des impoftures qui ont paffé fous le nom de ce perfonnage eft incroyable : & combien de livres on a ofé lui attribuer ! même des héréfies abfurdes qui furent comdamnées dans la Ville d'Avignon par Grégoire XI.

vne plus longue habitude. Car l'occasion vole & s'enfuit soudain, & bien souuent sans espoir de retour, & le repentir accompagne & demeure tousiours à ceux qui ne l'ont arrestée à son abord.

La Baronne de Beausoleil.

Iadis Homere s'offrit aux habitans de Cumes, pour rendre leur ville des plus fameuses de la Grece, au cas qu'ils le voulussent nourrir aux despens du public, ce qu'ayans refusé par le mauuais conseil d'vn des Senateurs, ils en eurent du desplaisir, & s'en repentirent : car après sa mort ils publierent qu'il estoit l'vn de leurs compatriotes, tant il est veritable, que nous desirons auidement ce qui nous est eschappé, après l'auoir eu à mespris lors que nous le tenions en la main.

Les grandes peines que nous auons eües depuis trente ans, à la descouuerte des mines, les dangers encourus, & les dangers de la vie, dont nous auons esté menacez en faisant le seruice dé Sa Majesté, sont aussi grandement considerables ; comme aussi les grandes despences que nous auons faictes en tout ce temps-là, ce qui ne se peut autrement, cheminant incessamment de Prouince en Prouince, & ayant encores quantité d'hommes des pays estrangers, très-capables en nostre exercice, qui ont tousiours esté payez de nos propres deniers, iusques à ce que le susnommé la *Touche Grippé*, qui a esté Preuost Prouincial en vostre Duché de Bretagne, ait de son propre mouuement auec violence, contre toute Justice, & au mespris des loix, & de l'authorité Royale, ait di-je volé *ma maison de Morlaix*, pendant que i'estois au Parlement de Bretagne à Renes, pour y faire enregistrer vostre commission, & mon mary d'autre costé à la visite de *la mine de la forest du Buisson Rochemares*, auec le Substitut du Procureur du Roy dudict lieu, ouuert nos coffres,

La Baronne de Beausoleil.

pris, pillé, & emporté tout ce qui estoit dedans, & en outre les mines, l'or & l'argent de Sa Majesté, les instrumens mesmes pour descouurir les mines, & ceux qui seruent pour les essayer, & de plus les procès verbaux, papiers & memoires des lieux, de façon qu'il a faict autant de tort à Sa Majesté, en cet acte meschant & temeraire, que s'il auoit volé visiblement vos finances, voire plus : car s'il les auoit volées ce ne seroit que pour vne fois, mais icy c'est un vol, qui dure tousiours & durera, si Sa Majesté (MONSEIGNEVR) ne s'en fait la justice à soy-mesme. Or qu'est-ce que merite, & quelle punition doit souffrir celuy qui fait excez & telles voleries, sous l'authorité Royale ? Les Iuges qu'il plaira à Sa Majesté, & à vostre Eminence y commettre, le sçauront mieux dire que moy. Ie me contenteray de dire seulement, que ce n'est pas là sa premiere volerie, ce n'est qu'vne continuation toute aueree : car au premier mandement de Sa Majesté, toute la Bretagne se plaindra de ses concussions.

Chose horrible en France, que celui qui doit maintenir la Iustice, soit le premier à la violer, & corrompre, en quoy (MONSEIGNEVR) sa Majesté doit auoir pareille jalousie que Dieu, duquel elle porte l'Image, quand auec le parjure on l'appelle en tesmoignage du mensonge : car sous le voile & le pretexte de son authorité, plusieurs excez, rapines & concussions se commettent par ce meschant homme, comme si sa Majesté approuuoit ses violences & ses rapines, dont, Monseigneur, ie ne peux faire moins que de lui demander Iustice, puis que sa Majesté porte le nom & le tiltre de Iuste. Toute la raison qu'il peut apporter pour defendre son forfait & son crime, (qui regarde, & heurte plus sa Majesté que nous) n'est autre chose que la friuole & impertinente raison qu'il apporta lors, c'est à sçauoir qu'il croioit qu'on ne peut trouuer les mines en terre sans la magie, & sans l'aide des Demons: à quoy ie pense auoir très-amplement satisfaict, rapportant neantmoins tout ce que i'en ay dit à la censure & iugemens des plus sensez & meilleurs esprits.

Est auri me terra beat, si nomina jactant, Fac (LO-DOICE) *tibi res probet acta magis.*

V.

La representation des faces du Ciel aux heures & minutes de la fabrique de nos instrumens Geotriques, Hydroyques, & metalliques, comme aussi des sept verges metalliques & Hydroyques.

AVIS DE L'EDITEUR.

LE merveilleux inspire toujours une confiance absolue parmi les ignorans; des gens fins & très-instruits ont profité de cette foiblesse humaine en imaginant la baguette divinatoire pour découvrir les mines, les trésors, &c. Ayant des signes plus certains pour reconnoître les mines, ils ont mieux aimé paroître favorisés par la Divinité que d'avouer leurs connoissances particulieres. Le prestige le plus généralement adopté en Allemagne, a eté la baguette, *virgula furcata*: ils ont employé le coudrier pour découvrir l'argent, le frêne pour rechercher le cuivre, le picea, pour trouver le plomb & l'étain, le fer ou l'acier pour rencontrer l'or. Au tour de main qui occupoit les yeux des spectateurs, ils ajoûterent des vers pour en imposer aux oreilles, & des enchantemens pour affecter l'esprit des Amateurs. Cette superstition avoit gagné la Baronne de Beausoleil qui y croyoit ainsi que d'Arcons, Blumenstein, comme nous le verrons par la suite ; il est question de cette absurdité dans des ouvrages modernes, dans plusieurs journaux, mais l'exposé que je viens de faire, prouvera assez que ceux qui en parlent ou qui agissent, ne connoissent point le grand art des Allemands, & qu'ils sont des Charlatans. Ceux qui trouvent des mines par la baguette doivent être examinés avec attention, par des Minéralogistes instruits, pendant cette opération ; parce qu'ils découvriront certainement les signes extérieurs qui font tourner à propos la baguette dans la main de ces pauvres sorciers : car il faut sçavoir qu'Agricola, *Lib. II, de re metall.* & M. Needham dans ses notes sur les *nouvelles recherches sur les êtres microscopiques*, p. 245 ont expliqué le méchanisme de cet Art que plusieurs personnages ignorent, mais que tout le monde peut apprendre dans un instant. Le Pere Kirker prouve fort bien le ridicule de la Baguette, il démontre que le Démon n'est pas de moitié avec ces malheureux joueurs de gobelets ; mais après avoir discuté cette matiere, *Mundus subt. Lib. X. sect. 11. Chap. VII.* il parle de verges métalliques pour découvrir les mines, il explique touts les effets possibles, il donne les compositions de ces verges, *experim. I. II. III.* Ainsi l'Allemagne a une Ecole de baguette, & l'Italie une autre ; cette derniere avoit seize instrumens géotriques, hydroïques & métalliques, sept compas ou verges métalliques & hydrauliques composés sous les ascendans des Planettes qui portent le nom des sept métaux : ce sont les sept thêmes pour parler comme la Baronne & que nous laissons ici parce que nous nous faisons une loi de ne point altérer les Auteurs que nous imprimons ; ce sont des monumens qui empêcheront les imposteurs d'en abuser parce qu'ils seront connus. Voyez ci-devant.

Explication des Figures Astrologiques.

La Baronne de Beausoleil.

I. **L**ES grands Compas pour recognoistre de la surface de la terre & des eaux, les mines d'or, les marchassites, la pierre d'azur, les talcz dorez, & la pierre solaire, qui sont sous l'influence du Soleil, se doiuent faire, le ciel estant comme vous voyez, comme aussi *Verga lucente.* Figure. I.

II. *Les grandes Boussoles* à sept angles, pour trouuer les mines d'argent, les marchassites, le christal de roche, les diamans qui sont dans les pierres, & les pierres referentes à la Lune, se doiuent faire, le ciel estant comme vous voyez, comme aussi *Verga cadente ô focosa.* Fig. II.

III. *L'Astrolabe mineral*, pour trouuer les mines de cuiure, les marchassites, esmeraudes, & autres pierres & mineraux, qui se referent à Venus, se doit faire, le ciel estant comme le voyez. Et *Verga salente ô saltante.* Fig. III.

IV. *Le Cadran mineral*, pour trouuer l'estain, le zinc, ou spiautre, & toutes les pierres & mineraux qui se referent à Jupiter, se doit faire, le ciel estant comme vous voyez; Et *Verga battente ô furtilla.* Fig. IV.

V. *Le Geotrique mineral*, pour cognoistre de la surface de la terre, les mines de plomb, d'antimoine, & toutes les pierres qui se referent à Saturne, se doit faire, le ciel estant comme vous le voyez.. Et *Verga trepidante ô tremante.* Fig. V.

VI. *Le Ratteau metallique*, pour recognoistre les mines de fer, & tout ce qui se refere à Mars, se doit faire, le ciel estant comme vous le voyez. Et *Verga cadente ô inferiore.* Fig. VI.

VII. *L'Hydroyque mineral*, pour recognoistre de la

surface de la terre, le mercure, le cinabre mineral, & toutes les pierres & mineraux qui se referent sous l'influence de Mercure, se doit faire, le ciel estant comme vous voyez. Et la *Verga obvia ô superiore*. *Figure VII.*

Or, Monseigneur, les Anciens qui se sont pratiquez & exercez à la science des eaux, & à rechercher tous les secrets, pour trouuer des sources, des puits & fontaines : comme aussi quelques soldats, pour trouuer les caches & les lieux où estoit l'or & l'argent, & autres metaux que leurs ennemis auoient caché dans la terre, dans les puits, ou dans les riuieres, se sont seruis du premier rejetton fourcheu du bois de coudre ou noisillier, lequel par vne vertu occulte, s'incline & s'abbaisse sur les lieux où sont les sources des eaux, & sur les metaux qui sont dans la terre & dans les eaux; ce que fait aussi la premiere branche dextre du palmier, prinses sous leur propre constellation, sans laquelle obseruation ils sont de peu d'effet, voire mesme ils sont inutiles à ceux qui sont nez opposites à leur constellation, & qui ont leur ascendant pour ennemis. C'est pourquoy toutes sortes d'hommes ne s'en peuuent pas seruir, ce qui oblige ceux qui veulent estre capables de trouuer promptement & sans despence les sources des eaux, les veines & matrices des metaux, d'auoir la cognoissance des seize instruments, & des sept verges dont nous auons parlé cy-dessus, & sous quelles constellations ils doiuent estre faicts. Mais il me semble que i'oy desia quelqu'vn qui aura plus de chair que d'esprit & d'experience de ces instruments & verges, qui dira, & soustiendra opiniastrement que telles vertus ne peuuent estre en ces instruments sans l'aide de quelque Demon qui les anime. Mais ie renvoye ces esprits malades & mal timbrés, à la cognoissance des vertus naturelles, où ils apprendront, malgré qu'ils en ayent les sympathies & antipathies, que les choses ont les vnes auec les autres. Et en outre ie luy feray ceste responce, & lui demanderay, si vous croyez bien, que quand on fait ces experiences par l'interuention & le secours du Diable, elles peuuent produire des effets merueilleux, pourquoy & à quoy tient-il que vous ne vous puissiez aussi persuader que Dieu, autheur de la nature, n'ait le pouuoir de donner ces vertus & ces puissantes qualitez aux metaux, aux racines, aux arbrisseaux, aux herbes, aux pierres, & à semblables choses ? He quoy, seriez vous bien si malheureux que de croire que le Diable soit plus puissant ou plus ingenieux que Dieu ? Que ce souuerain Maistre du monde, qui a creé le Demon mesme, aussi bien que les metaux, les pierres, les arbrisseaux, les herbes, les racines, & tout le reste qui vit, & qui est dans la terre, dans les eaux, & en l'air, & qui a doué chaque de ses proprietez & de ses perfections, pour le bien & pour la commodité de l'homme ?

Dauantage, il faut que ces incredules sçachent qu'il est tres-certain, puis que l'experience mesme le faict voir tous les iours, que l'ambre iaune sortant pur de sa matrice, attire la paille & l'enleue à luy. La pierre d'aymant, par laquelle, au rapport de Cardan, on peut faire des merueilles, comme d'escrire à quatre, & cinq cents lieuës de distance, sans aucun messager & ce par la vertu que Dieu luy a donnée d'attirer le fer à elle, & de le tourner tousiours au Septentrion, où elle a sa matrice.

Le Crapau aussi par vne vertu secrete, voyant la Bellette auant qu'elle l'aye veu, ouure sa gueule, & quelque resistance que face la Bellette, il faut qu'elle vienne entrer dans la gueule du Crapau, qui l'auale toute entiere. Diront-ils, ces incredules, que tout

La Baronne de Beausoleil.

cela se fait par le moyen des Demons ? Pour moi, ie ne le croy pas, & ne croy pas aussi que nos instruments soient faits par le moyen d'iceux : Ains ils ont leurs vertus par la force & influence des Astres, & de la diuersité des pierres d'aymant dans lesquelles, & hors lesquelles ils sont appropriez.

VI.

La maniere & vraye methode pour trouuer les eaux (23), *& les fontaines, & les vertus qu'elles apportent en passant par la diuersité des veines des metaux & mineraux.*

AYANT traicté (MONSEIGNEVR) des metaux & mineraux, des pierres fines & communes, comme aussi des choses necessaires à vn Gouuerneur de Mines : Il me semble raisonnable de traicter des eaux, & des proprietez qu'elles peuuent auoir, selon la nature des lieux où elles passent, & où elles prennent leurs sources, affin que les Ouuriers des Mines en puissent auoir dans leurs maisons de bonnes & salubres, tant pour leur boire, delectation, que autres vsages.

La Methode donc est telle, qu'au leuer du Soleil, le Maistre qui veut trouuer l'eau, se couchera tout plat sur son ventre, à la place où il iugera trouuer de l'eau, là tenant son menton près de la terre, soustenu & appuyé de quelque chose, il regardera exactement ceste campagne, ainsi ayant son menton appuyé, il ne s'en ira vagant plus haut que le debuoir, ains demeurera immobile, & gardera vne hauteur niuelée à la proportion qui sera necessaire.

---

(23) Consultez Palissy, *des eaux & fontaines*, nouvelle Edit. p. 245-303.

Alors s'il apperçoit des humeurs, ou vapeurs sourdantes & s'entrebroüillantes en l'air par tourbillons, c'est signe qu'il y a de l'eau.

Il luy faut encores considerer la nature du païs, veu mesmement, qu'il y a des lieux où elle s'engendre, & d'autres où il ne s'y en trouue point du tout, ou fort peu (24).

Aux lieux de Croyeres, où croist la croye, elle y prouient simple, sans grande abondance, mais elle n'est de bonne saueur.

En sable fondant sous le pied, elle y est foible &

La Baronne de Beausoleil.

---

(24) Je trouve une Observation Philosophique dans un Livre intitulé *Parvum Naturæ speculum*, in-12 Leodii, 1673, par Nicolas du Château du Chêne, Doct. en Médecine & en Philosophie, Licencié en Théologie & depuis Curé de Belloiel. La voici :

« Mare sub *Æquatore* est magis salsum, quam sub *Polis*, quia ibidem est magis calidum : simile quid contingit comedenti carnes salsas quamdiù sunt calidæ, gustui enim tunc magis sunt salsæ iisdem refrigeratis : adde quod sub *Æquatore* plures particulæ flexibiles ex aquis evaporantur, propter majorem colorem, quam sub *Polis* ; non secus ac in elixationibus contingit, ubi quo iusculum diutiùs bullit vel calet, eo magis salsum evadit ; non est insuper omittendum quod Geographi referant plures esse fluvios circa *Polos*, quam sub *Æquatore*, adeoque plus aquæ dulcis ibi quàm hic : hinc plus salis colligitur in *Lusitania*, quam in *Gallia*, quam in *Belgio*, ubi parum salis reperitur in mari. Tout cela explique l'idée de Palissy qui remarque que le sel de Portugal est trop corrosif, que le sel de la Xaintonge est le meilleur & que les salines n'ont pas pu s'établir à Anvers ; enfin que le sel de Lorraine ne préserve pas le lard de la propagation des vers. Cette remarque peut servir à discuter la congellation de l'eau de la mer dans le Nord.

debile, & encores si on la rencontre en lieux bas, elle sera limonneuse, & fade à sauourer.

En terre noire, on y trouue bien quelques sueurs & gouttes rares, lesquelles s'y assemblent des pluyes & neiges de l'Hyuer, & croupissent aux endroits solides : celles-là sont d'assez bon goust.

En glaire, on y trouue des veines moyennes & non certaines, mais aussi elles sont accompagnées d'vne plaisante suauité.

En sablon meslé, c'est à dire aspre, rude, & tirant sur le brun, & pareillement en l'Arene, & au Carboucle elles y sont plus certaines & plus durables, voire mesmes (ce qui en est le meilleur) de fort bon goust.

En roche rouge, il y en a de bonnes & abondantes, si ce n'est (au moins) qu'elles s'espanchent par quelques creuasses.

Soubs les racines des montagnes, & dedans les roches bises elles y sont beaucoup copieuses & affluentes, mesmes plus froides & plus saines que les autres.

En sources champestres, on les trouue salées, pesantes, tiedes & fades, si ce n'est qu'elles tombent des montagnes & passent par dessous la terre, puis viennent à se creuer parmi vn champ, ou qu'elles soient entourées & encourtinées de la ramure & branchages des arbres : Car en ce cas, elles sont aussi delicates que les propres sources qui naissent des montagnes.

Les signes particuliers pour recognoistre en quels quartiers de la terre il y aura de l'eau, outre tout ce que nous en auons cy deuant dict, sont ceux cy.

Si naturellement il y naist du saule sauuage, des roseaux, de la menuë jonchée, des rosiers, du lierre, de la persicaire, du pas d'asne, des berles, & autres semblables especes d'herbes, qui ne peuuent pro-

MINÉRALOGISTES. 431

uenir, ny eftre alimentées fans humeur. Mais il faut toutefois prendre garde auffi qu'il en croift bien fouuent au long de quelque mare ou foffe, receuant la liqueur des pluyes, & celle qui coule des campagnes, là où elle croupit, & par la concauité fe conferue plus longuement qu'en autre lieu. Or, pour n'y eftre trompé, il faut appliquer en ces lieux *la verge de Mercure*, qui demonftre la quantité de l'eau & fi on s'y doit arrefter ou non : mais plus affeurement on la doit chercher aux terroirs où ces herbes ou arbuftes prouiennent fans femer ny planter. Et au defaut de tous ces fignes, il faut faire vne foffe en terre de quatre pieds de tous coftez, & de fix de profondeur, & dedans icelle au coucher du Soleil, vous mettrez vn vaiffeau d'airain, ou de plomb fans meflange, ou bien vn baffin, lequel vaiffeau vous oindrez d'huile d'oliue par dedans, puis le renuerferez la bouche contre bas, en après couurez la fuperficie de cefte foffe ou de rofeaux, ou de feuillars, puis jettez de la terre par deffus, & le laiffez ainfi toute la nuict, le iour enfuiuant allez la defcouurir : Et fi vous trouuez en voftre vafe des petites gouttes de fueur, affeurez-vous qu'il y a de l'eau en cet endroit.

Pareillement fi vous mettez dedans icelle foffe vn pot de terre non cuit, & le couurez comme deuant, quand vous viendrez à r'ouvrir la foffe, s'il y a de l'eau fous la terre, voftre pot fera humide, ou entrouuert à raifon de la liqueur.

De plus, fi vous y jettez vne toifon de laine & cardée, & que le iour d'après vous en faciez fortir de l'eau en la tordant, foyez affeuré qu'il y aura grande abondance d'eau en ce lieu-là, & principalement fi la verge lunaire s'incline grandement deffus.

Dauantage, fi vne lampe pleine d'huile & allumée, eft mife là dedans, & le iour enfuiuant, fi elle fe

La Baronne de Beaufoleil.

trouue n'eftre point tarie, ains qu'il y ait de la meche, & de l'huile de refte, ou mefmes qu'elle fe trouue humide, ce fera figne qu'il y a de l'eau en fon fonds.

Finalement, fi on fait du feu en icelle place tant que la croufte de la terre fe brufle, & s'en efchauffe intérieurement, de maniere qu'il en forte vne vapeur nebuleufe, croyez qu'il y a affeurement de l'eau.

Pour conclufion fi vous appliquez *la verge Lunaire* & la *Mercuriale* deffus, & qu'elles s'inclinent à moitié vers Orient, Occident, Septentrion, ou Midy il eft très-certain qu'il y a de l'eau du cofté où elles s'inclinent, & fi elles ne baiffent à moitié, c'eft figne de bien peu d'eau.

Ces chofes faictes, ou à tout le moins vne d'icelles, & qu'il fe monftre aucun des fignes fufdits, il faut faire creufer vn puits : Mais fi de fortune (comme fouuent cela arriue) l'on rencontroit que ce fuft vne fource d'eau, il faut faire plufieurs autres foffes aux enuirons, lefquelles par moyennes tranchées refpondront toutes en vn lieu.

Toutes les eaux fe doiuent principalement chercher aux montagnes, & du cofté du Septentrion ; d'autant que pour eftre oppofées au cours du Soleil, on les y trouue plus fauoureufes, plus faines, & en plus grande abondance.

Après que ces eaux feront ainfi trouuées, il les faut effayer, afin que les ouuriers & ceux qui en boiront aux mines ne foient furpris de fafcheufes maladies, comme goitres, pierres, gouttes, vlceres, catharres, & autres maladies que les eaux peuuent apporter par leur malignité & venenofité.

Comme

MINÉRALOGISTES.

Comme il faut esprouuer les eaux.

IL faut prendre de ladite eau & la mettre dans vn vase de cuiure estaimé, & l'y laisser vingt-quatre heures ; si elle n'y faict point de tasche, cela signifie qu'elle est fort saine.

Pareillement, si l'on fait bouillir de ceste eau en vn chauderon bien net, & que l'on attende qu'elle se refroidisse : & puis qu'on la respande, si alors il ne demeure au fonds, ny grauelle, ny limon, on se peut asseurer qu'elle sera très-bonne.

Comme aussi si l'on met au feu des legumes, comme pois, febues, ou autres semblables, pour cuire en vn pot auec ceste eau ; s'ils cuisent vistement, ce sera signe qu'elle est bonne & salutaire.

Dauantage si on la voit en sa source nette & luisante, mesme qu'en quelque lieu qu'elle flue, si l'on void qu'il ne s'y engendre point de mousse ny de jonc, & que son canal ne soit souillé d'aucune ordure, ains conserue vne plaisante pureté ; tous ces signes là denoteront la substance en estre bonne & singuliere.

Les vertus & proprietez que les eaux attirent en passant par les veines des Metaux, Mineraux & Semimineraux.

APRÈS auoir donné & enseigné la maniere de trouuer les eaux, & d'en esprouuer la bonté, il me semble (MONSEIGNEVR) qu'il est tres-bon, voire mesmes tres-vtile au public (& principalement aux malades, de maladies Chroniques & hereditaires, ou causées par l'influence de quelque astre) d'enseigner les vertus & proprietez qu'elles attirent en passant par les veines des metaux, mineraux & semimineraux ; bien toutesfois que leurs vertus &

La Boronne de Beausoleil.

Ee

La Baronne de Beaufoleil.

proprietez très-puiſſantes & occultes, non plus que tous les autres remedes, tirez des vegetaux & des animaux, ne nous puiſſent pas garantir de la mort, mais ſeulement la peuuent differer & retarder iuſques à vne autre ſaiſon par la vertu que Dieu leur a donnée, n'ayant aucune autre force que celle qu'il plaiſt à Dieu leur departir, & qui la fait agir & proſperer quand il luy plaiſt, & la rend inualide & de nul effect auſſi quand il luy plaiſt. C'eſt pourquoy ie dis hardiment, que ſi nous voulons obtenir ſanté & gueriſon de nos maladies, il nous faut auoir recours principalement à la grace de Dieu, afin qu'il donne la force & la vertu aux remedes dont nous deuons vſer, qui autrement n'auroient aucune efficace ny valeur.

Or de tous les remedes dont nous pouuons vſer en nos maladies, les vns ſont tirez de l'influence, chaleur, mouuement & illumination des Cieux, & des aſpects des Aſtres, les corps humains eſtans diſpoſez, & plus ou moins ſuſceptibles de ſanté, ou de maladie, les uns que les autres ſelon la diuerſe ſituation des corps celeſtes, deſquels depend l'Hyuer & l'Eſté, le chaud & le froid, & la conſtitution des ſaiſons & de l'air, qui nous eſtant communiqué, & ayant puiſſance ſur nous, diſpoſe nos corps à la ſanté ou à la maladie.

Les autres ſont tirez des quatre Elemens, & premierement du feu, duquel l'vſage eſt tellement neceſſaire en toute la Medecine que ſans iceluy, non ſeulement les medicaments, ains les alimens meſmes ne peuuent eſtre preparez.

En ſecond lieu de l'air, de la ſubſtance & qualitez duquel depend, ou la ſanté ou la maladie des hommes; parce que ne pouuans viure ſans aſpirer l'air, s'il eſt bon, il ſera autheur de ſanté, s'il eſt vicié & corrompu il cauſe la maladie & ſert de cauſe & de remede tout enſemble.

En troisiesme lieu, de la terre, de laquelle il y a des especes de si rares vertus, & tant recommandables, qu'elles sont preferées à toutes choses, tant precieuses soient-elles. Comme les Bols, la terre sigillée de l'Isle de Lemnos, les Ocres, la terre Semiehne, de Chios, de Malthe, & tant d'autres dont la France est pleine, comme nous auons monstré & deduit cy-dessus.

De la terre aussi sont prins les metaux, les mineraux, de toutes sortes, les pierres tant precieuses qu'autres, dont la France abonde en quantité. Les animaux aussi en viennent, les parties, & excremens d'iceux, les insectes, les arbres, les plantes, leurs fleurs, leurs fruits, leurs sucs, leurs escorces, & racines & generalement tout ce qui prouient & naist tant de la superficie de la terre que des entrailles d'icelle.

Quant aux remedes, & medicaments, qui se tirent des eaux, comme les poissons, les parties d'iceux, & leurs excremens, les plantes, & autres choses qui naissent & s'amassent, tant és lieux maritimes, que Paluds humides : la nature s'est monstrée si prodigue & si opulente, en la varieté d'iceux, & des facultez qui en prouiennent, qu'il semble que ce seul Element, est plus fertile en la diuersité de ses especes, & en la rareté des vertus excellentes dont sont doüées les choses aquatiques que tous les autres Elemens ensemble.

L'eau simple potable de toutes fontaines & riuieres, ne doit auoir aucune qualité remarquable aux sens, ny en goust & saueur, ny en couleur : Ne doit aussi estre pesante, ains legere : car tant plus elle est legere & plus elle est saine & profitable à la santé. Telle eau est incontinent eschauffée par le feu & aussi incontinent refroidie à l'air

La Baronne de Beausoleil.

La Baronne de Beaufoleil.

froid & humide de fa nature, elle eft propre à temperer l'ardeur des vifceres, efchauffez dedans le corps, ou par intemperature fimple, ou par fievres & obftructions, à humecter la ficcité des parties folides, aduenuë par la confomption de l'humeur radical. Enfin c'eft le breuuage ordinaire que Dieu a donné, dés le commencement du monde à tous peuples & nations de la terre, & non feulement aux hommes, mais auffi à tous animaux, lefquels ne pourroient fubfifter en façon quelconque fans ceft Element.

Les autres eaux qui ont quelque qualité remarquable, ou au gouft, comme celles qui font de faueur acie, fallée, poignante, & amere; ou à la veuë, comme celles qui font troubles, de couleur azurée, noire, ou tirante fur le verd, ou qui font de fubftance groffiere, ou pefante plus que l'ordinaire de l'eau potable, encores qu'elles ne foyent falubres, pour l'vfage ordinaire de la vie, à ceux qui font fains; toutesfois elles ne laiffent pas d'eftre profitables, & apporter beaucoup d'vtilité pour la reparation de la fanté, eftans hors de leurs limites, & pour la guerifon des maladies. Tellement que quiconque voudra faire iugement de la vertu & faculté de telles eaux, il eft befoin qu'il les compare auec l'eau commune & potable, pour fçauoir en nos verges de combien de degrez & de qualitez, elle eft diftante d'icelle, foit en gouft, foit en couleur, foit en poids & fubftance. (25)

---

(25) Le Chancelier Bacon, a profité des Ouvrages de Bernard Paliffy, la preuve s'en trouve dans fon *Hift. Natur. cent. 1. Experim. 25 & Paliffy, p. 288. nouv. édit.*

» Vir ignobilis modum defcribit parandi fontem arti-
» ficialem. Exquire declivem terram, ubi commode cele-
» rem decurfam aqua pluvia habeat. Difpone alveum

Telles eaux medicales, metalliques &c. ont esté remarquées de toute ancienneté, abonder en plusieurs pays, & se remarquent encores tous les iours par la curieuse observation & nouuelle descouuerte que i'en ay faite dans la Hongrie, Allemagne, Boheme, Silesie, Tirol, Italie, Espagne, Escosse, Suede, & Liege, où i'ay rencontré plusieurs fontaines incogneuës, ausquelles les François mesmes ont eu recours pour la guerison de plusieurs maladies : Et en France i'en ay descouuert si grande quantité, & en tant d'endroits, *qu'il me faudroit vn grand volume entier pour en faire la description :* & semble veritablement que Dieu l'ayt voulu embellir par dessus toutes autres regions, & la rendre illustre par la celebrité de telles fontaines, comme celles que i'ay remarquées en Languedoc, Prouence Dauphiné, Gascongne, Bourdelois, Auuergne, en beaucoup d'endroits du Forests, Bourbonnois, Niuernois, en France, Normandie, Bretagne & autres lieux. *La description* desquelles i'espere en peu de temps mettre en lumiere auec leurs vertus & facultez, & en outre la Methode comme il en faut vser : car elles sont de diuerses qualitez, comme salées ou nitreuses, ou alumineuses, vitrioleuses, ou sulfurées, bitumineuses, ferrogineuses, plombeuses,

La Baronne de Beausoleil.

―――――――――

» semiplenum lapidibus justæ magnitudinis ad profun-
» ditatem trium aut quatuor pedum in eadem terra. Al-
» tera pars in accliui, altera in decliui collocetur, reple
» alueum filicibus conuenienti copia, superficiei arenam
ingere. Videbis post aliquoties iteratos imbres, decliuiorem
» aluei partem fontis instar promicare. Nec mirum si
» hoc fiat, dum aqua pluuia in procursu est. Sed addit,
» longo post fluuiæ defluxum tempore duraturum ; quasi
» multiplicetur aqua ex aere adjuta à frigiditate,
» terræ condensatione & prioris aquæ consortio.

La Baronne de Beausoleil.

ou autrement, parce qu'elles rapportent la qualité, faueur, & faculté du fel nître, de l'alun, du vitriol, du fouffre, du bitume, du fer, du plomb, & autres.

Les eaux falées font propres pour les intemperatures froides & humides, & pour les maladies produites d'excez, de froid & humidité, pour les hydropifies, douleurs de nerfs, caufées de froid, pour les gouttes, paralifies, afthmes, fluxions fur la poictrine, douleurs & maladies d'eftomach froides & humides, tumeurs froides & pituiteufes, & pour la gratelle.

Les nitreufes ont les mefmes effects, & font encores plus fortes, mais toutesfois moins aftringentes, & plus abfterfiues, guariffent les grateleux, les vlceres des oreilles, difcutent les tumeurs, & chaffent le bruit, le bourdonnement, & tintement d'icelles, diminuent les tumeurs & enflures des efcrouëlles, & font fort purgatiues, fans violence, & fans diminuer l'appetit.

Les alumineufes feruent à ceux qui crachent & vomiffent ordinairement le fang, font propres aux flus des hemorroides & de la matrice, quand elle eft extraordinaire : De plus, elles font profitables aux femmes qui font fubjectes de perdre leur fruict & auorter, aux fueurs trop perfufes & exceffiues, aux varices des jambes, aux paralitiques, & d'autres, qui ont leurs membres mutilez, pour ce qu'elles ouurent les porofitez des veines, puis purgent les parties affligées, & par la force de leur chaleur, en chaffent hors la maladie contraire, fi bien que les langoureux en font fouuentesfois reftituez en leur premiere fanté.

Les vitrioleufes deffeichent, & font aftringentes, en detoupant les vifceres, pleins d'obftructions, & efchauffez, elles les rafraichiffent, & font propres pour ouurir & defopiler le foye, la ratelle, les reins,

MINÉRALOGISTES. 439

& la veſſie, ouurent les veines de la matrice, & & attirent les purgations menſtruelles aux filles & femmes, ouurent les hemorroides, & les reſſerrent auſſi, elles ſont auſſi fort conuenables aux vices & infirmitez de tous les viſceres du ventre inferieur, arreſtent le flux immoderé des femmes, & des hemorroides, purgeant les viſceres de toutes obſtructions, & ſont meſmement propres aux eſcroüelles, à la pierre, grauelle, & aux fieures quartes, & hongariques.

La Baronne de Beauſoleil.

Les ſulfureuſes ſont propres à reſchauffer les nerfs refroidis, à les ramollir, & en appaiſer les douleurs, mais elles affoibliſſent & ſubuertiſſent l'eſtomac, effacent toutes tumeurs, duretez & vices du cuir, ſont fort recommandables pour l'hydropiſie, galepſore, vieux vlceres, defluctions ſur les jointures, tumeurs, & duretez de la rate, obſtructions du foye, paraliſies, ſciatiques, à toutes gouttes, aux maladies veneriennes, à toutes maladies de poulmons, aux aſthmes, aux toux vielles & recentes, aux catarres, tombans ſur la poictrine, & à toutes apoſtemes & pourritures du corps.

Les bitumineuſes rempliſſent le cerueau de vapeurs, offençant les inſtrumens des nerfs, des ſentimens, eſchauffent & ramolliſſent principalement la matrice, la veſſie, & gros inteſtins, & ſont propres à l'hydropiſie.

Les ferrugineuſes ſont propres à l'eſtomac, à la ratte, aux reins, aux obſtructions deſdicts viſceres, du foye, & de la matrice, purgent les reins, chaſſent la pierre, ouurent les veines de la matrice & des hemorroides, fortifient & roborent les parties par leſquelles elles paſſent.

Les plombeuſes ſont propres aux fieures quartes, aux cancers, aux fiſtules, aux vieux vlceres & malins, à l'elephantie, ou ladrerie, rafraichissent fort, & temperent l'ardeur des visceres.

Celles qui viennent des mines de cuiure, aydent aux gouttes & douleurs de jointures, aux asthmatiques, nephritiques, vlceres malins & ambulatoires, & aux vieils loups.

Celles qui tirent leur source des mines d'airain, sont propres aux maladies des yeux, aux tumeurs de la gorge, & aux amigdales, aux inflammations, & aux vlceres veroliques de la bouche & de la luette abbaissée, & relaxée.

Celles qui sortent des mines d'or subuiennent aux palpitations continuelles du cœur, aux coliques & inflammations des intestins, gresles, fistules, gouttes, epilepsie, vertige, migraine, & aussi aux vlceres internes.

Celles qui viennent des mines d'argent, sont propres aux douleurs inueterées de la teste, aux fols, aux manies, parce qu'elle purge l'humeur grossiere & visqueuse. Elles sont aussi fort propres aux demangesons du corps, aux petites gales, à la puanteur de la bouche, aux catherres, & au tremblement de teste, & de membres.

Celles qui viennent des mines de Mercure sont bonnes & salutaires à la grosse verrolle, aux vlceres durs & calleux, aux nodus, & aux pustules, resoluent les tumeurs froides, sont tres-bonnes à la paralisie, aux cancres & *noli me tangere*, & à toutes douleurs de jointures.

Parmy ces diuersitez d'eaux, il y en a qui sont meslées & qui participent de plusieurs metaux, mineraux, & feminineraux, & des terres où elles passent & par consequent elles peuuent produire de grands effects aux maladies, qu'vn vray Philosophe Chimique peut recognoistre par leurs espreuues, lesquelles j'espere monstrer en mon *grand Laboratoire des Dieux & Deesses*, que ie mettray en bref, comme ie croid avec la grace de Dieu, en lumiere, pour le contentement des vrais Philosophes, & amateurs des secrets de Nature, de tous les metaux, animaux & vegetaux.

La Baronne de Beausoleil.

Quoy qu'il en soit (MONSEIGNEVR) & quelque proprieté qu'ayent les choses du monde, ie dis pour la conclusion de ce traicté, que *Omnis res procedit ab illo, qui est summa, & vltima scientia, scilicet à Deo vero, & viuo, & benedicto, cui sit honor & gloria per infinita sæcula, Amen.*

PASSEPORT

De la Sacrée Majesté Imperialle au Sieur Iean du Chastelet, Baron de Beausoleil, pour reuenir en France.

I.

Nos *Ferdinandus secundus Dei gratia Electus Romanorum Imperator, semper Augustus, Germaniæ, Hungariæ, & Bohemiæ Rex, Archidux Austriæ, Dux Burgundiæ, Steirkarendten, V.virtz Burghi superioris; Item & superioris Silesiæ, Marchio Morauiæ Comes in Hapsburgh. Tirol &c. Omnibus & singulis L. L. N. N. Electoribus, tam Sæcularibus, quàm Ecclesiasticis; Comitibus, Baronibus, Nobilibus, Militibus, Clientibus, Ciuibus Burgensibus sacri Romani Imperii: Præcipue vero, tributorum, vectigalium, quæstionum quarumcumque præsidibus, exactoribus, vt & eorum officiarijs, ministrisue, ad quem vel ad quos, hoc simbolum itinerarij libelli (quod vulgò passeport vocamus) defertur, vel legendum porrigitur fauorem impartimur.*

Venerabiles igitur, & illustres Electores, Principes generosi Comites, Barones strenui, & nobilissimi reuerendi, charissimi & fidelissimi: Notum vobis facimus. L. L. N. N. Et declaramus quod quidem adhuc mense Septembris elapso anno millesimo sexcentesimo vigesimo nono, porrectorem huius, charissimum, & fidelissimum nostræ Domin. Joannem du Chastelet a Baronne de Beaufoleil.

Baronem de Beaufoleil, *ex humillima eius coram nobis comparatione, oblatione que officiorum ac feruitij, cum fingulari ei indulta, & demandata commiffione, in Regnum noftrum Hungariæ obligauerimus, commiffarium conftituerimus, & ad Mineralia clementer deputauerimus; Vtque huic Maximo operi, majori cum fructu, & commodo præfici, præeffe, ac prodeffe poffet, infigni honoris infuper titulo, confiliarij fcilicet noftræ Majeftatis donauerimus & condecorauerimus ex fingulari gratia ac effectu. Quoniam vero poft expeditionem illam feliciter in effectum deductam, prænominato Baroni non placuerit ad aliam nouam, hoc tempore turbulento, hîc fe accingere, fed licentiam à noftra Cæfarea Majeftate ad tempus explorauit, confequenter implorarit ad alia regna, & loca inuifenda: & ob id litteras teftimoniales, ac commendatitias noftræ Imper. Majeftatis (quas fibi omnino neceffarias ad hoc iter feliciter perficiendum fupplicatus) obfequentiffime, & humillime fibi communicari, & indulgeri rogarit, honeftæ huic illius petitioni deeffe non voluimus, verùm voti eum compotem fore clementer decreuimus. Petimus proinde & abfentes rogamus.* L. L. N. N. *noftris autem fubjectis feuere mandamus, vt fupradictum* Baronem de Chaftelet, Confiliarium noftrum, & Commiffarium mineralium vnà cum fuis Satellitibus, vxore, liberis, equis, & fimilibus, omnique fupellectile, *per loca iuridifctioni veftræ fubiecta, quam fieri ea res poteft commode, communicatione nempe curruum, equorum &c. tranfitum liberum, & a predonibus immunem concedatis; vectigalibufque, datijs, ac tributis, ratione fui, fuorumque ac bonorum, non grauetis, vel grauari curetis, quo eò facilius, & maturius cum Reipublicæ, fui fuorumque bono, iter, cui fe iam accinxit, abfoluere queat, facietis hac in re* L. L. N. N. *quod nobis gratum & exoptabile* L. L. N. N. *Noftro Imperio verò fubiecti, mandato & intentioni noftræ clementiffimæ debitè fatisfacient.* Datum Viennæ, *vigefimo non Martij; anno milleſimo fexcentefimo trigefimo, imperij noftri Allemanici vndecimo, Hungarici duodecimo, Romani decimo tertio Sic fignatum*, Ferdinandus *manu propria*, & *inferiùs fcribitur*, Ad mandatum Electi Domini Imperatoris proprium, Maximilianus Brenner, & Petrus Ofoffma, cum figillo.

MINÉRALOGISTES. 443

PASSEPORT

Du Sereniſsime Prince d'Orange, au Sieur du Chaſtelet, & à ſa femme, reuenants du ſeruice de l'Empereur pour s'en aller en France, auec cinquante Mineurs Allemans, & dix Hongrois.

II.

La Baronne de Beauſoleil.

FRANÇOIS HENRY, par la grace de Dieu, Prince d'Orange, Comte de Naſſau, Moeurs, Bueren, Leerdams, Marquis de la Veere, & Bliſſingues, Seigneur & Baron de Breda, Dieſts, Gouuerneur de Gueldres, Holande, Zelande, Weſtfriſe, Capitaine general, & Admiral des Prouinces vnies des païs bas.

S'en allant le ſieur Iean du Chaſtelet Baron de Beauſoleil Commiſſaire general des mines de Hongrie, & Conſeiller de Sa ſacrée Majeſté Imperiale, auec ſa femme, ſes enfans, ſeruiteurs, ſeruantes, hardes, & bagage, d'icy par le Brabant en France.

Nous ordonnons à tous Officiers, gens de guerre, tant à pied comme à cheual, & à tous autres eſtans au ſeruice de ceſdites Prouinces vnies, & ſoubs noſtre charge & commandement, de le laiſſer librement & franchement paſſer, comme dit eſt, & apres s'en retourner par ces Prouinces, ou tel autre chemin que bon lui ſemblera, en Allemagne, ſans en ce à luy, ny aux ſiens donner, ou faire ſouffrir eſtre donné, ou faict aucun empeſchement, trouble, ou deſtourbier, ains au contraire, toute aide, faueur & aſſiſtance requiſe, pourueu qu'il ne ſe face rien au preiudice de cet Eſtat, ſous pretexte de ce paſſeport, qui durera l'eſpace de trois mois. Faict à la Haye, ce quatorzieſme d'Octobre, mil ſix cens trente. *Signé* François Henry de Naſſau. *Et plus bas*, par ordonnance de ſon Excellence, Iunius, *& ſcellé des Armes de ſon Excellence.*

La Baronne de Beausoleil.

Commiſſion de Monſieur le Mareſchal Deffiat, pour faire la recherche des mines & minieres de France.

III.

ANTHOINE de Ruzé, Marquis Deffiat, Conſeiller du Roy en ſes Conſeils, Cheualier des Ordres de Sa Majeſté, Superintendant general des Finances & des mines & minieres de France : Au ſieur *Iean du Chaſtelet ſieur & Baron de Beauſoleil* Salut : Noſtre deſir conforme à l'intention de Sa Majeſté eſtant de deſcouurir, faire valoir & tirer vtilité au bien & accroiſſement de l'Eſtat & du ſeruice de Sa Majeſté, de toutes les mines & minieres de ce Royaume inutiles ou de peu de fruict iuſques à preſent : Et ayant eſté deuëment informez par rapport de l'eſtude & recherche tres exacte & particuliere que vous auez touſiours faicte pour acquerir la cognoiſſance de la Nature de tous metaux & mineraux, & notamment des lieux & matrices qu'ils ſe tirent en ce Royaume, que par cette eſtude vous eſtes paruenu à cette cognoiſſance tres-parfaicte, auez deſcoûuert tous les lieux où leſdites mines ſont plus abondantes en ce Royaume, & quelles ſont les meilleures, les plus vtiles, & les plus faciles à ouurir & deſcouurir : Et encores que par eſſay tres-certain vous pouuez cognoiſtre la qualité & degré de bonté deſdits metaux & mineraux. A CES CAVSES, & autres particulieres conſiderations, Nous, en vertu du pouuoir à nous donné par Sa Majeſté : Vous auons commis, ordonné & deputé, commettons, ordonnons, & deputons par ces preſentes pour vous tranſporter en tous les lieux & Prouinces de ce Royaume eſquels vous iugerez & ſçaurez eſtre leſdites mines & minieres de quelque nature qu'elles ſoient, les ouurir & faire ouurir entierement, des matieres ſuffiſamment pour les eſſais, faire leſdits eſſais, & recognoiſtre ſeulement à cette fin dreſſer forges & fourneaux, y tenir des vſtancilles neceſſaires, à employer, & vous ſeruir en tout ce que deſſus, de telles & tant de perſonnes qu'il verra bon eſtre. Ce fait nous donner fidel aduis des lieux &

MINERALOGISTES. 445

natures defdites minieres, & de l'vtilité qui s'en pourra tirer; afin d'en refoudre & arrefter par apres ce que nous verrons à l'auantage des affaires de Sa Majefté : vous en donnant plain pouuoir & mandement fpecial, priant & requerant à cette fin tous Gouuerneurs des Prouinces, Baillifs, Senefchaux, Preuofts, Iuges & autres Officiers du Roy, Monfeigneur, generalement qu'ils ayent à vous laiffer libre en l'execution plaine, entiere, paifible de tout ce que deffus, circonftances & dependances & ce nonobftant tous autres pouuoirs par nous donnez que nous voulons ne prejudicier à ces prefentes, aufquelles en foy de ce : Nous auons faict mettre le fcel de nos Armes, & les auons fignées de noftre main. A Paris le dernier iour de Decembre, mil fix cens vingt-fix, & feellé : *ainfi figné*, Anthoine de Ruzé, *& au bas eft efcrit*, par mondit Seigneur. Ferrier.

La Baronne de Beaufoleil.

Les prefentes ont efté regiftrées és regiftres de la Cour fuiuant l'arreft par elle ce iourd'huy donné à Thouloufe en Parlement le huictiefme de Iuillet mil fix cens vingt-fept, *figné* Demalenfant.

Regiftrées fuiuant l'arreft huy donné à Bordeaux, en Parlement, le douziefme Iuin mil fix cens vingt-fept, *figné* Defaux,

Les prefentes ont efté enregiftrées és regiftres de la Cour de Parlement de Prouence, pour en jouir par l'impetrant aux qualitez contenuës en l'arreft fur ce donné par ladite Cour ce iourd'huy dixiefme Decembre mil fix cens vingt-fept, *figné* Eftienne.

Lettres d'atache du Roy fur la Commiffion de Monfieur le Marefchal Deffiat.

IV.

LOVIS par la grace de Dieu, Roy de France & de Nauare, A nos Amez & feaux Confeillers les gens tenans nos Cours de Parlement de Paris, Rouen, Dijon & Paû, & à tous autres nos Iufticiers & Officiers qu'il appartiendra falut : Doutant que fiffiez difficulté de faire regiftrer la Commiffion emanée de feu noftre tres-cher

La Baronne de Beausoleil.

cousin, le sieur Mareschal Deffiat, Intendant des mines & minieres de France, du dernier Decembre mil six cens vingt-six, & suiuant icelle souffrir à nostre cher & bien amé *le sieur du Chastelet Baron de Beausoleil*, faire la recherche & descouuerte desdites mines & minieres dans vos ressorts, ledit sieur de Beausoleil occupé à ladite recherche & descouuerte és ressorts de nos autres Parlemens, ne vous l'ayant presentée dans l'an d'icelle, & du viuant dudit sieur Deffiat, de l'aduis de nostre Conseil, qui a veu nostre Commission, Arrests de verification en nos Cours de Parlement de Bordeaux, Thoulouze Prouence, Rennes, ayans les certificats de la descouuerte qu'il y a faite de plusieurs desdites mines & minieres & preuues d'icelles, attachez soubs le Contreseel de nostre Chancellerie : Vous mandons, ordonnons & à chacun de vous en droict soy, ainsi qu'il appartiendra tres expressement enioignons que la susdite Commission dudit feu sieur Deffiat vous ayez à faire registrer, & suiuant icelle souffrir & permettre audit sieur de Beausoleil se transporter en tous les lieux & endroicts, de voye, ressorts esquels il iugera & sçaura estre lesdites mines & minieres de quelque nature qu'elles soient, les ouurir & faire ouurir, en tirer des matieres suffisamment pour faire les essais & recognoissances, aussi dresser forges & fourneaux, & y tenir les vstancilles necessaires, employer & se seruir de telles & de tant de personnes qu'il aduisera ainsi qu'il a esté faict esdits ressorts de Bordeaux, Thoulouze, Prouence & Rennes, pour du tout nous donner par luy fidel aduis des lieux & natures desdictes mines & minieres & l'vtilité qu'il s'en pourra tirer, affin d'en ordonner cy après ainsi que nous aduiserons conformement à ladicte commission que voulons sortir son plain & entier effet & laquelle à cette fin nous auons confirmée & continuée par ces presentes pour ce signées de nostre main, cessant & faisant cesser tous troubles & empeschemens au contraire nonobstant laditte surennation, opposition ou appellations quelconques, dont si aucunes interuiennent, Nous retenons & reseruons la cognoissance à nous & à nostre Conseil, & icelle interdite à toutes nos Cours & Iuges quelconques, Edits, Ordonnances, Mandements, defences pri-

MINÉRALOGISTES. 447

uileges de Paris, clameur de Haro, Chartres & lettres à ce contraires, aufquelles nous defrogeons: Commandons au premier noſtre Huiſſier, Sergent, ou Archer, faire pour l'execution des preſentes tous ſes exploicts, ſignifications & contraintes neceſſaires ſans demander congé ne pareatis: Car tel eſt noſtre plaiſir. Donné à Paris l'vnzieſme iour d'Aouſt, l'an de grace mil ſix cens trente deux. Et de noſtre regne le vingt-trois. *Signé* LOVIS, par le Roy, de Lomenie, ſcellé de cire jaune.

La Baronne de Beauſoleil.

Seconde Commiſſion pour continuer la recherche des Mines.

V.

CHARLES de la Porte ſieur & Marquis de la Melleraye, Conſeiller du Roy en ſes Conſeils d'Eſtat & Priué, Cheualier des Ordres de Sa Majeſté, Lieutenant general au gouuernement de Bretagne, exerçant la charge de Capitaine general, & grand Maiſtre de l'artillerie, grand Maiſtre & ſur-Intendant general des Mines & Minieres de France, Au ſieur IEAN DU CHASTELET, BARON DE BEAUSOLEIL, CONSEILLER D'ESTAT DE L'EMPIRE, CHEUALIER DE L'ORDRE SAINCT PIERRE LE MARTYR, ET DU SAINCT OFFICE, Salut. Comme par lettres du feu ſieur Mareſchal Deffiat, Conſeiller de Sa Majeſté en ſes Conſeils d'Eſtat & Priué, Cheualier de ſes Ordres, ſur-Intendant des Finances & deſdites Mines & Minieres, du dernier iour de Decembre mil ſix cens vingt-ſix, regiſtrées és Cours de Parlement de Thoulouſe, Bourdeaux, Prouence & Bretagne, & en noſtre Greffe, Vous ayez eſté commis & député pour faire generale recherche des Mines & Minieres de ce Royaume, pays, terres & Seigneuries de l'obeiſſance de Sa Majeſté, à quoy vous ayez vaqué auec telle affection & diligence à vos propres couſts & deſpens, que vous auez trouué & deſcouuert nombre de mines d'or & d'argent, plomb, & autres metaux, mineraux, & ſemimineraux, meſmes des pierres precieuſes, tant fines que communes, deſquelles il peut reuenir grande vtilité à Sa Majeſté & à la choſe pu-

La Baronne de Beausoleil.

blicque pour auoir l'ordre du trauail, desquelles mines vous faites à present vos diligences : Et d'autant que nous sommes aduertis qu'en faisant vostre recherche desdites mines, vous auez trouué plusieurs personnes qui les trauaillent & font trauailler secrettement, & la plus part à l'heure de nuit sans aucune permission de Sa Majesté, ny de nous, & de ceux qui ont eu nostre dicte charge, & de nostre dict Lieutenant General, & vendant la terre ou pierre desdites mines aux estrangers, qui frustrent la France des profits de la fonte & affinement d'icelles : NOVS A CES CAVSES, attendant qu'il aye pleu à Sa Majesté Nous ordonner de pouruoir à l'ordre du trauail desdites mines sur les propositions qui en ont esté par vous faictes à plain confians en vostre capacité & experience au fait desdits trauaux des mines, affection & fidelité au seruice de Sa Majesté & du public, Vous auons en consequence de la Commission dudit feu sieur Mareschal Deffiat de nouueau commis & deputé, commettons & deputons par ces presentes, pour continuer la recherche & perquisition generale desdites mines & minieres metalliques de quelque matiere, qualité, & condition qu'elles soient, dont il peut reuenir de l'vtilité à Sa Majesté en toute l'estenduë de ce Royaume, païs, terres & Seigneuries de son obeïssance, & fidels proces verbaux en presence & assistance des Officiers des lieux ou autres personnes publicques, de la qualité, nature & valeur desdites mines, en tirer des eschantillons pour en faire les Essais pour ce faict & rapporté pardeuers nous estre ordonné ce que de raison. SI VOVS MANDONS & commettons aussi par ces presentes de faire saisir & mettre soubs la main de Sa Majesté, par le premier Huissier ou Sergent sur ce requis, & à leur defaut par Iean le Mesle, Georges Bouchery Archers desdites mines, & minieres, qu'à ce faire nous auons commis & commettons toutes & chacunes les mines & minieres de ce Royaume, de quelque nature, qualité & conditions qu'elles soient, auec les instrumens seruants au trauail d'icelles, & tout ce qui en depend, que Vous trouuerez estre ou auoir esté ouuertes & trauaillées sans expresse permission de Sa Majesté ou de nous, nosdits predecesseurs ou nostre Lieutenant general & sans auoir payé les droicts

MINÉRALOGISTES. 449

droicts de la Couronne, & faire donner assignation ausdits delinquants & à tous opposans à l'execution des presentes deuant Nous ou nostre Lieutenant General ou Officiers par luy subrogez au siege de l'Admirauté, mines & minieres de France, proche la grande salle du Palais pour se voir condamner au payement des droicts de Sa Majesté : Et aux peines tant ciuiles que criminelles, portées par les Edits & Ordonnances, Loix, Statuts & Reglemens desdites mines, faire commandement à tous Greffiers, Notaires, Sergents & autres personnes publiques ou particulieres qui sont saisies d'aucuns tiltres, papiers, & enseignements des ouuertures & trauaux qui ont esté faicts desdites mines d'ancienneté, ou depuis peu, de les exhiber & representer à l'Huissier, Sergent Royal, ou Archer desdites mines, qui sera porteur des presentes, pour en estre faict extraicts deuement collationnez, & en cas de refus ou delay les assigner pardeuant Nous, ou nostredit Lieutenant General audit lieu pour en dire les causes, & se voir condamner en tous les despens, dommages, & interests du diuertissement ou retardement des droits de Sa Majesté, & cependant pour esuiter au deperissement desdites mines, & conformement à l'ordre du Roy François Premier de l'an mil cinq cens cinquante sept, vous permettons de faire mettre celles desdites mines en trauail qui sont exploictées sans permission vallable ou abandonnées, à la charge de nous en faire aduertir ou nostredit Lieutenant General pour en auoir permission particuliere dans trois mois après, & ce suiuant les termes de l'art, nonobstant oppositions ou appellations quelconques, pour lesquelles ne sera differé à ce que les droicts de Sa Majesté y puissent estre perceus. DE CE FAIRE, Vous donnons pouuoir, authorité commission & mandement special par ces Presentes, en vertu du pouuoir à nous donné par Sadite Majesté : MANDONS & commandons à tous ceux sur lesquels nostre pouuoir s'estend qu'à tous en ce faisant, ils entendent & obeissent, PRIONS ET REQVERONS tous Gouuerneurs & Lieutenans Generaux pour Sa Majesté, és Prouinces, Gouuerneurs, Capitaines des places particulieres, Iuges, Officiers, Consuls, Capitouls, Maires, Escheuins, &

autres personnes de Commandement, de Vous prester ayde, secours & main forte, en estant requis, à ce que la force demeure au Roy offrant faire le semblable pour eux lors que requis en serons. En tesmoin de quoy Nous auons fait mettre & apposer le seel de la Iurisdiction Royale desdites mines & minieres, & signé par nostre Greffier. A Paris, le dix-huictiesme iour d'Aoust mil six cens trente quatre. *Signé* Aubry.

Les presentes ont esté regiftrées en la Cour és registres, suiuant l'Arrest par elle ce iourd'huy donné à .... en Parlement le vingt-cinquiesme Septembre mil six cens trente quatre, *Signé* de Sanuhac.

Regiftrées suiuant l'Arrest huy donné à... en Parlement le quinziesme Feurier mil six cens trente-cinq, *Signé* de Fau.

VI.

Le Seigneur d'Halincourt Marquis de Villeroy, Vicomte de la Forests Thaumier, &c. Cheualier des Ordres du Roy, Conseiller en ses Conseils d'Estat & Priué, Capitaine de cent hommes d'armes de ses Ordonnances, Gouuerneur & Lieutenant general pour Sa Majesté en la ville de Lyon, pays de Lyonnois, Forests & Beaujolois.

VEU les Lettres du Roy, par lesquelles Sa Majesté veut que *le sieur du Chastelet Baron de Beausoleil*, face la recherche & descouuerte des mines & minieres de France: Nous en tant qu'à nous est, luy auons permis & permettons de ce faire en l'estenduë de nostre Gouuernement; Mandons & ordonnons à tous Officiers du Roy & autres dans l'estenduë de nostredicte charge de l'y donner pour ce toute assistance, suiuant la volonté de Sa Majesté. Fait à Viury le quatriesme d'Octobre mil six cens trente-cinq. *Signé*, Halincourt & *plus bas* par mondit Seigneur Du Muy, & *seellé de ses Armes.*

VII.

Le Comte de Tournon & de Rouſſillon Cheualier des Ordres du Roy, Conſeiller en ſes Conſeils, Capitaine, de cent hommes d'armes de ſes Ordonnances, Mareſchal de ſes Camps & Armées, &c. Lieutenant general en Languedoc.

VEV les Lettres du Roy, par leſquelles Sa Majeſté veut que ledit *ſieur du Chaſtelet Baron de Beauſoleil*, face la recherche & deſcouuerte des mines & minieres de France; Nous en tant que nous eſt, luy auons permis & permettons de ce faire en l'eſtendue de noſtre charge, mandons & ordonnons à tous Officiers du Roy, & autres dans l'eſtenduë de noſtredicte charge de luy donner pour ce toute aſſiſtance ſuiuant la volonté de Sa Majeſté. Fait en noſtre chaſteau de Tournon, le huictieſme iour de Nouembre mil ſix cens trente cinq. *Signé*, Tournon. *Et plus bas*, par Monſeigneur, Parmentier, *& ſeellé de ſes Armes*.

VIII.

Le grand Prieur de Champagne Mareſchal des Camps & armées du Roy, Intendant general de la Nauigation & Commerce de France, & Gouuerneur pour Sa Majeſté de Brouage, la Rochelle, pays d'Aulnis & Iſles adjacentes.

VEV par Nous coppie deuëment collationnée des Lettres patentes de Sa Majeſté, du vnzieſme Aouſt mil ſix cens trente & deux, portant Commiſſion *au ſieur Baron de Beauſoleil* de ſe tranſporter par tout le Royaume, afin de vacquer à la deſcouuerte des mines, Coppie pareillement collationnée d'vne Commiſſion de Monſieur le grand Maiſtre de l'Artillerie, mines & minieres de France, addreſſantes audit ſieur Baron de Beauſoleil à l'effect que deſſus, en date du dix-huictieſme Aouſt mil ſix cens trente quatre; Nous, en tant qu'à nous eſt, auons conſenty & conſentons l'execution deſdites Lettres & Commiſſion par toute l'eſtendue de noſtre Gouuernement. Faict à la Rochelle ce ſeizieſme May mil ſix cens trente-ſept, Signé, le Commandeur de la Porte. *Et plus bas par Monſeigneur, Guibourt, & ſeellé de ſes Armes.*

Que Dieu faſſe pleuuoir, ou ne le faſſe pas;
Il ne peut contenter tous les hommes ça bas.

FIN.

Projet pour connoître, ſans dépenſe, dans l'eſpace d'un mois, toutes les productions foſſiles de la France.

Par M. Dallet l'aîné.

Omne tulit punctum, qui miſcuit utile dulci.
Horat.

DÉCOUVRIR infailliblement, & ſans la moindre dépenſe, une ſource intariſſable d'utilité, & d'agrémens, c'eſt offrir à l'Etat & à ſes compatriotes un projet, qui ne peut manquer d'être bien accueilli; & c'eſt, de la part de l'Auteur, s'acquitter envers la Patrie, d'une dette légitime.

Une infinité de grands hommes, ont étudié la nature; & par des recherches immenſes, ont enrichi l'Univers de leurs découvertes.

Depuis Ariſtote, juſqu'à nos jours, quelle prodigieuſe quantité de connoiſſances, a rendu célebre & illuſtre le nom des ſçavans, & produit à l'humanité des ſecours en tout genre, & des plaiſirs de toute eſpèce !

MINÉRALOGISTES. 453

Aujourd'hui, que toutes les Sciences & les Arts ont atteint le dernier point de perfection, il semble que, plus particulierement qu'autrefois, l'esprit cherche à se délasser par l'application intéressante & amusante qu'il donne à l'Histoire naturelle.

Ce goût qui fait à présent les delices d'une infinité de personnes, domine principalement dans la Capitale ; où le Cabinet du Roi, protecteur de la Vertu, de la Science, & des Arts, offre aux yeux le temple le mieux décoré des merveilles de l'Univers.

Nos Princes, les Grands du Royaume, des amateurs opulens & éclairés, ont formé & forment tous les jours des Collections également brillantes & instructives, par l'accès facile que l'on y offre à chacun pour satisfaire sa curiosité.

Ce goût des belles choses, a passé jusques dans les Provinces ; & tout s'intéresse à ramasser de toutes parts les richesses des deux Mondes, pour avoir sous les yeux, & sous la main, des échantillons (s'il est permis de parler ainsi) de tous les ouvrages de la Nature.

M. d'Argenville, Maître des Comptes à Paris, qui vient d'enrichir le Public d'ouvrages intéressans sur l'Histoire Naturelle ; l'un, intitulé, *la Lythologie & Conchliologie* ; & l'autre, *l'Orictologie* ; & à qui je dois la plus parfaite reconnoissance, m'a inspiré le dessein que je forme aujourd'hui, de faire voir que sans dépense & sans frais, on peut, avec la plus grande facilité, connoître dans l'espace d'un mois, toutes les productions fossiles de la France.

Combien seroit-il avantageux au Ministère de voir, d'un coup d'œil, tous les endroits d'où l'on pourroit tirer des marbres, des grès, des pierres à bâtir, des pierres à chaux, des sables, des marnes, des mines, des charbons de terre, &c.

Combien seroit-il agréable aux curieux, de voir

Dallet.

aussi, d'un coup d'œil, les lieux, d'où ils pourroient se procurer les coquillages, les bois fossiles, toutes les sortes de pétrification, & les autres raretés du Monde souterrain ?

Dans l'Essai, sur l'Histoire Naturelle des Fossiles qui se trouvent dans toutes les Provinces de France, dont M. d'Argenville a terminé son volume de l'*Oriclologie*, on trouve effectivement une infinité d'éclaircissemens sur cette matière. Mais l'Auteur, laborieux & éclairé, n'a pu donner à cet ouvrage que le nom d'Essai, parce qu'il a sagement présenti que malgré le grand nombre de Mémoires qui lui ont été fournis par beaucoup de sçavans & d'amateurs, il devoit encore rester une infinité de découvertes à faire en ce genre. Et c'est pour arriver à la perfection de cette entreprise, que j'ose implorer le secours de ses lumières & de son crédit, pour faire ouvrir enfin une route qui puisse conduire sûrement à ce but si desiré.

1°. Je pense donc, qu'à cet effet, il devroit paroître une Ordonnance du Roi, pour toute l'étendue du Royaume.

2°. Que Messieurs les Intendans & Subdélégués, en conséquence, engageroient Messieurs les Seigneurs & les Curés, pour le bien de l'État, de donner leurs soins & leur attention, à ce que (chacun dans leur district) ils fissent ramasser par les Ouvriers qui travaillent dans les minières, carrières, & différentes fouilles de la terre, des échantillons choisis de chaque espèce de productions fossiles qui s'y trouvent.

3°. Tous ces différens échantillons seroient remis au Syndic de chaque lieu ; & le Syndic seroit tenu de les apporter ou faire apporter par les Collecteurs, ou autres, à Messieurs les Subdélégués, qui les feroient passer à Messieurs les Intendans, par le moyen des voitures de recette : & par la même voie, Mesfieurs les Intendans, à Meffieurs de l'Académie des Sciences, ou à Meffieurs les Profeffeurs & Gardes du Jardin & Cabinet du Roi.

L'exécution facile de ce Projet, feroit de la plus grande utilité pour l'accroiffement des connoiffances fur l'Hiftoire Naturelle. Il en réfulteroit, d'abord, un bien manifefte pour l'Etat.

1°. On fçauroit, dans chaque Province, Généralité, & Election, combien il y auroit de mines, carrieres, fouilles; & de quelle efpèce.

2°. On pourroit régler l'étendue du commerce de cette partie, & l'exportation des pierres, fables, &c. pour la conftruction des grands chemins, ponts, quais, ports, & autres ouvrages entrepris, ou à entreprendre par le Gouvernement, ou par des Compagnies.

3°. Les curieux & amateurs de l'Hiftoire Naturelle, fçauroient, à coup fûr, d'où tirer chaque efpèce de foffiles, pour l'embelliffement des Cabinets, par les Tables inftructives, que des Sçavans drefferoient du nom, du genre, & de l'efpèce de chaque foffile, provenant de telle Election, de telle Généralité, & de telle Province; avec les diftances precifes de chaque Paroiffe, au chef-lieu.

On pourroit joindre à ce projet, celui d'avoir la même connoiffance de toutes les efpèces de Coquilles, & de plantes marines, qui fe trouvent fur les côtes de France; ainfi que des poiffons ordinaires, qui fe pêchent fur chaque côte, & des poiffons paffagers & extraordinaires qui ne fe voyent que dans certaines faifons.

Pour cet effet, Meffieurs les Commiffaires de marine, ou Commis aux Claffes, chacun dans leur diftrict, fe feroient apporter par les Pêcheurs, toutes les fortes de Coquilles pleines de leur poiffon, & les plantes marines qui fe rencontrent dans leurs filets.

Dallet.

Messieurs les Commissaires de Marine, feroient le choix des plus entières, & des plus belles, pour en envoyer aussi des échantillons à Paris, à Messieurs de l'Académie des Sciences, ou du Jardin & Cabinet du Roi ; & auroient le soin de mettre sur chaque échantillon : *Coquilles ou plantes Marines, pêchées sur telle Côte, & à telle hauteur, en mer*, suivant le rapport qui leur en seroit fait par les Pêcheurs.

On pourroit encore ajouter, à ces connoissances, celle des différentes espèces d'Oiseaux aquatiques, qui se voyent sur les bords des mers, dont on feroit un catalogue à part, & raisonné.

Voilà mes idées, sur ce Projet avantageux. Si l'on prévoyoit des difficultés pour son exécution ; je serois flatté qu'on me les communiquât, afin de pouvoir travailler à les lever.

Lettre à M. Dallet sur son projet.

VOTRE projet, Monsieur, me paroît si utile, si simple, si facile à exécuter, qu'il doit avoir été applaudi par tout amateur, non-seulement de l'Histoire naturelle, mais du bien public. Je commence à remplir vos vues sur un objet des plus intéressans. C'est précisément celui par où vous débutez, en parlant des Fossiles.

J'ai envoyé, & j'enverrai à chaque nouvelle découverte, des échantillons de Marbres, Jaspes & Albâtres, aussi précieux que ceux d'Italie & d'Espagne.

La Ville de Grasse en Provence, si connue par ses Pommades, ses Huiles & ses Savonettes, mérite de l'être encore plus par les productions fossiles de ses montagnes. On y a découvert, depuis 1756, des carrières des plus beaux Marbres, Jaspes & Albâtres, qu'il y ait en Europe.

Les Marbres sont blancs, veinés de rouge & de bleu, brêche antique variée d'un grain très-fin & prenant un très-beau poli. Blancs moirés de gris de lin, fleuri & herborisé : blancs communs propres pour des balustrades, tables à buffets, tablettes de fenêtres, degrés & pavés de sales & d'Eglises. Il y a aussi du blanc statuaire transparent & plus beau que celui de Massa-Carrara, dont on fera l'extraction à la premiere demande qu'on en fera.

Les Jaspes sont fond corallin, pourpre, violet, avec de grandes maches de jaunes doré qui représentent tantôt des coquilles turbinites, & des huitres parfaitement dessinées & nuancées de toutes ces couleurs, tantôt des rubans, des aîles de Papillon, ou des yeux de Paon sur lesquels ces riches couleurs se combinent avec les plus beaux verds clairs & bruns, avec les couleurs de rose, d'aurore & de gris de lin. Ces figures y sont sans confusion de proche en proche, tant en grand qu'en petit, & y sont des variétés à l'infini. On en peut faire les plus belles colonnes ou pilastres qu'on ait jamais vus en combinant ces Jaspes avec un marbre jaune de paille & pourpre clair, qui se trouve dans les mêmes carrières.

Les Albâtres ont la dureté du Marbre, la transparence & la variété des couleurs en blanc, rouge, verdâtre, chatain-clair & brun, noir, roux, & imitent les Agathes & les plus beaux cailloux. Ces trois carrières, sont en pleine fabrication. Des ouvriers Italiens y sculptent & y lustrent des tables, des encognures, des cheminées, des colonnes, &c. sur les dimensions qu'on leur envoye. On peut aussi leur envoyer les dessins pour les ornemens qu'ils exécutent au gré du Public.

Premiere part.   **G g**

Dallet.

Les Albâtres, qui partout ailleurs, ne font qu'en petites pièces pour le placage ou le rapport ; dans cette carrière, fourniffent des blocs dont on fait des tables & des cheminées dont la beauté éblouit & enchante tous ceux qui les voyent. C'eft l'Albâtre fleuri, dur & oriental.

On s'adreffe à M. Barquin, adjudicataire des carrières de Marbres, à Graffe. On vend les Marbres travaillés dans cette Ville, ou bien on fe charge de les faire tranfporter au Golphe de la Napoule ; & de là à Marfeille, & ailleurs.

Vous voyez, Monfieur, par ce détail que j'ai fait fur les pièces travaillées, qu'on peut trouver en France les Marbres précieux qu'on tire à grands frais du pays étranger ; & qu'on peut, déformais, ne plus envoyer, à cet effet, tant d'argent en Efpagne, en Sicile & en Italie. Outre les frais du tranfport, on peut fe pourvoir à Graffe, à beaucoup meilleur marché. Je fuis, Monfieur, &c.

FIN.

TABLE
DES CHAPITRES DE LA PREMIERE PARTIE.

Des Mines d'Argent trouvées en France ; par François Garrault, page 1

Préface de l'Editeur. 3

Notice des Ouvrages de Garrault. 9

Notice de Gaston Duclo & de ses Ouvrages. 15

Description des Mines de Sidérocapsa, par Pierre Belon. 53

Recherches et Descouvertes des Mines des Pyrenées, par Jean de Malus pere. 75

Préface de l'Editeur. 77

Avis des riches Mines d'Or, d'Argent, &c. des Pyrenées, par Malus fils. 148

Mémoire concernant les Mines de France, par Charles Hautin de Villars. 176

Description d'une Mine de fer du pays de Foix, par M. de Reaumur. 167

Sur l'Exploitation des Mines de Baigorri, par M. Hellot. 202

Mémoire sur les mines de Baigorri, par M. Meuron de Chateauneuf. 219

Mémoire sur les Mines de Gascogne. 232

DES MINES *du Roussillon, par* M. *le* MONNIER. 249

   ŒUVRES MINERALOGIQUES *du Baron & de la Baronne de Beausoleil.*

Préface de l'Editeur.   262

DIORISMUS veræ Philosophiæ, &c.   269

REFLEXIONS *sur le grand œuvre, par l'Editeur.*   282

VERITABLE *Déclaration des Mines & Minieres de France.*   291

MINES *de Bretagne.*   310

LA RESTITUTION *de Pluton.*   339

PROJET *pour connoitre sans dépense, dans l'espace d'un mois toutes les productions fossiles de la France, par* M. DALLET.   452

Fin de la Table des Chapitres de la premiere Partie.